CHANYE ZHUANLI
FENXI BAOGAO

产业专利分析报告

(第73册)——新型抗丙肝药物

国家知识产权局学术委员会◎组织编写

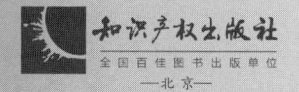

知识产权出版社
全国百佳图书出版单位
—北京—

图书在版编目（CIP）数据

产业专利分析报告. 第 73 册，新型抗丙肝药物/国家知识产权局学术委员会组织编写. —北京：知识产权出版社，2020.6
ISBN 978 – 7 – 5130 – 6918 – 2

Ⅰ.①产… Ⅱ.①国… Ⅲ.①专利—研究报告—世界②丙型肝炎—药物—专利—研究报告—世界 Ⅳ.①G306.71②R978.7

中国版本图书馆 CIP 数据核字（2020）第 076663 号

内容提要

本书是新型抗丙肝药物行业的专利分析报告。报告从该行业的专利（国内、国外）申请、授权、申请人的已有专利状态、其他先进国家的专利状况、同领域领先企业的专利壁垒等方面入手，充分结合相关数据，展开分析，并得出分析结果。本书是了解该行业技术发展现状并预测未来走向，帮助企业做好专利预警的必备工具书。

责任编辑：卢海鹰 王瑞璞	责任校对：王 岩
封面设计：博华创意·张冀	责任印制：刘译文

产业专利分析报告（第 73 册）
——新型抗丙肝药物
国家知识产权局学术委员会 组织编写

出版发行	知识产权出版社 有限责任公司	网 址	http://www.ipph.cn
社 址	北京市海淀区气象路 50 号院	邮 编	100081
责编电话	010 – 82000860 转 8116	责编邮箱	wangruipu@cnipr.com
发行电话	010 – 82000860 转 8101/8102	发行传真	010 – 82000893/82005070/82000270
印 刷	天津嘉恒印务有限公司	经 销	各大网上书店、新华书店及相关专业书店
开 本	787mm×1092mm 1/16	印 张	19.75
版 次	2020 年 6 月第 1 版	印 次	2020 年 6 月第 1 次印刷
字 数	455 千字	定 价	98.00 元
ISBN 978 – 7 – 5130 – 6918 – 2			

出版权专有 侵权必究
如有印装质量问题，本社负责调换。

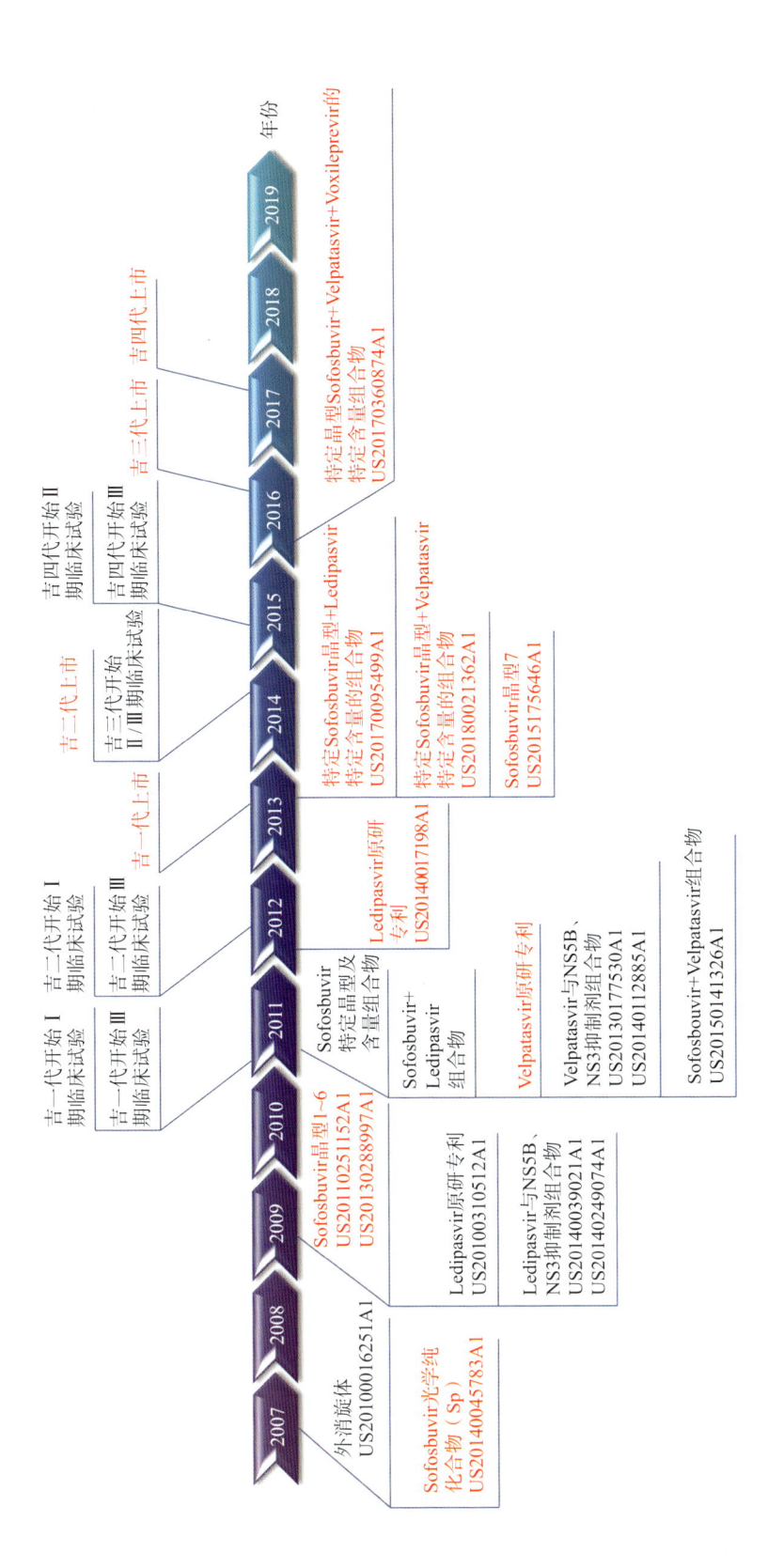

图5-1-5 Sofosbuvir专利布局与临床试验时间对照

(正文说明见第138页)

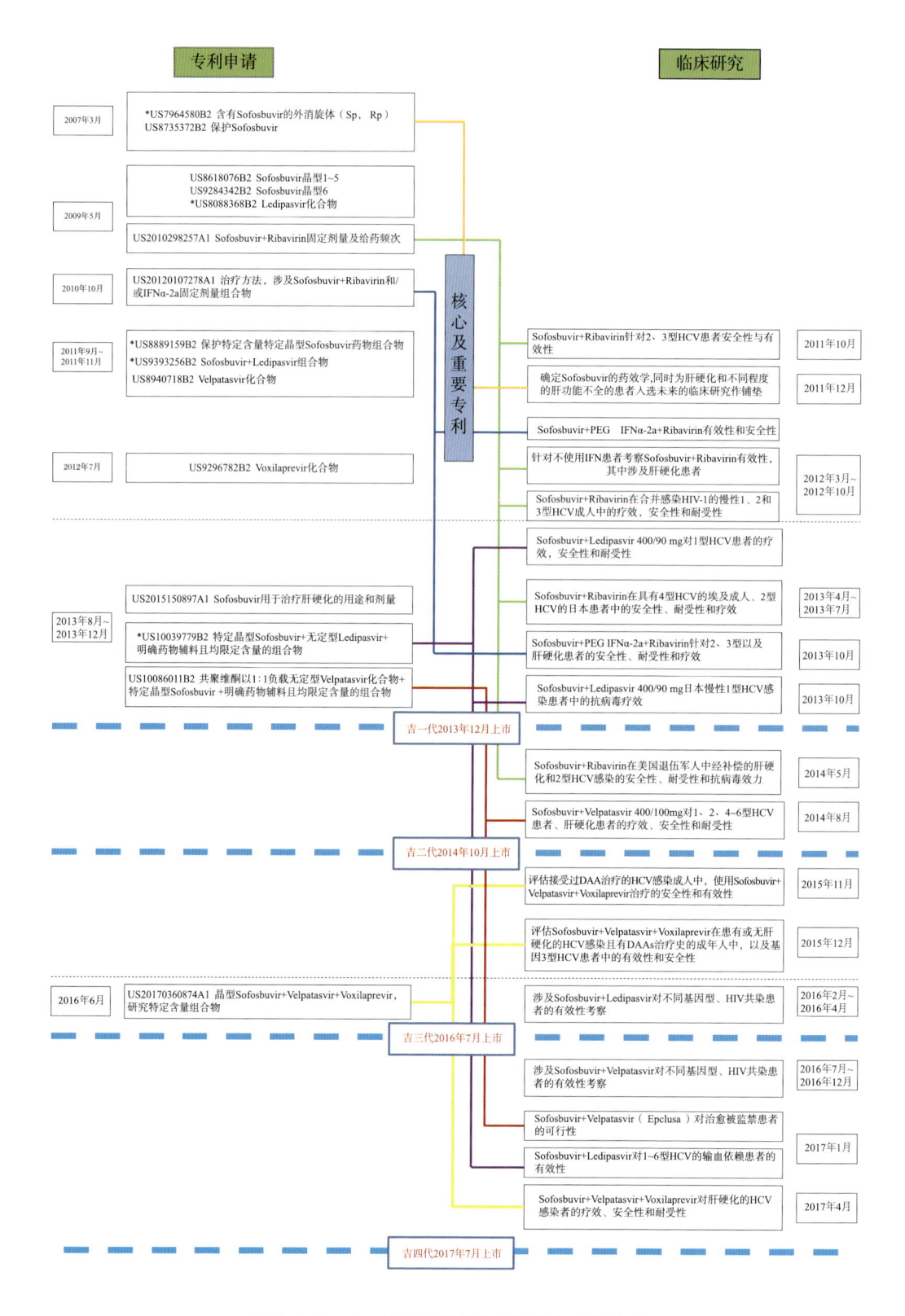

图5-1-6　吉一代至吉四代临床研究与专利布局

（正文说明见第138页）

注：标*专利表示被橙皮书收录，下同。

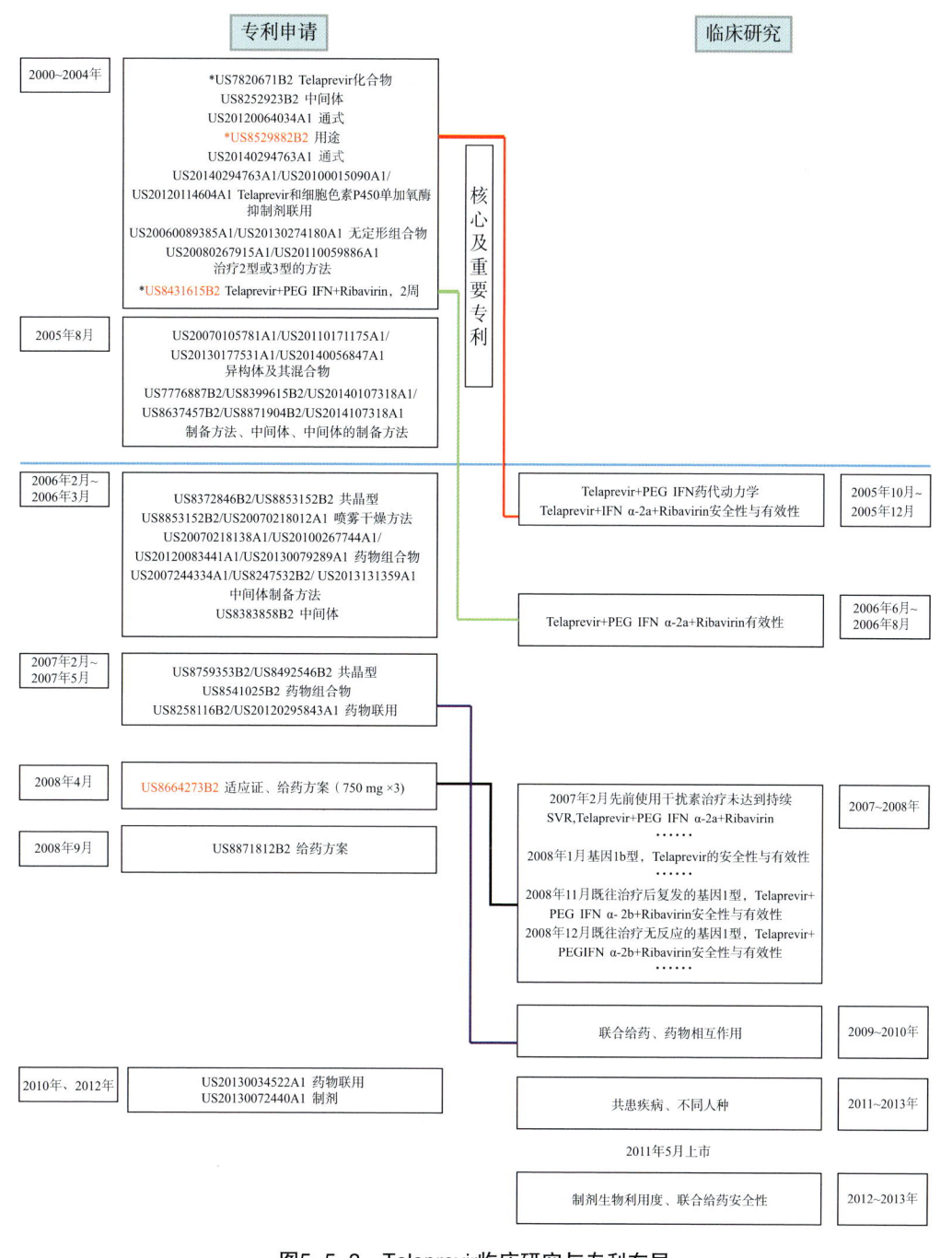

图5-5-3 Telaprevir临床研究与专利布局

专利申请

2000~2004年
- *US7820671B2 Telaprevir化合物
- US8252923B2 中间体
- US20120064034A1 通式
- *US8529882B2 用途
- US20140294763A1 通式
- US20140294763A1/US20100015090A1/US20120114604A1 Telaprevir和细胞色素P450单加氧酶抑制剂联用
- US20060089385A1/US20130274180A1 无定形组合物
- US20080267915A1/US20110059886A1 治疗2型或3型的方法
- *US8431615B2 Telaprevir+PEG IFN+Ribavirin, 2周

2005年8月
- US20070105781A1/US20110171175A1/US20130177531A1/US20140056847A1 异构体及其混合物
- US7776887B2/US8399615B2/US20140107318A1/US8637457B2/US8871904B2/US2014107318A1 制备方法、中间体、中间体的制备方法

核心及重要专利

2006年2月~2006年3月
- US8372846B2/US8853152B2 共晶型
- US8853152B2/US20070218012A1 喷雾干燥方法
- US20070218138A1/US20100267744A1/US20120083441A1/US20130079289A1 药物组合物
- US2007244334A1/US8247532B2/US2013131359A1 中间体制备方法
- US8383858B2 中间体

2007年2月~2007年5月
- US8759353B2/US8492546B2 共晶型
- US8541025B2 药物组合物
- US8258116B2/US20120295843A1 药物联用

2008年4月
- US8664273B2 适应证、给药方案（750 mg ×3）

2008年9月
- US8871812B2 给药方案

2010年、2012年
- US20130034522A1 药物联用
- US20130072440A1 制剂

临床研究

2005年10月~2005年12月
- Telaprevir+PEG IFN药代动力学
- Telaprevir+IFN α-2a+Ribavirin安全性与有效性

2006年6月~2006年8月
- Telaprevir+PEG IFN α-2a+Ribavirin有效性

2007~2008年
- 2007年2月先前使用干扰素治疗未达到持续SVR, Telaprevir+PEG IFN α-2a+Ribavirin……
- 2008年1月基因1b型, Telaprevir的安全性与有效性……
- 2008年11月既往治疗后复发的基因1型, Telaprevir+PEG IFN α-2b+Ribavirin安全性与有效性
- 2008年12月既往治疗无反应的基因1型, Telaprevir+PEGIFN α-2b+Ribavirin安全性与有效性……

2009~2010年
- 联合给药、药物相互作用

2011~2013年
- 共患疾病、不同人种

2011年5月上市

2012~2013年
- 制剂生物利用度、联合给药安全性

图5-5-3 Telaprevir临床研究与专利布局

（正文说明见第176~177页）

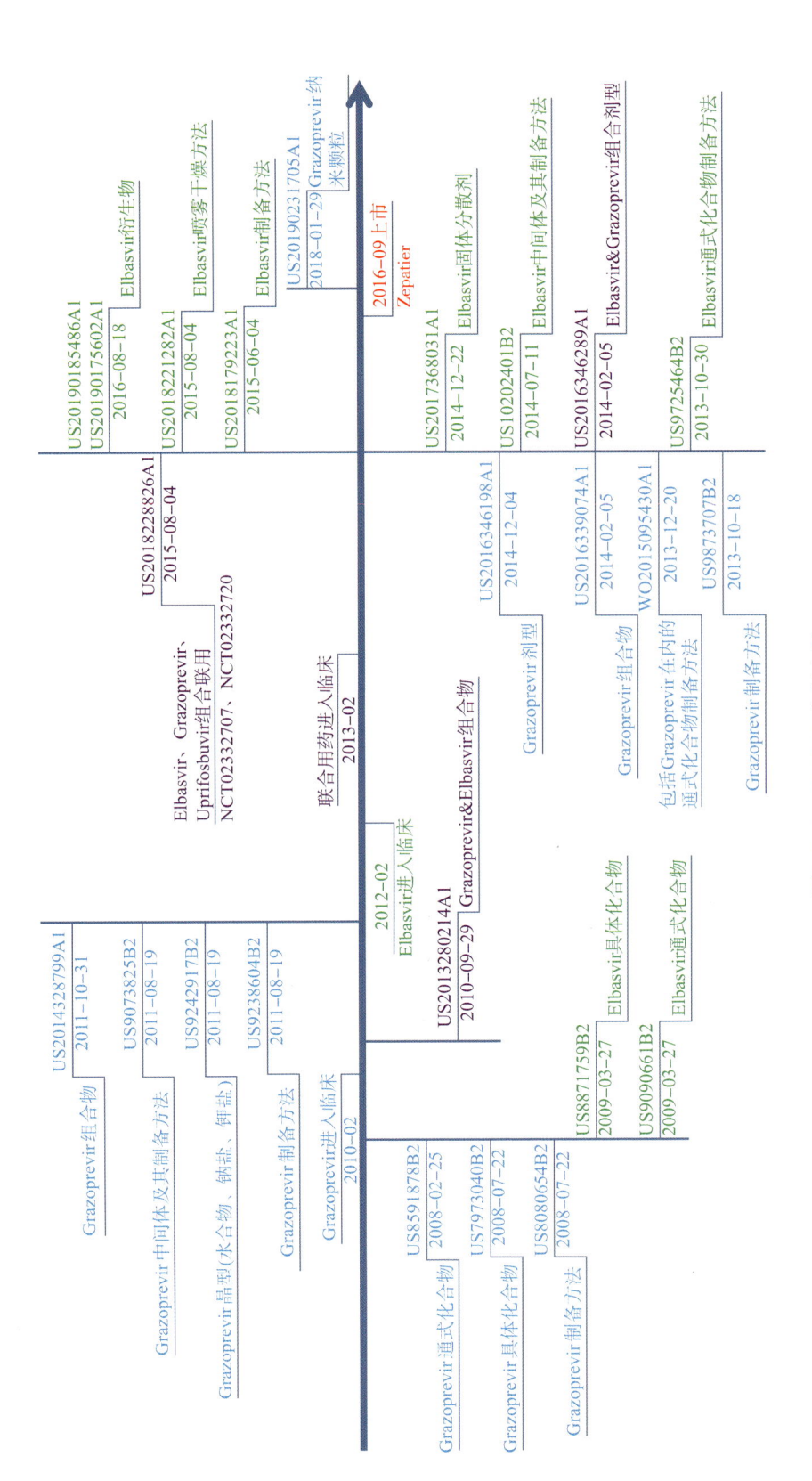

图5-7-1 Zepatier专利布局
（正文说明见第186~188页）

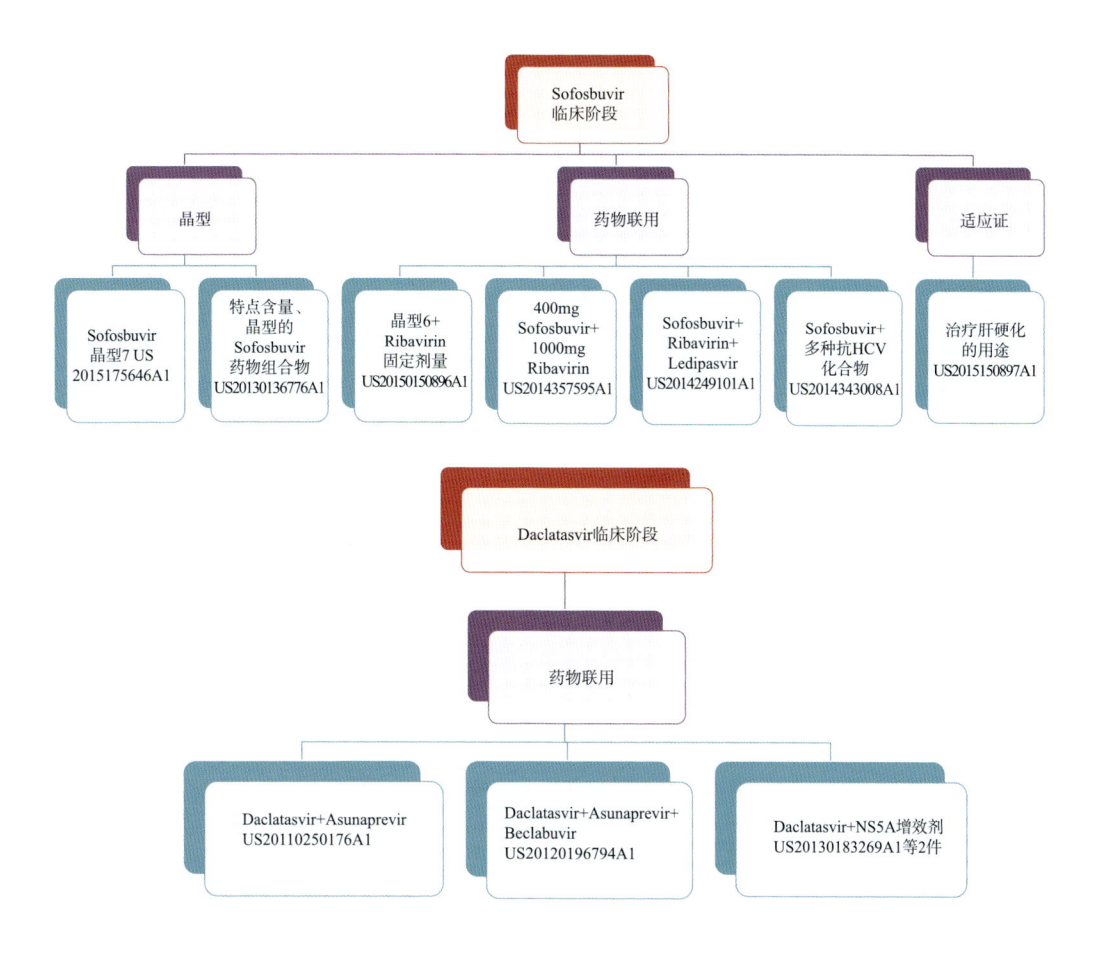

```
                    ┌─────────────────┐
                    │  Sofosbuvir     │
                    │  临床阶段        │
                    └────────┬────────┘
         ┌───────────────────┼───────────────────┐
       ┌─┴─┐              ┌──┴──┐             ┌──┴──┐
       │晶型│              │药物  │             │适应证│
       │   │              │联用  │             │     │
       └─┬─┘              └──┬──┘             └──┬──┘
    ┌────┴────┐    ┌────┬────┼────┬────┐          │
┌───┴───┐ ┌──┴──┐ ┌┴─┐ ┌┴─┐ ┌┴─┐ ┌┴─┐      ┌────┴────┐
│Sofos- │ │特点含│ │晶型│ │400 │ │Sof.│ │Sof.│      │治疗肝硬化│
│buvir  │ │量、晶│ │6+  │ │mg  │ │+Rib│ │+多 │      │的用途    │
│晶型7  │ │型的  │ │Riba│ │Sof.│ │+Led│ │种抗│      │US2015   │
│US2015 │ │Sof. │ │固定│ │+1000│ │ipa-│ │HCV │      │150897A1 │
│175646 │ │药物组│ │剂量│ │mg  │ │svir│ │化合│      └─────────┘
│A1     │ │合物  │ │US20│ │Riba│ │US20│ │物  │
└───────┘ │US2013│ │1501│ │US20│ │1424│ │US20│
          │01367 │ │5089│ │1435│ │9101│ │1434│
          │76A1  │ │6A1 │ │7595│ │A1  │ │3008│
          └──────┘ └────┘ │A1  │ └────┘ │A1  │
                          └────┘        └────┘


                    ┌──────────────────┐
                    │ Daclatasvir      │
                    │ 临床阶段          │
                    └────────┬─────────┘
                             │
                       ┌─────┴─────┐
                       │ 药物联用   │
                       └─────┬─────┘
              ┌──────────────┼──────────────┐
       ┌──────┴──────┐┌──────┴──────┐┌──────┴──────┐
       │Daclatasvir+ ││Daclatasvir+ ││Daclatasvir+ │
       │Asunaprevir  ││Asunaprevir+ ││NS5A增效剂   │
       │US201102     ││Beclabuvir   ││US201301    │
       │50176A1      ││US2012019    ││83269A1等2  │
       │             ││6794A1       ││件           │
       └─────────────┘└─────────────┘└─────────────┘
```

图5-10-6　Sofosbuvir/Daclatasvir临床阶段专利布局

（正文说明见第211页）

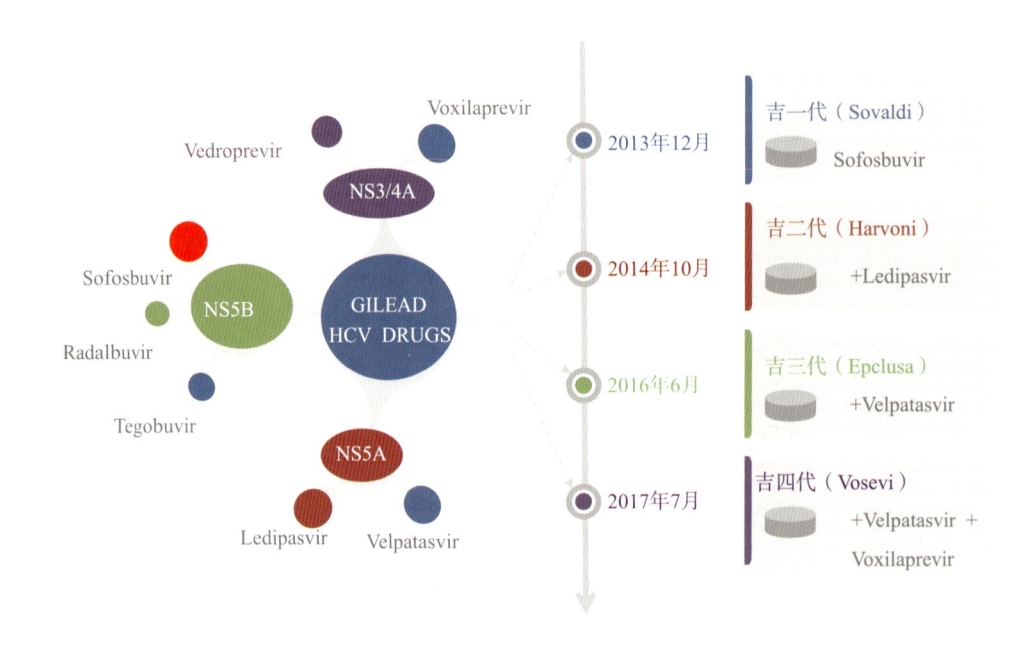

图7-4-3 吉利德对不同靶点抗丙肝药物的开发和药品上市情况

（正文说明见第266~267页）

编委会

主　任：贺　化

副主任：郑慧芬　雷春海

编　委：张小凤　孙　琨　朱晓琳　刘　稚

　　　　李　原　闫　娜　邹文俊　杨　明

　　　　鄢春根　甘友斌　江洪波　范爱红

　　　　郭　荣

前　言

2019年是中华人民共和国成立70周年，是全面建成小康社会、实现第一个百年奋斗目标的关键之年。在以习近平同志为核心的党中央的坚强领导下，国家知识产权局认真贯彻落实党中央、国务院决策部署，聚焦创新驱动和改革开放两个轮子，强化知识产权创造、保护、运用。为推动产业高质量发展，围绕国家重点产业持续开展专利分析研究，深化情报分析，提供精准支撑，充分发挥知识产权在国家治理中的作用。

在国家知识产权局学术委员会的领导和指导下，专利分析普及推广项目始终坚持"源于产业、依靠产业、推动产业"核心原则，突出情报分析工作定位和功能，围绕国家100余个重点产业、重大技术和重大项目开展研究，形成一批高质量的研究成果，通过出版《产业专利分析报告》（第1~70册）推动成果落地生根，逐步形成与产业紧密联系和互动合作的良好格局。

这一年，专利分析普及推广项目在求变求新的理念引领下，锐意进取，广开渠道，持续引导和鼓励具备相应研究能力的社会力量承担研究工作，得到社会各方的热情支持和积极响应。10项课题经立项评审脱颖而出，中国科学院、北京空间科技信息研究所等科研院所，清华大学、北京大学等高校，江西省陶瓷知识产权信息中心、中国煤炭工业协会生产力促进中心等企事业单位或单独或联合承担了具体研究工作。各方主动发挥独特优势，组织近150名研究人员，历时7个月，圆满完成了各项研究任务，形成一批凸显行业特色的研究成果和方法论。同时，择优选取其中8项成果以《产业专利分析报告》（第71~78册）

系列丛书的形式出版。这8项报告所涉及的产业方向分别是混合增强智能、自主式水下滑翔机技术、新型抗丙肝药物、中药制药装备、高性能碳化物先进陶瓷材料、体外诊断技术、智能网联汽车关键技术、低轨卫星通信技术，均属于我国科技创新和经济转型的核心产业。

专利分析普及推广项目的发展离不开社会各界一如既往的支持与帮助，各级知识产权局、行业协会、科研院所等为课题的顺利开展贡献了巨大的力量，近百名行业和技术专家参与课题指导工作，《产业专利分析报告》（第71~78册）的出版凝聚着社会各界智慧。

专利分析成果的生命力在于推广和应用。在新冠肺炎疫情期间，国家知识产权局结合实际，组织力量编制并发布多份抗击新冠病毒肺炎专利信息研报，广泛推送至科研专班和相关专家，充分发挥专利信息对疫情防控科研攻关的专业支撑与引导作用，助力打赢疫情防控阻击战。希望各方能够充分吸收《产业专利分析报告》的内容，积极发挥专利信息对政策决策、技术创新等方面的智力支撑作用。

由于报告中专利文献的数据采集范围和专利分析工具的限制，加之研究人员水平有限，报告的数据、结论和建议仅供社会各界借鉴研究。

《产业专利分析报告》丛书编委会
2020年5月

项目联系人

孙　琨　010-62086193/sunkun@cnipa.gov.cn

新型抗丙肝药物产业专利分析课题研究团队

一、项目指导

国家知识产权局： 贺　化　郑慧芬　雷春海

二、项目管理

国家知识产权局专利局： 张小凤　孙　琨　王　涛

三、课题组

承 担 单 位： 国家知识产权局专利局专利审查协作江苏中心

课题负责人： 闫　娜

课题组组长： 李彦涛

统　稿　人： 张　磊　黄超峰

主要执笔人： 吴　昊　李洪雪　原　静　房长进　史娇阳　贾　丹　严　彤

课题组成员： 闫　娜　李彦涛　张　磊　黄超峰　吴　昊
　　　　　　　李洪雪　原　静　房长进　史娇阳　贾　丹
　　　　　　　严　彤　臧乐芸　耿元硕　黄清昌　王　茜

四、研究分工

数据检索： 原　静　贾　丹　臧乐芸　房长进　严　彤　史娇阳　耿元硕

数据清理： 原　静　贾　丹　臧乐芸　房长进　严　彤　史娇阳　耿元硕

数据标引： 原　静　贾　丹　臧乐芸　房长进　严　彤　史娇阳　耿元硕

图表制作： 原　静　贾　丹　臧乐芸　房长进　严　彤　史娇阳　耿元硕　黄清昌　王　茜

报告执笔： 张　磊　黄超峰　吴　昊　李洪雪　原　静　贾　丹

　　　　臧乐芸　房长进　严　彤　史娇阳　耿元硕　黄清昌
　　　　王　茜

报告统稿：张　磊　黄超峰

报告编辑：吴　昊　李洪雪

报告审校：闫　娜　李彦涛

五、报告撰稿

臧乐芸：主要执笔第 1 章

严　彤：主要执笔第 2 章，第 6 章第 6.3 节

张　磊：主要执笔第 3 章第 3.1 节，第 4 章第 4.3 节

吴　昊：主要执笔第 3 章第 3.2 节

史娇阳：主要执笔第 3 章第 3.3 节，第 4 章第 4.1 节

李洪雪：主要执笔第 4 章第 4.2 节，第 5 章第 5.10 节，第 6 章第 6.1～6.2 节

黄超峰：主要执笔第 5 章第 5.1 节

耿元硕：主要执笔第 5 章第 5.2～5.4 节

原　静：主要执笔第 5 章第 5.5～5.9 节

贾　丹：主要执笔第 6 章第 6.4～6.5 节

黄清昌：主要执笔第 7 章第 7.1～7.3 节

房长进：主要执笔第 7 章第 7.4～7.6 节

王　茜：主要执笔第 7 章第 7.7～7.8 节

六、指导专家

行业专家

耿文军　正大天晴药业集团股份有限公司

技术专家（按姓氏音序排列）

田广辉　中国科学院上海药物研究所

谢元超　中国科学院上海药物研究所

目　录

第 1 章　行业概况 / 1

　　1.1　丙肝感染现状 / 1

　　　　1.1.1　丙肝感染人群分布 / 1

　　　　1.1.2　丙肝病毒基因组 / 2

　　1.2　丙肝的检测和治疗手段 / 3

　　　　1.2.1　丙肝的检测 / 3

　　　　1.2.2　丙肝的治疗 / 4

　　1.3　抗丙肝药物产业现状 / 6

　　　　1.3.1　干扰素产业现状 / 6

　　　　1.3.2　DAAs 药物产业现状 / 7

　　　　1.3.3　国内抗丙肝药物产业现状 / 11

　　1.4　行业面临的问题 / 12

　　　　1.4.1　PR 疗法治愈率低 / 12

　　　　1.4.2　DAAs 药物价格高昂 / 13

　　　　1.4.3　我国原创新药少 / 13

　　1.5　研究思路和方法 / 13

　　　　1.5.1　研究思路 / 13

　　　　1.5.2　技术分解 / 14

　　　　1.5.3　数据检索 / 16

　　　　1.5.4　检索要素 / 16

　　　　1.5.5　相关事项约定 / 17

　　1.6　研究方法特色 / 18

　　　　1.6.1　以政策为指引，以问题为导向 / 18

　　　　1.6.2　专利与临床试验综合分析 / 20

　　　　1.6.3　以专利分析圈定目标市场 / 22

第 2 章　抗丙肝药物专利态势分析 / 24

　　2.1　抗丙肝药物专利总体态势分析 / 24

2.1.1　全球抗丙肝药物专利总体态势分析 / 24
2.1.2　全球抗丙肝药物国家/地区分布分析 / 26
2.1.3　抗丙肝药物全球主要申请人分析 / 27
2.1.4　国内抗丙肝药物专利态势分析 / 28
2.2　改进的干扰素联合 Ribavirin 疗法总体状况 / 30
2.2.1　抗丙肝干扰素联合 Ribavirin 疗法专利分析 / 30
2.2.2　抗丙肝干扰素联合 Ribavirin 疗法专利技术构成分析 / 32
2.3　DAAs 药物专利态势分析 / 36
2.3.1　全球 DAAs 药物专利态势分析 / 37
2.3.2　国内 DAAs 药物专利态势分析 / 41
2.4　本章小结 / 43

第3章　小分子抗丙肝重磅药物专利分析 / 44
3.1　Sofosbuvir 相关专利分析 / 44
3.1.1　Sofosbuvir 专利分析 / 45
3.1.2　Sofosbuvir/Ledipasvir 专利布局分析 / 61
3.1.3　Sofosbuvir/Velpatasvir 专利布局分析 / 64
3.1.4　Sofosbuvir/Velpatasvir/Voxilaprevir 专利布局分析 / 66
3.2　Zepatier 相关专利分析 / 66
3.2.1　Elbasvir 专利分析 / 67
3.2.2　Grazoprevir 专利分析 / 70
3.2.3　Zepatier 专利分析 / 73
3.2.4　小　　结 / 73
3.3　Mavyret 相关专利分析 / 75
3.3.1　Glecaprevir 专利分析 / 75
3.3.2　Pibrentasvir 专利分析 / 77
3.3.3　Mavyret 专利分析 / 78
3.3.4　小　　结 / 80

第4章　重要申请人专利分析 / 83
4.1　吉利德相关专利分析 / 83
4.1.1　吉利德在抗丙肝领域专利发展趋势 / 84
4.1.2　吉利德在抗丙肝领域目标地专利分布 / 85
4.1.3　吉利德在抗丙肝领域专利技术主题分析 / 85
4.1.4　吉利德抗丙肝领域化合物专利技术发展分析 / 87
4.1.5　P450 单加氧酶抑制剂 / 97
4.1.6　小　　结 / 98

4.2 艾伯维相关专利分析 / 98
 4.2.1 艾伯维在抗丙肝领域专利发展趋势 / 99
 4.2.2 艾伯维在抗丙肝领域专利目标地分布 / 100
 4.2.3 艾伯维在抗丙肝领域化合物专利技术分析 / 103
 4.2.4 小　　结 / 111
4.3 默沙东相关专利分析 / 111
 4.3.1 默沙东抗丙肝领域小分子专利发展趋势 / 112
 4.3.2 默沙东抗丙肝领域小分子专利目标地 / 113
 4.3.3 默沙东抗丙肝领域小分子专利技术主题分析 / 113
 4.3.4 默沙东抗丙肝领域小分子专利技术发展分析 / 114
 4.3.5 小　　结 / 126

第5章　重点上市药物临床与专利布局分析 / 127
5.1 Sofosbuvir / 127
 5.1.1 Sofosbuvir 概述 / 127
 5.1.2 Sofosbuvir 临床开展情况 / 128
 5.1.3 Sofosbuvir 专利布局 / 131
 5.1.4 Sofosbuvir 专利周期 / 139
5.2 Boceprevir / 140
 5.2.1 Boceprevir 概述 / 140
 5.2.2 Boceprevir 临床开展情况 / 140
 5.2.3 Boceprevir 专利布局 / 144
 5.2.4 Boceprevir 专利周期 / 149
5.3 Simeprevir / 150
 5.3.1 Simeprevir 概述 / 150
 5.3.2 Simeprevir 临床开展情况 / 150
 5.3.3 Simeprevir 专利布局 / 152
 5.3.4 Simeprevir 专利周期 / 158
5.4 Technivie / 158
 5.4.1 Technivie 概述 / 158
 5.4.2 Technivie 临床开展情况 / 160
 5.4.3 Technivie 专利布局 / 160
 5.4.4 Technivie 专利周期 / 163
5.5 Telaprevir / 164
 5.5.1 Telaprevir 概述 / 164
 5.5.2 Telaprevir 临床开展情况 / 165

5.5.3　Telaprevir 专利布局 / 170
5.5.4　Telaprevir 专利周期 / 178
5.6　Viekira Pak / 178
5.6.1　Viekira Pak 概述 / 178
5.6.2　Viekira Pak 临床开展情况 / 179
5.6.3　Viekira Pak 专利布局 / 179
5.6.4　Viekira Pak 专利周期 / 183
5.7　Zepatier / 183
5.7.1　Zepatier 概述 / 183
5.7.2　Zepatier 临床开展情况 / 184
5.7.3　Zepatier 专利布局 / 186
5.7.4　Zepatier 专利周期 / 190
5.8　Mavyret / 191
5.8.1　Mavyret 概述 / 191
5.8.2　Mavyret 临床开展情况 / 192
5.8.3　Mavyret 专利布局 / 194
5.8.4　Mavyret 专利周期 / 198
5.9　Daclatasvir / 198
5.9.1　Daclatasvir 概述 / 198
5.9.2　Daclatasvir 临床开展情况 / 199
5.9.3　Daclatasvir 专利布局 / 200
5.9.4　Daclatasvir 专利周期 / 203
5.10　本章小结 / 204
5.10.1　Telaprevir 模式 / 205
5.10.2　Sofosbuvir 模式 / 208
5.10.3　复方产品专利布局策略 / 212

第6章　"一带一路"沿线国抗丙肝药物专利分析 / 217
6.1　我国本土研发抗丙肝药物临床产品 / 217
6.1.1　歌礼生物相关产品与专利 / 218
6.1.2　东阳光药业相关产品与专利 / 220
6.1.3　银杏树药业相关产品与专利 / 222
6.1.4　凯因科技相关产品与专利 / 223
6.1.5　圣和药业相关产品与专利 / 227
6.1.6　寅盛药业相关产品与专利 / 230
6.1.7　其他制药企业相关产品 / 231

6.2 "一带一路"沿线国丙肝发病率情况 / 232

6.3 "一带一路"沿线国家抗丙肝药物专利分析 / 232

6.3.1 全球抗丙肝药物专利在"一带一路"沿线国布局概况 / 232

6.3.2 "一带一路"沿线国原创申请情况 / 234

6.3.3 国内企业在"一带一路"沿线国专利布局 / 234

6.4 "一带一路"沿线重点国家抗丙肝药物专利分析 / 237

6.4.1 印度抗丙肝药物专利分析 / 237

6.4.2 以色列抗丙肝药物专利分析 / 242

6.4.3 俄罗斯抗丙肝药物专利分析 / 249

6.4.4 南非抗丙肝药物专利分析 / 255

6.4.5 印尼抗丙肝药物专利分析 / 257

6.4.6 老挝、柬埔寨抗丙肝药物专利分析 / 258

6.5 本章小结 / 259

第7章 结论与建议 / 261

7.1 DAAs 药物已成为主流 / 261

7.1.1 DAAs 药物在专利申请中成为主导 / 261

7.1.2 DAAs 药物在上市药物中成为主导 / 261

7.1.3 PR 疗法的出路在于与 DAAs 联用 / 261

7.2 DAAs 药物由美欧主导，我国处于追赶阶段 / 262

7.2.1 DAAs 药物由美欧主导 / 262

7.2.2 美欧研究热度降低，我国处于追赶阶段 / 262

7.3 原研药专利布局的缺失 / 264

7.3.1 Sofosbuvir 专利布局的缺失 / 264

7.3.2 Zepatier 专利布局的缺失 / 265

7.3.3 Mavyret 专利布局的缺失 / 266

7.4 药物联用是发展趋势 / 266

7.4.1 专利数据反映出药物联用是抗丙肝药物的发展趋势 / 266

7.4.2 吉利德由点到面的开发策略 / 266

7.5 DAAs 药物构效关系的共性 / 267

7.5.1 核苷 2′ 位甲基取代是较为固定的修饰方式 / 267

7.5.2 大环酰胺相比线性酰胺更具开发潜力 / 268

7.5.3 稠合芳环/多环链类化合物近年来备受制药公司青睐 / 269

7.6 专利与临床布局：Telaprevir 模式 VS Sofosbuvir 模式 / 271

7.6.1 Telaprevir 模式 / 271

7.6.2 Sofosbuvir 模式 / 272

7.6.3　Sofosbuvir 模式出现的原因分析 / 273
7.7　"一带一路"沿线国可作为我国制药企业的目标市场 / 273
7.7.1　"一带一路"沿线国家发病率情况 / 273
7.7.2　专利输入/原创情况分析 / 273
7.7.3　我国抗丙肝药物的海外目标市场 / 274
7.8　对国内制药行业的建议 / 274
7.8.1　企业战略层面 / 275
7.8.2　技术开发层面 / 275
7.8.3　专利和临床布局层面 / 276

附　录 / 278
图索引 / 284
表索引 / 288

第1章 行业概况

1.1 丙肝感染现状

1.1.1 丙肝感染人群分布

丙肝是丙型病毒性肝炎的简称，是由丙肝病毒（HCV）感染所引起的疾病。丙肝病毒是一种血液传播病毒，最常见的传播途径是血液、性接触和母婴传播，同时，注射吸毒、不安全注射、不安全的卫生保健以及输入未经筛查的血液和血液制品亦可造成感染。

据世界卫生组织（WHO）报道，到目前为止，全球预计有7100万人受到慢性丙肝感染，大量慢性感染者会出现肝硬化或者肝癌；每年约有39.9万人死于丙肝，直接死亡原因主要是肝硬化和肝细胞癌。根据WHO发布的《2017年全球肝炎报告》，2015年度全球约有175万新的HCV感染者。以所述175万新感染者为研究对象：全球发病率约为23.7/10万，感染率高的地区是东地中海地区（62.5/10万）和欧洲地区（61.8/10万）。在东地中海区域，感染传播的最常见原因是不安全的医疗注射；在欧洲地区，注射吸毒占新感染的很大比例。感染率较低的地区是美洲地区（6.4/10万）和西太平洋地区（6.0/10万）。

2018年全国丙肝感染现状及防治对策研究报告显示：我国一般人群抗HCV流行率为0.6%，目前，全国大约有1000万例HCV感染者。由于加强了丙肝病毒的筛查，近年来我国丙肝病例报告人数呈逐年上升趋势。如图1-1-1所示，根据中国疾病预防控制中心收到的丙肝报告人数来看，2009年全国丙肝病例报告人数为13.2万，2012年报告人数达20.2万，此后2013~2016年报告人数数据平稳，但近两年有增长趋势，

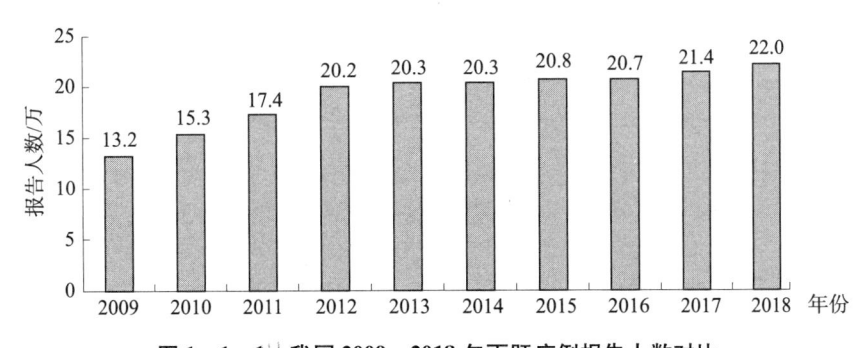

图1-1-1 我国2009~2018年丙肝病例报告人数对比

2018年报告人数为22万。❶~❿同时,由于丙肝是漏报率最高的传染病之一,实际感染情况更为严重。

1.1.2 丙肝病毒基因组

丙肝病毒由一个长约9500核苷酸(NT)的正链RNA组成,包含5'末端、3'末端和一个大的翻译开发读码框架(ORF)。ORF贯穿于HCV RNA大部分基因序列,根据病毒株来源不同,编码3010~3033个氨基酸的多肽。结构蛋白是由HCV多聚蛋白前体N末端区加工成的,起始于一个带有碱性电荷的RNA结合核衣壳多肽(C),随后是2个糖蛋白E1和D2。另外,还发现了一些从核衣壳蛋白编码区获得的21kDa、17kDa的蛋白质和一个位于E2和NS2之间7kDa的蛋白质p7。3'端的ORF编码非结构蛋白,包括NS3、NS4A、NS4B、NS5A以及NS5B。⓫

丙肝病毒家族有不同基因型和基因亚型。按照病毒基因的遗传进化情况,其可分为6个基因型,即1~6型;根据每种基因型中核苷酸序列间差异又可将其分为不同的亚型,如1a型、1b型、2a型等。目前发现的6种HCV基因型中包括至少68个亚型。⓬

不同基因型的HCV在全球流行的分布不同,其中1型占主导地位,占所有感染的44%;其次是3型和4型,分别占25%和15%。1型在高收入和中上等收入国家分布较广泛,占这些国家所有感染的60%,而3型在中低收入国家较为常见,占比36%,4

---

❶ 疾病预防控制局. 卫生部公布2010年1月及2009年度全国法定传染病疫情 [R/OL]. (2010-02-10) [2019-08-20]. http://www.nhc.gov.cn/jkj/s3578/201002/8f762b4fc0a04305b5b75e27d6ffe5b8.shtml.

❷ 疾病预防控制局. 2011年1月及2010年度全国法定传染病疫情概况 [R/OL]. (2011-02-10) [2019-08-20]. http://www.nhc.gov.cn/jkj/s3578/201304/a96b7cf13027453f9d62ee8ce0b08a20.shtml.

❸ 疾病预防控制局. 2012年1月及2011年度全国法定传染病疫情概况 [R/OL]. (2012-02-10) [2019-08-20]. http://www.nhc.gov.cn/jkj/s3578/201304/addb40c9f2cc461b8d3bdb25871086ab.shtml.

❹ 疾病预防控制局. 2012年度全国法定传染病疫情概况 [R/OL]. (2013-03-15) [2019-08-20]. http://www.nhc.gov.cn/jkj/s3578/201304/b540269c8e5141e6bb2d00ca539bb9f7.shtml.

❺ 疾病预防控制局. 2013年度全国法定传染病疫情情况 [R/OL]. (2014-02-13) [2019-08-20]. http://www.nhc.gov.cn/jkj/s3578/201402/26700e8a83c04205913a106545069a11.shtml.

❻ 疾病预防控制局. 2014年度全国法定传染病疫情情况 [R/OL]. (2015-02-16) [2019-08-20]. http://www.nhc.gov.cn/jkj/s3578/201502/847c041a3bac4c3e844f17309be0cabd.shtml.

❼ 疾病预防控制局. 2015年全国法定传染病疫情概况 [R/OL]. (2016-02-18) [2019-08-20]. http://www.nhc.gov.cn/jkj/s3578/201602/b9217ba14e17452aad9e45a5bcce6b65.shtml.

❽ 疾病预防控制局. 2016年全国法定传染病疫情概况 [R/OL]. (2017-02-23) [2019-08-20]. http://www.nhc.gov.cn/jkj/s3578/201702/38ca5990f8a54ddf9ca6308fec406157.shtml.

❾ 疾病预防控制局. 2017年全国法定传染病疫情概况 [R/OL]. (2018-02-26) [2019-08-20]. http://www.nhc.gov.cn/jkj/s3578/201802/de926bdb046749abb7b0a8e23d929104.shtml.

❿ 疾病预防控制局. 2018年全国法定传染病疫情概况 [R/OL]. (2018-02-26) [2019-04-24]. http://www.nhc.gov.cn/jkj/s3578/201904/050427ff32704a5db64f4ae1f6d57c6c.shtml.

⓫ 托马斯,莱蒙,朱克曼. 病毒性肝炎 [M]. 3版. 牛俊奇,译. 天津:天津科技翻译出版公司,2013.

⓬ SIMMONDS P, BUKH J, COMBET C, et al. Consensus Proposals for a Unified System of Nomenclature of Hepatitis C Virus Genotypes [J]. Hepatology, 2005, 42 (4): 962-973.

型在低收入国家占比较高，为45%。[1]

2013年，苏迎盈等根据2012年7月之前公开的文献信息，对我国HCV基因型分布情况进行统计分析。该研究结果表明：我国HCV流行最广泛的亚型为1b型和2a型，不同地区基因型存在差异。[2] 其中东北地区HCV基因型分布较少，主要有3种亚型流行，以1b亚型为主，2a型以及1b/2a混合型次之；西北、华北、华中及华南地区仍以1b亚型为主，2a型次之，但存在3a型、3b型及6a亚型的分布。西南地区HCV基因型除5型未见报道以外，均有分布，其中以1b型为主，3b型及3a型次之。华南地区6种HCV基因型均有分布，主要亚型以1b型为主，6a型次之，且6a亚型主要分布于珠江三角地区，2b亚型为第三位基因型。

2016年，聂滨等以2012~2014年公开文献为研究对象，对我国HCV基因型分布特征进行后续研究分析，结果表明近年来我国HCV亚型仍然以1b为主，但6a亚型已经超过2a亚型成为第二大亚型，3b型和3a型构成比呈增加趋势，其他亚型也明显增加。我国HCV亚型呈现逐步多样化发展。[3]

1.2 丙肝的检测和治疗手段

1.2.1 丙肝的检测

目前常用的检测丙肝的方法是HCV血清学标志物检测。HCV血清学标志物包括抗HCV、HCV-RNA、HCV核心抗原等。其他生化检测，如血清丙氨酸氨基转移酶（ALT）、胆红素检测，影像学诊断，病理学诊断等在丙肝的治疗和预后判断等方面也有重要意义。

HCV的检测手段需要满足易操作、低成本、适合大批量进行的检测要求。常用的HCV检测手段包括酶联免疫吸附法（Enzyme Linked Ommunosorbent Assay，ELISA）、化学发光免疫分析法（CLIA）、重组免疫印迹法（Recombinant Immunoblot Assay，RIBA）、PCR扩增技术等。

酶联免疫吸附法检测抗HCV和HCV核心抗原，是我国最常用的HCV抗体检测方法。该方法简单、快速、方便，但结果存在假阳性和假阴性的问题。[4]

化学发光免疫分析法是近年来在病毒检测领域应用广泛，其原理同ELISA法，但酶反应底物为发光剂，酶免疫反应物中酶的浓度决定了化学发光的强度，具有检测敏

---

[1] The Polaris Observatory HCV Collaborators. Global prevalence and genotype distribution of hepatitis C virus infection in 2015: a modelling study [J]. Lancet Gastroenterol Hepatol, 2017, 2: 161-176.

[2] 苏迎盈, 刘慧鑫, 汪宁. 中国丙型肝炎病毒基因型分布 [J]. 中华流行病学杂志, 2013, 34 (1): 80-84.

[3] 聂滨, 张开炯, 刘靳波, 等. 中国丙型肝炎病毒基因型分布回顾及Meta分析 [J]. 检验医学与临床, 2016, 13 (20): 2876-2881.

[4] 乔斌, 李艳. 丙型肝炎病毒实验室检测技术进展 [J]. 医学综述, 2016 (15): 2997-3000.

感性高、检测方便、价格低廉、标志物有效期长等特点。❶

重组免疫印迹法又被称为 SIA（Strip Immune Assay）能够大大降低 ELISA 诊断试剂在检测低危人群中所产生的假阳性结果。RIBA 阳性的病例可充分说明患者的感染性及肝病的存在。❷

逆转录多聚酶链反应（RT-PCR）是检测血清和肝组织中 HCV RNA 的敏感工具，属于核酸检测（Nucleic Acid Test，NAT）技术。该方法敏感性高，但不能检测出低于其检测下限的阳性样本，对样本的质量和操作要求较高。

RT-PCR 以及 RIBA 法是 HCV 的实验室确证方法，也是美国疾病预防与控制中心《预防控制 HCV 感染及 HCV 相关慢性疾病指南》中明确推荐的检测方法。❸

由于丙肝病毒感染后疾病发展与病毒的基因型有关，并且不同抗病毒药物所针对的基因型不同，因此 HCV 基因分型的检测对控制丙肝的传播、提高丙肝的治疗效果非常重要。HCV 基因分型方法可分为分子学检测方法以及血清学检测方法两大类，如图 1-2-1 所示。❹

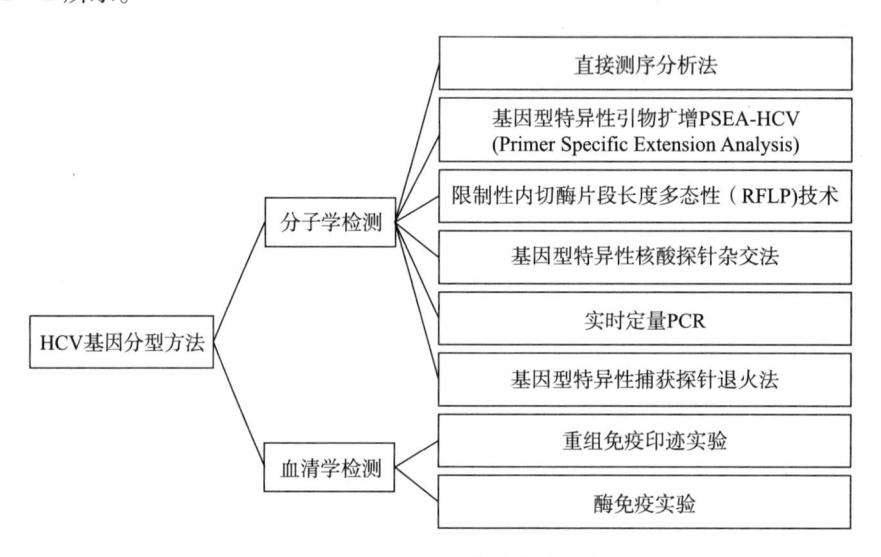

```
                          ┌─ 直接测序分析法
                          ├─ 基因型特异性引物扩增PSEA-HCV
                          │   (Primer Specific Extension Analysis)
              ┌─ 分子学检测─┼─ 限制性内切酶片段长度多态性（RFLP)技术
              │           ├─ 基因型特异性核酸探针杂交法
HCV基因分型方法─┤           ├─ 实时定量PCR
              │           └─ 基因型特异性捕获探针退火法
              │
              └─ 血清学检测─┬─ 重组免疫印迹实验
                          └─ 酶免疫实验
```

图 1-2-1　HCV 基因分型方法

1.2.2　丙肝的治疗

如图 1-2-2 所示，对于丙肝的治疗，根据药物类型和治疗率可分为：干扰素（IFN）或干扰素联合利巴韦林（Ribavirin）治疗时代、口服直接抗病毒药物（Direct-

---

❶ 辜彦，王裕坦. 化学发光酶免疫分析法及酶联免疫吸附法检测抗：丙型肝炎病毒的对比研究［J］. 国际检验医学杂志，2016，37（20）：2891-2892.
❷ 黄耀煊. 肝病分子生物学［M］. 福州：福建科学技术出版社，2003.
❸ 王光，侯智. 丙型肝炎病毒检测方法及影响因素研究进展［J］. 口岸卫生控制，2018（6）：18-21，30.
❹ 周一萌，窦晓光，张琳. 丙型肝炎病毒基因分型检测方法研究进展［J］. 中国实用内科杂志，2014（8）：819-822.

antiviral Agent，DAAs）+干扰素联合 Ribavirin 治疗时代和全口服 DAAs 治疗时代三个阶段。

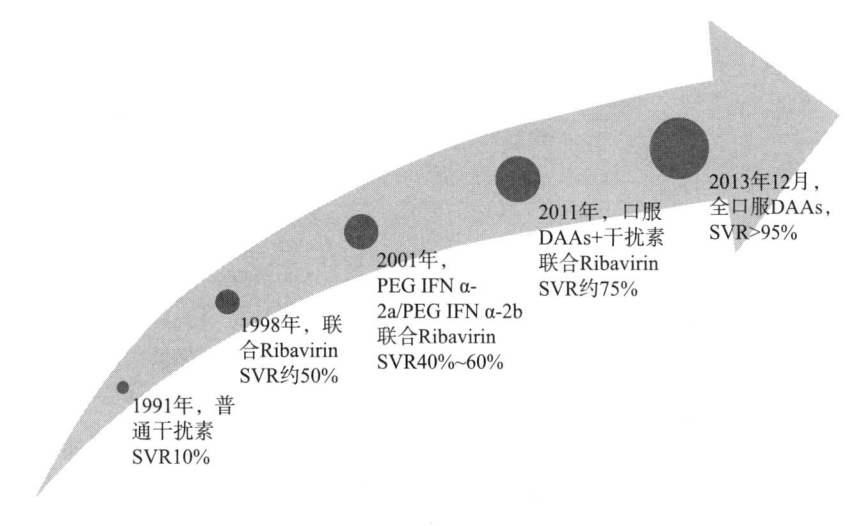

图 1-2-2 慢性丙肝治疗模式演进

（1）干扰素或干扰素联合 Ribavirin 治疗时代

1991 年，美国食品药品监督管理局（FDA）批准普通干扰素用于丙肝治疗，其单药治疗持续病毒学应答率（SVR）在 10% 左右。1998 年 FDA 批准广谱抗病毒药物 Ribavirin 用于慢性丙肝治疗，两者联合应用使得 SVR 明显升高，但仍未超过 50%。2001 年 FDA 批准两种聚乙二醇干扰素（PEG IFN α-2a 和 PEG IFN α-2b）上市，这两种干扰素半衰期长，与普通干扰素相比疗效明显提高，也称为"长效干扰素"。聚乙二醇干扰素相比普通干扰素不仅减少了患者的注射次数（隔日一次减少到每周一次），而且提高了疗效，与 Ribavirin 联用，使治疗后 SVR 增加到 40%~60%。至此，PEG IFN 联合 Ribavirin（PR 疗法）成为国际公认的慢性丙肝标准治疗方案。❶

（2）口服 DAAs + 干扰素联合 Ribavirin 治疗时代

2011 年 5 月博赛普韦（Boceprevir）在美国批准上市，批准的适应证是联合干扰素和 Ribavirin 治疗成人 1 型慢性丙肝。临床结果显示 44 周治疗后，Boceprevir 的 SVR24 超过 60%，特拉普韦（Telaprevir）于同月批准上市。临床研究结果显示对于 1 型慢性丙肝，Telaprevir 联合 PEG IFN 和 Ribavirin 24 周或 48 周 SVR24 为 75%，Telaprevir 支持更短的 PEG IFN + Ribavirin 疗程。❷❸

（3）全口服 DAAs 治疗时代

随着更多的口服 DAAs 药物上市，丙肝治疗进入无须联用聚乙二醇和干扰素的全口服 DAAs 治疗时代。其中代表药物是吉利德研发的"重磅炸弹"药物索非布韦（Sofos-

---

❶❷ 刘丽华，王涛，林琳，等. 慢性丙型病毒性肝炎直接抗病毒药物临床试验设计和评价考虑要点[J]. 中国临床药理学杂志，2019，35（10）：1085-1089.

❸ 蔡皓东. 直接抗病毒时代的丙型肝炎[M]. 北京：中国医药科技出版社，2016.

buvir），其于 2013 年 12 月首次在美国上市，商品名为索华迪（Sovaldi）。Sovaldi 是全球首个获批用于丙肝全口服治疗方案的药物，其覆盖 1~4 型丙肝，治愈率在 90% 左右。Sofosbuvir 是 NS5B 聚合酶抑制剂，不但对 1 型丙肝病毒有抑制作用，并且对其他基因型也有抑制作用。它还可以不与干扰素联合应用，开创了无干扰素治疗丙肝的先河。另外，临床应用中，Sofosbuvir 不易发生耐药性；即使产生了耐药性，停药后耐药病毒很快消失，可以更换另一种药物联用，因此也被医生称为"耐药屏障较高"的药物。

随着更多的直接抗病毒药物上市，Sofosbuvir 与其他 DAAs 药物联用，作为泛基因型治疗药物。美国 FDA 批准 Sofosbuvir 与雷迪帕韦（Ledipasvir）联用，商品名为哈瓦尼（Harvoni），也称"吉二代"。其于 2014 年 10 月在美国上市，用于治疗 1 型和 4 型丙肝，这是第一个被批准治疗 1 型慢性 HCV 感染二联复方丙肝新药、第一个被批准不需要干扰素或 Ribavirin 的方案，对于 1 型丙肝的治愈率达到 95% 以上，该药物在 2018 年 11 月获批在中国上市。Sofosbuvir 与维帕他韦（Velpatasvir）联用，商品名为丙通沙（Epclusa），也称"吉三代"，于 2016 年 6 月在美国上市，用于治疗 1~6 型丙肝，也是最早上市的"全基因型药物"，该药物在 2018 年 5 月获批在中国上市，批准的适应证同样覆盖全部 6 种基因型。Sofosbuvir 与 Velpatasvir、伏西瑞韦（Voxilaprevir）联用，商品名为 Vosevi，也称"吉四代"，于 2017 年 7 月在美国上市，适用患者为先前用含有 NS5A 抑制剂方案治疗失败的 1~6 基因型成年患者，以及先前使用含有 Sofosbuvir 但无 NS5A 抑制剂方案失败的 1a 型或 3 型成人。针对先前已经接受过直接抗病毒药物 Sofosbuvir 或 NS5A 抑制剂治疗的患者，Vosevi 是首个获得 FDA 批准的治疗方案。

1.3 抗丙肝药物产业现状

1.3.1 干扰素产业现状

目前，国内市场上聚乙二醇干扰素产品有罗氏的 Pegasy（PEG IFN α-2a，派罗欣，长效）和默沙东的 PegIntron（PEG IFN α-2b，佩乐能，长效），凯因科技的凯因益生（重组人干扰素 α-2b，短效）、华立达生物的安福隆（重组人干扰素 α-2b，短效）、安科生物的安达芬（干扰素 α，短效）等。从市场份额上看，如图 1-3-1 所示，长效干扰素占市场份额近 80%，派罗欣占到 58%，单价 1124 元/支，自付 30%；佩乐能占到 21%，单价 1047 元/支，自付 30%。普通（短效）干扰素使用较少，其中凯因益生占 7%，单价 56.09 元/支，自付 20%；安福隆占 3%，单价 61.5 元/支，自费。国内研究显示，即使长效干扰素的单价远高于短效干扰素，但利用 Markov 模型从患者整个生命周期比较，使用长效干扰素治疗丙肝及其相关肝病总体花费显著低于短效干扰素。目前大多患者选择价格较高的长效干扰素治疗丙肝。❶

---

❶ 万彬，丁海霞，占伊扬. 丙肝医疗费用现状及支付方式研究［J］. 中国医疗保险，2017（10）：59-61.

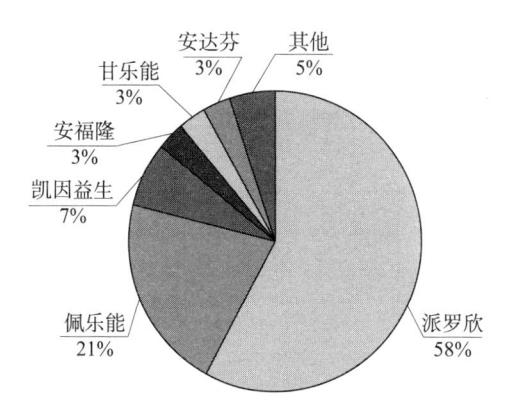

图 1-3-1 国内主要干扰素产品市场份额

来源：IMS Health。

然而，随着全口服 DAAs 药物的陆续上市，干扰素的市场也日益缩水。在 Sofosbuvir 面世之前，全球的丙肝标准治疗方案是"干扰素注射 + Ribavirin + DAAs"，罗氏的派罗欣、默沙东的佩乐能等产品也都曾盛极一时，但治愈性全口服 DAAs 药物在海外的陆续上市让其销售额急剧跳水，佩乐能的销售数据甚至已经不在默沙东的财报中体现。

1.3.2 DAAs 药物产业现状

本书统计了截至 2019 年 6 月所有已上市的 DAAs 药物，结果见表 1-3-1。

表 1-3-1 已上市 DAAs 药物概况

产品（商品名）	药物	靶点（作用机制）	基因型	原研公司	最早上市时间/地区
Victrelis	Boceprevir	NS3/4A	1 型	默沙东	2011-05/美国
Incivek（US）/Telavic（JP）/Incivo（EP）	Telaprevir	NS3/4A	1 型	Vertex	2011-05/美国
Sovriad（US）Olysio（EP）	Simeprevir	NS3/4A	1 型	Medivir/Janssen	2013-11/美国
Sovaldi	Sofosbuvir	NS5B	1、2、3 型	吉利德（吉一代）	2013-12/美国
Sunvepra（速维普）	Asunaprevir	NS3/4A	1b	BMS	2014-07/日本
Daklinza（百立泽）	Daclatasvir	NS5A	1~6 型	BMS	2014-07/日本
Vanihep	Vaniprevir	NS3/4A	1 型	默沙东	2014-09/日本
Exviera（易奇瑞）	Dasabuvir	NS5B	1a、1b 型	艾伯维	2015-01/欧洲

续表

产品（商品名）	药物	靶点（作用机制）	基因型	原研公司	最早上市时间/地区
Erelsa	Elbasvir	NS5A	1型	默沙东	2016-09/日本
Grazyna	Grazoprevir	NS3/4A	1型	默沙东	2016-09/日本
Arlansa	Narlaprevir	NS3/4A	1型	MSD/R-Pharm	2016/俄罗斯
Granovo（戈诺卫）	Danoprevir	NS3/4A	1、4型	歌礼	2018-06/中国
Harvoni	Sofosbuvir/Ledipasvir	NS5B、NS5A	1、4、5、6型	吉利德（吉二代）	2014-10 美国
Viekira pak	达沙布韦（Dasabuvir）/奥比他韦（Ombitasvir）/帕利瑞韦（Paritaprevir）/利托那韦（Ritonavir）	NS5B、NS5A、NS3/4A、CYP3A	1型	艾伯维	2014-12/美国
Technivie（US）Viekirax（JP、EP）（维建乐）	Ombitasvir/Paritaprevir/Ritonavir	NS5A、NS3/4A、CYP3A	1a、1b、4型	艾伯维	2015-01/欧洲
Zepatier（择必达）	艾尔巴韦（Elbasvir）/格拉瑞韦（Grazoprevir）	NS5A、NS3/4A	1、4型	默沙东	2016-01/美国
Epclusa	Sofosbuvir/Velpatasvir	NS5B、NS5A	1~6型	吉利德（吉三代）	2016-06/美国
Ximency（JP）	Daclatasvir/Asunaprevir/Beclabuvir	NS5A、NS3/4A、NS5B	1型	BMS	2016-12/日本
Vosevi	Sofosbuvir/Velpatasvir/Voxilaprevir	NS5B、NS5A、NS3/4A	1~6型	吉利德（吉四代）	2017-07/美国
Mavyret（US）Maviret（JP、EP）（艾诺全）	格卡瑞韦（Glecaprevir）/哌仑他韦（Pibrentasvir）	NS3/4A、NS5A	1~6型	艾伯维	2017-07/欧洲
索菲达卡	Sofosbuvir+Daclatasvir	NS5B、NS5A			2015/老挝

其中，Boceprevir 和 Telaprevir 由于具有较多的副作用，现已退市。利托那韦（Ritonavir）本身没有抗病毒活性，其作为肝脏药物代谢酶 CYP3A 抑制剂，用于延缓 DAAs 药物在肝脏中的代谢。值得一提的是，老挝利用《与贸易有关的知识产权协议》（TRIPS），于 2015 年批准抗丙肝药物"索菲达卡"。这是基于两种已上市药物 Sofosbuvir 和达卡他韦（Daclatasvir）研制的新处方，据报道其对 1b 型丙肝治愈率高达 99%。

从表 1-3-1 还可以看出，除了单药，抗丙肝药物领域还出现很多复方联用药物。之所以各原研公司在开发单药的同时还推出多种成分组成的复方药物，是由于丙肝病毒属于单股正链 RNA 病毒，单链的结构很不稳定，而且 RNA 病毒在复制时缺乏修正错误的 DNA 聚合物，在复制时经常会发生"拼写错误"，但却没有纠错机制，因此，丙肝病毒具有较高的变异性。丙肝病毒在人体中平均每天产生 1010~1012 个病毒颗粒，但其核苷酸平均每年出现"拼写错误"的概率高达 $8 \times 10^{-4} \sim 2 \times 10^{-3}$。在药物的压力下，病毒复制时的"拼写错误"更多，尤其是一些抗病毒作用较弱、耐药屏障较低的药物，病毒很容易通过变异对其产生耐药性。因此，只要病毒复制时出现变化，当初使用的药物很快就会失去治疗作用，病毒很快又可以在体内大量复制，导致药物失去疗效。因此，类似艾滋病的"鸡尾酒"疗法，丙肝治疗也采用将几种药物联用，几种不同作用机制的药物同时发生强大的抗病毒作用，彻底抑制病毒复制，不让病毒得到变异或复制的机会。这不仅可以减少病毒耐药的发生，也可以大大缩短疗程，减少停药后的复发。因此，临床上，常常将两种及以上的抗丙肝药物联合给药。此外，联合给药还可以避免聚乙二醇干扰素或 Ribavirin 的使用，目前多种联合给药方案已经不需要另外联用聚乙二醇干扰素或 Ribavirin，同样可以降低治疗副作用。

对已上市产品涉及的靶点分析可知，直接抗病毒药物分别涉及 NS3/4A 丝氨酸蛋白酶、NS5A 蛋白酶和 NS5B 聚合酶三类非结构蛋白酶抑制剂。如图 1-3-2 所示，这三类蛋白酶是直接抗病毒药物开发中非常重要的靶点。这也为后续新药研发指明了方向。

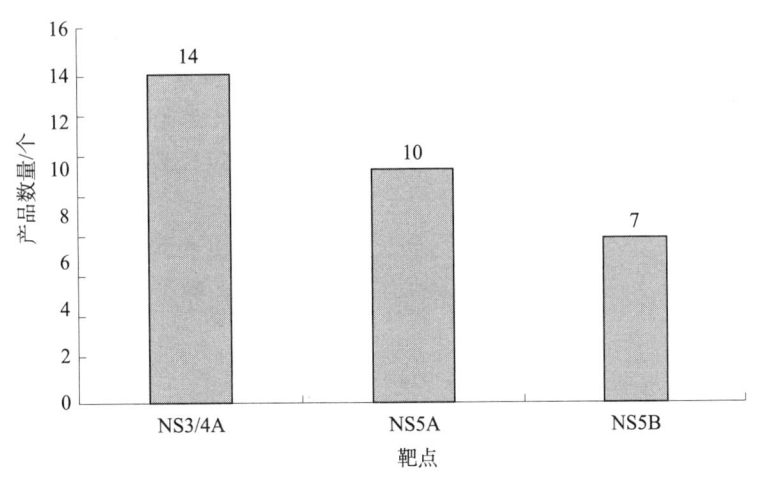

图 1-3-2 全球上市抗丙肝产品涉及的靶点分布

对上市药物的研发公司进行汇总分析。从图1-3-3可见，上市药物中默沙东产品最多，吉利德有3款产品Sovaldi、Harvoni和Epclusa属于"重磅炸弹"药物，其中Sovaldi和Harvoni曾创下3个月内约60亿美元的销售额。这使得吉利德在2014~2017年的丙肝市场中几乎处于垄断地位。

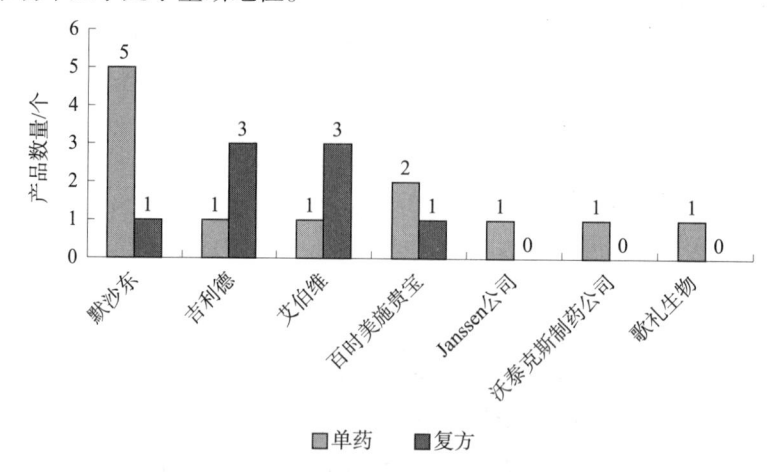

图1-3-3 国外上市丙肝药物公司及产品数量

2011年5月，由默沙东和Vertex分别开发的DAAs药物Boceprevir和Telaprevir被批准上市后，丙肝治疗从此开启了直接抗丙肝病毒时代。

2013年，强生推出西咪匹韦（Simeprevir），2013年底，吉利德的Sovaldi上市，DAAs药物时代由此开端。DAAs + PEG IFN α + Ribavirin方案或者DAAs全口服方案将丙肝患者SVR提升至90%~100%，能够实现丙肝的治愈。

自此开始，吉利德、强生、艾伯维、百时美施贵宝、默沙东相继推出了多款DAAs药物。随着DAAs药物的兴起，全球抗丙肝药物公司以及销售情况也重新洗牌。

2014年以前，罗氏占据了丙肝市场的主要销售额。这是由于2014年前，占据丙肝治疗主要市场的药物是干扰素，而罗氏是干扰素产品的主要生产商。

在DAAs药物中，吉利德Sovaldi、Harvoni、Epclusa以及艾伯维的Mavyret最为成功，其中吉二代，即Harvoni销售峰值一度达到138.64亿美元。2014~2017年，吉利德在全球丙肝药物市场具有不可撼动的地位，其中2015年，其丙肝业务达到了空前的191亿美元。

吉利德全球抗丙肝药物自2015年达到顶峰后开始逐步下滑，部分原因是吉利德的产品治愈率较高，绝大部分患者得到痊愈，从而导致患者数量急剧减少，吉利德丙肝业务持续缩减。

2014~2017年，吉利德的Sovaldi、Harvoni以及Epclusa占据了大半江山；然而从2015~2018年趋势而言，艾伯维的Viekira Pak + Mavyret异军突起，在全球丙肝市场衰退的2017~2018年成为一股清流，由于其治疗周期的减少（疗程仅为8周），治疗费用相比之下大大降低，销售业绩暴涨。2018年艾伯维丙肝业务收入36.16亿美元，与吉利德的36.86亿美元相差无几。

纵观全球丙肝药物市场，除吉利德、艾伯维外，百时美施贵宝、罗氏、默沙东等制药企业近年来在丙肝药物市场上表现也较为强劲。

1.3.3 国内抗丙肝药物产业现状

尽管全球丙肝市场上，我国企业无法与欧美制药巨头抗衡，但近年来，在国家各种政策支持下，我国医药企业也对抗丙肝药物研发进行了各种方式的努力，并获得一定的成绩。下面以几个重点的国内企业为对象进行介绍。

（1）歌礼生物

歌礼生物目前主要的在研项目中抗病毒药物有 5 种（丙肝药物 3 种），其中，抗丙肝药物达诺瑞韦〔Danoprevir，DNV，商品名戈诺卫（Granovo）〕已上市，是我国研发的第一个上市的丙肝领域 DAAs 药物；此外，该公司还有 1 种抗丙肝药物即将上市。

（2）东阳光药业

东阳光药业专注于抗病毒、内分泌及代谢类疾病、心血管疾病等治疗领域。近年来，其营业收入和净利润均呈现快速增长趋势，其中抗病毒药物收入占据了其主要部分，如表 1-3-2 所示。

表 1-3-2　东阳光药业不同治疗领域收入情况

治疗领域	2016 年 收入/亿元	2016 年 占比/%	2017 年 收入/亿元	2017 年 占比/%	2018 年 收入/亿元	2018 年 占比/%
抗病毒	7.40	78.58	14.08	87.91	22.54	89.79
心血管疾病	0.89	9.47	0.96	6.01	1.01	4.01
内分泌及代谢类疾病	0.47	4.97	0.41	2.58	1.01	4.01
其他	0.66	6.98	0.56	3.50	0.55	2.19
合计	9.42	100.00	16.01	100.00	25.11	100.00

在丙肝药物领域，东阳光药业投入了大量精力：作为 NS5A 抑制剂的磷酸依米他韦（Yimitasvir），于 2014 年 11 月获得临床批件。Yimitasvir + Sofosbuvir 联用已完成Ⅲ期临床试验受试者入组。

2016 年 2 月，东阳光药业与我国台湾公司太景医药签署合作备忘录，进行 Yimitasvir 与伏拉瑞韦（Furaprevir）的合作，以此开发本土 DAAs 联合用药。Furaprevir 是一种 NS3/4A 抑制剂，已经于 2015 年 10 月申报临床试验。目前 Yimitasvir + Furaprevir 的联合用药将开展临床Ⅲ期试验，该组合被业界认为有能力与进口 DAAs 药物抗衡。

此外，在丙肝药物方面，东阳光药业还有处于临床Ⅰ期阶段的英莱布韦钠（Yilabuvir Sodium）和康达瑞韦钠（Kangdaprevir Sodium）等。

（3）银杏树药业

银杏树药业（苏州）有限公司经过 5 年时间研发出了 1.1 类抗丙肝新药赛拉瑞韦钾。该药属于 NS3/4A 抑制剂，具有高活性、高特异性以及对多基因型有效。已于

2015年3月获得临床批件，目前正进行赛拉瑞韦钾联合Sofosbuvir治疗慢性丙肝的Ⅲ期临床试验。

（4）凯因科技

凯因科技的干扰素产品凯因益生属于普通干扰素中的佼佼者，占我国干扰素市场6.57%；在DAAs药物方面，凯因科技自主研发了全基因型NS5A抑制剂，编号KW-136，并于2015年申报临床，上市申请已经于2018年6月获得CDE受理。❶

（5）南京圣和

南京圣和药业股份有限公司已独立研制开发出SH526（NS5A抑制剂）、SH229（和乐布韦，NS5B核苷类抑制剂）两个候选药物，并且紧跟NS5B+NS5A联合用药这一国际研究热点方向，开发出了SH526+SH229联合用药方式。其中SH229的临床Ⅰ期试验已经完成，已初步证实其安全性和有效性。而SH526+SH229的组合也已获得临床批件。

（6）常州寅盛

常州寅盛制药与四川大学、上海药明康德新药开发有限公司进行三方合作，共开发2个靶点的丙肝药物。其中NS5A抑制剂福比他韦于2015年9月进行临床试验申报，为"重大新药创制"专项，2016年3月获批临床，目前仍在进行Ⅰ期临床试验。同时，福比他韦与银杏树药业的赛拉瑞韦钾联用的临床试验也正进行中。另一种NS4B抑制剂安非和韦同样于2017年获批临床，Ⅰ期试验进行中。

1.4 行业面临的问题

WHO针对丙肝提出，到2030年在全球实现80%的治疗目标。目前，丙肝的主要治疗手段是PR疗法（PEG IFN联合Ribavirin）和DAAs疗法（口服直接抗病毒药物）。

1.4.1 PR疗法治愈率低

虽然PR疗法曾一度成为治疗丙肝的首选方案，但由于其60%的治愈率远不能与DAAs药物高达95%的治愈率相媲美，加之副作用问题，PR疗法的应用范围逐渐收缩。《WHO 2018版慢性丙型肝炎病毒感染患者的管理和治疗指南》《2018年美国肝病学会/美国感染病学会指南》《2018年欧洲肝病学会丙型肝炎治疗指南》都将DAAs作为推荐疗法。在我国2015年版《丙型肝炎防治指南》中，PR疗法还是我国现阶段HCV现症感染者的首选方案，但在2019年版《丙型肝炎防治指南》❷中已经将DAAs疗法作为首选。

虽然PEG IFN联合Ribavirin治疗方案存在诸多缺点，但是考虑药品可及性，其仍然是目前很多发展中国家临床标准治疗方案，可应用于所有基因型HCV现症感染同时

---

❶ 万彬，丁海霞，占伊扬. 丙肝医疗费用现状及支付方式研究［J］. 中国医疗保险，2017（10）：59-61.
❷ 2019年12月正式公布。

无治疗禁忌证的患者。2019 年版《丙型肝炎防治指南》中也指出，考虑到 DAAs 疗法的可负担性的原因，部分 DAAs 药物联合 PR 的方案可应用于临床。

1.4.2　DAAs 药物价格高昂

尽管 DAAs 药物对丙肝可以达到 99% 的治愈率，而且出现了泛基因型疗法，近乎完美地克服了 PR 疗法的诸多缺点，但其高昂的药价也是普通患者难以承受的。如表 1-4-1 所示，Sofosbuvir 一疗程的售价达到了约 8 万元人民币，即使是国产的 Danoprevir，其一疗程也要花费约 4 万元人民币，这使得药品的可及性成为 DAAs 药物不可回避的问题。

表 1-4-1　国内部分上市 DAAs 药物治疗费用

药品	公司	适应证	中国/（元/疗程）
Sofosbuvir	吉利德	1、2、3 型	78000
Epclusa	吉利德	1~6 型	79500
Elbasvir Grazoprevir	默沙东	1、4 型	63000
Danoprevir	歌礼生物	1、4 型	40000

1.4.3　我国原创新药少

对全球上市的 20 余种 DAAs 药物进行分析，绝大多数属于欧美制药企业产品，中国企业仅歌礼生物一家，其产品 Granovo 于 2018 年 6 月在中国上市，用于 1 型和 4 型丙肝治疗，具体如图 1-4-1 所示。

除歌礼生物外，东阳光药业、凯因科技等也在 DAAs 药物方面加紧战略布局。但短期来看，在 DAAs 抗丙肝药物领域，我国原创新药仍势单力薄，难以与国外企业抗衡，这也使丙肝治疗药物的定价权受欧美制药公司制约，药价降低难度大。

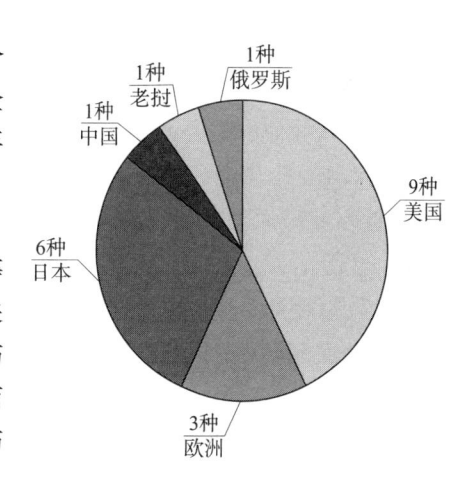

图 1-4-1　全球 DAAs 药物数量原创地分布

1.5　研究思路和方法

1.5.1　研究思路

通过专利分析的方法来解决丙肝治疗领域存在的问题，如图 1-5-1 所示，具体来说：

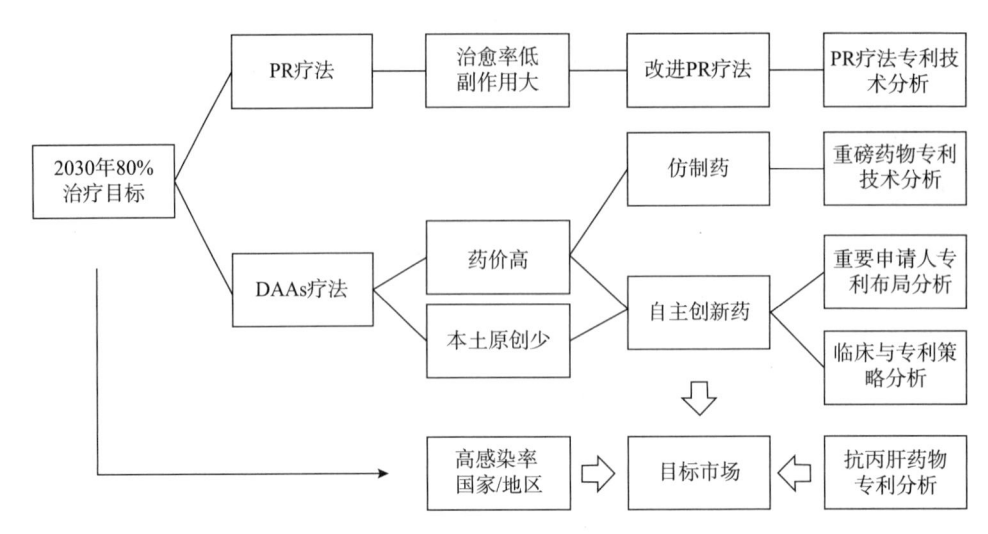

图 1-5-1 丙肝治疗领域专利分析研究思路和方法

① 针对 PR 疗法治愈率低、副作用大的问题。虽然 PR 疗法存在以上缺点，但因其治疗费用相对较低，仍具有一定的市场空间，而且其治愈率低和副作用的问题也有可能通过技术改进加以克服。因此，发展改进的 PR 疗法应是一条可行的途径。为此，课题组开展了 PR 疗法专利技术分析，对现有专利文献中改进的 PR 疗法加以分析，寻找技术突破口。

② 针对 DAAs 药价高的问题。DAAs 药价居高不下，一方面是因为这些药物尚处于专利保护期，没有仿制药产品与其竞争；另一方面是因为自主创新药品少，缺少有力的竞争对手。为此，课题组开展了重磅药物专利技术分析，对已上市重磅药物的原研专利以及来自其他申请人的专利进行分析，希望为仿制药企业确定仿制时机和技术突破口提供指引。

③ 针对我国原创新药少的问题。加大自主创新药物的开发无疑是解决该问题的必然选择，也是解决 DAAs 药价高的有效途径。为此，将对重要申请人的专利布局策略进行分析，同时创新性地对重磅药物的临床开发与专利布局策略之间的关系进行综合分析，更为全面地展示新药开发的成熟策略，为国内制药企业在专利布局和临床开发方面提供指引。

以上分析聚焦在如何引进国外先进经验来指导国内药品开发，而我国自主开发出的抗丙肝药物，还面临着如何开拓市场的问题。在 DAAs 药物可以实现丙肝治愈的情况下，仅局限于国内市场远不能满足需求，还应将目标放眼全球。为此，针对丙肝高发国家和地区，通过对其专利进行分析，圈定了适合我国制药企业开拓的目标市场，为我国制药企业"走出去"提供指引。

1.5.2 技术分解

经过前期的行业现状和产业现状调查，对抗丙肝药物有了全面的认识。在此基础上,综合考虑抗丙肝药物专利检索的特点及研究的可行性,最终将新型抗丙肝药物专利技术划分为改进的干扰素-Ribavirin 疗法和 DAAs 药物两大部分,并对重点技术分支进行了进一步细分,进而得到表 1-5-1 所示的新型抗丙肝药物专利技术分解。

表 1-5-1 新型抗丙肝药物专利技术分解情况

	一级分支	二级分支	三级分支	四级分支
新型抗丙肝药物	改进的干扰素-Ribavirin 疗法（952）	干扰素-Ribavirin 技术改进	短效	—
			长效	—
		干扰素-Ribavirin 联合其他化合物	干扰素-Ribavirin+已上市药物	—
			干扰素-Ribavirin+新化合物	—
	DAAs 药物（6875）	单一靶点	Sofosbuvir	化合物
				晶型
				制药用途
				衍生物（盐、酯、溶剂合物……）
				组合物
			Daclatasvir	—
			Dasabuvir	—
			Erelsa	—
			……	
		靶点联用	Harvoni	组合物中各组分
				各组分晶型
				各组分衍生物（盐、酯、衍生物……）
				用途
			Epclusa	—
			Zepatie	—
			Viekira pak	—
			……	

1.5.3 数据检索

本书采用的专利大数据来自国家知识产权局专利检索与服务系统中的德温特世界专利索引数据库（DWPI），数据检索截止日期为 2018 年 12 月 31 日，法律状态或审查过程查询截止时间为 2019 年 2 月 28 日；通过人工筛选出新型抗丙肝药物及改进的干扰素-Ribavirin 疗法的重要技术专利。

对于具体化合物、重要申请人利用国际联机检索系统（STN）中的 CAplus 数据库进行检索，通过 CAS 登记号检索重要化合物的全球专利申请，人工筛选出化合物的晶体、盐、溶剂合物等专利申请，并筛选出主要化合物为活性成分的制药用途和组合物专利申请；对于申请人，通过申请人路径检索其抗丙肝药物全球专利申请，梳理其技术发展脉络和在该领域的专利布局。

对于临床数据的检索，ClinicalTrials.gov（美国国家医学实验室临床试验网站）是由美国卫生研究院（NIH）下属的美国国立医学图书馆与 FDA 运行的临床试验资料库，目前是全球最大临床试验注册库，收录全球由国家拨款或者私募经费资助的各项试验目录，也是目前国际上最重要的临床试验注册机构之一。挖掘其收录的关于全球抗 HCV 药物的临床研究，有利于我们精确把握该领域的研究热点。考虑到该领域是以市场为导向，企业为主体的，因此将试验主体选择企业，检索日期截至 2019 年 6 月 31 日。

1.5.4 检索要素

在进行行业和产业调查以及对本领域相关文献阅读基础上，确定检索要素。课题组在检索中结合了数据库的特点，根据技术特点和检索的可行性确定最终检索要素和检索策略。

采用"检索—验证—查找原因—再检索—再验证"的反复调整策略，达到预期目标。首先全面检索，保证查全，再通过分类号、关键词批量去噪，对检索结果进行验证，分析漏检和引入噪音的原因，调整检索式；反复进行上述操作，最终对结果进行验证，达到可接受的查全率和查准率。详细的检索要素如表 1-5-2 所示。

表 1-5-2 抗丙肝药物检索要素

分类号/关键词	含义
C07D	杂环化合物
C07C	无环或碳环化合物
C07F	含除碳、氢、卤素、氧、氮、硫、硒或碲以外的其他元素的无环、碳环或杂环化合物
C07J	甾族化合物
A61K 31	含有机有效成分的医药配制品

续表

分类号/关键词	含义
C07H 3、C07H 5、C07H 7、C07H 9、C07H 11、C07H 13、C07H 15、C07H 17、C07H 19、C07H 21、C07H 23	糖类；及其衍生物；核苷；核苷酸；螯合物
C07K 4、C07K 5、C07K 7、C07K 9、C07K 11、C07K 14、C07K 16	肽
C12N 5	未分化的人类、动物或植物细胞，如细胞系；组织；它们的培养或维持；其培养基
A61K 38	含肽的医药配制品
A61K 39/00	含有抗原或抗体的医药配制品
A61K 48/00	含有插入活体细胞中的遗传物质以治疗遗传病的医药配制品；基因治疗
A61K 36	含有来自藻类、苔藓、真菌或植物或其派生物，例如传统草药的未确定结构的药物制剂
A61K 35/32、A61K 35/36、A61K 35/70、A61K 35/72、A61K 35/407、A61K 35/413、A61K 35/48、A61K 35/50、A61K 35/58、A61K 35/62、A61K 35/64、A61K 35/78、A61K 35/80、A61K 35/82、A61K 35/84、A61K 35/60、A61K 35/56	含有其有不明结构的原材料或其反应产物的医用配制品
Hepatitis、hcv、NS5A、NS5B、NS3、NS4A、NS4B、NS2、previr、buvir、+asvir、asvir	

1.5.5 相关事项约定

以下对本书中出现的术语或现象一并给出解释。

（1）同族专利

同一项发明创造在多个国家或地区申请专利而产生的一组内容相同或基本相同的专利文献，称为一个专利族或同族专利。从技术角度来看，属于同一专利族的多件专利申请可视为同一项技术。在本书中，针对技术和专利技术原创国进行分析时，对同族专利进行了合并统计；针对专利在国家或地区的公开情况进行分析时，对各件专利进行了单独统计。

（2）关于专利申请量统计中的"项"和"件"的说明

项：同一项发明可能在多个国家或地区提出专利申请，DWPI数据库将这些相关多件专利申请作为一条记录收录。在进行专利申请数量统计时，对于数据库中以一族（这里的"族"反映的是同族专利中的"族"）数据的形式出现的一系列专利文献，计算为"1"项。一般情况下，专利申请的项数对应于技术的条目。以"项"为单位进行专利文献量的统计主要出现在外文数据的统计中。

件：在进行专利申请数量统计时，例如，为了分析申请人在不同国家、地区或组织所提出的专利申请的分布情况，将同族专利申请分别进行统计，所得到的结果对应于申请的件数。1项专利可能对应于1件或多件专利申请。

（3）专利所属国家或地区

在本书中，专利所属国家或地区是以专利申请的首次申请优先权国别来确定的，没有优先权的专利申请以该项申请的最早申请国别确定。

（4）近两年专利文献数据不完整导致申请量下降的原因

由于我国发明专利申请通常自申请日（有优先权日的，自优先权日计）起18个月公开，PCT专利申请可能自申请日起30个月甚至更长时间才能进入国家阶段，其进入指定国后进行的国家公布时间就更晚，因此，检索结果中包含2017~2019年的专利申请量比真实的申请量要少，反映到申请量年度变化的趋势中，将出现申请量在2018年之后出现突然下滑的现象。

1.6 研究方法特色

本书在传统专利分析的基础上，结合丙肝特点，提出了具有丙肝特色的分析研究方法。立题方面，以政策为指引，着眼于解决当前国内企业实际面临的问题；分析方法方面，结合临床试验数据进行专利分析，发现重要申请人，为国内企业进行专利布局提供针对性建议；应用与推广方面，以问题为导向，从发病率分布出发，对相关国家专利技术情况进行分析，结合国内医药企业临床产品发展水平及现有专利布局，确定我国医药产品目标市场。

主要结论包括全球范围内抗丙肝药物领域发展趋势和研发热点、重要申请人专利申请策略、药物临床研究与专利布局关系、我国未来抗丙肝药物产品目标市场。以下简单介绍本书的特色分析研究方法。

1.6.1 以政策为指引，以问题为导向

为了增强成果的应用价值，使研究成果真正能够推动产业发展，课题组没有基于传统的专利分析套路，直接动手进行数据分析，而是从研究之初就制定了以解决制药行业面临的实际问题为出发点的研究思路。对全球和国内丙肝感染现状以及治疗手段进行了大量的文献研究，结合与企业和科研院所的调查研究，梳理出了产业上亟待解决的突出问题。在此基础上，我们以产业相关政策为指引，结合专利分析结果，提出了具有实效性的解决办法。

1.6.1.1 以政策为指引

制药行业是一个高风险、高投入的产业，并且事关百姓身体健康，一直备受国家的重点关注，因而制药行业是受政策影响非常大的行业。在立项之初，课题组广泛查

阅了事关丙肝药物的各项国家政策：

①《中华人民共和国国民经济和社会发展第十三个五年（2016—2020年）规划纲要》指出：要加强重大传染病防治。

②《中国制造2025》提出开展重大疾病新药的研发。

③《医药工业发展规划指南》将病毒感染的创新药物列为重点发展方向之一。

④《国家中长期科学和技术发展规划纲要（2006—2020年)》将病毒性肝炎列为重大传染病防治专项。

⑤"重大新药创制"科技重大专项将病毒感染性疾病列为严重危害我国人民健康的10类重大疾病之一，并专门制定了"艾滋病和病毒性肝炎等重大传染病防治科技重大专项"。

⑥2017年12月21日颁布的《关于鼓励药品创新实行优先审评审批的意见》，明确提出对于防治包含丙肝毒性肝炎且具有明显临床优势的药品注册申请可纳入优先审评审批范围。

国家政策对制药行业的重要推动作用，一个明显的例子就是我国目前唯一一个具有自主知识产权的1类抗丙肝小分子药物Danoprevir，正是在十三五"重大新药创制"科技专项的支持下成功问世的。该药的上市也进一步掀起了国内制药企业对直接抗病毒类丙肝药物的研究热潮。

1.6.1.2 以问题为导向

2016年5月，WHO发布全球病毒性肝炎战略规划，以"在2030年之前消灭作为重大公共卫生威胁的病毒性肝炎"为目标，强调消除病毒性肝炎威胁不仅是全球健康事业的一部分，也是全球可持续发展目标（SDG）不可分割的一部分。这是WHO首次发布的全球病毒性肝炎策略规划，目标是到2030年，90%的丙肝患者能够得到诊断，80%符合治疗条件的慢性HCV感染者得到治疗，并将丙肝死亡病例减少65%。

经过前期充分的行业调查，自2011年第一种DAAs抗丙肝药物上市以来，目前所有的抗丙肝药物均为口服DAAs药物，并且从口服DAAs药物结合干扰素-Ribavirin逐步过渡到全口服DAAs药物时代，因此选择小分子直接抗丙肝药物为重点研究内容。研究过程中，一方面，通过企业调研，获得我国最新的2019年版《丙型肝炎防治指南》相关信息，该防治指南指出目前抗HCV治疗进入直接抗病毒药物的泛基因时代，与前期调研和锁定的研究方向一致，进一步验证了该研究方法、方向的正确性；另一方面，研究中充分听取行业专家意见，对研究的整体思路和选取的关键技术点等进行指导，以保证内容客观全面，恰当使用产业数据、市场数据，得出符合产业发展现状的结论。

在文献研究和调查研究的基础上，课题组梳理出了丙肝药物领域的三个主要问题：①PR疗法治愈率低；②DAAs疗法价格高；③我国原创新药少。在确定了产业问题后，本书以问题为导向，结合宏观数据分析和重点关注焦点，形成点面结合方式。首先，得到宏观分析结果；其次，对重点关注的申请人、专利技术以及市场上重点产品进行深入分析，获得重点申请人以及重磅产品专利布局情况；再次，结合医药领域特色，结合药物临床分析，讨论临床研究与专利布局关系；最后，结合全球范围内的不同需求以及我国产业实际现状,得出结论。

在专利分析方面,本书采用了综合分析方法。对于整体专利申请分析,包括了必不可少的几个维度:专利申请量趋势、专利申请区域分布、重要申请人、专利申请技术主题分布以及重点核心专利等;并重点分析了围绕重磅产品的专利布局和后续外围专利分布,重要申请人专利布局策略和应对策略等。同时涉及了部分关键专利的状态/运营情况、不同申请人间的合作研发、专利的许可/转化应用等情况,从多个维度分析,采用资料收集、市场调查、专家座谈、企业调研等不同方式,综合各方面信息,以客观、全面、准确地展现抗丙肝药物领域的发展以及专利生态环境。

1.6.2 专利与临床试验综合分析

药物临床试验是研究药物的有效性、安全性和质量等问题,以考察其能否上市用于特定人群的临床试验。新药临床试验一般分为4期,Ⅰ期临床试验是初步的临床药理学即人体安全性评价试验,Ⅱ期是对治疗作用的初步评价,Ⅲ期是治疗作用的确证阶段,Ⅳ期是新药上市后由申请人自主进行的应用研究。我国药品监督管理部门要求创新性药物通过Ⅲ期临床试验才能获批上市。

传统的药物专利分析往往仅着眼于专利本身。然而,药物研发的过程可以视作获取新药证书的过程。在这个过程中,临床前研究、临床试验是贯穿新药研发过程的主线,产生了各项专利。从制药企业的角度看,专利与临床试验应是相伴生的,仅仅将专利孤立地看待,不能反映新药研发的全貌。

本书创新性地将专利与临床数据综合进行分析。本书临床数据来源于美国卫生研究院下属的 ClinicalTrails. gov 以及我国国家药品监督管理局药品审评中心(CDE)下属的药物临床试验登记与信息公示平台。药物临床试验登记与信息公示平台是基于国家药品监督管理局的药物临床试验申请数据,对获准在我国开展的所有药物临床试验实行登记与社会公示的信息平台。

1.6.2.1 结合临床数据圈定重要申请人

在传统专利分析方法中,通过对不同研究对象的申请人排序分析,筛选出主要申请人。申请人排序分析的数据主要有专利申请量、授权量、公开量等指标。新药上市除了需要专利保驾护航之外,还必须根据药品监管部门的要求进行临床试验。因此医药领域衡量申请人实力的指标除了专利数量之外,进入临床阶段的药品数量也是重要指标之一。例如,2018年歌礼生物开发的具有自主知识产权的 Granovo 获得国家药品监督管理局批准上市,这是首个由中国本土企业开发的 DAAs 药物。然而经检索歌礼生物目前在国内仅有3项抗丙肝药物专利,如果仅从数量这一维度分析,其并不在主要申请人的名单之列。

基于这一现状,通过临床试验数据分析,结合申请人排序分析结果,可准确地圈定丙肝领域的重要申请人。通过 CDE 下属药物临床试验登记与信息公示平台对国内丙肝药物临床试验数据进行检索,以国内企业申请临床试验项目数量为分析对象,对企业进行排序分析,结果如图1-6-1所示。将图1-6-1与丙肝领域国内主要专利申请人进行对比发现，歌礼生物、银杏树药业以及凯因科技虽然在申请数量上没有优势，但是三者均有产品进入临床阶段，属于国内丙肝领域的重点企业。根据图1-6-1分析结果，选择了歌礼生物、东阳光药业、银杏树药业、凯因科技、寅盛药业以及圣和药业为重点企业，对其专利申请情况、在研产品的研究进展进行详细分析。

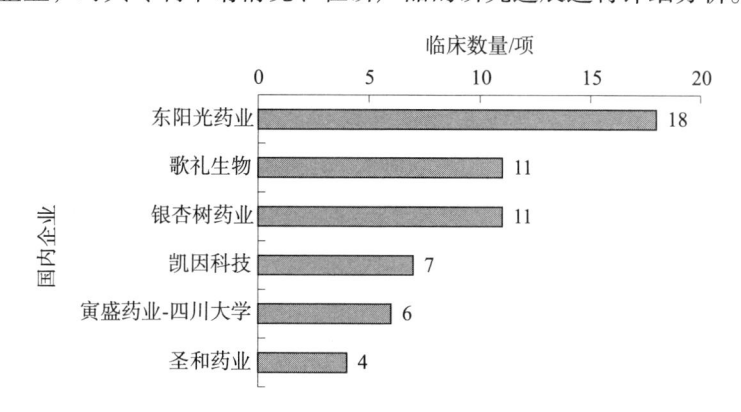

```
                临床数量/项
            0    5    10   15   20
东阳光药业  ████████████████████ 18
歌礼生物    ████████████ 11
银杏树药业  ████████████ 11
凯因科技    ████████ 7
寅盛药业-四川大学 ██████ 6
圣和药业    ████ 4
```

图1-6-1 国内企业抗丙肝临床试验项目数量分析

1.6.2.2 结合临床数据进行专利布局分析

丙肝药物与其他治疗领域相比，多种活性药物联用的组合物产品较多。组合物产品相较于新化合物，研发周期较短，相应地产品更新换代较快。为了缩短新产品的上市周期，专利布局通常与临床研究相互配合，二者同步推进。对产品的临床试验数据进行分析，有助于探究专利布局背后的逻辑所在。

选择12款美国上市的DAAs产品为研究对象。专利方面，通过STN中的CAplus数据库对原研公司的专利申请时间、保护主题、授权范围等进行总结分析；临床方面，通过ClinicalTrails.gov检索原研公司的临床试验项目，对各个项目的开始时间、试验目的、试验内容等进行梳理分析。最后将临床试验与专利布局分析结果按照时间线为轴进行对比研究，对专利布局进行深层次分析。

例如，对Sofosbuvir的临床试验以及专利布局进行对比分析发现，吉二代（Sofosbuvir和Ledipasvir组合物）最早于2011年提出专利申请，该专利申请中并未涉及组合物剂量；2013年8月又针对固定剂量（Sofosbuvir和Ledipasvir 400/90 mg）的药物联用方案提出专利申请。这一剂量选择的背后有临床数据的支持——2013年5月吉利德针对该固定剂量组合物对1型HCV患者的疗效、安全性和耐受性展开了临床研究。通过临床数据分析，可以了解吉利德为什么选择2013年8月这一时间段以及选择这一固定剂量的技术方案提出专利申请。

1.6.2.3 结合临床数据进行市场主体分析，提出专利布局建议

药物联用对研发企业的化合物储备提出了较高要求。当单一企业的药物储备不足以满足联用需求时，不同企业之间的合作就会有所加强。从上市情况来看，FDA先后批准Simeprevir + Sofosbuvir、Daclatasvir + Sofosbuvir联合用药方案用于慢性HCV治疗，上述药物分子来自不同公司。基于这一现状，对上市药物联合用药的临床试验以及组

合物专利申请进行梳理分析，以期发现丙肝领域的产业联盟或产业共同体。本书提出了友商联合的专利布局策略，在国内企业新化合物储备量稍显不足的背景下，加强外部合作开发，形成技术联盟或专利联盟，不失为降低研发成本、缩短新产品上市周期的有效途径。

1.6.3 以专利分析圈定目标市场

本书不仅关注如何将国外先进经验引入国内来解决本国产业上面临的问题，更是要解决如何让国内的产品"走出去"的问题。在圈定目标市场方面，已有的研究关注较少，或者更多是从市场角度进行分析。本书创造性地提出了从专利分析角度圈定目标市场的策略。

1.6.3.1 从发病率出发初步确定目标市场

不同地区丙肝发病率决定了当地对于抗丙肝药物的需求，是确定其能否成为目标市场的前提。本书通过资料收集、文献调研确定了全球范围内的整体发病情况，以及发病率较高的地区，并获得具体的发病率与发病人口数据。经过比对发现，丙肝高发的国家和地区正好与"一带一路"沿线国家高度重合。

为响应国家政策号召，实现我国医药发展"走出去"，推进与"一带一路"沿线国家合作，推动我国医药海外创新发展，课题组以"一带一路"沿线国为分析目标，以确定我国医药企业产品未来在该领域的目标市场。分析过程中涉及了全球丙肝发病率分布情况、我国医药企业上市及临床研究产品、全球主要制药企业在"一带一路"沿线国家专利布局、"一带一路"沿线国原创专利技术、我国医药企业在"一带一路"沿线国家现有布局以及典型"一带一路"沿线国家专利分析几个方面。

1.6.3.2 国内重点企业海外专利布局分析

我国是否存在有潜力的抗丙肝药物产品、未来能否持续产出以及与欧美制药企业的差距，决定了能否实现我国医药企业"走出去"的目标。本书通过市场调查和我国临床产品调查研究，确定了我国在抗丙肝领域的几个重点产品以及重点企业，结合研究上述企业围绕其产品的专利布局情况，确定其技术水平、研究阶段和未来发展能力。同时，对比上述企业在发病率较高的"一带一路"沿线国家的相关专利申请情况进行分析，确认目前我国制药企业在上述国家的专利申请和布局策略以及未来的方向，了解其最新动态。

1.6.3.3 "一带一路"沿线国专利输入和输出情况分析

本书通过宏观数据分析获得了"一带一路"沿线国专利输入和输出情况的整体数据，该数据能够总体反映该地区的抗丙肝药物发展水平。专利输入的数量和质量体现该领域重点企业和院所对"一带一路"沿线国市场的重视程度，也一定程度上反映未来我国产品的竞争情况。而"一带一路"沿线国本土原创专利的输出则体现了该国家或地区的自主研发实力，以及在该领域的技术水平。这两方面的研究对于确定目标市场有很大的帮助。通过研究"一带一路"沿线国专利输入情况，可以帮助国内企业关注竞争对手的相关专利、企业待开发产品相关专利以及企业进入"一带一路"沿线国市场的专利壁垒等；同时国内制药企业可以学习对行业发展有决定性作用的企业的专利申请、布局策略，参考其专利运营模式，为后续将产品打入相关市场做好充足的前期准备。而对"一带一路"沿线国输出专利的研究，可以帮助我国医药企业全面、准确地判断目标国家或地区的真正实力，有条件地对相应国家或地区进行筛选，精准确定未来我国产品最合适的目标市场。

为进一步准确清晰了解"一带一路"沿线国在抗丙肝药物领域的真正实力和发展状况，本书还依据前期对"一带一路"沿线国整体分析情况确定了几个典型的国家，从专利申请态势、申请来源分布、重点申请人、技术主题分布、核心/典型专利、本土相关重点企业、关键技术专利的来源和运营模式等多个方面进行个别分析。这几个国家分别是：印度、以色列、俄罗斯、南非、印度尼西亚（以下简称"印尼"）、老挝、柬埔寨。综合考虑国家人口数量、发病率及发病人口总数、国家经济水平、国家研发实力、医药巨头市场占有情况等因素，本书将"一带一路"沿线国分为三大类，并据此确定了未来我国抗丙肝药物产品的目标市场以及潜在市场。

第 2 章　抗丙肝药物专利态势分析

本章利用国家知识产权局专利检索与服务系统（以下简称"S系统"），主要采用的数据库为DWPI数据库，以关键词配合IPC分类号进行检索，总计获得11837项专利。通过对专利申请整体发展趋势、专利申请国家或地区分布、专利主题分析等角度对抗丙肝药物进行分析。检索日期截至2018年12月31日，法律状态或审查过程查询截止时间为2019年2月28日。

2.1　抗丙肝药物专利总体态势分析

为了解全球抗丙肝领域专利申请总体态势，本节对全球抗丙肝药物的专利申请量、申请趋势、申请人等进行统计分析。

2.1.1　全球抗丙肝药物专利总体态势分析

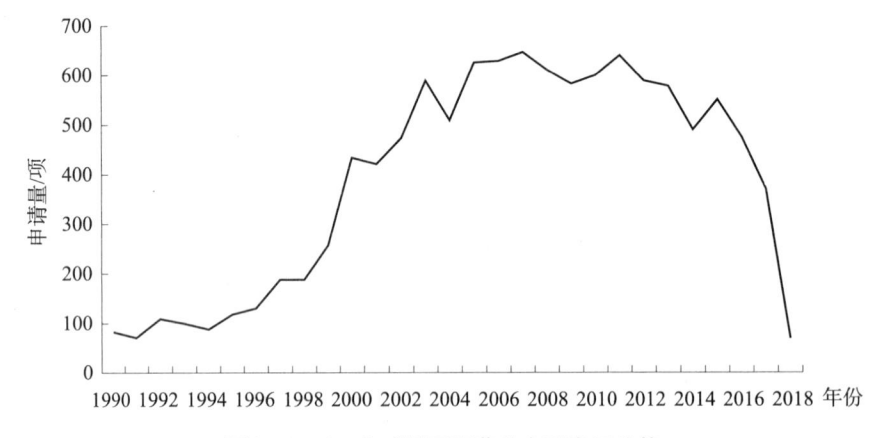

2.1.1.1　全球抗丙肝药物专利发展趋势分析

丙肝病毒于1989年才被正式命名，因此，首项抗HCV相关专利出现于1990年（WO9014436A1），申请人为Chiron公司，涉及用于检测HCV感染的寡聚物。1990~1998年，抗丙肝药物相关专利申请量较小，均不超过200项，有逐年上升的趋势，但总体较为平稳，主要涉及HCV检测和疫苗。图2-1-1展示的是全球抗丙肝药物专利发展趋势。

图2-1-1　全球抗丙肝药物专利发展趋势

随着对HCV致病机理和药物靶点的研究不断深入，抗丙肝药物发明数量快速增加。1999~2004年，抗丙肝药物相关专利申请进入了上升期，抗丙肝药物相关专利数量快速增加。默沙东于2000年申请的专利WO0208244A2中公开了Boceprevir，美国沃泰克斯制药公司也在2000年的专利申请WO0218369A2公开了Telaprevir。上述化合物最终在2011年5月于美国上市，成为首批用于抗HCV治疗的直接抗病毒药物，由此也带动了全球各大制药企业在抗HCV领域进行研发。2005~2013年，抗丙肝药物相关专利申请量均维持在较高水平（每年600项左右）；2014~2016年，相关专利数量逐渐开始回落，但每年的专利申请量仍在400项之上，这可能是基于DAAs药物空前的高治愈率，抗丙肝市场出现一定程度地萎缩，丙肝业务持续缩减，相关制药企业的研发热度有所下降。需要说明的是，发明专利申请通常自申请日起18个月才能公开，因而2017~2018年申请量的数据不完整，在趋势分析中，2017~2018年的数据仅供参考，不代表趋势变化。

2.1.1.2 全球抗丙肝药物专利技术主题分析

图2-1-2展示的是全球抗丙肝药物专利主要技术主题分布，其中，涉及化学药物的专利总计6830项，占所有专利申请的61%，是该领域最重要的技术主题。

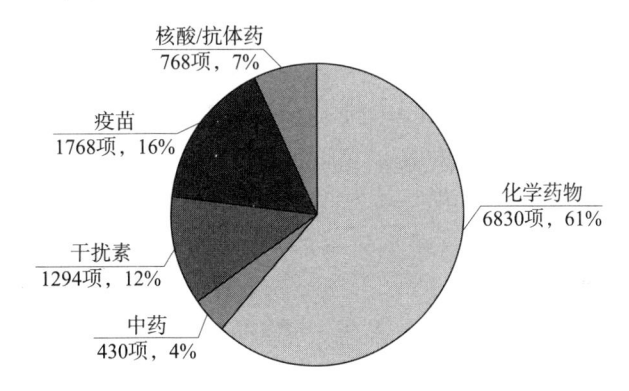

图2-1-2 全球抗丙肝药物专利技术主题分布

疫苗是病毒防治中的一级预防，因而对丙肝疫苗的研发与化学药物的研发几乎同时起步。但由于丙肝病毒易突变、基因型众多、缺乏体外评价模型等原因，在疫苗研发中并没有取得突破性的进展，专利申请量没有显著的增长，总量也仅占16%，至今仍没有丙肝疫苗上市。

1991年，美国食品药品监督管理局批准普通干扰素用于丙肝治疗，其单药治疗SVR在10%左右。1998年，FDA批准广谱抗病毒药物Ribavirin用于慢性丙肝治疗，两者联合应用使得SVR明显升高，但仍未超过50%。2001年，FDA批准两种聚乙二醇干扰素上市，这两种干扰素半衰期长，与普通干扰素相比疗效明显提高，治疗后SVR增加到40%~60%。干扰素是最早用于治疗丙肝的药物，且在2013年12月全口服DAAs药物上市前，丙肝的主流药物治疗方案均涉及干扰素。因而涉及干扰素的丙肝治疗药物或方法也占据了较高的比重（12%），然而由于干扰素对丙肝治疗的SVR贡献有限，并存在一定的副作用和禁忌症，因此，干扰素在抗丙肝领域的专利申请量占比并不高，并在全口服DAAs药物上市后迅速萎缩。

近年来，随着干扰 RNA 和抗体药物的发展，用于丙肝治疗的核酸或抗体药物专利申请量有所上升，但总量有限，仅占 7%。此外，用于丙肝治疗的天然提取物或中药组合物专利申请仅占 4%。

2.1.2 全球抗丙肝药物国家/地区分布分析

由图 2-1-3 可以明显看出，美国是丙肝药物领域申请量最多原创国家，超过一半的抗丙肝药物专利申请来源于美国，这也与美国制药企业在全球的领先地位相匹配。此外，欧洲地区与中国也有 10% 左右的相关专利申请量，尽管我国制药行业相对发达国家或地区较为落后，但在抗丙肝领域的专利申请占有可观的比例。此外，来源于"一带一路"沿线国家的专利申请量占 6%，主要来源于印度和俄罗斯。

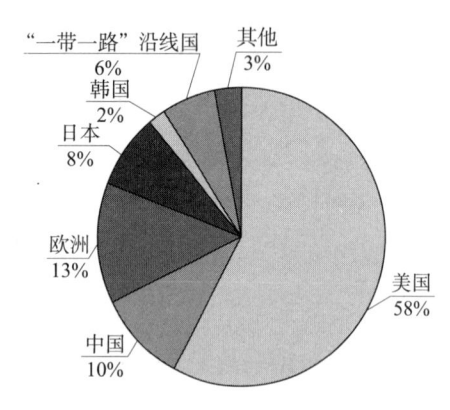

图 2-1-3 全球丙肝药物相关专利原创国家或地区分布

由图 2-1-4 可知，美国、欧洲、日本和韩国在抗丙肝药物领域的专利申请量与趋势基本一致，在 2012 年以后均逐步下降；而中国在 2011~2016 年一直保持较高且较稳定的申请量，且有上升的趋势，这也与我国大力发展医药产业，将针对病毒感染的创新药物列为重点发展方向等政策扶持有关。

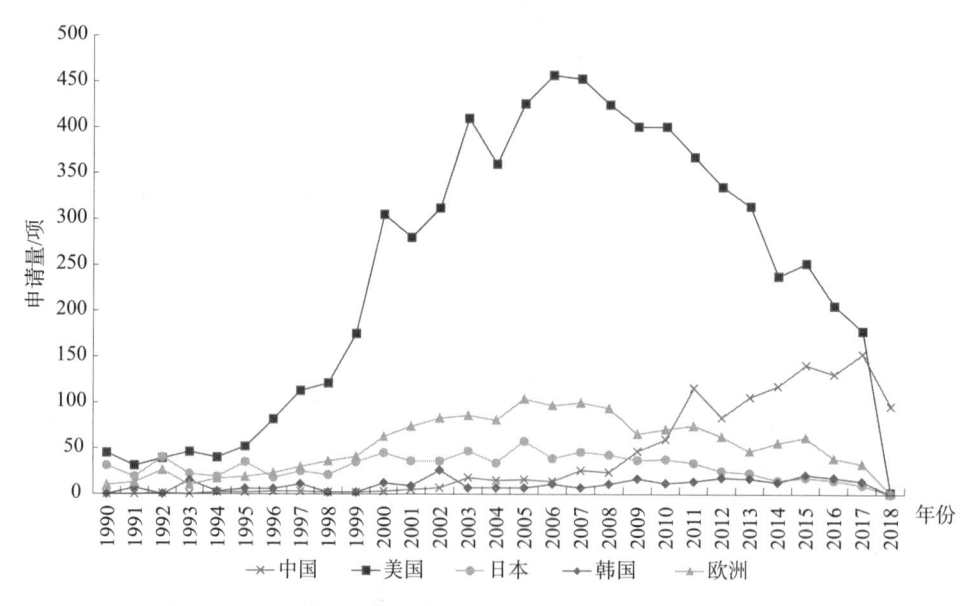

图 2-1-4 抗丙肝药物主要原创国家或地区专利申请产出趋势

由图 2-1-5 可以看出，美国专利申请中原创专利达到 92%，显然是比重最高的，远远高于其他国家或地区。但值得一提的是，国内申请人占中国相关领域专利的 29%，高于欧洲地区的原创产出比重。

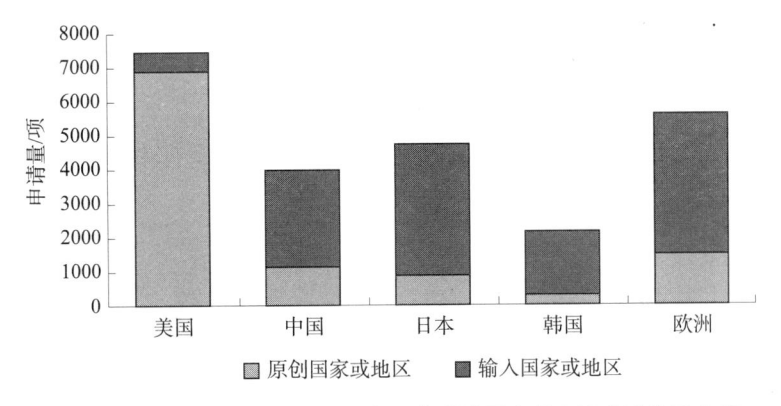

图2-1-5 抗丙肝药物主要原创国家或地区专利申请产出比重分析

图2-1-6展示的是排名前12位的目标国家或地区专利布局分布，其中美国、欧洲、日本、中国和加拿大排名前五位。专利布局可以针对竞争对手和潜在竞争对手技术研发进行限制和干扰，也能够针对专利技术的重要市场和潜在市场，为未来产品或服务的竞争力提供保障。因此，专利布局分布体现了专利申请人对该国家或地区的重视程度。从图2-1-6可以看出，美国作为大型制药企业云集、竞争对手众多且药品价格高昂的国家，是抗丙肝药物领域最受申请人重视的市场。而欧洲和日本、加拿大等发达地区或国家以及中国、印度、巴西等人口众多、经济发展速度快、潜在市场大的国家，也颇受相关制药企业重视。

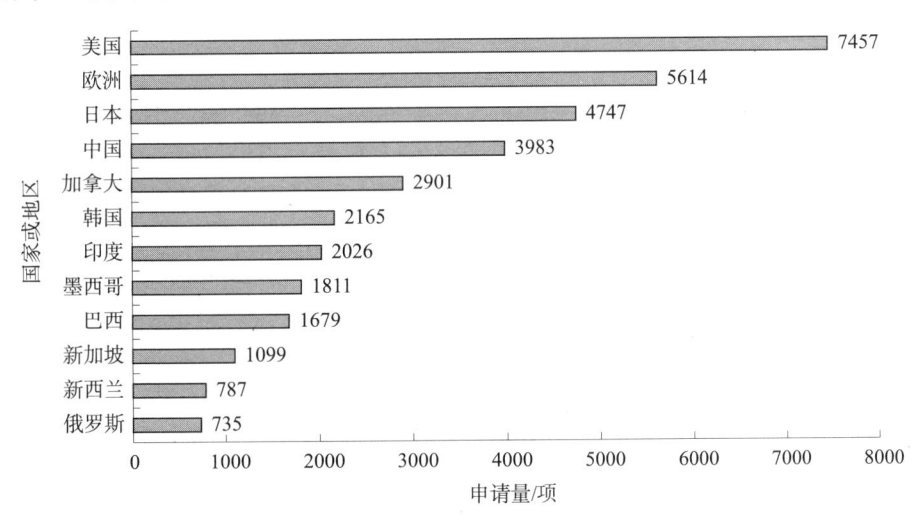

图2-1-6 抗丙肝药物全球主要目标国家或地区专利布局分布

2.1.3 抗丙肝药物全球主要申请人分析

图2-1-7展示的是全球前12位申请人专利申请排名，基本上为欧美申请人，其中，默沙东以402项相关专利申请量排名第一。排名靠前的申请人中没有国内申请人，一方面说明国内申请人在抗丙肝药物领域的研发力度仍待提高，另一方面说明国内申

请人对知识产权的重视程度有所不足。

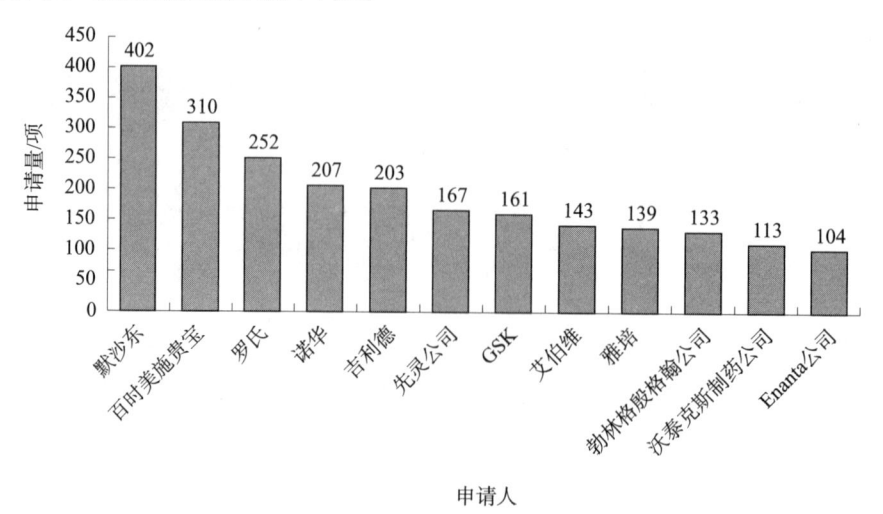

图 2-1-7 全球抗丙肝药物主要申请人专利申请排名

2.1.4 国内抗丙肝药物专利态势分析

以下对国内抗丙肝药物专利申请的总体分布、申请量趋势等方面进行分析，有助于认识国内抗丙肝药物产业创新发展的基本状况和从整体上把握技术发展趋势。

2.1.4.1 国内抗丙肝药物专利发展趋势分析

由图 2-1-8 展示的国内抗丙肝药物的发展趋势可以看出，国内申请人从 2003 年开始在抗丙肝药物领域的专利申请量保持一定的规模，从 2009 年开始专利申请量急速增长，2012 年专利申请量的下降可能与国际金融危机波及国内申请人有关。与全球专利申请量趋势不同的是，国内申请人在抗丙肝药物领域虽然起步相对较晚，但年申请量呈持续上升趋势，说明国内申请人在抗丙肝领域的关注度持续增长。这也与国内鼓励新药研发的政策扶持相关。

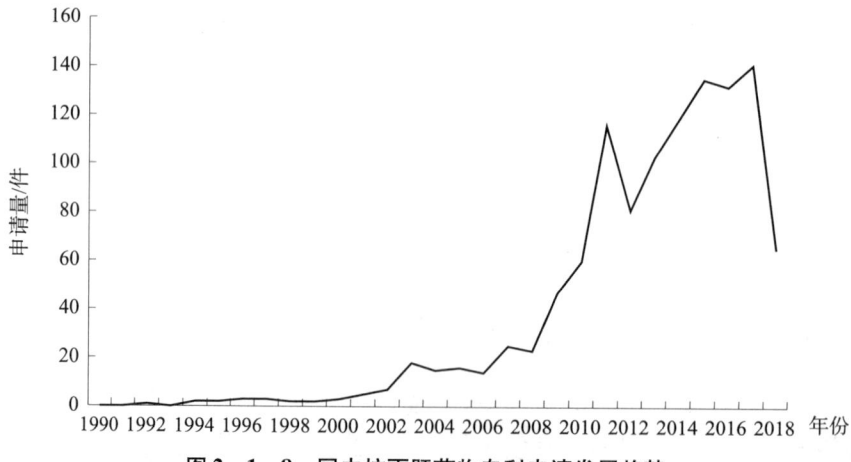

图 2-1-8 国内抗丙肝药物专利申请发展趋势

2.1.4.2 国内抗丙肝药物专利技术主题分析

由图2-1-9可以看出,国内申请人在抗丙肝药物领域的专利申请技术主题与全球专利申请基本一致,主要差别在于:①干扰素相关专利申请占比低,这可能与我国在抗丙肝药物研发起步晚,DAAs药物已经成为研究热点,传统的干扰素治疗方案并没有被关注有关;②中药相关的专利申请比例略有升高,这也与我国是中医药大国相符。

图2-1-9 国内抗丙肝药物专利申请技术主题分布

2.1.4.3 国内主要申请人排名

图2-1-10展示的是国内前22位申请人专利申请排名。国内申请量最大的申请人为东阳光药业,专利申请量为29件。东阳光药业目前是国内最大的达菲生产基地,能够研发、海外注册、生产欧美等发达国家仿制药并且自主研发、注册创新药,专注于抗病毒、内分泌及代谢类疾病等治疗领域,抗病毒药物收入占据了其主要部分。

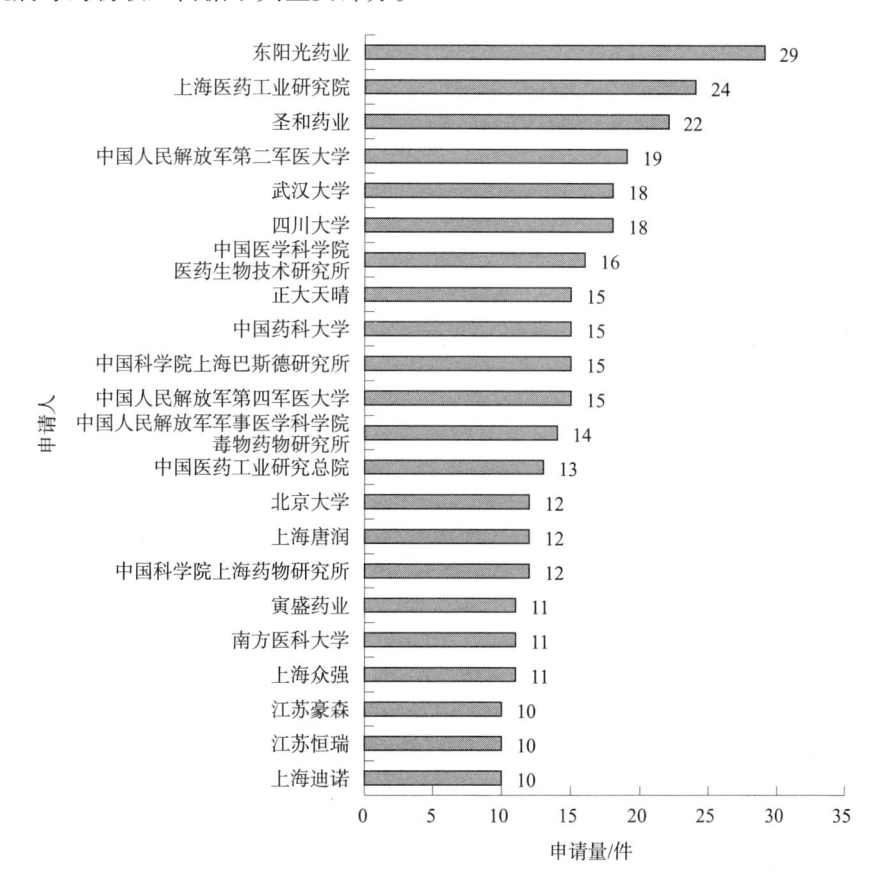

申请人	申请量/件
东阳光药业	29
上海医药工业研究院	24
圣和药业	22
中国人民解放军第二军医大学	19
武汉大学	18
四川大学	18
中国医学科学院医药生物技术研究所	16
正大天晴	15
中国药科大学	15
中国科学院上海巴斯德研究所	15
中国人民解放军第四军医大学	15
中国人民解放军军事医学科学院毒物药物研究所	14
中国医药工业研究总院	13
北京大学	12
上海唐润	12
中国科学院上海药物研究所	12
寅盛药业	11
南方医科大学	11
上海众强	11
江苏豪森	10
江苏恒瑞	10
上海迪诺	10

图2-1-10 国内抗丙肝药物专利主要申请人排名

在排名前 22 位的申请人中，来自企业的申请人占 41%，表明抗丙肝药物的研发产业上占比较高。除企业申请人之外，其余重要申请人均为科研院所，四川大学于 2012 年 5 月与寅盛药业有限公司签订了丙肝新药的产学研合作开发合同，将研究成果转化到实际生产中。

2.2 改进的干扰素联合 Ribavirin 疗法总体状况

在丙肝领域 DAAs 药物上市之前，干扰素联合 Ribavirin 是本领域治疗丙肝最主要的方案。本节对该疗法技术的全球专利申请进行检索，并对全球专利申请发展的趋势、区域分布、主要申请人以及相关技术作了分析。

2.2.1 抗丙肝干扰素联合 Ribavirin 疗法专利分析

2.2.1.1 全球专利态势分析

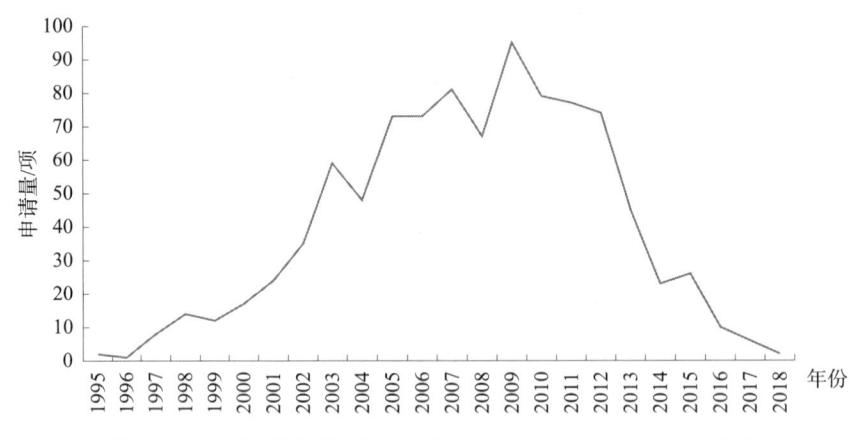

图 2-2-1 示出了全球抗丙肝干扰素联合 Ribavirin 疗法专利申请趋势。从图中可以看出，在 1995 年之前没有使用干扰素联合 Ribavirin 用于治疗丙肝的相关申请，在 2000 年之前，相关的申请也是较少；从 2000 年开始，申请量开始以较大幅度增加，2009 年的申请量为 95 项，达到年度申请量的峰值；从 2010 年起年度申请量开始减少，2013 年开始了悬崖式下跌，此时正是 Sofosbuvir 开始上市的时间，由于其极高的治愈率，各大制药企业的研发热情均涌向了 DAAs 类药物。

图 2-2-1 全球抗丙肝干扰素联合 Ribavirin 疗法专利申请趋势

2.2.1.2 专利申请区域分布

图 2-2-2 示出了抗丙肝干扰素联合 Ribavirin 疗法专利申请的技术来源分布。对全球专利申请的技术来源进行统计，在抗丙肝干扰素联合 Ribavirin 疗法领域中，美国的申请占据了绝对的领先地位，远超其他国家或地区。由此可以看出，美国在抗丙肝领域的关注度较高，投入的研发力度比较大。

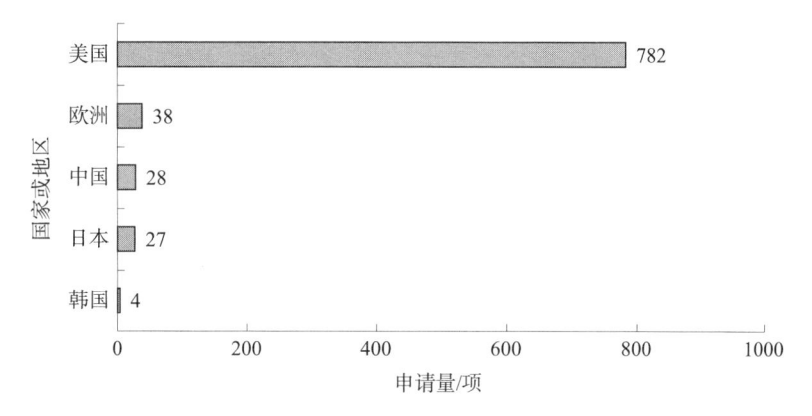

图 2-2-2 全球抗丙肝干扰素联合 Ribavirin 疗法专利申请主要技术来源国家或地区

2.2.1.3 专利主要申请人

图 2-2-3 示出了全球排名前十申请人的专利申请量情况，先灵公司、百时美施贵宝公司和艾迪尼克斯公司专利申请居前三位。

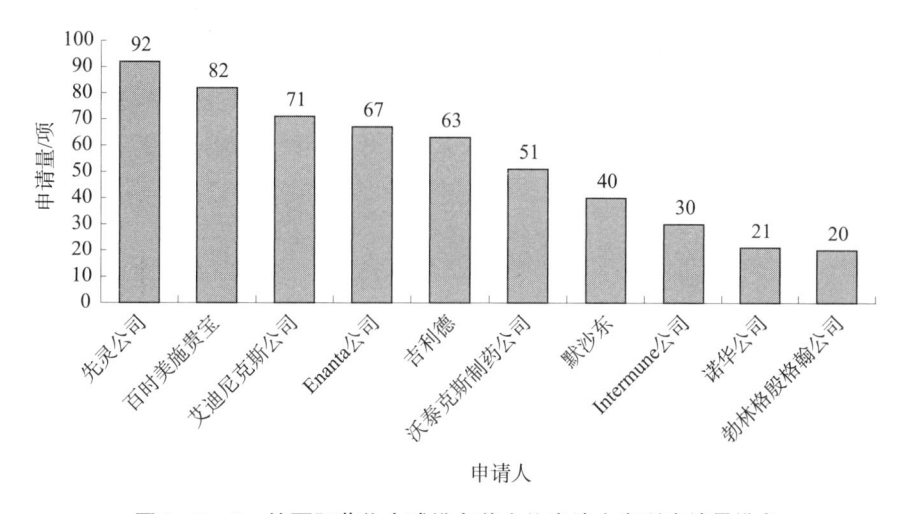

图 2-2-3 抗丙肝药物全球排名前十位申请人专利申请量排名

2.2.1.4 中国专利态势分析

从表 2-2-1 可以看出，东阳光药业的申请量以绝对的优势处于领先地位，其申请所涉及的主题均为联合用药，而国内绝大多数申请人的相关申请也均涉及 DAAs 药物、干扰素、Ribavirin 联合用药，仅泰宗生物科技股份有限公司涉及一项中药、干扰素、Ribavirin 联合用药的申请。

表 2-2-1 干扰素联合 Ribavirin 疗法中国主要申请人及申请量对比

申请人	主题	申请量/件
广东东阳光药业有限公司	DAAs、干扰素、Ribavirin 联合用药	18
爱博新药研发（上海）有限公司	DAAs、干扰素、Ribavirin 联合用药	2

续表

申请人	主题	申请量/件
杭州和正医药有限公司	DAAs、干扰素、Ribavirin 联合用药	2
中美华世通生物医药科技（武汉）有限公司	DAAs、干扰素、Ribavirin 联合用药	1
南京安赛莱医药科技有限公司	DAAs、干扰素、Ribavirin 联合用药	1
四川大学	DAAs、干扰素、Ribavirin 联合用药	1
南京圣和药业股份有限公司	DAAs、干扰素、Ribavirin 联合用药	1
江西润泽药业有限公司	DAAs、干扰素、Ribavirin 联合用药	1
泰宗生物科技股份有限公司	中药、干扰素、Ribavirin 联合用药	1

2.2.2 抗丙肝干扰素联合 Ribavirin 疗法专利技术构成分析

2.2.2.1 DAAs 与干扰素、Ribavirin 三联用全球申请分析

图 2-2-4 示出全球抗丙肝 DAAs 与干扰素、Ribavirin 联用疗法专利申请趋势。从图中可以看出，其趋势与全球抗丙肝干扰素联合 Ribavirin 治疗的专利申请大致相同，同样是在 2009 年达到年度申请量的峰值，2013 年开始申请量急剧下滑。

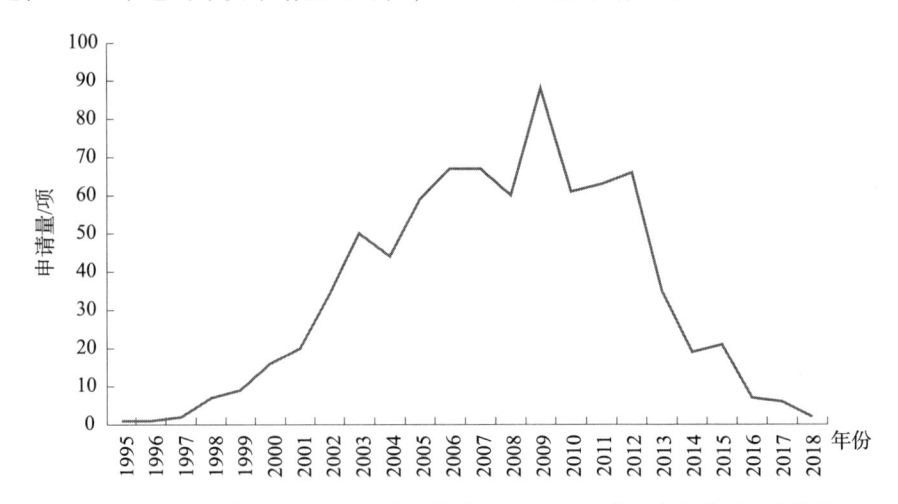

图 2-2-4 全球抗丙肝 DAAs 与干扰素、Ribavirin 联用疗法专利申请趋势

图 2-2-5 示出了全球 DAAs 与干扰素、Ribavirin 联用技术排名前十位申请人的专利申请量情况。其中，排名前三位的申请人与全球涉及干扰素联合 Ribavirin 技术前三位申请人相同，只是排名次序发生了改变，百时美施贵宝超越先灵公司排名第一位。将图 2-2-5 与图 2-2-3 进行比较发现，前十位申请人的申请量并未发生太大的改变，表明国外的丙肝药物制药公司将研究的重点纷纷集中于抗丙肝 DAAs 药物，而这些 DAAs 药物与干扰素联合 Ribavirin 治疗技术，只是其中的一种治疗方案。

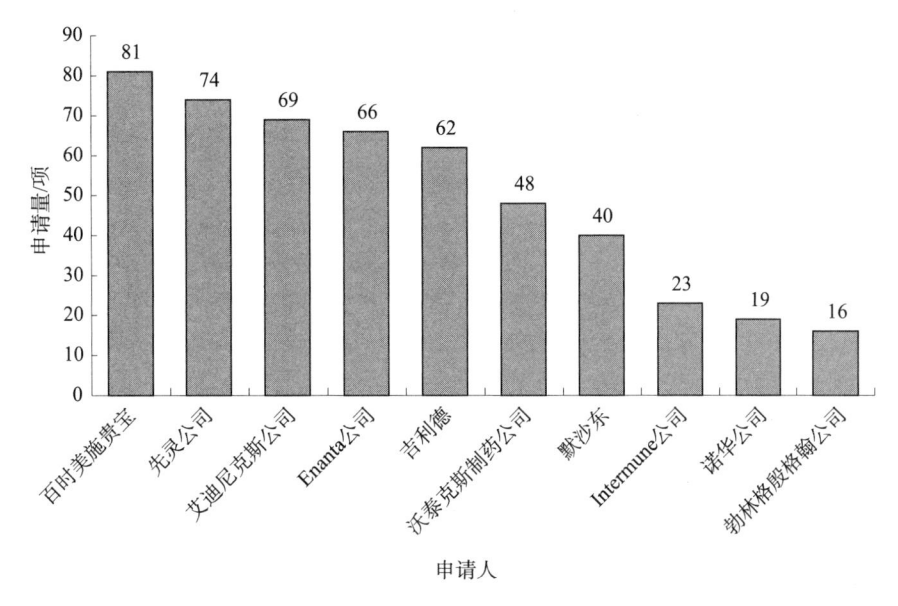

图 2-2-5　全球 DAAs 与干扰素、Ribavirin 联用排名前十位申请人专利申请量排名

2.2.2.2　DAAs 与干扰素、Ribavirin 三联用的专利技术分析

50%以上的 1 型丙肝感染患者在干扰素联合 Ribavirin 治疗 24 周后仍不能产生持续病毒学应答，于是部分制药公司使用 DAAs 类药物与干扰素、Ribavirin 进行联合。

（1）干扰素、Ribavirin 与上市 DAAs 药物三联用

Telaprevir（特拉匹韦，VX-950）是由沃泰克斯制药公司研发的 HCV NS3 蛋白酶抑制剂。2011 年 5 月，美国 FDA 首次批准该药上市，商品名为 Incivek。2011 年 8 月其在加拿大获得批准。Janssen 公司获得 Telaprevir 在欧盟的批准上市，商品名为 Incivo，其可在欧盟各成员国使用，用于丙肝成年患者的治疗。该品可用于未接受过干扰素类药物治疗或对之前的药物治疗无效的患者，Telaprevir 被批准与 PEG IFN α 及 Ribavirin 联用治疗基因 1 型慢性丙肝。研究发现，Telaprevir 联合 PEG IFN α 及 Ribavirin 三联疗法诱发皮疹、瘙痒症、贫血、恶心、腹泻等不良反应的机会明显高于 PEG IFN α 联合 Ribavirin 疗法，导致患者终止治疗。涉及该类治疗方案的专利有 WO2006050250A2、WO2009131696A1、WO2009061395A2、WO2013078184A2。其中，WO2006050250A2 申请人为沃泰克斯制药公司，其请求保护的是一种治疗方案，包括给予 VX-950 或其药学上可接受的盐，其从属权利要求进一步限定该治疗方案还包含 Ribavirin 和干扰素。该专利在全球近 20 个国家申请了同族专利，在美国、澳大利亚、俄罗斯等国家获得了授权。在中国的同族专利（CN101068547A）被驳回，之后其还申请了分案（CN102988365A），该分案申请视为撤回。

Boceprevir 是由美国先灵公司研发的 HCV NS3 蛋白酶抑制剂。2011 年 5 月美国 FDA 批准 200 mg 的 Boceprevir 口服胶囊剂上市，商品名为 Victrelis，其需与 PEG IFN α 及 Ribavirin 联用治疗基因 1 型慢性丙肝。临床试验证明，包含 Boceprevir 的三联疗法与二联疗法相比，可显著提高初始治疗或过往治疗失败的 1 型 HCV 患者获得 SVR。然而

伴随着贫血等不良事件的发生停止治疗的情况也较多。涉及该类治疗方案的专利有 WO2009038663A1、WO2013078184A2、WO2011066082A2。其中 WO2009038663A1 申请人为先灵公司，其请求保护一种治疗 HCV 感染的患者的方法。所述患者选自初治患者和从阴性 HCV 状态复发的患者，所述方法包括：（a）经导入期联合施用至少一种抗病毒化合物和干扰素；（b）在所述导入期结束时，经足够持续时间的第二治疗期联合施用至少一种抗病毒化合物、干扰素以及至少一种 HCV 蛋白酶抑制剂化合物，以达到使用 HCV-RNA 分析检测不到的病毒负荷，其从属权利要求进一步限定了抗病毒化合物为 Ribavirin 和 Boceprevir。该专利在全球近 20 个国家申请了同族专利，在欧洲获得了授权。在中国的同族专利（CN101883590A）视为撤回。

（2）干扰素、Ribavirin 与新 DAAs 三联用

对于三联治疗方案中未上市的化合物，一般也均是 DAAs 类化合物，该类化合物的靶点是 NS5A、NS5B 等。申请人将其用于三联治疗的目的是提高该类药物的疗效或是扩展该类化合物的适应证。涉及该类治疗方案的专利较多，以专利申请 WO2014019344A1 进行说明，申请人为东阳光药业，其在全球 20 多个国家和地区申请了同族专利，目前在中国、美国、澳大利亚、欧洲、中国台湾获得了授权。在中国授权的专利（CN103570693B）请求保护式（Ⅰ）所示的化合物，

$$\text{（Ⅰ）}$$

还请求保护一种包含式（Ⅰ）所示化合物的组合物，该组合物进一步包含 Ribavirin 和干扰素。

2.2.2.3 长效干扰素、Ribavirin 二联用专利技术分析

下面对长效干扰素、Ribavirin 二联用的相关专利进行重点分析。

【US2002119122A1】申请人为先灵公司。该申请在美国获得授权（US6824768B2）。该授权专利请求保护的范围是 Ribavirin 联合 PEG IFN α-2b 治疗丙肝的用途，治疗分两个阶段进行给药：第一阶段每天给药 400~1600 mg Ribavirin 以及每周给药两次 1.5 mg/kg PEG IFN α-2b，该阶段至少持续 4~12 周；第二阶段每天给药 800~1200 mg Ribavirin 以及每周给药一次 0.5~1.5 mg/kg PEG IFN α-2b，该阶段至少持续 36~40 周，并对患者的特征作了进一步限定。

【WO2009149377A1】申请人为津莫吉尼蒂克斯公司、百时美施贵宝，在中国、欧洲、美国等国家和地区申请了同族专利。该申请请求保护治疗已感染或有风险感染丙肝病毒的患者的方法，包括对患者施用治疗有效量的聚乙二醇化Ⅲ型干扰素。中国同族专利为 CN102099051A，并且于 2014 年 1 月 29 日提交了分案申请。然而，这两件申请均视为撤回。该专利在其他国家和地区也均未获得授权。

【WO0037110A2】申请人为先灵公司，在欧洲、日本、阿根廷、澳大利亚、墨西哥

等国家和地区申请了同族专利。该申请请求保护的范围是 Ribavirin 在治疗丙肝中的用途，该权利要求进一步限定组分为 PEGIFN α，并对其剂量和治疗周期作了进一步限定。然而该申请在上述这些国家（和）地区并未获得授权。

【WO2005067963A1】申请人为 Intermune 公司，该申请请求保护聚乙二醇干扰素用于治疗病毒感染的方法。该权利要求中进一步限定聚乙二醇的分子量和治疗周期，其从属权利要求进一步限定所述病毒感染为 HCV，以及该治疗中进一步包含 Ribavirin。然而，该申请并未进入任何国家。

2.2.2.4 短效干扰素、Ribavirin 二联用专利技术分析

下面对短效干扰素、Ribavirin 二联用的相关专利进行重点分析。

【WO9915194A1】申请人为先灵公司，在全球 20 多个国家和地区申请了同族专利，在中国、欧洲、美国、日本等国家和地区获得了授权。在中国授权的专利 CN1250283C 请求保护 Ribavirin 在制备治疗慢性丙肝感染患者以灭除可检测的 HCV－RNA 的药物组合物中的用途，上述治疗是通过使用与有效量的 IFN α－2b 联合的有效量的 Ribavirin，作用时间为 40～50 周或 60～80 周，其中该患者对前期的 α 干扰素治疗无反应，其特征是患者通过 HCV－RNA 定量 PCR 检测每毫升血清病毒负荷量为大于 200 万拷贝，以及是 1 型 HCV 基因型感染的患者。欧洲同族专利中有 2 件授权专利——EP1136075B1 和 EP0903148B1 均是涉及 Ribavirin 联合干扰素治疗丙肝的用途，EP0903148B1 对于针对的患者作了进一步的限定（具体参见 CN1250283C 的授权范围）；美国授权专利 US6172046B1 同样请求保护 Ribavirin 联合干扰素治疗丙肝的用途，并对针对的患者作了进一步的限定。

【WO9959621A1】申请人为先灵公司，在中国、欧洲、美国、日本等国家和地区获得了授权。在中国授权的专利 CN1230198C 请求保护的权利要求 1 为 Ribavirin 在制备用于治疗慢性丙肝患者以便根除可检测到的 HCV－RNA 的药物组合物中的用途，其中药物组合物用于将有效量的 Ribavirin 与有效量的 IFN α 联合施用。权利要求 5 进一步限定 IFN α 为聚乙二醇化的 IFN α。该申请于 2005 年 7 月 29 日得到授权，并于 2012 年 10 月 19 日进行著录项目变更，将申请人变更为默沙东，目前该申请已经届满终止。其授权的欧洲同族专利 EP0956861B1 请求保护的权利要求 1 为 Ribavirin 与 IFN α 联合施用以制备治疗丙肝的药物中的用途，并对所针对的患者特征作了进一步限定，权利要求 5 进一步限定 IFN α 为聚乙二醇化的 IFN α。

【WO03063573A2】申请人为生物医学公司，在中国、美国、欧洲、韩国、日本等国家和地区申请了同族专利。在中国授权的专利 CN100438870C 请求保护的权利要求 1 为 ω 干扰素在制备治疗温血动物对象中病毒性疾病的药物中的用途，其中还对对象施用辅助治疗剂，所述辅助治疗剂是肌苷－磷酸脱氢酶抑制剂。权利要求 2 进一步限定所述病毒性疾病包括 HCV 感染。权利要求 7 进一步限定所述肌苷－磷酸脱氢酶抑制剂是 Ribavirin 或 Ribavirin 类似物。欧洲同族专利中有 1 件授权专利 EP1536839B1。该专利权利要求 1 请求保护 ω 干扰素在制备治疗温血动物对象中 HCV 病毒性疾病的药物中的用途，其中还对对象施用辅助治疗剂，所述辅助治疗剂是肌苷－磷酸脱氢酶抑

制剂。权利要求5进一步限定所述肌苷一磷酸脱氢酶抑制剂是Ribavirin或Ribavirin类似物。

【US6472373B1】申请人为先灵公司，该授权专利请求保护Ribavirin联合干扰素治疗丙肝的用途，并对针对的患者和治疗周期作了进一步限定。

【WO0037097A1】申请人为先灵公司，该申请请求进入澳大利亚、秘鲁、阿根廷3个国家，然而均未获得授权。

【WO2004078193A1】申请人为Intermune公司，该申请请求进入中国、欧洲、澳大利亚、日本、加拿大等国家和地区。其在进入中国时请求保护一种在个体中治疗丙肝病毒感染的方法，其特征在于，所述方法包括给予实现持续病毒应答有效量的IFNα和IFNγ，然而该专利视为撤回，该申请在其他国家也均未获得授权。

【WO2005016288A1】申请人为Intermune公司，该申请请求进入欧洲，然而其并未得到授权。

【WO2006064026A1】申请人为雪兰诺实验室有限公司，该申请请求进入中国、欧洲、美国、韩国、澳大利亚等国家和地区。其在进入中国的专利是请求保护干扰素-β或其有IFN-β活性的突变蛋白、功能性衍生物、活性片段或融合蛋白在制备治疗之前尚未用干扰素-α治疗亚洲人群患者的HCV感染药物中的应用，其从属权利要求限定还进一步包括Ribavirin治疗。然而该申请被驳回。该申请在其他国家和地区也均未获得授权。

【WO2008088581A2】申请人为联合治疗公司，该申请请求进入中国、欧洲、美国、韩国、日本等国家和地区。其在进入中国的申请（CN101557813A）请求保护治疗病毒感染的方法，该方法包括：给药组合物至有此需要的宿主，该组合物包括：（a）包含DOPE和CHEMS脂质的脂质体，和（b）包封在脂质体内的一种或多种化合物，其中病毒感染是ER膜出芽病毒感染或质膜出芽病毒感染；其中一种或多种化合物包括N-丁基脱氧野尻霉素（NB-DNJ），且其中所述给药导致递送一种或多种化合物进入感染有引发感染病毒的细胞的内质网内以及导致将脂质体的一种或多种脂质并入细胞的内质网膜内。从属权利要求将所述的病毒进一步限定为丙肝，将所述组分进一步限定为Ribavirin和干扰素。该申请在中国还涉及一件分案申请CN102727437A，该分案请求保护一种组合物，其包括：（a）包含PI脂质的脂质体，和（b）至少一种i）包封在脂质体内的至少一种治疗剂；和ii）嵌入脂质体的脂质双分子层内的至少一种蛋白质：其中脂质体内PI脂质的摩尔浓度为5%~50%。然而其从属权利要求仅涉及用于治疗丙肝，并未涉及Ribavirin和干扰素的相关治疗方案。该两件申请均视为撤回。该申请的同族专利在其他国家和地区也均未获得授权。

2.3 DAAs药物专利态势分析

为了解全球丙肝领域DAAs药物专利申请总体态势，本节对全球DAAs药物的专利申请量、申请趋势、申请人等进行统计分析。

2.3.1 全球 DAAs 药物专利态势分析

2.3.1.1 全球 DAAs 药物专利发展趋势分析

全球抗丙肝领域 DAAs 药物专利申请量超过全球抗丙肝药物专利申请总量的一半。由图 2-3-1 可以看出，其发展趋势也与全球抗丙肝药物专利申请趋势保持一致。

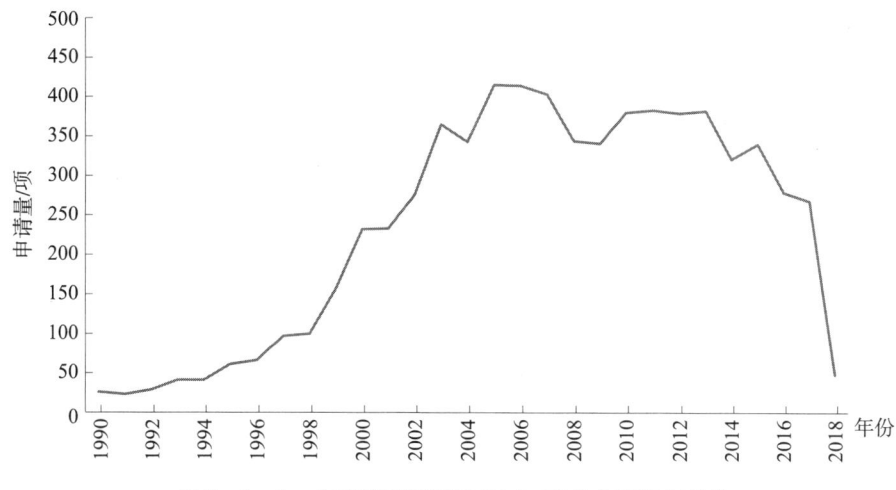

图 2-3-1 全球抗丙肝领域 DAAs 药物专利发展趋势

2.3.1.2 全球 DAAs 药物专利技术主题分析

如图 2-3-2 所示，全球抗丙肝领域 DAAs 药物专利技术主题分为化合物、晶型、剂型、治疗用途、制备方法和组合物。化合物专利通常是新药最为核心的专利，保护力度最强，也是申请人最为重视的一类专利申请。从图中可以看出，化合物专利的申请量占申请总量的 60%。

在丙肝治疗领域中，联合用药是解决病毒耐药性和多基因型的有效手段，且相较于全新药物的研发，进行联合用药成本相对较低，且成功率高。因此，涉及联合用药的药物组合物和药物治疗用途也占据了丙肝领域

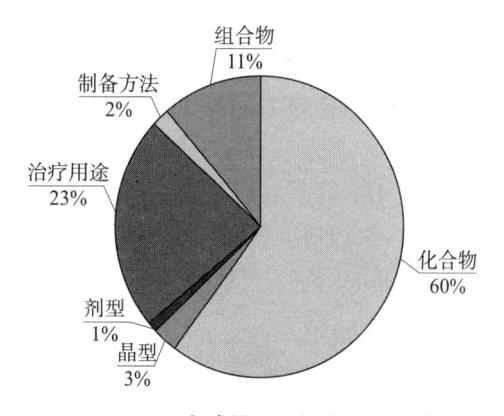

图 2-3-2 全球抗丙肝领域 DAAs 药物专利技术主题分布

专利申请较大比重，分别为 11% 和 23%。此外，药物晶型、剂型和制备方法通常针对已开发成熟的药物，保护的范围相对较小，专利申请数量占比也相对较低。

DAAs 药物针对的靶点涉及 NS3 丝氨酸蛋白酶、NS5A 蛋白酶和 NS5B 聚合酶三类非结构蛋白酶抑制剂，如图 2-3-3 所示。

HCV 进入肝脏细胞后，被 NS3/4A 复合物水解成为单体蛋白，其对 HCV 的蛋白加工成熟及 HCV 复制有重要意义。以 NS3/4A 丝氨酸蛋白酶为靶点的抑制剂是研发最早

37

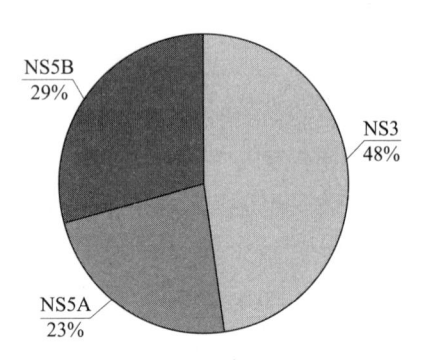

图 2-3-3 全球抗丙肝领域 DAAs 药物靶点专利申请分布

的一类 DAAs 药物，首批上市的 DAAs 药物 Telaprevir 和 Boceprevir 正是 NS3/4A 丝氨酸蛋白酶抑制剂。由于其研发历史长，相关专利申请的数量也是最多的（占 48%），同时是上市药物最多的作用靶点。

NS5B 聚合酶是 HCV 中的一种 RNA 依赖的 RNA 聚合酶（RdRp），是 HCV 复制 RNA 的关键聚合酶。该靶点不存在于人体细胞中，使得它成为一个理想的抗 HCV 药物靶点，其抑制剂可具有高度的物种选择性和较低毒性。首个上市的全口服 DAAs 药物为核苷类 NS5B RdRp 抑制剂，开启了丙肝药物治疗的新篇章。

HCV 非结构蛋白 5A（NS5A）在丙肝病毒复制时，基础磷酸化的 NS5A 需要磷元素的加入，使之成为高度磷酸化形式，病毒的成熟和装配才能够正常进行。但 NS5A 容易发生突变，因此 NS5A 抑制剂有可能导致病毒耐药，常常需要和其他抗病毒药物联用。NS5A 抑制剂目前临床上主要与其他类型的 DAAs 联用，用于治疗多种基因型丙肝病毒感染。由于 NS5A 抑制剂的局限性，相关专利申请量相对较少。

由于丙肝病毒属于单股正链 RNA 病毒，单链的结构很不稳定，具有较高的变异性，从而产生耐药性。因此，只要病毒复制时出现一点点变化，药物很快就会失去治疗作用。因此，在丙肝治疗时将几种药物联用使用可以把病毒复制彻底抑制住，减少病毒耐药的发生，也可以大大缩短疗程，减少停药后的复发。在联合用药相关专利申请中，占比最多的是靶点 NS3/4A + NS5A + NS5B 和靶点 NS5A + NS5B 的组合，如图 2-3-4 所示。

2.3.1.3 DAAs 药物国家/地区分布分析

图 2-3-5 展示的是 DAAs 药物原创国家/地区申请量占比。可以看出，美国是原创占比最高的国家，其次是欧洲，原创占比为 13%，中国原创占比为 9%。

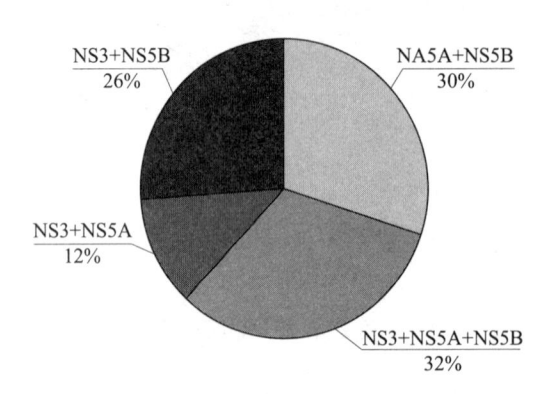

图 2-3-4 全球抗丙肝领域 DAAs 药物联用靶点专利申请分布

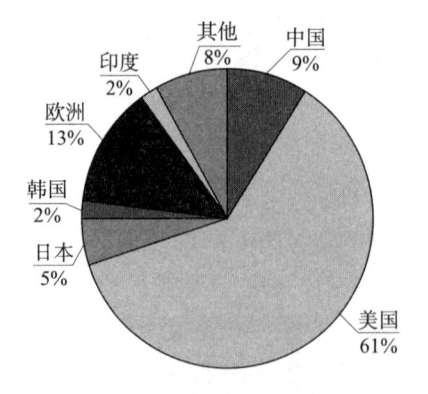

图 2-3-5 全球抗丙肝领域 DAAs 药物相关专利原创国家或地区分布

结合图 2-3-5 和图 2-3-6 表明，原创比例越高的国家，其专利的输入也越低；反之，原创比例低，其专利输入高，也说明抗丙肝药物在下述各国或地区的市场竞争是比较激烈的。

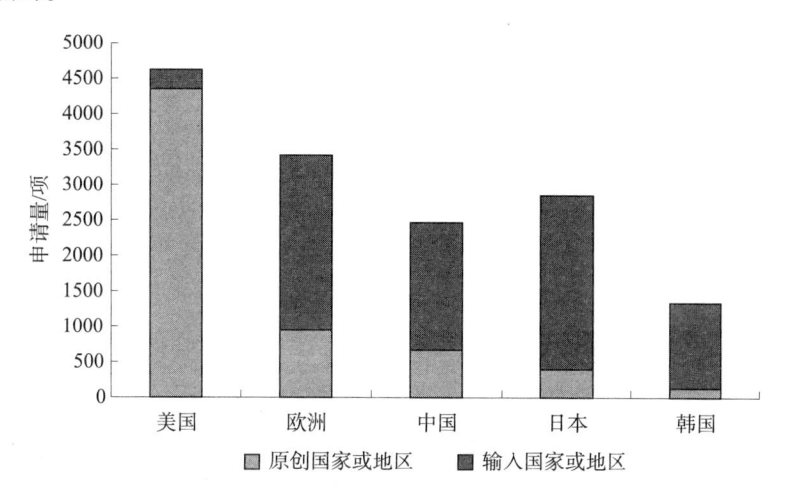

图 2-3-6　全球抗丙肝药物专利申请主要原创国家或地区产出比重分析

图 2-3-7 展示了抗丙肝药物主要原创国家或地区专利申请产出趋势。可以看出，美国原创专利自 2011 年开始呈直线下降趋势，而 2011 年正是 Sofosbuvir 相关专利申请年；在中国，其申请趋势与之相反，从 2011 年开始，原创产出趋势呈直线上升趋势，表明国内申请人在该领域正在加紧追赶。

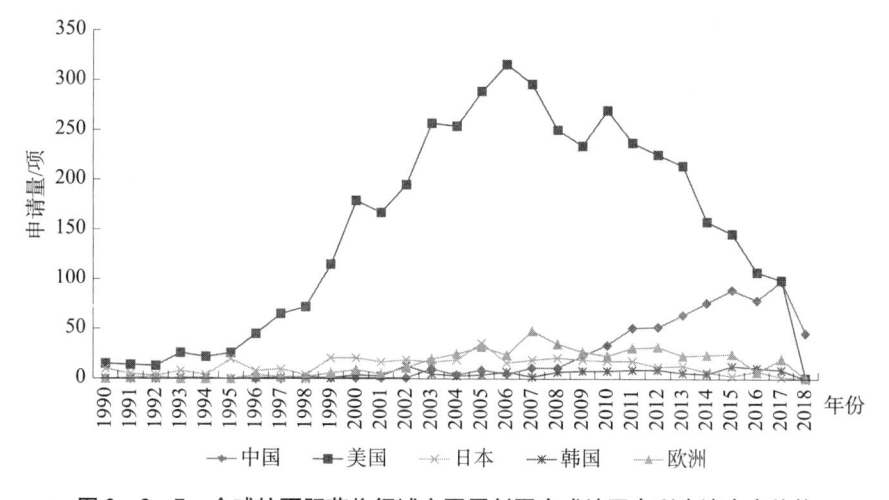

图 2-3-7　全球抗丙肝药物领域主要原创国家或地区专利申请产出趋势

图 2-3-8 给出了全球抗丙肝药物领域主要市场专利申请排名。美国、欧洲、日本、中国和澳大利亚是全球布局最多的五大市场，也是各制药公司优先抢占的市场。

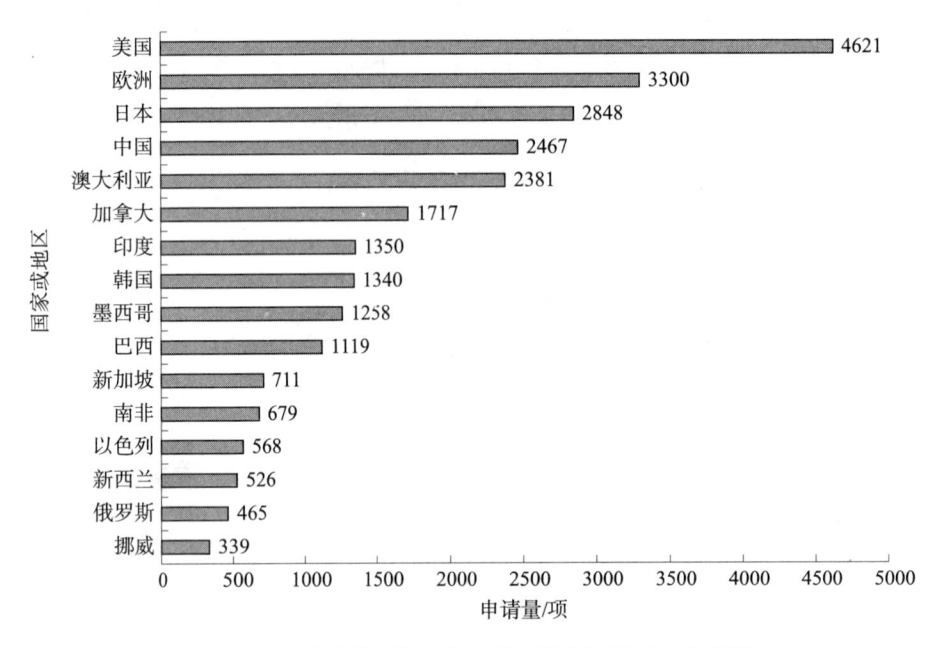

国家或地区	申请量/项
美国	4621
欧洲	3300
日本	2848
中国	2467
澳大利亚	2381
加拿大	1717
印度	1350
韩国	1340
墨西哥	1258
巴西	1119
新加坡	711
南非	679
以色列	568
新西兰	526
俄罗斯	465
挪威	339

图 2-3-8 全球抗丙肝药物专利申请主要目标国家或地区

2.3.1.4 DAAs 药物全球主要申请人分析

图 2-3-9 展示的是全球 DAAs 药物前九位申请人专利申请排名。其中，默沙东以 349 项专利申请量高居榜首，有 6 种上市产品，其中 NS3/4A 抑制剂 Boceprevir 是首批上市的 DAAs 药物之一，同时默沙东也是上市产品最多的企业。

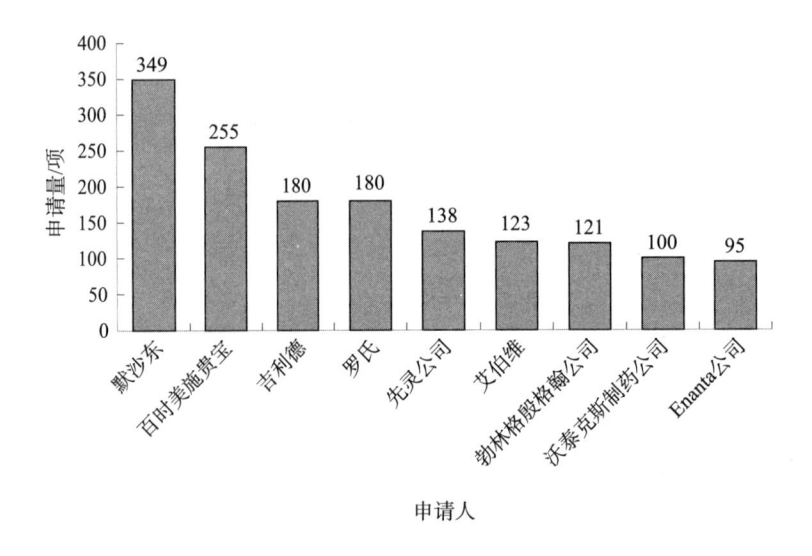

申请人	申请量/项
默沙东	349
百时美施贵宝	255
吉利德	180
罗氏	180
先灵公司	138
艾伯维	123
勃林格殷格翰公司	121
沃泰克斯制药公司	100
Enanta 公司	95

图 2-3-9 全球抗丙肝领域 DAAs 药物主要申请人专利申请排名

百时美施贵宝专利申请量排在第二位，其 Daclatasvir 在 2014 年和 2015 年先后在日本、欧洲和美国获批用于 HCV 感染治疗。2017 年 4 月，中国国家食品药品监督管理总局（CFDA）首先批准百时美施贵宝的 Daclatasvir 和 Asunaprevir 用于治疗慢性 HCV 感染者。

吉利德和罗氏在专利申请量上并列第三位。吉利德涉及治疗丙肝的上市药物有 Sovaldi（单药）、Harvoni（复方）、Epclusa（复方）、Vosevi（复方），其中 Sovaldi 是开启丙肝治疗新篇章的重磅药物，摒弃了丙肝治疗中干扰素和 Ribavirin 的使用，仅 2014 年就给吉利德带来了超过 100 亿美元的销售额。2014~2017 年，吉利德在全球抗丙肝药物市场具有不可撼动的地位，其中，在 2015 年，其抗丙肝药物业务更是达到了空前的 191 亿美元。而罗氏的明星产品是长效干扰素派罗欣而非 DAAs 药物，但罗氏在 DAAs 药物方面与美国生物技术公司 InterMune 合作开发了 NS3/4A 蛋白酶抑制剂达诺瑞韦；也与我国歌礼生物合作，2018 年 6 月达诺瑞韦已经在我国成功上市。

此外，艾伯维尽管在专利申请量上排名第六位，但其研发上市产品 Viekira Pak + Mavyret 异军突起，在全球抗丙肝药物市场衰退的 2017~2018 年异军突起。由于其治疗周期的减少，治疗费用相比之下大大降低，销售业绩暴涨。

此外，先灵公司、沃泰克斯制药公司、勃林格殷格翰公司、Enanta 公司等也均是抗丙肝药物领域中的重要申请人。

2.3.2 国内 DAAs 药物专利态势分析

2.3.2.1 国内 DAAs 药物专利发展趋势分析

由图 2-3-10 可以看出，国内申请人从 2003 年开始在抗丙肝药物领域的专利申请量保持一定的规模，并在 2009 年开始专利申请量急速增长。尽管在 2016 年略有下降，但总体趋势仍然保持持续上升。

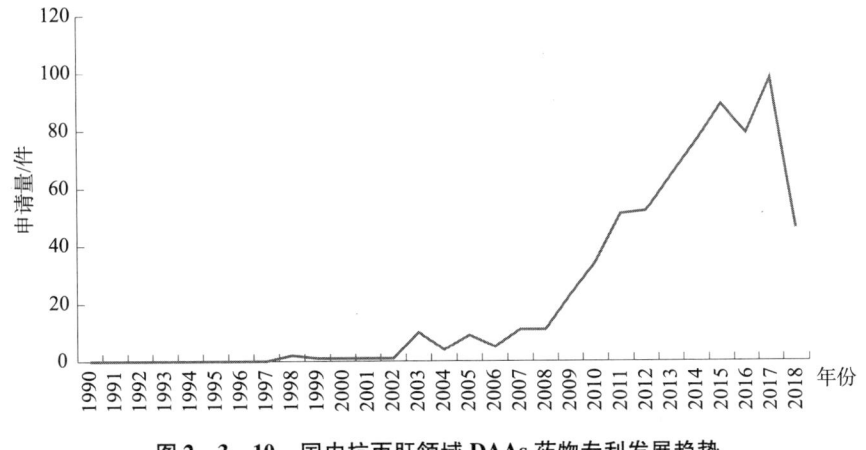

图 2-3-10 国内抗丙肝领域 DAAs 药物专利发展趋势

2.3.2.2 国内 DAAs 药物专利技术主题分析

由图 2-3-11 可知，国内 DAAs 药物专利技术主题分布与全球总体分布类似，化合物专利占比超过总量的一半，涉及联合用药的治疗用途占 8%，制备方法也占据了 17% 的比例。

2.3.2.3 国内主要申请人排名

图2-3-12展示的是国内专利申请量排名前16位申请人排名。其中，东阳光药业是专利申请量最多的申请人，该企业研发的NS5A抑制剂Yimitasvir于2014年11月获得临床批件，NS3/4A抑制剂Furaprevir已于2015年10月申报临床试验，目前Yimitasvir + Furaprevir的联合用药将开始临床Ⅲ期试验。该组合被业界认为有能力与进口DAAs药物抗衡。此外，东阳光药业还有处于临床Ⅰ期阶段的Yilabuvir和Kangdaprevir等抗丙肝药物。

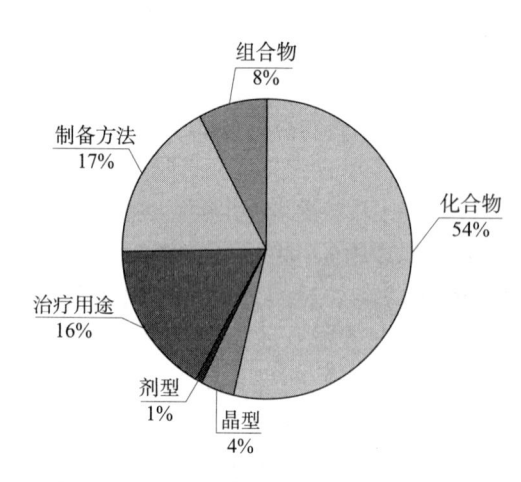

图2-3-11 国内抗丙肝领域DAAs药物专利技术主题分布

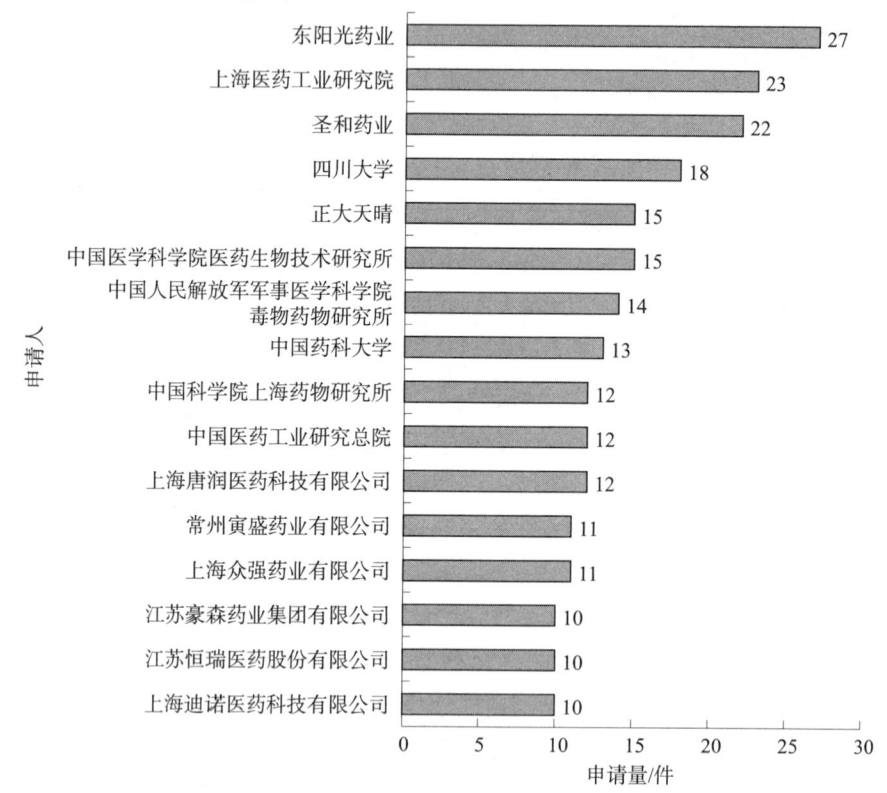

图2-3-12 国内抗丙肝药物主要申请人专利申请排名

圣和药业也在丙肝药物领域投入了大量精力，已独立研发出SH526（NS5A抑制剂）、SH229（NS5B核苷类抑制剂）两种候选药物，并且紧跟"NS5B + NS5A"联合用药这一国际研究热点方向，开发出了"SH526 + SH229"联合用药方式，并已开始了相关的临床试验。

此外，在科研院所申请人中，上海医药工业研究院申请的专利数量最多，主要涉及已上市产品的制备方法。除四川大学已进行了科研成果产业化以外，其他高校院所还没有与企业合作研发相关产品的消息。

2.4 本章小结

在过去 20 年，丙肝患者的标准治疗方案是干扰素联合 Ribavirin。在该领域，美国的专利申请占据了绝对的领先地位，远超其他国家或地区，其中，先灵公司、布里斯托尔-迈尔斯斯奎布公司和艾迪尼克斯公司分居前三位。随着 DAAs 药物的研发，由于其极高的治愈率，抗丙肝药物市场中干扰素的份额急剧减少。2009 年 PR 疗法专利申请量达到顶峰，从 2010 年开始申请量减少，到 2013 年开始悬崖式下跌；但是 PR 疗法价格相对 DAAs 药物来说便宜很多，仍是目前一些不能获取 DAAs 药物或资源有限的国家或地区治疗丙肝的主要手段。另外，PR + DAAs 的联合疗法属于 PR 疗法当前的研究热点。

自 2009 年开始，抗丙肝领域 DAAs 药物专利申请成为全球专利申请的主流。在申请主体中，美国是原创占比和输出最多的国家；在申请人中，默沙东以 349 项专利申请量高居榜首，同时包含 6 种上市产品，吉利德和罗氏在专利申请量上并列第三位。吉利德涉及治疗丙肝的上市药物有 Sovaldi（单药）、Harvoni（复方）、Epclusa（复方）、Vosevi（复方）；罗氏的明星产品是长效干扰素派罗欣而非 DAAs 药物，但罗氏在 DAAs 药物方面与美国生物技术公司 InterMune 合作开发了 NS3/4A 蛋白酶抑制剂 Danoprevir，并与我国制药企业歌礼生物合作，2018 年 6 月达诺瑞韦已经在我国成功上市。艾伯维尽管在专利申请量上排名第五位，但其研发上市产品 Viekira Pak + Mavyret 异军突起。此外，先灵公司、沃泰克斯制药公司、勃林格殷格翰公司、Enanta 公司等也均是抗丙肝药物领域中重要的申请人。随着丙肝治愈率的提高，全球丙肝患者市场的萎缩，DAAs 的申请量从 2013 年开始明显降低。与全球申请趋势不同的是，国内申请人自 2011 年开始，抗丙肝 DAAs 药物的专利申请量大幅上涨。这表明，国内在该领域虽然起步晚，但正在加紧追赶。

在抗丙肝治疗领域中，联合用药是解决病毒耐药性和基因型多的有效手段，且相较于全新药物的研发，进行联合用药成本相对较低，且成功率高。因此，在申请主题方面，除 DAAs 新化合物外，涉及联合用药的药物组合物和药物治疗方法也占据了 DAAs 专利申请较大的比例。

第3章 小分子抗丙肝重磅药物专利分析

3.1 Sofosbuvir 相关专利分析

Sofosbuvir 是第一个抗丙肝病毒的核苷类聚合酶抑制剂，其结构为：

2013 年，Sofosbuvir 首先在美国上市，2017 年 9 月在我国获批用于治疗丙肝病毒感染。它是迄今为止最高效的 HCV 治疗药物之一，并且不需和传统注射药物干扰素联合使用就能发挥作用，实现了全口服且每日仅给药一次。其原研公司为法莫赛特公司（Pharmasset Inc），国际著名制药巨头吉利德于 2011 年 11 月 21 日以 108 亿美元收购了该公司，进而获得了 Sofosbuvir 专利权。吉利德涉及 Sofosbuvir 的治疗丙肝的上市药物有 Sovaldi（吉一代，索华迪，主成分为 Sofosbuvir）、Harvoni（吉二代，哈瓦尼，主成分为 Sofosbuvir 400 mg 和 Ledipasvir 90 mg）、Epclusa（吉三代，伊柯鲁沙，主成分为 Sofosbuvir 400 mg 和 Velpatasvir 100 mg）、Vosevi（吉四代，主成分为 Sofosbuvir 400 mg、Velpatasvir 100 mg 和 Voxilaprevir）。前述涉及的化合物结构依次为：

Ledipasvir

Velpatasvir

Voxilaprevir

下面对 Sofosbuvir 相关专利保护情况展开分析。

以下分析采用 STN 结合 S 系统中的 CNABS 和 DWPI 作为检索数据库,检索时间截至 2018 年 12 月 31 日,检索范围限定全球范围内涉及 Sofosbuvir 的专利申请,同族申请作为一条记录处理。检索涉及 Sofosbuvir 的全球专利申请共计 360 项,在此基础上利用分析系统从专利申请整体发展趋势、专利申请国家或地区分布、主要专利申请人、专利申请技术主题等多角度对 Sofosbuvir 相关专利申请进行分析。

3.1.1 Sofosbuvir 专利分析

为了整体把握和研究 Sofosbuvir 的技术发展阶段,本节针对所有涉及 Sofosbuvir 的相关专利进行分析,而非仅针对吉一代。

3.1.1.1 概 述

(1) 药物活性与疗效

吉利德关于 Sofosbuvir 的上市药物共有四代药物。吉一代 Sovaldi 是全球首个获批用于丙肝全口服治疗方案的药物,其覆盖丙肝 1~4 型基因型,治愈率在 90% 左右;吉二代 Harvoni 是第一个被批准治疗 1 型慢性 HCV 感染二联复方丙肝药物、第一个被批准不需要干扰素或 Ribavirin 的治疗方案,对于 1 型丙肝的治愈率达到 95% 以上;吉三代 Epclusa 是全球首款,也是唯一一个全口服、泛基因型、单一片剂的丙肝治疗新药,药效远优于吉二代;吉四代 Vosevi 主要用于丙肝的二线治疗,其常常作为后补"队员"用于丙肝的治疗。

(2) 研发简介

Sofosbuvir 对于丙肝的治疗无疑是成功的,而吉利德及时获取其药物专利权,并在后续的研发中持续进行专利布局。因此,本节选择该药物进行专利分析,总结其专利申请的发展趋势,并对其专利布局和技术脉络加以分析,希望给国内企业的仿制药研发和专利储备提供借鉴。

(3) 全球和中国销售情况

Sofosbuvir 可以说是 21 世纪最伟大的发明药物之一,是医药行业历史上的伟大进步,优异的疗效和庞大的患病群体使得 Sofosbuvir 的吉一代产品 Sovaldi 在上市后不久就为吉利德创造了巨大商业价值。据统计,全球丙肝药物市场规模 2013 年大约为 50 亿美元，Sovaldi 在 2013 年 12 月 6 日的获批把丙肝药物市场带入了新纪元，其在 2014 年全球销售额达到了惊人的 110.86 亿美元（全球市场规模约 180 亿美元），2015 年，其丙肝业务达到了空前的 191 亿美元（全球市场规模约 240 亿美元）。由于超高治愈率，丙肝患者数量减少，2016 年全球丙肝药物市场出现下滑，但吉利德的 Sovaldi、Harvoni 以及 Epclusa 仍然占据了大半江山。在国内，2017 年才获批的 DAAs 药物医保尚未覆盖。由于其昂贵的药价，降低了患者的可及性，目前国内丙肝的治疗仍以 PR 疗法（干扰素 + Ribavirin）为主，但国家目前试图通过专项医疗救助基金对困难患者的医疗费用进一步补偿，进而提高贫困人群的医疗服务可及性。

3.1.1.2 全球专利状况分析

（1）全球专利申请趋势分析

图 3-1-1 显示了 Sofosbuvir 相关专利在全球的申请概况。可以看出其全球专利申请量大致经历了以下 3 个主要发展阶段。

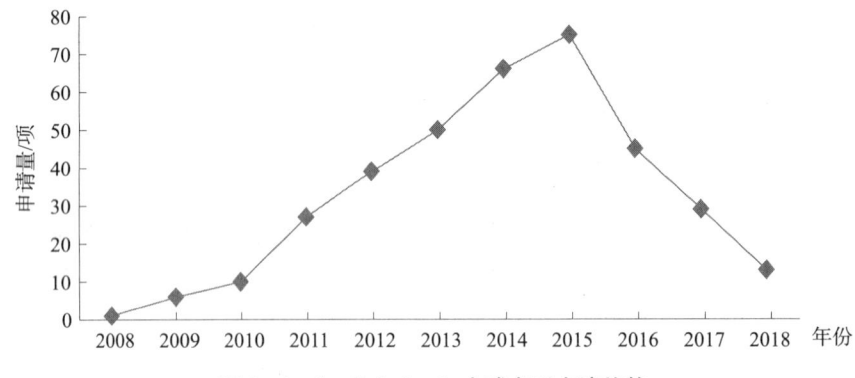

图 3-1-1 Sofosbuvir 全球专利申请趋势

1）第一阶段：萌芽期（2008~2010 年）

法莫赛特公司在 2008 年 3 月 26 日提交了 WO2008121634 的专利申请，并布局了包括美国、欧洲、中国（中国同族专利为 CN2008800180242）的同族申请。该申请中包含了 Sofosbuvir 化合物的外消旋体，没有单独保护 Sofosbuvir 化合物，但明确了外消旋体抗 HCV 活性，这项专利是涉及 Sofosbuvir 的第一项申请。该申请中 Sofosbuvir 被淹没在众多化合物中，且由于该药物还没有上市，其药理价值和商业价值还未被众多制药企业和科研单位关注，因此该阶段全球申请量较小，每年增幅持平。但关于化合物、制备方法以及晶体等重要专利均出现在该阶段。

2）第二阶段：快速发展期（2011~2015 年）

2011 年底全球最大的抗艾滋病毒药物制造商吉利德巨额收购了法莫赛特公司，而当时的吉利德存在 9120 万美元的净亏损，此次收购行为在业界受到了极大关注，深挖原因方知吉利德正是为了获得法莫赛特公司的丙肝临床药物 PSI-7977 的专利权，而该药物即为后来的丙肝明星药物 Sofosbuvir。2013 年 12 月，吉一代 Sovaldi 在美国正式上市，一经上市，在 2014 年便创造了销售奇迹。吉一代在商业上取得巨大成功，这使得对 Sofosbuvir 的研究形成巨大产业，随之而来的是对其联合用药、晶体、制备方法等研究热度的上升。这一期间内，Sofosbuvir 的年申请量最高可达 146 项。

3）第三阶段：回落期（2016~2018 年）

由于 Sofosbuvir 超高的治愈率，患者数量下降，丙肝市场出现一定萎缩，同时来自艾伯维、百时美施贵宝等公司的其他抗丙肝药物接连获批上市，也对 Sofosbuvir 市场份额造成一定冲击，这也必然会波及专利申请量。2017~2018 年因统计以最早优先权年限定，数据急剧下降，但 2016 年申请量仍然维持在较高的水平，为 45 项。可以看出，尽管市场有所缩减，但由于丙肝患者人群庞大，且现阶段关于 HCV 检出率低，即还存在巨大的潜在市场。同时很多国家尤其在我国，由于 DAAs 药物价格昂贵，目前市场主流还是采用 PR 疗法，进一步研发 Sofosbuvir 替代产品以增强 DAAs 药物可及性是目前热点之一，基于此，公众对于 Sofosbuvir 的关注度仍然较高，其研究热度仍将延续。

（2）全球专利申请区域分布分析

图 3-1-2 反映了 Sofosbuvir 区域专利申请分布情况，其中对 WO 申请根据优先权国家作了相应合并。申请量排名前四名的依次为美国、中国、欧洲、印度。其中，美国排在首位，这与原研公司为美国企业以及美国拥有全球大多数的医药企业巨头有关。中国次之，申请量亦在百件以上，远超欧洲和印度，但关于 Sofosbuvir 的核心专利，目前国内尚未授予专利权，可见随着该药物商业价值的体现以及专利权的空白，国内申请人将进行了大规模的布局。印度以仿制药著称，其对于衍生产品的开发不容小觑。

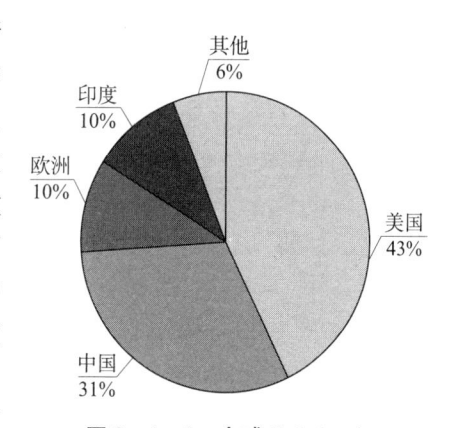

图 3-1-2 全球 Sofosbuvir 专利申请区域分布

从图 3-1-3~图 3-1-6 对比可以看出，因法莫赛特公司为原研公司，因此在美国最先进行 Sofosbuvir 的专利申请，而中国和印度在 2012 年的专利申请均为空白，反观欧洲，其紧随美国研发，在 2009 年已存在相关申请。中国最早申请出现在 2012 年，早于印度，2012 年申请量达 7 件。在趋势方面，美国在 2010 年进入了快速发展期，而中国、欧洲和印度则在 2013 年才开始进入。由此可见，原研公司对于药物早期进行了大规模的专利布局，之后由于市场的进一步开放以及其他国家专利权期限的临近，该类药的市场前景越来越受他国同行的关注。同时，从中美申请量趋势对比看出，虽然 2016 年申请量有所下降，但中国仍然保持一定的研发热情，说明国内正在加紧追赶，也表明中国申请人的专利保护意识在提高。

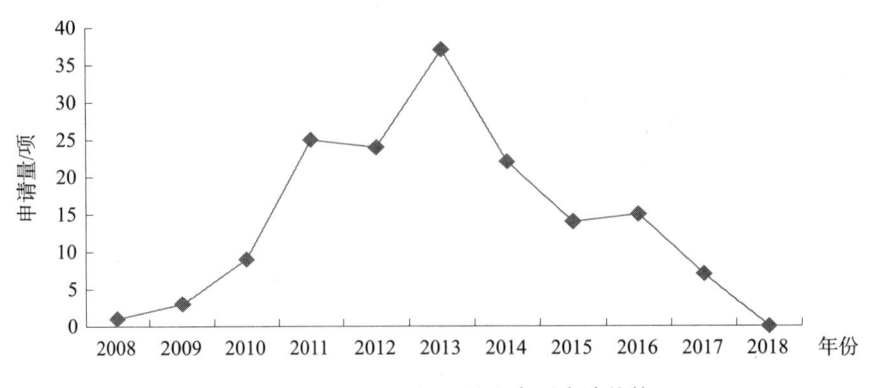

图 3－1－3　Sofosbuvir 美国专利申请趋势

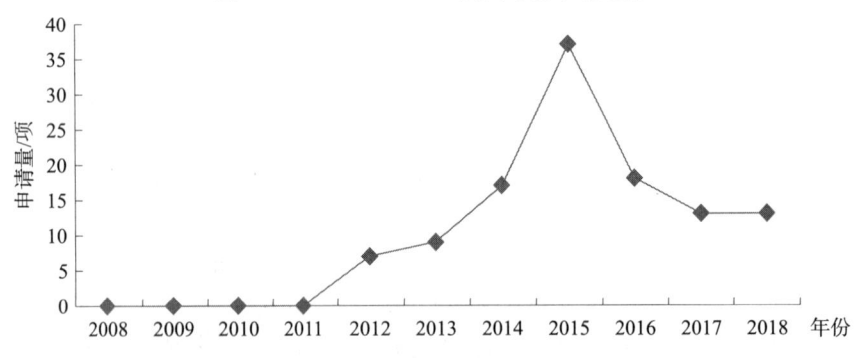

图 3－1－4　Sofosbuvir 中国专利申请趋势

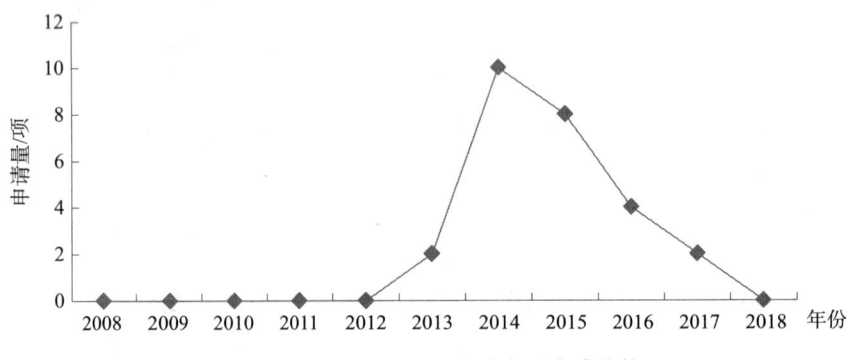

图 3－1－5　Sofosbuvir 印度专利申请趋势

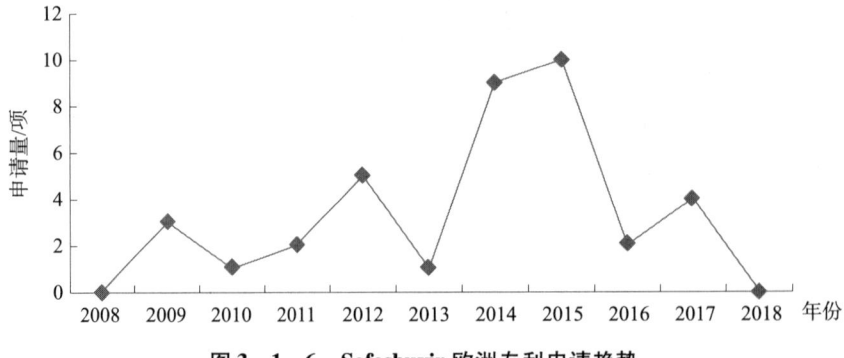

图 3－1－6　Sofosbuvir 欧洲专利申请趋势

(3) 全球主要申请人分析

图3-1-7示出了Sofosbuvir全球主要申请人专利申请排名，其中原研公司吉利德申请量居首位，桑多斯股份公司居于第二位，国内企业东阳光药业进入前三位，同时进入前十名的中国企业还有正大天晴。从申请量分布可以看出，大致可分为三个梯队：前三名均拥有大于15项申请，列为第一梯队；从艾丽奥斯生物制药有限公司开始至默沙东均超过10项，列为第二梯队；其余均低于10项，大多数均在1~2项。前六名申请人的申请总量仅占全球总量的28%，可见Sofosbuvir的专利分布比较散。

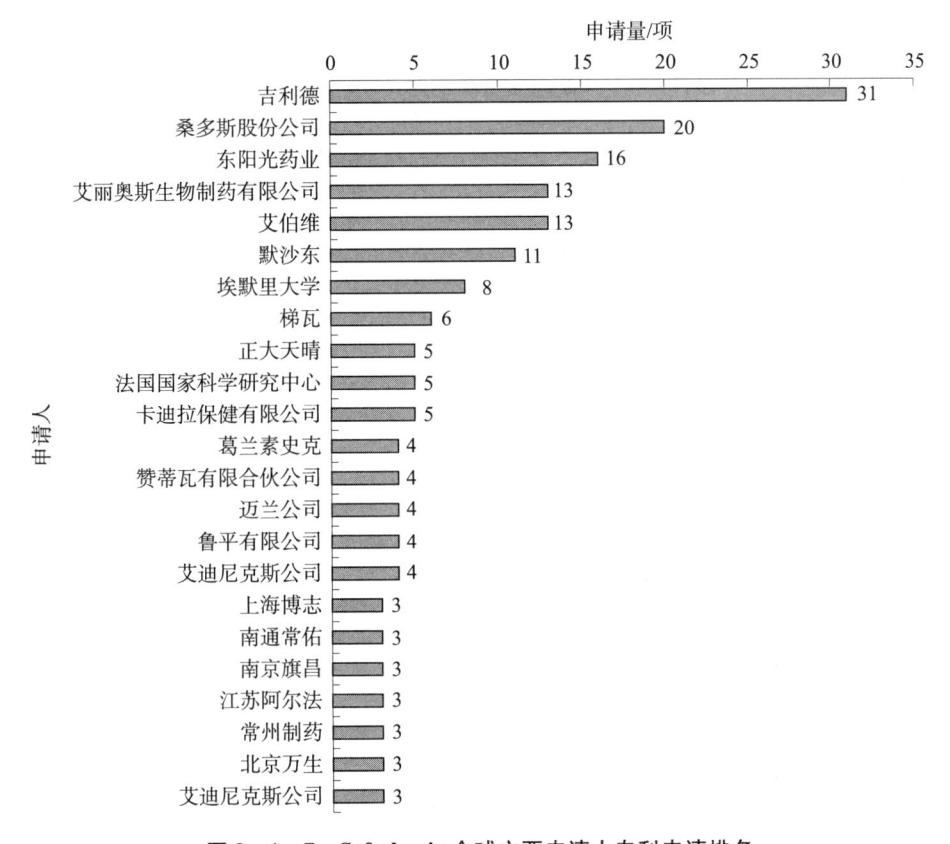

申请人	申请量/项
吉利德	31
桑多斯股份公司	20
东阳光药业	16
艾丽奥斯生物制药有限公司	13
艾伯维	13
默沙东	11
埃默里大学	8
梯瓦	6
正大天晴	5
法国国家科学研究中心	5
卡迪拉保健有限公司	5
葛兰素史克	4
赞蒂瓦有限合伙公司	4
迈兰公司	4
鲁平有限公司	4
艾迪尼克斯公司	4
上海博志	3
南通常佑	3
南京旗昌	3
江苏阿尔法	3
常州制药	3
北京万生	3
艾迪尼克斯公司	3

图3-1-7 Sofosbuvir全球主要申请人专利申请排名

(4) 技术主题分析

根据专利申请的内容，将获取到的Sofosbuvir专利分成7个技术主题分支。从图3-1-8可以看出，涉及Sofosbuvir与其他药物联用技术占据绝对的主导地位，化合物研究占比次之，而晶型、制剂以及制备方法申请占比相当。根据前期的临床数据以及市场调研数据显示，目前抗HCV药物的研发重点在于不同靶点药物的联合使用，正与图3-1-8显示的主题分布相互印证。对于化合物，专利申请的研究内容重点在于寻求更多衍生物，主要通过结构改造的方式实现。晶型、制剂以及制备方法的研发则有利于专利的继续布局。

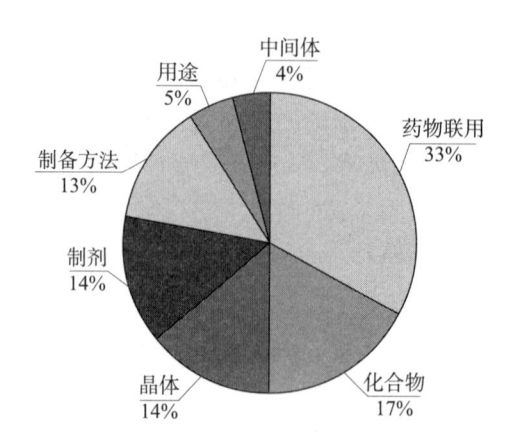

图 3-1-8 Sofosbuvir 全球专利技术主题分析

（5）不同区域技术优势分析

表 3-1-1 描述了专利申请量排名前四位的技术输出地各技术主题的专利分布情况。从表中可以看出，总量上美国仍然占据优势，中国大幅度超越印度和欧洲。四个国家或区域在各个技术类别几乎都有布局，然而各自侧重点不尽相同。印度将制备方法作为重点进行布局，这说明作为第一仿制药大国，其申请人比较重视利用专利申请来巩固和进一步发展其仿制药的优势。

表 3-1-1　Sofosbuvir 专利申请主要国家或地区申请主题构成　　单位：项

技术主题	中国	美国	印度	欧洲	其他
药物联用	25	65	2	12	7
化合物	15	34	4	2	2
晶体	22	8	5	6	4
制剂	19	13	0	6	7
制备方法	21	4	12	5	2
用途	0	16	1	0	1
中间体	8	0	2	1	3

如图 3-1-9 所示，美国申请人更多关注药物联用和化合物，尤其是药物联用，属于目前的研究热点，其投入的关注度高。

如图 3-1-10 所示，相较于美国，中国在晶体、制剂、制备方法以及中间体这四个技术主题的专利申请量占据优势。与此同时，国内申请人还兼顾药物联用技术的研究，这一现状与国家鼓励药物仿创结合息息相关。

将图 3-1-10 与图 3-1-11 显示内容相较而言，国外企业重视在中国关于 Sofosbuvir 联合用药技术主题专利的布局；国内申请人也不甘示弱，除药物联用外，对于晶体、制剂和制备方法积极布局，这样的布局能有效填补已有布局的空白，从市场上分一杯羹。

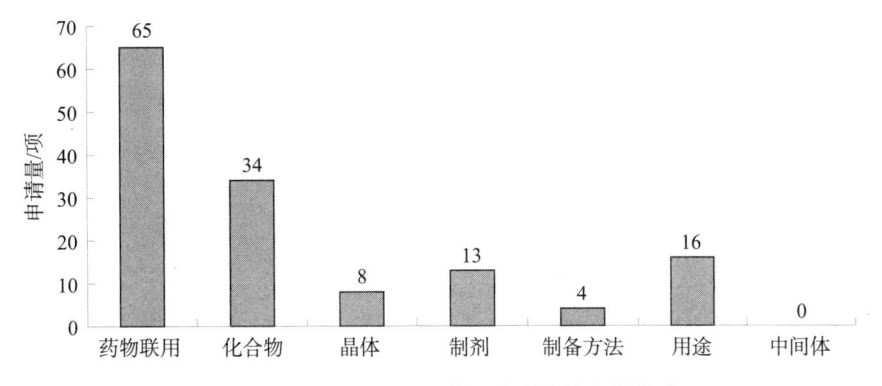

图 3-1-9 Sofosbuvir 美国专利申请主题构成

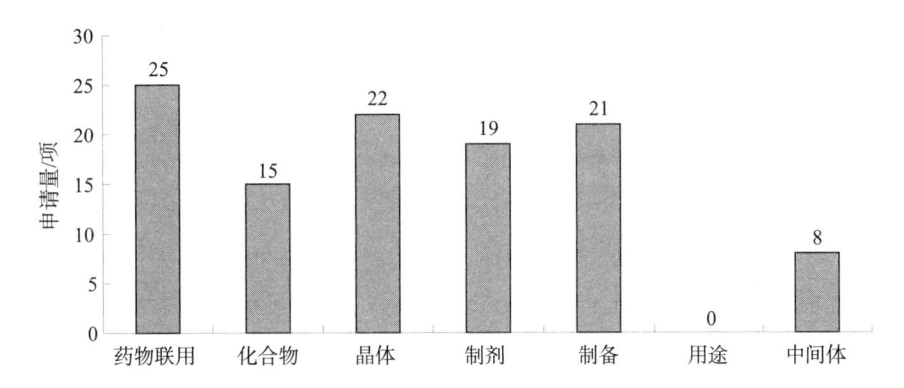

图 3-1-10 Sofosbuvir 中国申请人专利申请主题构成

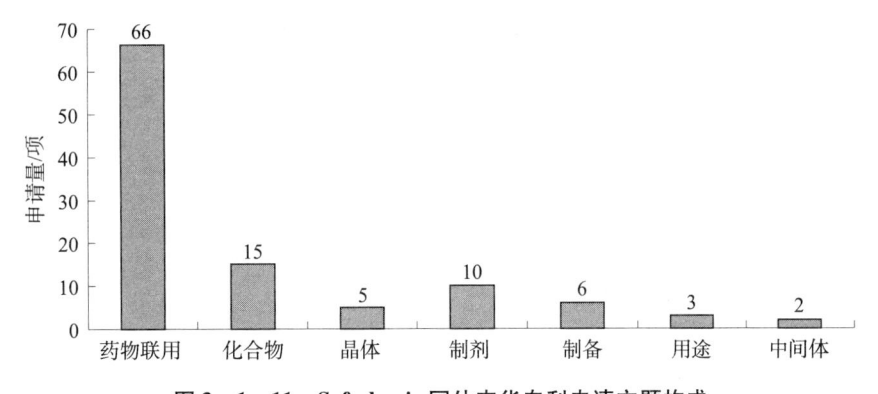

图 3-1-11 Sofosbuvir 国外来华专利申请主题构成

3.1.1.3 国内专利状况分析

本节将 STN 系统中检索到的中国专利数据转至 CNABS 进行分析。目前涉及 Sofosbuvir 的中国专利申请共计 199 件，在此基础上从专利申请整体发展趋势、专利申请国家或地区分布、主要专利申请人等角度对于 Sofosbuvir 专利申请进行分析。

（1）国内专利申请发展趋势分析

图 3-1-12 显示了 Sofosbuvir 中国专利申请趋势，与全球趋势相同，国内 Sofosbuvir

专利申请量也大致经历了3个主要发展阶段。

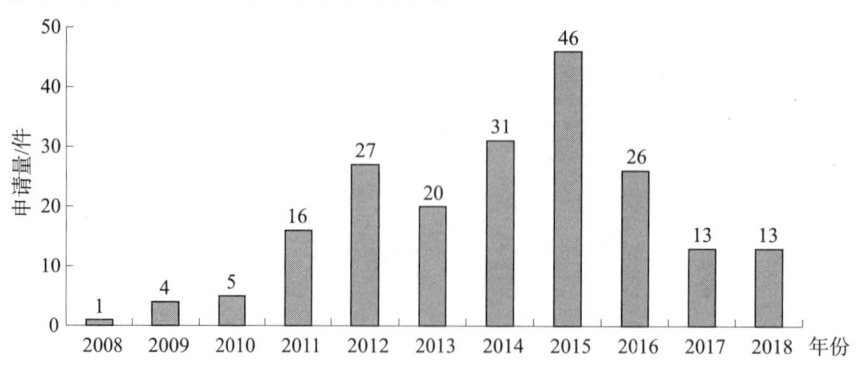

图 3-1-12 Sofosbuvir 中国专利申请趋势

1）第一阶段：萌芽期（2008~2010年）

法莫赛特公司在2008年提交的专利申请WO2008121634，在中国布局了同族专利CN2008800180242。而从图3-1-13所展示的Sofosbuvir中国国内申请人申请量趋势来看，该时期内所有的专利申请均来自国外。可以看出，国内申请人对于Sofosbuvir的嗅觉还不够敏锐，这也提醒国内研究人员应随时关注全球技术研发动态。

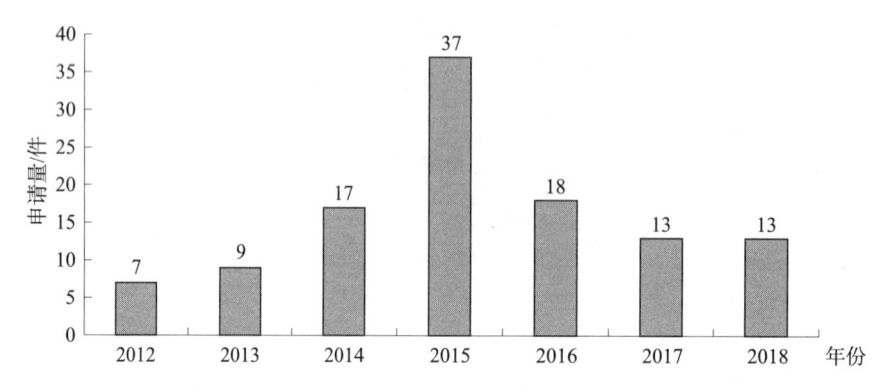

图 3-1-13 Sofosbuvir 中国国内申请人申请趋势

2）第二阶段：快速发展期（2011~2015年）

国内申请人在2012年开始进行Sofosbuvir相关专利布局，随着吉一代于2013年在中国经CFDA批准上市，吉利德对其产品的营销以及良好的治愈率，使得国内申请人越来越关注Sofosbuvir衍生产品的研究，专利申请量急速上升，在2015年达到顶峰。

3）第三阶段：回落期（2016~2018年）

国内Sofosbuvir专利申请同样经历了回落期，2017~2018年因统计以最早优先权年限定，数据急剧下降，不过2016年申请量仍然维持在25项以上。可见尽管在国内DAAs药物治疗并非主流，但其超强的治疗效果仍然成为研究人员的研究动力。

（2）国内主要申请人分析

图3-1-14显示了Sofosbuvir国内主要申请人专利申请排名。东阳光药业申请量拥有绝对优势，占据申请量首位。正大天晴居第二，随后的申请人根据申请量为3件

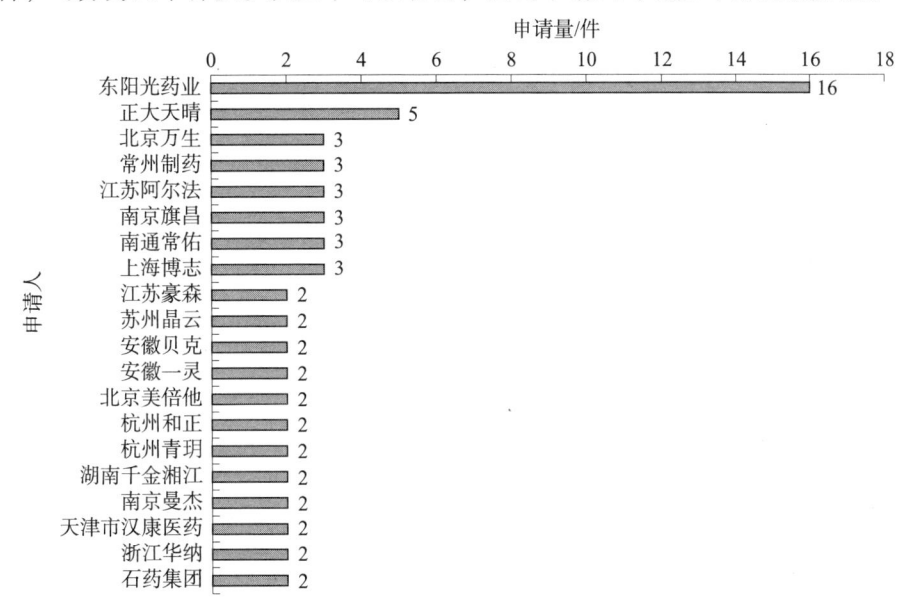

或2件,可分为两个梯队。从图中可以看出,国内申请人专利分布亦比较分散。

图3-1-14 Sofosbuvir国内主要申请人专利申请排名

申请人	申请量/件
东阳光药业	16
正大天晴	5
北京万生	3
常州制药	3
江苏阿尔法	3
南京旗昌	3
南通常佑	3
上海博志	3
江苏豪森	2
苏州晶云	2
安徽贝克	2
安徽一灵	2
北京美倍他	2
杭州和正	2
杭州青玥	2
湖南千金湘江	2
南京曼杰	2
天津市汉康医药	2
浙江华纳	2
石药集团	2

(3) Sofosbuvir来华申请区域分布

图3-1-15显示国外技术输出地主要集中在美国和欧洲。从申请量来看,国内申请人的申请量已远超出美国在国内的专利布局量,这说明近年来,国内申请人对于Sofosbuvir关注度逐渐提高,并且加紧专利布局空白区域。

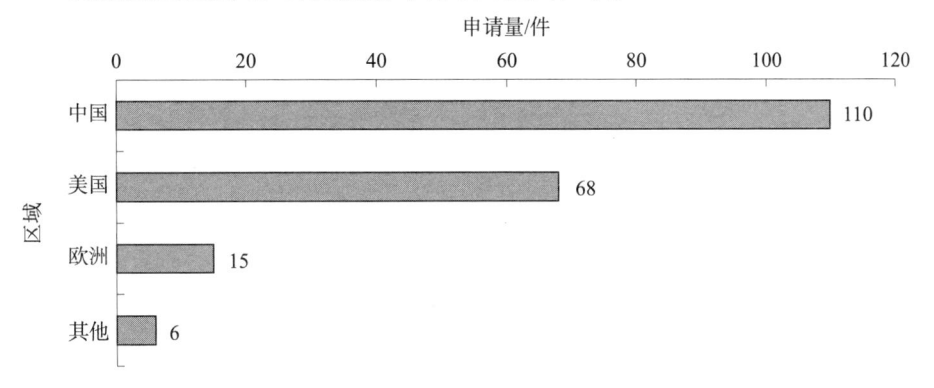

区域	申请量/件
中国	110
美国	68
欧洲	15
其他	6

图3-1-15 Sofosbuvir来华专利申请区域分布

3.1.1.4 技术路线

图3-1-16展示了Sofosbuvir的专利技术发展路线(以申请日作为时间轴)。下面通过对Sofosbuvir化合物、晶型等重点专利的分析,总结Sofosbuvir的专利技术脉络。

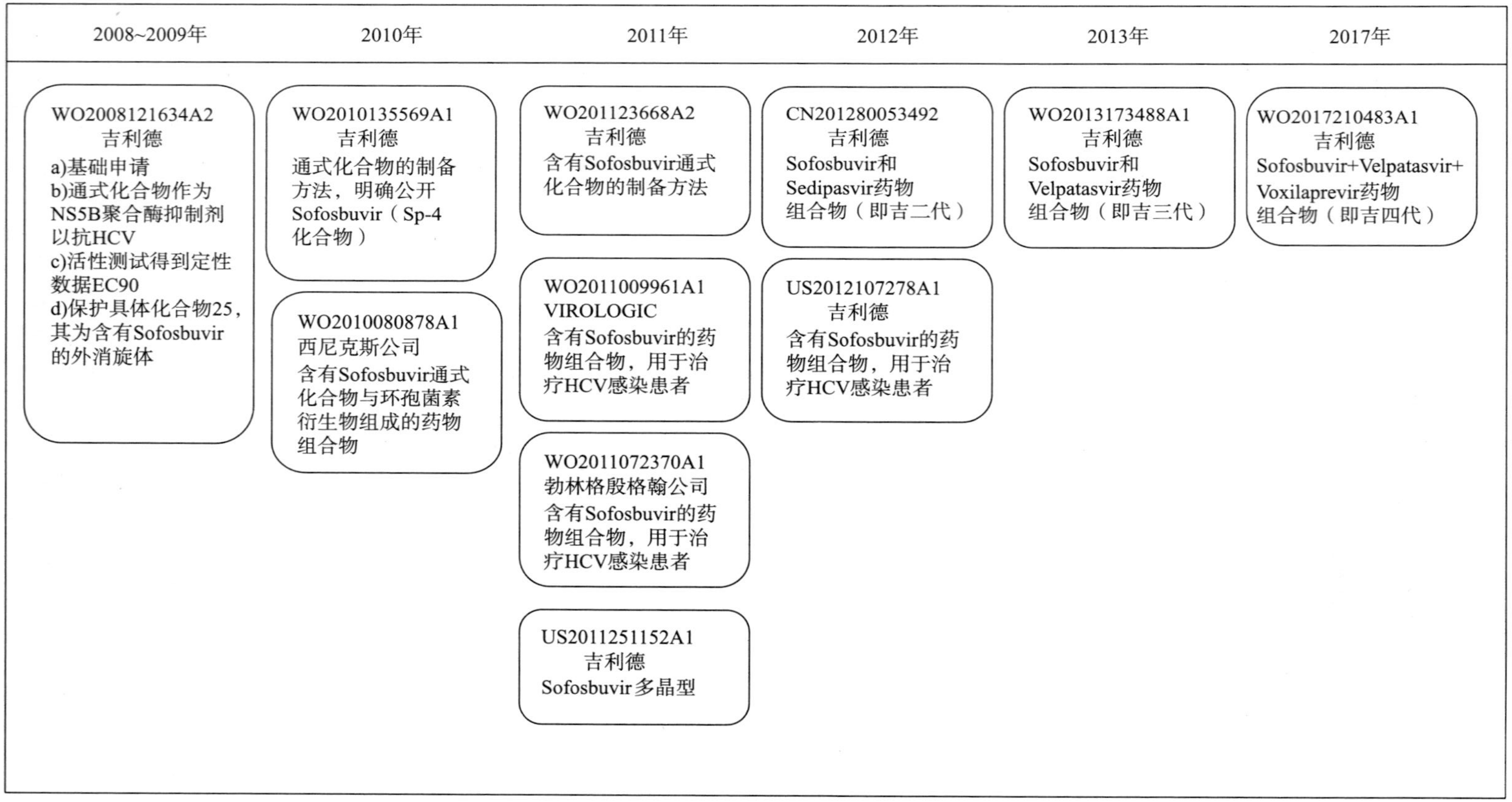

图 3-1-16 Sofosbuvir 技术发展脉络

2008~2009年	2010年	2011年	2012年	2013年	2017年
WO2008121634A2 吉利德 申请 a)基础化合物作为NS5B聚合酶抑制剂以抗HCV b)通式化合物的制备方法 c)活性测试得到定性数据EC90 d)保护具体化合物25,其为含有Sofosbuvir的外消旋体	WO2010135569A1 吉利德 通式化合物的制备方法,明确公开Sofosbuvir（Sp-4化合物）	WO2011123668A2 吉利德 含有Sofosbuvir通式化合物的制备方法	CN201280053492 吉利德 Sofosbuvir和Sedipasvir药物组合物（即吉二代）	WO2013173488A1 吉利德 Sofosbuvir和Velpatasvir药物组合物（即吉三代）	WO2017210483A1 吉利德 Sofosbuvir+Velpatasvir+Voxilaprevir药物组合物（即吉四代）
	WO2010080878A1 西尼克斯公司 含有Sofosbuvir通式化合物与环孢菌素衍生物组成的药物组合物	WO2011009961A1 VIROLOGIC 含有Sofosbuvir的药物组合物,用于治疗HCV感染患者	US201210727281A1 吉利德 含有Sofosbuvir的药物组合物,用于治疗HCV感染患者		
		WO2011072370A1 勃林格殷格翰公司 含有Sofosbuvir的药物组合物,用于治疗HCV感染患者			
		US2011251152A1 吉利德 Sofosbuvir多晶型			

(1) 化合物的技术脉络

Sofosbuvir 的原研专利由法莫赛特公司申请，公开号为 WO2008121634A2。该申请请求保护一种 NS5B 聚合酶抑制剂，并且公开了多个具体化合物，其中化合物 25 即为 Sofosbuvir 的外消旋体（未明确手性原子 P 的构型），申请中还公开了化合物 25 对于 HCV 的 EC90 值。该专利存在美国、中国、欧洲同族专利，其中美国、欧洲已授权并维持有效，中国目前处于复审合议组审查状态，尚未授权。

两年后，法莫赛特公司又针对 Sofosbuvir 提交了 WO2010135569A1 申请，权利要求 1 保护化合物 4 的制备方法以及拆分获得的 Sp-4 化合物（即 Sofosbuvir）和 Rp-4 化合物。说明书中公开了 Sp-4 的 5 种晶型。该申请在美国、欧洲、美国均获得专利权，但中国同族专利的授权文本中仅保护制备方法，未涉及产品。该专利首次明确将 Rp-4 化合物与 Sp-4 化合物拆分。

(2) 晶型的技术脉络

在 STN 中检索到 Sofosbuvir 相关专利，其中，关于 Sofosbuvir 晶型专利共 30 项（申请日或优先权日截至 2018 年 12 月 31 日，参见表 3-1-2），除化合物专利外，晶型专利是 Sofosbuvir 专利布局的重要部分。

1) Sofosbuvir 晶型专利全球申请量趋势

从图 3-1-17 所示的 Sofosbuvir 的晶型专利申请趋势来看，2014 年之前，关于 Sofosbuvir 的晶型申请数量很少，全球范围内总计 3 项申请；2014 年之后，涉及晶型专利明显增多，2015～2016 年每年 Sofosbuvir 的晶型申请量保持在 9 项。美国 FDA 在 2013 年底批准吉一代上市，且原研公司已经公开了 Sofosbuvir 的 5 种晶型，新晶型的发现需要一定的时间摸索和研究，因此，基本与 2014 年前后出现申请量的明显变化吻合。

表 3-1-2 Sofosbuvir 晶型专利汇总

公开号	申请日	申请人	申请人国别	主要国家/地区法律状态	同族专利	技术主题
WO2010135569A1	2010-05-20	吉利德	US	JP、EP、US、CN、KR	AU、BR、CA、CN、EA、EP、ES、HK（CN）、ID、IL、JP、KR、MX、NZ、PH、SG、TW（CN）、US、ZA	Sofosbuvir 晶型1~5、无定型，Sofosbuvir 二氯甲烷晶型，Sofosbuvir 氯仿晶型
WO2011123645A1	2011-03-31	吉利德	US	CN、JP、US、EP、JP、KR	CA、CN、EP、VN、JP、HK（CN）、KR、AU、ZA、US、ILES、MX、AU、SG、BR、IN、TW（CN）、EA	Sofosbuvir 晶型1~6、无定型
US2011251152A1	2011-03-31	吉利德	US	US	US	Sofosbuvir 晶型1、4、5、6、无定型，Sofosbuvir 二氯甲烷晶型，Sofosbuvir 氯仿晶型
WO2014120981A1	2014-01-30	吉利德	US	KR、CN	JP、IL、MX、PH、EA、TW（CN）、ZA、MD、JP、HK（CN）、KR、AU、CN、EP、BR、CA、NZ、SG、VN、ID、US、AR、MD	Sofosbuvir + Ledipasvir 组合物，Sofosbuvir 晶型1~6、Ledipasvir 非晶形式
CN104130302A	2014-08-08	东阳光药业	CN	CN	CN	Sofosbuvir 晶型 A
WO2015030853A1	2014-01-30	吉利德	US	JP	JP、HK（CN）、IL、BR、AU、EP、SG、IN、KR、US、AR、NZ、CA、MX	Sofosbuvir + 式1的药物组合物，Sofosbuvir 晶型1~6

续表

公开号	申请日	申请人	申请人国别	主要国家/地区法律状态	同族专利	技术主题
CN104447924A	2015-04-09	南京旗昌医药	CN	CN	CN	Sofosbuvir的晶型H1、H2、H3、H4
CN104650171A	2015-05-27	天津市汉康医药	CN	视撤失效	CN	Sofosbuvir半水合物晶型
CN104804054A	2015-04-17	南京旗昌医药	CN	CN	CN	Sofosbuvir晶型H7
CN104829673A	2015-05-08	南京旗昌医药	CN	CN	—	Sofosbuvir晶型6
WO2015150561A2	2015-04-02	桑多斯股份公司	CH	在审	MX、US、BR、CA、EP、KR、AU、IN、JP、RU	Sofosbuvir无定型
CN104974205A	2014-09-19	苏州晶云药物	CN	视撤失效	CN	Sofosbuvir晶型A
WO2016008461A1	2015-07-17	ZENTIVA KS	CZ	在审	CZ、EP	Sofosbuvir晶型Z-1
WO2016016327A1	2015-07-29	HC-制药股份公司	CH	US	US、BR、MX、IT、EP、AR、CA、TW（CN）	Sofosbuvir晶型α
WO2016023905A1	2015-08-11	桑多斯股份公司	CH	国际阶段视撤	—	Sofosbuvir晶型6
WO2016023906A1	2015-08-11	桑多斯股份公司	CH	国际阶段视撤	—	—
WO2016038542A2	2015-09-09	迈兰公司	IN	—	IN	Sofosbuvir无定型
WO2016042576A1	2015-09-16	CADILA HEALTHCARE LTD.	IN	—	IN	Sofosbuvir和氨基酸共晶

续表

公开号	申请日	申请人	申请人国别	主要国家/地区法律状态	同族专利	技术主题
WO2016097173A1	2015-12-17	桑多斯股份公司	CH	国际阶段视撤	—	Sofosbuvir晶型7
CN105732751A	2014-12-09	北京万生药业	CN	驳回，待复审	—	Sofosbuvir新晶型
CN105985394A	2015-02-26	石药集团中奇制药	CN	在审	—	Sofosbuvir新晶型
WO2016156512A1	2016-03-31	桑多斯股份公司	CH	国际阶段视撤	—	Sofosbuvir新晶型
CN106146589A	2015-04-10	正大天晴	CN	CN	CN	氘代Sofosbuvir晶型Ⅰ、Ⅱ
WO2016189443A3	2016-05-21	GANGAVA RAM C R 等	IN	—	IN	Sofosbuvir和哌嗪共晶
CN106188194A	2015-07-13	汤律进	CN	驳回，待复审	—	Sofosbuvir单晶
WO2017029408A1	2016-08-19	(TEVA) RATIOPHARM GMBH（德国通益国际制药有限责任公司）	DE	—	—	Sofosbuvir与至少一种非结构蛋白5的共晶
WO2018078536A1	2017-10-25	鲁平有限公司	IN	—	—	Sofosbuvir与二氧化硅的稳定的固体分散剂，涉及Sofosbuvir的无定型
RU2656228C1	2017-06-13	MIKHAYLOV O R	RU	—	RU	Sofosbuvir新晶型
CN109467577A	2018-12-06	南通常佑药业	CN	在审	—	Sofosbuvir无定型
CN109517018A	2018-12-29	石药集团中奇制药	CN	在审	—	Sofosbuvir新晶型

图 3－1－17　Sofosbuvir 全球晶型专利申请量趋势

2) Sofosbuvir 晶型专利中、美专利申请状态分布

在 Sofosbuvir 晶型专利申请中，美国专利有 5 件，均为原研企业申请，3 件有中国同族专利，中国同族专利关于晶型的制备方法都有授权。目前为止，原研企业关于晶型的中国同族专利没有授权；中国本土申请 12 件，其中，5 件授权，2 件驳回，2 件视撤，3 件在审。

3) Sofosbuvir 晶型专利来源国分析

从数据库提取的 Sofosbuvir 晶型或无定型的全球专利申请中，按照申请人的国别分组，将主要国家申请人的申请数量与授权量进行对比，如图 3－1－18 所示。

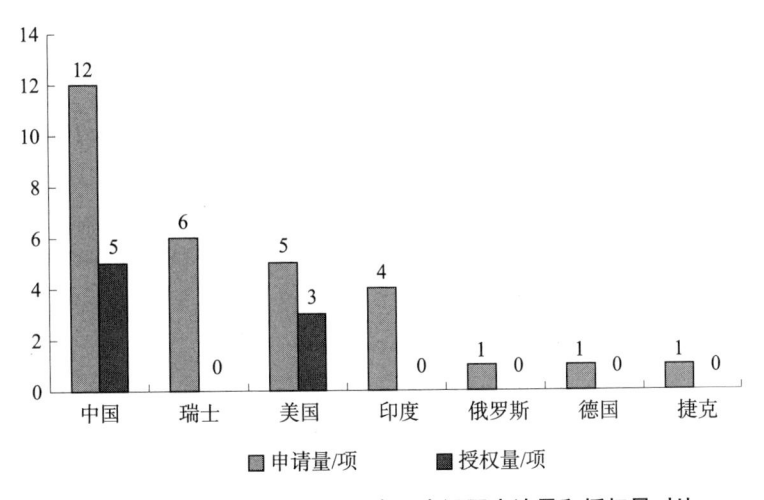

图 3－1－18　Sofosbuvir 晶型专利来源国申请量和授权量对比

从申请人的国别来看，我国申请人涉及 Sofosbuvir 晶型的专利申请量及授权量最多。12 件申请中涉及多种新晶型 A、半水合物晶型、单晶、氘代物晶体、无定型等，5 件授权申请具体如表 3－1－3 所示。

表 3－1－3　国内企业涉及 Sofosbuvir 晶型的授权专利申请

公开号	申请人	授权号/授权日	技术主题
CN104130302A	东阳光药业	CN104130302B/2017－02－15	Sofosbuvir 晶型 A
CN104447924A	南京旗昌医药	CN104447924B/2016－09－28	Sofosbuvir 的晶型 H1、H2、H3、H4
CN104804054A	南京旗昌医药	CN104804054B/2017－10－24	Sofosbuvir 晶型 H7
CN104829673A	南京旗昌医药	CN104829673B/2017－10－27	Sofosbuvir 晶型 6
CN106146589A	正大天晴	CN106146589B/2019－03－05	氘代 Sofosbuvir 晶型 Ⅰ、Ⅱ

瑞士拥有 6 件申请，仅 WO2016016327A1 进入美国，被授予专利权（US9845335B2）涉及 Sofosbuvir 晶型 α。

美国原研公司存在 5 件申请，涉及晶型 1~6、无定型、其二氯甲烷溶剂合物晶型以及晶体与其他抗 HCV 药物联用，其中 3 件进入中国，虽被授权，但均非针对晶型本身，而是授予晶型制备方法专利权。

印度申请人关于 Sofosbuvir 晶型专利申请共计 4 件，涉及 Sofosbuvir 无定型、与氨基酸或哌嗪的共晶，没有申请中国同族专利。俄罗斯、德国、捷克申请量均为 1 件，没有申请中国同族专利。

4）Sofosbuvir 晶型重点专利分析

重点分析原研公司的 2 项授权专利和中国申请人的 4 项授权专利。

【WO2010135569A1】申请人为原研企业吉利德，在全球近 20 个国家和地区申请了同族专利，在美国、欧洲、日本、韩国均获得授权。在中国的授权专利 CN102459299B 请求保护 Sofosbuvir 的制备方法；另外，中国同族专利 CN105085592A 请求保护制备 Sofosbuvir 的方法，目前该案件驳回（2019 年 3 月 27 日）待复审；中国同族专利 CN105198949A 请求保护 Sofosbuvir 晶型及药物组合物，该案件目前驳回（2019 年 3 月 19 日）待复审；中国同族专利 CN104292256A 请求保护核苷氨基磷酸酯类化合物（Sofosbuvir 类似物），该案件目前驳回失效。欧洲有 2 件授权同族专利，其中，EP2432792B1 请求保护 Sofosbuvir 及其异构体的制备方法、Sofosbuvir 的晶型制备方法；EP2913337B1 请求保护 Sofosbuvir 的制备方法。美国有 7 件授权专利，其中，US8735569B2 请求保护 Sofosbuvir 的制备方法；US8563530B2 请求保护 Sofosbuvir 水合物晶体及其制备方法，该专利申请号为 US2013076718A1，申请日为 2011 年 3 月 31 日，专利到期日为 2031 年 3 月 21 日；US8633309B2 请求保护 Sofosbuvir 化合物、药物组合物；US9206217B2 请求保护 Sofosbuvir 的 6 种晶型，该专利申请号为 US2013732725A1，申请日为2013年1月2日，专利到期日为2033年1月2日；US9284342B2请求保护Sofosbuvir晶体、组合物及其制备方法，该专利申请号为US2013925078A1，申请日为2013年1月24日，专利到期日为2033年1月24日；US9637512B2请求保护Sofosbuvir的制备方法；US8642756B2请求保护Sofosbuvir及其晶体的制备方法，该专利申请号为US2012783680A1，申请日为2010年5月20日，专利到期日为2030年5月20日；US8629263B2请求保护核苷氨基磷酸酯类化合物（Sofosbuvir类似物）及其制备方法。

【WO2011123645A1】申请人为原研企业吉利德，在全球近20个国家和申请了同族专利，在美国、欧洲、日本、韩国均获得授权，在中国的授权专利CN104017020B请求保护结晶的Sofosbuvir的制备方法。美国同族申请US2011251152A1记载了Sofosbuvir晶型1、4、5、6，晶型2为Sofosbuvir二氯甲烷溶剂化物结晶，晶型3为Sofosbuvir三氯甲烷溶剂化物结晶，其中，晶型1吸湿性较强，容易转化为晶型6，晶型2、3在干燥时转化为晶型1，晶型4、5过滤分离时转化为晶型1，晶型6从晶型1转化而来。

【CN104130302A】申请人为东阳光药业，申请号为CN201410391177A，申请日为2014年8月8日，公告号为CN104130302A，公布日为2014年11月5日，授权公告号为CN104130302B，授权公告日为2017年2月15日，授权的权利要求请求保护Sofosbuvir晶型A及其制备方法，说明书中记载了与已知的晶型6相比，晶型A溶解性更好。

【CN104447924A】申请人为南京旗昌医药科技有限公司，申请号为CN201410624111A，申请日为2014年11月7日，公告号为CN104447924A，公布日为2015年3月25日，授权公告号为CN104447924B，授权公告日为2016年9月28日，国际申请公告号为WO2016070569A1，目前尚未进入其他国家阶段。授权的权利要求保护Sofosbuvir晶型H1及其制备方法，说明书中记载了晶型H1为Sofosbuvir：水分子为1∶1的水合物结晶，还记载了晶型H2为Sofosbuvir：甲醇分子为1∶1的甲醇合物结晶，晶型H3为Sofosbuvir：乙醇分子为1∶1的乙醇合物结晶，晶型H4为Sofosbuvir：二苯醚分子为1∶1的二苯醚合物结晶。另外，说明书中还给出了晶型H1、H2、H3、H4与Sofosbuvir已知的晶型1、6相比，具有更好的耐吸湿性、耐高温性和稳定性。

【CN104804054A】申请人为南京旗昌医药科技有限公司，申请号为CN201510185335A，申请日为2015年4月17日，公告号为CN104804054A，公布日为2015年7月29日，授权公告号为CN104804054B，授权公告日为2017年10月24日，授权的权利要求保护Sofosbuvir二氯甲烷溶剂化物晶型H7及其制备方法。

【CN106146589A】申请人为正大天晴，申请号为CN20151017064.5，申请日为2015年4月10日，公开号为CN106146589A，公布日为2016年11月23日，授权公告号为CN106146589B，授权公告日为2019年3月5日，授权公告的权利要求保护氘代Sofosbuvir的晶型Ⅰ、Ⅱ及其包含晶型Ⅰ、Ⅱ的药物组合物、药物用途。说明书中比较了Sofosbuvir和氘代Sofosbuvir的晶型Ⅰ、Ⅱ的药代动力学性质，显示氘代Sofosbuvir的晶型Ⅰ、Ⅱ起效快，峰浓度高，生物利用度高，半衰期长。

3.1.2 Sofosbuvir/Ledipasvir专利布局分析

吉二代（Harvoni）是由两种抗丙肝药（Sofosbuvir 400 mg和Ledipasvi 90 mg）组成

的固定剂量复方制剂。其于2014年10月10日经FDA批准在美国上市，于2014年11月经欧洲药品管理局（EMA）批准在欧盟各国上市，于2018年11月21日经CFDA批准在中国上市。Ledipasvir（雷迪帕韦，LED）是HCV NS5A蛋白抑制剂，而Sofosbuvir是HCV NS5B RNA-依赖RNA聚合酶抑制剂，二者联合抑制HCV复制，对于1型丙肝的治愈率达到95%以上。如表3-1-4所示，针对吉二代，吉利德共申请3件专利，其中WO2013040492A2（中国同族专利CN104244945A），在原始申请文件中，权利要求2明确保护了Sofosbuvir与Ledipasvir的药物组合物，虽中国同族专利被授予专利权，但分析其授权文本，并不涉及吉二代，其他同族专利尚未授权；桑多斯股份公司和上海博志研新药物技术有限公司保护的技术方案中限定药物组合物包含Sofosbuvir与Ledipasvir，且二者均为无定型，前者目前处于待审阶段，后者的两次审查意见均评述了全部权利要求不具备创造性，目前等待申请人答复；北京万生药业申请了"一种Sofosbuvir雷迪帕韦复方制剂"，重点保护了主成分的含量以及药用辅料的种类，尚未结案。

表3-1-4 Sofosbuvir与Ledipasvir组合物专利申请

公开号	申请人	来源国或地区	最早优先权日	发明名称	主要国家或地区法律状态	同族专利
WO2013040492A2	吉利德	US	2011-09-16	用于治疗HCV感染的方法	CN	EP、NZ、JP、HK（CN）、MD、EA、TW（CN）、CA、US、SG、MX、KR、DE、BR、ZA、VN、PH、AU、IL、IN、ES、CN、ID
WO2017205078A1	吉利德	US	2016-05-27	使用NS5A、NS5B或NS3抑制剂治疗乙型肝炎病毒感染的方法	CN，待审	CN、VA、AU、MX、EP、JP、KR、SG、BR
WO2016128453A1	桑多斯	EP	2015-02-13	包含雷迪帕韦和索非布韦的药物组合物	CN，待审	CN、US、CA、AU、EP、JP

续表

公开号	申请人	来源国或地区	最早优先权日	发明名称	主要国家或地区法律状态	同族专利
CN106699740A	上海博志	CN	2016-12-26	一种雷迪帕韦和索非布韦复方片剂及其制备方法和应用	中通出案待回，一通二通均评述全部权利要求不具备创造性	—
CN108125915A	北京万生药业	CN	2016-12-01	一种索非布韦雷迪帕韦复方制剂	一通出案待回，评述全部权利要求不具备创造性	—
WO2014120981A1	吉利德	US	2013-03-04	两个抗病毒化合物的联用制剂	CN、US、JP	JP、IL、MX、PH、EA、TW（CN）、ZA、MD、HK（CN）、KR、CN、AU、EP、BR、CA、NZ、VN、ID、SG、US

对于吉二代，目前国内唯一的授权专利为吉利德在2013年提交的WO2014120981A1（中国同族专利CN105748499B），该申请在日本和美国亦获得专利权。其授权的中国专利CN105748499B的权利要求1为：一种以固定剂量联用片形式存在的药学组合物，其包含：

a）10%（w/w）至25%（w/w）的含有分散在聚合物基质中的Ledipasvir的固体分散物，所述聚合物基质由共聚维酮形成，其中所述固体分散物中Ledipasvir与共聚维酮的重量比是1：1，其中大于70%的所述Ledipasvir是非晶体，并且其中所述Ledipasvir具有以下结构式：

b）35%（w/w）至45%（w/w）的Sofosbuvir，其中大于70%的所述Sofosbuvir为晶体，其中所述晶体Sofosbuvir在6.1±0.2°、8.2±0.2°、10.4±0.2°、12.7±0.2°、17.2±0.2°、17.7±0.2°、18.0±0.2°、18.8±0.2°、19.4±0.2°、19.8±0.2°、20.1±0.2°、20.8±0.2°、21.8±0.2°和23.3±0.2°具有XRPD 2θ反射，并且其中所述

Sofosbuvir 具有以下结构式：

c) 5.0%（w/w）至 25%（w/w）的乳糖一水合物；
d) 5.0%（w/w）至 25%（w/w）的微晶纤维素；
e) 1.0%（w/w）至 10%（w/w）的交联羧甲基纤维素钠；
f) 0.5%（w/w）至 3%（w/w）的胶体二氧化硅；和
g) 0.1%（w/w）至 3%（w/w）的硬脂酸镁。

其创新点在于采用 Sofosbuvir 与 Ledipasvir 的特定晶型作为主组分，并且明确限定了含量与药物辅料种类。

3.1.3 Sofosbuvir/Velpatasvir 专利布局分析

吉三代（Epclusa）是由两种抗丙肝药（Sofosbuvir 400 mg 和 Velpatasvir 100 mg）组成的固定剂量复方制剂。其于 2016 年 6 月 28 日经 FDA 批准在美国上市，于 2016 年 7 月经 EMA 在欧盟各国上市，于 2018 年 5 月 23 日经 CFDA 批准在中国上市。吉三代是获批治疗 2 型和 3 型丙肝的首个单一片剂方案（不需要联合 Ribavirin）。表 3-1-5 显示了全球关于 Sofosbuvir/Velpatasvir 组合物专利申请，可以看到 3 件申请均来自吉利德，且中国同族专利均被授予专利权。CN104487442B、CN106432254B 被授予专利权的技术方案不涉及前述两个化合物；CN103328480B、CN105837584B 仅涉及 Velpatasvir 化合物及其药物组合物，并限定药物组合物进一步包含 NS5B 聚合酶抑制剂。

表 3-1-5 Sofosbuvir/Velpatasvir 组合物专利申请

公开日	申请人	来源国	最早优先权日	发明名称	主要国家/地区法律状态	同族专利
WO2013173488A1	吉利德	AU	2012-05-16	HCV NS5B 的抗病毒化合物抑制剂	CN	US、AU、EP、SG、JP、CN、NZ、IN、HK（CN）、IL、EA、MX、KR、CA
WO2013075029A1	吉利德	US	2011-11-16	作为抗病毒化合物的缩合的咪唑基咪唑	CN、EP、US	US、JP、HK(CN)、CN、ES、MD、EP、MX、AU、NZ、EA、VN、SG、IL、CA、KR、IL、ZA、IN、PH

续表

公开日	申请人	来源国	最早优先权日	发明名称	主要国家/地区法律状态	同族专利
WO2015030853A1	吉利德	US	2013-08-27	两种抗病毒化合物的复方制剂	CN、JP、US	JP、HK（CN）、IL、BR、AU、EP、SG、CN、IN、KR、US、AR、NZ、CA、MX、TW（CN）

对于吉三代，明确公开两种组分的授权文本为吉利德在2015年提交的WO2015030853A1（中国同族专利CN105517540B），且该申请在日本和美国亦获得专利权。其授权的中国专利CN105517540B权利要求1：一种固定剂量复方片剂形式的药物组合物，包含：

a) 15%~25%（w/w）的包含分散于由共聚维酮形成的聚合物基质中的化合物Ⅰ的固体分散体，其中所述固体分散体中化合物Ⅰ与共聚维酮的重量比为1:1，且其中具有下式的化合物Ⅰ基本上是无定型的：

b) 35%~45%（w/w）的基本上是晶体的Sofosbuvir，其特征在于6.1°±0.2°、10.4°±0.2°和20.8°±0.2°的XRPD 2θ反射，其中Sofosbuvir具有下式：

c) 30%~40%（w/w）的微晶纤维素；
d) 1%~5%（w/w）的交联羧甲基纤维素钠；和
e) 0.5%~2.5%（w/w）的硬脂酸镁。

其创新点在于采用Sofosbuvir和Velpatasvir的特定晶型作为主组分，并且明确限定了含量与药物辅料种类。

3.1.4 Sofosbuvir/Velpatasvir/Voxilaprevir 专利布局分析

吉四代（Vosevi）是由 3 种抗丙肝药（Sofosbuvir 400 mg、Velpatasvir 100 mg 和 Voxilaprevir 100 mg）组成的固定剂量复方制剂。其于 2017 年 7 月 18 日经 FDA 批准在美国上市，于当月也获得了 EMA 批准在欧盟各国上市，主要用于丙肝的二线治疗，常作为候补用于丙肝的治疗。患者用其他口服丙肝药物未得到治愈的，可以使用吉四代。

对于吉四代，全球唯一的专利申请为吉利德在 2017 年提交的 WO2017210483A1（中国同族专利 CN109310678A），其涉及 3 种抗病毒化合物的组合制剂，目前还没有同族专利被授予专利权。

3.2 Zepatier 相关专利分析

2016 年，FDA 以优先审评的方式批准了默沙东用于治疗慢性丙肝药物 Zepatier（择必达，Elbasvir 50 mg 和 Grazoprevir 100 mg）；2018 年，Zepatier 获 CFDA 批准上市，用于治疗 1、4 型慢性丙肝成年患者。

Zepatier 是由默沙东带来的一种每日口服一次的固定剂量的口服丙肝药物组合片剂，其由两种新化学实体构成，分别是 NS5A 抑制剂 Elbasvir（ ）和 NS3/4A 蛋白酶抑制剂 Grazoprevir（ ），可以有效抑制丙肝病毒的复制以及存活，曾获两项美国 FDA 颁发的突破性疗法认定。

多项临床研究结果显示，Zepatier 实现了更高的持续病毒学应答率，将 1 型丙肝的 SVC12 从 94% 提高到 97%，将 4 型丙肝的 SVC12 从 97% 提高到 100%。研究人员发现，只需每天一片单药治疗，就能在 12 周的疗程里，有效控制 1b 型丙肝患者的病情，且无须联合 Ribavirin 进行治疗。此外，Zepatier 与其他数种临床药物联合使用，均不影响疗效。这意味着，其有望用于多样化的丙肝患者，如伴代偿性肝硬化、带有 HIV 感染、接受阿片替代治疗、罹患晚期慢性肾病或需要透析、接受质子泵抑制剂治疗以及伴遗传性血液病的患者。

Zepatier 为 1 型和 4 型丙肝患者提供了一种拥有超高治愈率的治疗新选择。还有大量丙肝患者因为无力支付医疗费用而未被治愈，默沙东已经确定将 Zepatier 的价格定为 54600 美元/12 周，相比吉利德的 Solvadi（84000 美元/12 周）定价便宜了 35%，相比 Harvoni（吉二代 94000 美元/12 周）便宜了 40%。

目前，我国的丙肝患者约有 56.8% 是 1b 型，Zepatier 的上市将为中国丙肝患者带来更多的药物选择，为提高丙肝治愈率、依从性创造更有利条件。

以下分析采用 STN 结合 S 系统中的 CNABS 和 DWPI 数据库作为检索数据库，检索时间截至 2018 年 12 月 31 日，检索范围限定全球范围内涉及 Zepatier 的专利申请，同族申请作为一条记录处理。检索涉及 Zepatier 的全部全球专利共计 20 余项，在此基础上从专利申请的技术内容、专利申请国家、专利申请人等角度对 Zepatier 的相关专利申请进行了分析。

3.2.1 Elbasvir 专利分析

Elbasvir（结构式）为 NS5A 抑制剂，原研公司为默沙东，关于 Elbasvir 的专利涉及化合物、中间体及制备方法、药物制剂等多种类型。

3.2.1.1 Elbasvir 化合物专利分析

默沙东于 2010 年 3 月 25 日提交了专利申请 WO2010111483A1，并进入了包括中国、美国、日本、韩国、欧洲在内的 30 多个国家和地区，并在中国、美国、日本、欧洲、韩国均获得了授权。其中，中国授权专利 CN102427729B 包括 Elbasvir 范围的通式化合物（结构式）或其药学上可接受的盐，其中，每一出现的 R^a 是相同的，并且是 $C_{1~6}$ 烷基；R^b 是 H 或卤素；R^c 是 H 或卤素；每一出现的 R^d 独立地选自 H 和 $C_{1~6}$ 烷基，或一个出现的 R^d 是 H，并且另一个出现的 R^d 是苯基，或两个 R^d 基团和它们所连接的共同碳原子结合形成螺环 $C_{3~8}$ 环丙基；并且 P 是 0。

随后，默沙东以分案申请的形式提交了专利申请，并获得授权。CN103880862B 授权了 Elbasvir 具体化合物，以及其他结构的具体化合物。另一件分案申请 CN109651342A 还在实质实审过程中。

美国授权专利 US8871759B2 授权了 Elbasvir 具体化合物以及盐，默沙东并在该案基础上通过分案形式提交了专利 US2014371138A1 并获得了授权，授权专利 US9090661B2 保护了通式化合物和其他具体化合物。另一件继续申请 US20150246917A1 请求保护通式化合物，并未获得授权。

日本的授权专利 JP5932929B2 涉及了 Elbasvir 及其盐、Elbasvir 的外消旋体及其盐。

欧洲授权专利 EP2410844B1 涉及了含有 Elbasvir 化合物结构的通式结构，以及 Elbasvir 具体化合物的结构。

国内申请人正大天晴于 2016 年 12 月 9 日提交了专利申请 WO2017097253A1，目前仅进入中国国家阶段，处于实质实审阶段。该专利对 Elbasvir 进行了氘代修饰，获得了一系列氘代的 Elbasvir 衍生物，并测定了体外抗丙肝病毒活性，以及大鼠内药代动力学评价，评估了氘代衍生物的口服生物利用度。

3.2.1.2 Elbasvir 制备方法专利分析

关于制备方法，默沙东于 2015 年 5 月 7 日提交了专利申请 WO2015065821A1，目前仅进入了欧洲和美国。其中美国同族专利获得了授权，US9725464B2 保护了包含 Elbasvir 化合物结构的通式化合物的制备方法，以及 Elbasvir 具体化合物的制备方法。欧洲专利 EP3063145A1 已于 2018 年 5 月 23 日视撤。

默沙东还于 2015 年 7 月 10 日提交了专利申请 WO2016004899A1，仅进入了美国国家阶段并获得了授权，其美国同族专利 US10202401B2 保护了 Elbasvir 化合物的制备中间体。

默沙东于 2016 年 6 月 3 日提交了专利申请 WO2016196932A1，请求保护包含 Elbasvir

化合物结构的通式化合物 [结构式] 的另一种制备方法，仅进入了美国国家阶段，其美国同族专利US2018179223A1还在审查过程当中。

印度仿制药公司Natco Pharma Limited公司于2018年1月22日提交了关于Elbasvir制备方法的专利申请WO2019064310A1，仅进入了印度国家阶段，目前还在审理过程中，其请求保护以中间体 [结构式] 和 [结构式] 制备Elbasvir的合成路线。

国内申请人陕西师范大学有一件已授权专利CN107021968B，申请日为2017年5月25日，其保护了一类特殊催化剂多取代BODIPY有机光催化剂x [结构式] 合成Elbasvir中间体化合物 [结构式] 的方法。

3.2.1.3 Elbasvir药物制剂专利分析

关于药物制剂方面，默沙东于2015年11月6日提交了专利申请WO2016105670A1，进入了欧洲和美国国家阶段。美国同族专利US2017368031A1请求保护含有Elbasvir化合物或其盐的固体分散体及其制备方法，于2019年5月15日被驳回。欧洲同族专利申请EP3237412A1于2016年9月13日视撤。

默沙东于2016年7月29日提交了专利申请WO2017023713A1，仅进入了美国国家阶段。美国同族专利US2018221282A1请求保护制备Elbasvir的喷雾干燥分散体的方法，目前还在审查阶段。

3.2.2 Grazoprevir 专利分析

Grazoprevir（ [结构式] ）为 NS3/4A 蛋白酶抑制剂，原研公司为默沙东，关于 Grazoprevir 的专利涉及化合物、中间体及制备方法、水合物和晶型、药物制剂等多种类型。

3.2.2.1 Grazoprevir 化合物专利分析

默沙东于 2009 年 2 月 12 日提交了专利申请 WO2009108507A1，进入了欧洲、美国、日本、澳大利亚、加拿大等国家或地区。其中美国同族专利 US8591878B2 获得了授权，其保护了包含 Grazoprevir 化合物结构的通式化合物 [结构式] ，以及 Grazoprevir 的结构类似物，并未保护 Grazoprevir 具体化合物。日本授权专利 JP5608563B2、澳大利亚授权专利 AU2009217551B2、欧洲授权专利 EP2268285B1 同样保护了含有 Grazoprevir 化合物结构的通式化合物，授权范围均小于美国授权专利 US8591878B2。

默沙东于 2009 年 7 月 17 日提交了专利申请 WO2010011566A1，进入了包括美国、欧洲、中国、日本、韩国等 30 多个国家或地区，并在美国、欧洲、中国、日本、韩国均获得了授权。美国授权专利 US7973040B2 保护了 Grazoprevir 具体化合物或其盐，优选钾盐，以及相应的治疗用途。欧洲授权专利 EP2540349B1 保护了含有 Grazoprevir 具体化合物或其钾盐的药物组合物。中国授权专利 CN102159285B 保护了 Grazoprevir 具体化合物及其制备药物的用途。日本授权专利 JP4920797B2 保护了 Grazoprevir 具体化合物、组合物以及制备药物的用途。韩国授权专利 KR101313675B1 保护了 Grazoprevir 具体化合物。

3.2.2.2 Grazoprevir 制备方法专利分析

关于制备方法，默沙东于 2011 年 5 月 20 日针对 US7973040 提交了继续申请，并获得了授权专利 US8080654B2，请求保护以[结构式]和[结构式]制备 Grazoprevir 的方法。

默沙东在 2013 年 2 月 28 日提交了专利申请 WO2013028470A1，对 Grazoprevir 的制备方法、中间体、中间体的晶型进行了专利布局，进入了美国、欧洲、中国、日本、韩国等国家和地区。美国授权专利 US9238604B2 保护了经过 6 步反应制备 Grazoprevir 的方法，并保护了中间体[结构式]的晶型、中间体化合物[结构式]、中间体化合物[结构式]、中间体[结构式]的晶型。欧洲授权专利 EP2744336B1 仅保护了 6 步反应制备 Grazoprevir 的方法，未获得中间体的保护。中国同族专利 CN103874414A 于 2016 年 11 月 18 日因放弃而失效。日本和韩国同族专利也均未获得授权。

默沙东于同日提交的另一件专利申请 WO2013028471A1 主要针对制备中间体进行了专利布局，仅进入了欧洲和美国。美国授权专利 US9073825B2 保护了多个 Grazoprevir 制

备中间体 [结构式] 、 [结构式]，中间体的制备方法以及Grazoprevir 的制备方法。欧洲同族专利 EP2744331A4 已经视撤。

默沙东于 2015 年 4 月 23 日提交了另一件制备方法专利申请 WO2015057611A1，进入了中国、美国、欧洲、韩国等国家或地区，仅美国专利 US9873707B2 获得了授权，其保护了中间体 [结构式] 的合成路线，以及 Grazoprevir 的合成路线。中国、欧洲、韩国同族专利均未获得授权。

默沙东 2015 年 6 月 25 日申请专利 WO2015095430A1，未进入国家阶段，其请求保护了以 [结构式] 为中间体，制备含有 Grazoprevir 结构的通式化合物 [结构式] 的制备方法。

3.2.2.3 Grazoprevir 水合物、晶型专利分析

在水合物和晶型方面，默沙东于 2013 年 2 月 28 日申请了专利 WO2013028465A1，进入了美国、欧洲、中国、日本等多个国家或地区。仅在美国获得了授权 US9242917B2，其保护了 Grazoprevir 的水合物晶型、钠盐晶型，相应的制备方法和用途。其他国家或地区同族申请均未获得授权。

3.2.2.4 Grazoprevir 药物制剂专利分析

在药物制剂方面，默沙东申请了专利 WO2015119919A1、WO2015120014A1，仅进入了欧洲和美国，均未获得授权，其请求保护了含有 Grazoprevir 的药物组合物、口服

药物剂型。另外，默沙东还于美国提交申请 US2019231705A1，请求保护 Grazoprevir 的聚合纳米颗粒形式，同样未获得授权。

3.2.3 Zepatier 专利分析

Zepatier 是由 Elbasvir 和 Grazoprevir 组成的复方制剂，默沙东对其组合物、药物联用治疗方案也进行了相应的专利布局。2012 年 4 月 19 日默沙东申请了专利 WO2012050850A1，并进入了美国、欧洲、韩国、日本等多个国家或地区，但均未获得授权，其请求保护了含有 Elbasvir 和 Grazoprevir 的组合物。另外还申请了 WO2015119924A2，同样进入了美国、欧洲、中国阶段，但并未获得授权，其请求保护含有 Elbasvir 和 Grazoprevir 的组合物。2017 年 2 月 9 日默沙东申请了专利 WO2017023714A1，请求保护 Elbasvir、Grazoprevir 和 Uprifosbuvir 的联合使用，但仅进入了美国，并未获得授权。

3.2.4 小　　结

课题组对 Zepatier 的技术发展脉络进行了总结（见图 3-2-1）。从 Zepatier 专利布局过程来看，原研公司默沙东有选择性地对核心专利、重点区域进行了较为全面的专利布局，而对于外围专利并未进行过多的投入。

默沙东对 Elbasvir、Grazoprevir 化合物的核心专利进行了较早的专利申请，分别以通式化合物、具体化合物的形式进行了专利保护，进入了美国、欧洲、中国、韩国、日本等多个国家或地区并均获得了授权，进行了较为全面的专利布局。

对于 Elbasvir、Grazoprevir 的制备方法、中间体、晶型、药物剂型等外围专利，默沙东也分别进行了一定程度的专利布局，但是基本仅获得了美国专利的授权，在其他国家或地区并未获得专利权。

对于 Elbasvir 和 Grazoprevir 组合物或者药物联用的治疗方法，默沙东也申请了少量的专利，但均未获得授权。默沙东对 Zepatier 的专利权主要依赖于 Elbasvir、Grazoprevir 的化合物核心专利。

除此之外，印度和中国也有仿制药企业对 Elbasvir 的制备方法、氘代化合物进行专利申请，但并未出现新晶型的专利申请。Grazoprevir 并未出现其他仿制药公司的专利申请，仅原研公司获得了水合物和钠盐晶型的专利权，Zepatier 的仿制药专利基本处于空白状态。

从图 3-2-1 可以看出，原研公司对于 Zepatier 的活性成分 Elbasvir 和 Grazoprevir 拥有了化合物的核心专利，在多个目标市场获得了专利权，并且在此基础上，沿着药物产品线对上下游相关技术主题进行拓展，多维度地进行保护，重点在美国市场获得了制备方法及中间体、化合物晶型、化合物盐、剂型改进、制剂工艺等专利权，达到最大程度延长其药物的专利保护的目的。然而对于化合物晶型专利，默沙东并未进行过多的投入，仅 Grazoprevir 的水合物和钠盐晶型在美国获得了专利保护，在中国并没有 Elbasvir 或 Grazoprevir 的晶型授权专利。国内仿制药企业可以此作为突破口，研发化合物的新晶型、晶型的开发工艺、制剂的开发工艺等，形成一定规模的专利群，为今后攻占仿制药市场打下专利基础。

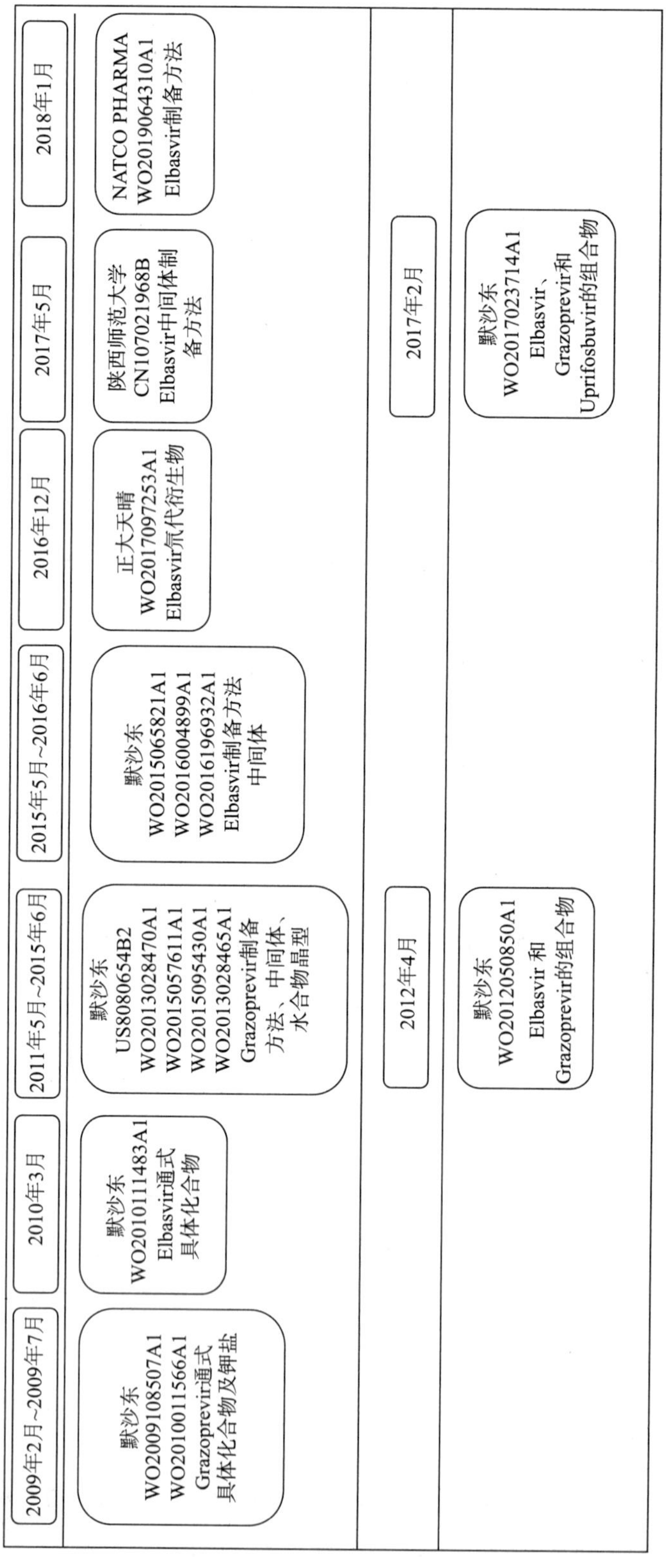

2009年2月~2009年7月	2010年3月	2011年5月~2015年6月	2015年5月~2016年6月	2016年12月	2017年5月	2018年1月
默沙东 WO2009108507A1 WO2010011566A1 Grazoprevir通式具体化合物及钾盐	默沙东 WO2010111483A1 Elbasvir通式具体化合物	默沙东 US8080654B2 WO2013028470A1 WO2015057611A1 WO2015095430A1 WO2013028465A1 Grazoprevir制备方法、中间体、水合物晶型	默沙东 WO2015065821A1 WO2016004899A1 WO2016196932A1 Elbasvir制备方法中间体	正大天晴 WO2017097253A1 Elbasvir氘代衍生物	陕西师范大学 CN107021968B Elbasvir中间体制备方法	NATCO PHARMA WO2019064310A1 Elbasvir制备方法

2012年4月	2017年2月
默沙东 WO2012050850A1 Elbasvir和Grazoprevir的组合物	默沙东 WO2017023714A1 Elbasvir、Grazoprevir和Uprifosbuvir的组合物

图 3-2-1 Zepatier 专利技术发展脉络

3.3 Mavyret 相关专利分析

Mavyret 是由艾伯维（Abbvie）研发，是由两种抗病毒药（Glecaprevir 100 mg 和 Pibrentasvir 40 mg）组成的固定剂量复方制剂。Mavyret 于 2016 年 9 月 30 日用于治疗此前 DAAs 治疗无效的 1 型慢性丙肝（CHC）患者，获得 FDA 突破性治疗认定；2017 年 1 月 9 日取得治疗儿科慢性丙肝罕用药的资格，2017 年 3 月 14 日艾伯维用于治疗 1~6 型慢性丙肝，在美国、加拿大和日本获得新药优先审评的待遇，于 2017 年 8 月 3 日在美国获批上市，同年 8 月 17 日、9 月 27 日先后在加拿大和日本获批上市。在美国，Mavyret 适用于高达 95% 的丙肝患者，包括伴代偿期肝硬化或不伴肝硬化的患者以及其他治疗方案受限（如伴慢性肾病）的上述丙肝患者。Mavyret 开始治疗之前，医师需对患者查验乙型肝炎病毒（HBV）。若患者既往曾感染乙型肝炎，可能在 Mavyret 治疗过程中或治疗后再激活。若患者有乙型肝炎病毒再激活风险，医师需在治疗过程中和停止治疗后予以监测。

在 Mavyret 的两种组分中，Glecaprevir 是 HCV NS3/4A 抑制剂，HCV NS3/4A 蛋白酶是病毒编码的多聚蛋白裂解为 NS3、NS4A、NS4B、NS5A 和 NS5B 蛋白，并使之成熟和病毒复制必不可少的酶；而 Pibrentasvir 是 HCV NS5A 抑制剂，NS5A 蛋白酶是病毒 RNA 复制和子代病毒颗粒装配所必需的酶，与 Glecaprevir 结合，直接靶向 HCV 生命周期多个环节。

根据细胞培养内复制子耐药性筛查和临床试验耐药性分析，Glecaprevir 与其他 HCV NS3/4A 及 HCV NS5A 抑制剂之间可能产生交叉耐药性，Mavyret 复方片与 Sofosbuvir、Peg-INF 或 Ribavirin 之间预计不产生交叉耐药性。

艾伯维累计进行 9 项 Ⅱ 期和 Ⅲ 期临床试验，约评价 2300 例成人 1~6 型 HCV 感染者。无肝硬化或有代偿的肝硬化，分别接受 Mavyret 治疗 8 周、12 周或 16 周，总体评价，因不良反应永久终止治疗约为 0.1%，最常见的（≥5%）不良反应为头痛（13.0%）、疲乏（11.0%）和恶心（8.0%）。约 80% 接受复方片治疗 8 周、12 周或 16 周，发生不良反应为轻度（1 或 2 级），仅 1 例为严重不良反应；有或无代偿性肝硬化，出现不良反应的类型与严重程度均有可比性。

3.3.1 Glecaprevir 专利分析

Glecaprevir（GLE）是 HCV NS3/4A 抑制剂，由美国 Enanta 公司首先研发，授权给艾伯维进行后续开发，其结构为 。关于 Glecaprevir 的专利申请涉及化合物、用途以及制备三个方面。

专利WO2012040167A1申请人为美国Enanta公司，在全球30多个国家和地区申请了同族专利，在中国、美国、欧洲、日本、韩国等多个国家和地区均有授权。在中国授权的专利CN103209703B请求保护式Ⅶ，权利要求1所述的式Ⅶ化合物即是Glecaprevir。该案的分案申请CN104829688A目前还在实质审查阶段。欧洲同族专利中有1件授权专利，EP2618831B1同样请求保护前述通式Ⅶ，对于该通式中相关基团的定义比在中国获得授权专利的定义范围要大得多；此外，欧洲同族专利中还有1件申请EP3020723A1在实质审查阶段。美国同族专利中有2件授权专利，其中US8648037B2请求保护通式化合物，对于该通式中的相关基团的定义比在中国获得授权专利的定义范围要大得多，US9220748B2同样请求保护上述通式化合物，只是相关基团的定义与上述美国授权专利的范围有所不同；另外，还有4件美国同族申请US2019263860A1、US2018162905A1、US2017088583A1、US2016145298A1在实质审查阶段。韩国同族专利中有2件授权专利KR101990279B1和KR101894704B1，均请求保护上述通式化合物，同样只是相关基团的定义的范围有所不同；另外，还有两件韩国同族申请KR20190110648A、KR20190069623A未进入实质审查阶段。日本同族专利中有3件授权专利，其中JP6574023B2、JP6352238B2均请求保护上述通式化合物，同样只是相关基团的定义的范围有所不同，其中JP5857053B2请求保护具体化合物Glecaprevir。

专利WO2015061742A1申请人为艾伯维。该申请涉及Glecaprevir用于治疗丙肝的用途，其申请进入包括中国、美国、欧洲、日本等国家和地区，然而在上述国家和地区并未获得授权。

专利CN108329332A申请人为安徽华昌高科药业有限公司，其请求保护一种Glecaprevir的制备方法。目前该申请仍在实质审查阶段。

3.3.2 Pibrentasvir 专利分析

Pibrentasvir（PIB）是 HCV NS5A 抑制剂，由艾伯维研发，其结构为：

关于 Pibrentasvir 的专利申请涉及化合物、用途以及晶型三个方面。

专利 WO2012051361A1 申请人为雅培制药有限公司，在全球 30 多个国家和地区申请了同族专利，在中国、美国、欧洲、日本、韩国等国家和地区均有授权。

在中国有 5 件申请得到授权，其中 CN102333772B 保护具体的化合物：(2S，2′S)－1，1′－((2S，2′S)－2，2′－(4，4′－((2S，5S)－1－(4－氟苯基)吡咯烷－2，5－二基)双(4，1－亚苯基))双(氮烷二基)双(氧代亚甲基)双(吡咯烷－2，1－二基))双(3－甲基－1－氧代丁烷－2，1－二基)二氨基甲酸二甲酯(2S，2′S)－1，1′－((2S，2′S)－2，2′－(4，4′－((2S，5S)－1－(4－叔丁基苯基)吡咯烷－2，5－二基)双(4，1－亚苯基))双(氮烷二基)双(氧代亚甲基)双(吡咯烷－2，1－二基))双(3－甲基－1－氧代丁烷－2，1－二基)二氨基甲酸二甲酯、(2S，2′S)－1，1′－((2S，2′S)－2，2′－(4，4′－((2R，5R)－1－(4－叔丁基苯基)吡咯烷－2，5－二基)双(4，1－亚苯基))双(氮烷二基)双(氧代亚甲基)双(吡咯烷－2，1－二基))双(3－甲基－1－氧代丁烷－2，1－二基)二氨基甲酸二甲酯以及［(2S)－1－{(2S)－2－[4－(4－{5－(4－{2－[(2S)－1－{(2S)－2－[(甲氧羰基)氨基]－3－甲基丁酰基}吡咯烷－2－基]－1H－咪唑－4－}苯基)－1－[6－(哌啶－1－基)吡啶－3－基]－1H－吡咯－2－基}苯基)－1H－咪唑－2－基}吡咯烷－1－基}－3－甲基－1－氧代丁－2－基]氨基甲酸甲酯，然而其中并未包含 Pibrentasvir。

CN103153988B 保护一个具体的化合物：化合物或其可药用盐，所述化合物是：{(2S，3R)－1－[(2S)－2－{5－[(2R，5R)－1－{3，5－二氟－4－[4－(4－氟苯基)哌啶－1－基]苯基}－5－(6－氟－2－{(2S)－1－[N－(甲氧羰基)－O－甲基－L－苏氨酰]吡咯烷－2－基}－1H－苯并咪唑－5－基)吡咯烷－2－基]－6－氟－1H－苯并咪唑－2－基}吡咯烷－1－基]－3－甲氧基－1－氧代丁－2－基}氨基甲酸甲酯，该化合物即 Pibrentasvir。

CN103172620B 保护通式 IB 的化合物：

CN103596941B 保护 Pibrentasvir 在制备用于治疗感染 HCV 的患者的药物中的用途：｛(2S，3R)－1－[(2S)－2－｛5－[(2R，5R)－1－｛3，5－二氟－4－[4－(4－氟苯基）哌啶－1－基]苯基｝－5－(6－氟－2－｛(2S)－1－[N－(甲氧基羰基)－O－甲基－L－苏氨酰基]吡咯烷－2－基｝－1H－苯并咪唑－5－基)吡咯烷－2－基]－6－氟－1H－苯并咪唑－2－基｝吡咯烷－1－基]－3－甲氧基－1－氧代丁烷－2－基｝氨基甲酸甲酯或其可药用盐在制备用于治疗感染 HCV 的患者的药物中的用途。

CN103819459B 保护式 I 所示的化合物：

在美国获得授权的专利有 US10053474B2、US10039754B2、US10028937B2、US9676797B2、US9586978B2、US9394279B2、US9006387B2、US8937150B2、US8921514B2、US8716454B2、US8691938B2、US8686026B2；在欧洲获得授权的专利有 EP2954892B1、EP2692346B1、EP2678334B1、EP2628481B1、EP2579854B1、EP2455376B1、EP2368890B1；在日本授权的专利有 JP6586147B2、JP5906253B2、JP5814356B2、JP5530514B2；在韩国授权的专利有 KR101990936B1、KR101831154B1、KR101677481B1、KR101586215B1、KR101481395B1、KR101452916B1。

专利 WO2014047039A1 申请人为艾伯维，在全球近 20 个国家和地区申请了同族专利，在欧洲、日本、澳大利亚等国家和地区均有授权。在中国申请的专利 CN104797253A 请求保护治疗 HCV 感染患者的方法，所述的方法包括将有效量的化合物 1 或其药学上可接受的盐施用于 HCV 感染患者，其中所述患者未针对所述治疗进行基因分型，然而该专利在实质审查阶段视为撤回。在欧洲获得授权的专利 EP2897611B2 和在日本获得授权的专利 JP6297044B2 均保护 Pibrentasvir 在治疗 HCV 感染患者方面的用途。

专利 WO2015171993A1 申请人为艾伯维，涉及 Pibrentasvir 的晶型，在包括中国、美国、日本、欧洲等少数几个国家和地区申请了同族专利。该专利目前只在美国获得了授权专利 US9593078B2，保护一种制备 Pibrentasvir 的晶体的方法。在中国申请的专利 CN106458989A 目前仍在实质审查阶段。

专利 WO2016053869A1 申请人为艾伯维，涉及 Pibrentasvir 的晶型。该专利仅进入了美国，目前仍在实质审查阶段。

3.3.3 Mavyret 专利分析

Mavyret 是由两种抗病毒药 Glecaprevir 100 mg 和 Pibrentasvir 40 mg 组成的固定剂量复方制剂。关于 Mavyret 的专利申请涉及以下内容：

专利 WO2014152514A1 申请人为艾伯维，在全球近 20 个国家和地区申请了同族专利，在中国、欧洲、日本等国家和地区均有授权。在中国获得授权的专利 CN105073113B 保护两种直接作用的 DAAs 在制备用于治疗 HCV 的药物中的用途，其中向 HCV 患者施用所述两种直接作用的 DAAs，在所述治疗过程中不向所述患者施用干扰素或 Ribavirin，且所述治疗持续 8 周、9 周、10 周、11 周或 12 周，且其中所述两种 DAAs 是：化合物 1 或其药学上可接受的盐，和化合物 2 或其药学上可接受的盐。

其中，化合物 1 具有以下结构：，化合物 2 具有以下结构：。

针对该案，申请人在中国还提交了分案申请 CN108159393A，其权利要求 1 请求保护的范围与上述已经授权的范围相同，目前该分案还在等待实质审查提案过程中。在欧洲获得授权的专利 EP2968301B1 保护至少两种直接作用的 DAAs 在制备治疗 HCV 的药物中的用途，其中向 HCV 患者施用所述两种直接作用的抗病毒剂，其中在所述治疗过程中不向患者使用干扰素和 Ribavirin，且所述治疗持续 8 周、9 周、10 周、11 周或 12 周，所述至少两种 DAAs 药物包括化合物 1 Glecaprevir 或其药学上可接受的盐和化合物 2 Pibrentasvir 或其药学上可接受的盐。在日本获得授权的专利 JP6441303B2 同样也是保护 Glecaprevir 或其药学上可接受的盐和 Pibrentasvir 或其药学上可接受的盐在制备治疗丙肝药物中的用途。

专利 WO2015153793A1 申请人为艾伯维，在全球近 10 个国家和地区申请了同族专利。该申请涉及用于治疗 HCV 感染患者的方法，其包括向 HCV 感染患者施用至少两种直接作用 DAAs，其中所述治疗不包括向所述患者施用干扰素或 Ribavirin，且所述治疗持续 4 周、5 周、6 周、7 周、8 周、9 周、10 周、11 周或 12 周，且其中所述至少两种 DAAs 包含化合物 1 或其药学上可接受的盐和化合物 2 或其药学上可接受的盐；或所述至少两种DAAs包含化合物1或其药学上可接受的盐、化合物2或其药学上可接受的盐和Sofosbuvir；或所述至少两种DAAs包含化合物2或其药学上可接受的盐和Sofosbuvir。然而现阶段该专利在上述国家和地区均未获得授权。

专利WO2016210273A1申请人为艾伯维，在全球30多个国家和地区申请了同族专利。该申请涉及一种固体药物组合物，该固体药物组合物包含：被配制成无定型固体分散物的100 mg化合物1 ，该无定型固体分散物进一步包含按重量计从50%至80%的第一药学上可接受的聚合物和按重量计从5%至15%的第一药学上可接受的表面活性剂；以及被配制成无定型固体分散物的40 mg化合物2 ，该无定型固体分散物进一步包含按重量计从50%至80%的第二药学上可接受的聚合物和按重量计从5%至15%的第二药学上可接受的表面活性剂。然而现阶段该申请包括同族申请在内在上述国家和地区均未结案。

专利WO2019046569A1申请人为艾伯维，其仅进入了美国。该申请涉及一种治疗移植患有1~6型丙肝肝脏的患者的方法，包括施用两种DAAs药物，一天给药一次，持续时长不超过16周。所述治疗方法不包括施用干扰素或Ribavirin，所述两种DAAs药物为Glecaprevir或其药学上可接受的盐和Pibrentasvir或其药学上可接受的盐。现阶段该申请仍未结案。

3.3.4 小 结

从图3-3-1所示的Mavyret专利布局过程来看，Glecaprevir化合物的核心专利属于Eananta公司，在全球30多个国家和地区申请了同族专利，在中国、美国、欧洲、

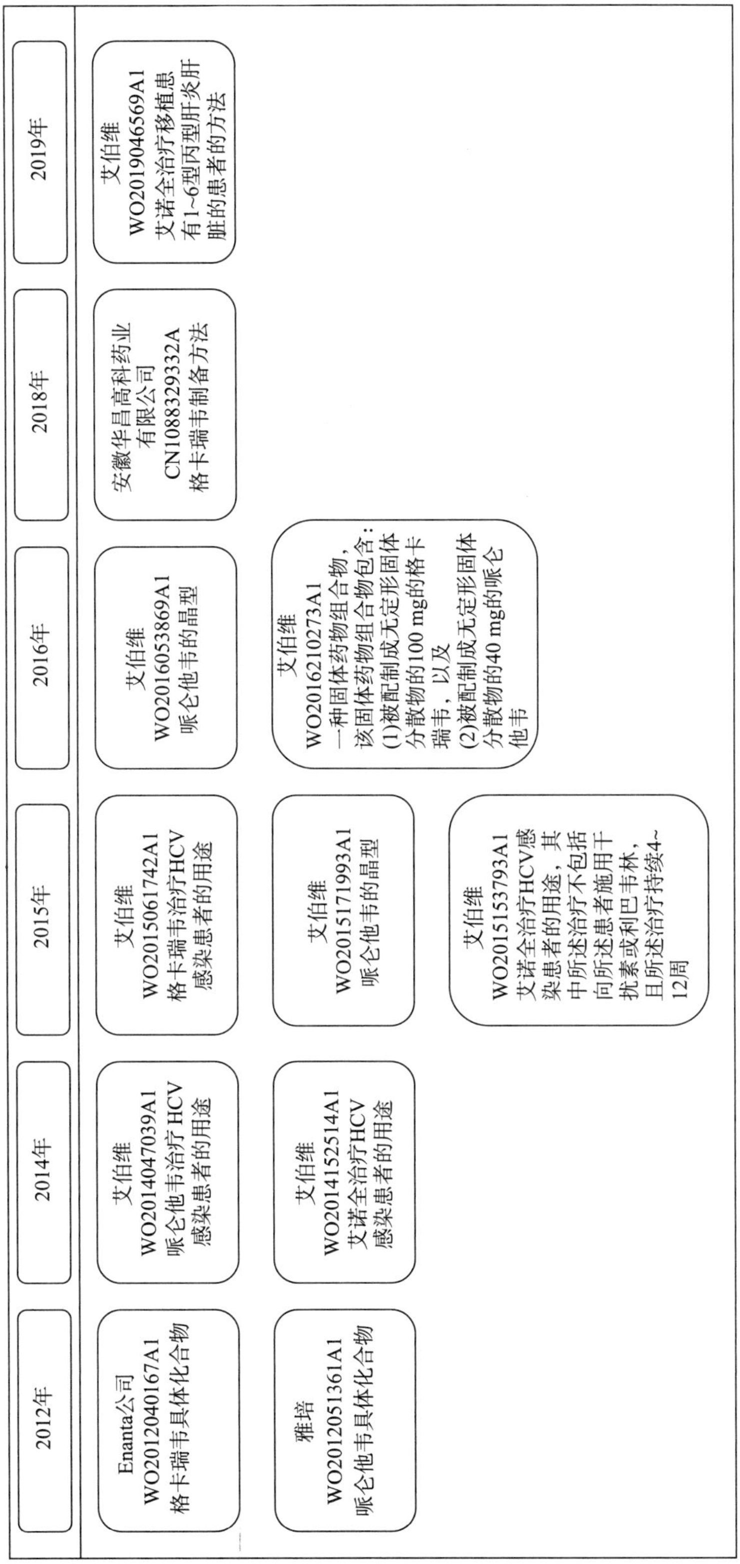

第3章 小分子抗丙肝重磅药物专利分析

2012年	2014年	2015年	2016年	2018年	2019年
Enanta公司 WO2012040167A1 格卡瑞韦具体化合物	艾伯维 WO2014047039A1 哌仑他韦治疗HCV感染患者的用途	艾伯维 WO2015061742A1 格卡瑞韦治疗HCV感染患者的用途	艾伯维 WO2016053869A1 哌仑他韦的晶型	安徽华昌高科药业有限公司 CN108329332A 格卡瑞韦制备方法	艾伯维 WO2019046569A1 艾诺全治疗移植有1~6型丙型肝炎肝脏的患者的方法
雅培 WO2012051361A1 哌仑他韦具体化合物	艾伯维 WO2014152514A1 艾诺全治疗HCV感染患者的用途	艾伯维 WO2015171993A1 哌仑他韦的晶型	艾伯维 WO2016210273A1 一种固体药物组合物,该固体药物组合物包含:(1)被配制成无定形固体分散物的100 mg的格卡瑞韦,以及(2)被配制成无定形固体分散物的40 mg的哌仑他韦		
		艾伯维 WO2015153793A1 艾诺全治疗HCV感染患者的用途,其中所述治疗不包括向所述患者施用干扰素或利巴韦林,且所述治疗持续4~12周			

图3-3-1 Mavyret专利技术发展脉络

日本、韩国等多个国家和地区均有授权，该核心专利在全球布局较为全面；Pibrentasvir 化合物的核心专利属于雅培，在全球 30 多个国家和地区申请了同族专利，在中国、美国、欧洲、日本、韩国等国家和地区均有授权，该核心专利在全球布局也较为全面。对于上述二者化合物的用途、制备方法、中间体、晶型、药物剂型等外围专利，艾伯维布局较少，仅布局了 Glecaprevir 的用途、Pibrentasvir 的用途以及晶型，然而上述用途和晶型专利并未获得授权。

对于 Glecaprevir 和 Pibrentasvir 的组合物或者药物联用的治疗方法，艾伯维申请了少量的专利，对于组合物的用途专利在中国、欧洲、日本等国家和地区均有授权，而对于组合物的专利目前并未获得授权。

由此可见，对于化合物核心专利，原研公司在全球布局较为全面，在多个目标市场获得了专利权，然而对于外围专利，原研公司和雅培均未投入太多的精力。这也符合丙肝药物布局小而精的特点，国内仿制药企业可以此为突破口，研发化合物的新晶型、晶型的开发工艺、制剂的开发工艺等，形成一定规模的专利群，为今后攻占仿制药市场打下专利基础。

第4章 重要申请人专利分析

在小分子抗丙肝药物领域中,吉利德是首家拥有全口服抗丙肝药物产品的公司,并迅速地垄断了抗丙肝药物市场。而艾伯维的产品以其治疗周期短、费用低获得了丙肝患者的青睐,在丙肝治愈率逐步提高、丙肝市场日渐萎缩的环境下异军突起,成为抗丙肝药物领域不容忽视的企业。此外,默沙东的产品是首批上市的DAAs药物之一,并拥有5种上市药物,是上市产品最多的企业。上述公司均为抗丙肝药物专利领域中重要的申请人,为了解上述申请人在抗丙肝领域的专利布局、技术发展脉络,本章采用S系统中的DWPI作为检索数据库,在全球范围内使用各公司代码,结合抗丙肝、化学药物相关关键词检索,其中同族申请作为一项记录处理,其中涉及的申请日均以最早优先权日计。经检索,吉利德的相关专利有212项,艾伯维相关专利有113项,默沙东相关专利有349项。

4.1 吉利德相关专利分析

吉利德在1987年注册成立,是一家以研究为基础,从事药品开发和销售的生物制药公司,重点领域包括艾滋病、乙肝和丙肝等。2011年吉利德以110亿美元收购了法莫赛特。法莫赛特成立于1998年,同样是一家致力于开发抗乙肝、丙肝和艾滋病的药物的制药公司,当时正在开发一款口服丙肝治疗药物,已经进入Ⅲ期临床阶段。吉利德在完成这次收购后,进一步推动该产品成为丙肝明星药物的索非布韦(Sofosbuvir,商品名索华迪,Sovaldi)于2013年12月6日经FDA批准在美国上市,于2014年1月16日经EMA批准在欧盟各国上市,于2017年9月20日经CFDA批准在中国上市。Sofosbuvir是全球首个获批用于丙肝全口服治疗方案的药物,其覆盖1~4型丙肝,治愈率在90%左右。该药物在2014年上市以后即带来了超过100亿美元的销售额,因此收购法莫赛特对吉利德而言是一次里程碑之举。

此后,以Sofosbuvir作为活性成分之一的Harvoni(吉二代)2014年10月10日经FDA批准在美国上市,于2014年11月经EMA批准在欧盟各国上市,于2018年11月21日经CFDA批准在中国上市;Epclusa(吉三代)于2016年6月28日经FDA批准在美国上市,于2016年7月经EMA批准在欧盟各国上市,于2018年5月23日经CFDA批准在中国上市;Vosevi(吉四代)于2017年7月18日经FDA批准在美国上市,于该月也获得了EMA批准在欧盟各国上市,2019年6月12日,根据新药研发监测数据库显示,CFDA药品审评中心受理了吉利德Vosevi的上市申请。上述产品持续为吉利德带来收益。吉利德的抗丙型肝炎产品一度垄断了该领域的市场,因此,吉利德在抗丙肝领域专利的发展、布局和技术分析值得国内相关企业关注。

4.1.1 吉利德在抗丙肝领域专利发展趋势

由图 4-1-1 和图 4-1-2 可以看出，吉利德在抗丙肝领域全球专利和国内专利的发展趋势基本一致，均从 1999 年起步，2006 年开始出现大量申请，至 2012 年达到顶峰，其后专利申请数量开始下降。2006 年，吉利德仅在以双杂芳环为母核的抗病毒化合物领域就提交了 10 项专利申请，然而该类型化合物并没有在临床中显示出优异的活性并进入市场，该类结构的化合物热度也逐渐下降；但 2007 年吉利德提交的专利申请 WO2008121634A2 公开了一类治疗 HCV 的氨基磷酸酯类核苷前药，在进行 HCV 复制子试验时，部分化合物 EC90 值 <1μM，具有良好的活性，其中 Sofosbuvir 被包含在上述专利申请中，从此核苷氨基磷酸酯类抗 HCV 药物引起了足够的重视，成为该公司研发的重点领域。随着氨基磷酸酯类核苷药物研发日益成熟，该领域并没有出现相较于 Sofosbuvir 更适合成药的化合物，研发的热度也逐渐下降。2009 年以后，吉利德的研发重点逐渐转向以 Ledipasvir 和 Velpatasvir 为代表的酰胺类 NS5A 聚合酶抑制剂。由于吉

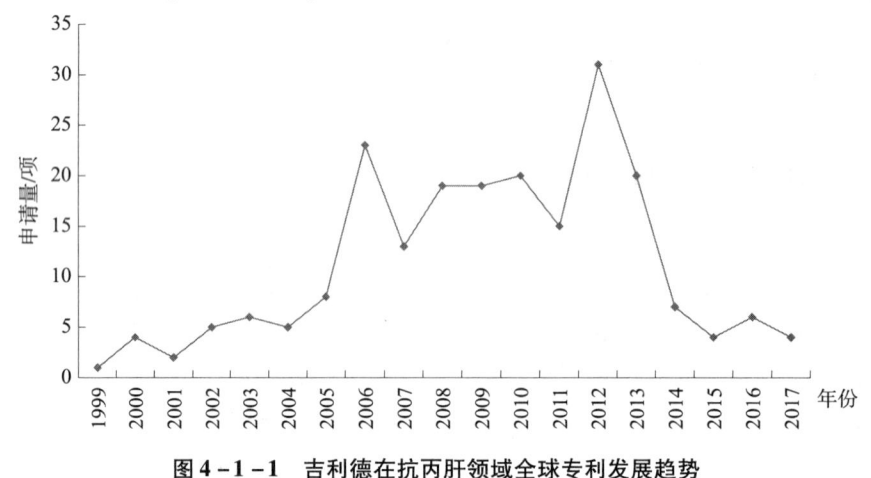

图 4-1-1 吉利德在抗丙肝领域全球专利发展趋势

图 4-1-2 吉利德在抗丙肝领域国内专利发展趋势

利德在抗丙肝领域不断推陈出新,因此,2006~2013 年,相关专利的申请量一直较大。而随着吉利德在抗丙肝专利布局的完善以及其授权印度生产 Sofosbuvir 以及 Harvoni、Epclusa 相关产品,吉利德的产品销售额日益下降。该类产品的利润空间有限,2013 年后对该类化合物的研究热度逐渐下降。

4.1.2 吉利德在抗丙肝领域目标地专利分布

图 4-1-3 展示的是吉利德在抗丙肝领域目标地专利分布。吉利德在全球 27 个国家或地区进行了专利布局,非常注重对知识产权的保护,不仅在美国等发达国家或地区进行了大量的专利申请,在中国、墨西哥、巴西等发展中国家也进行了大量的专利布局。此外,针对 HCV 感染高发的地区,例如以色列、南非、欧亚专利组织、印尼、阿根廷、菲律宾、俄罗斯等地区和组织也进行了核心专利的申请。

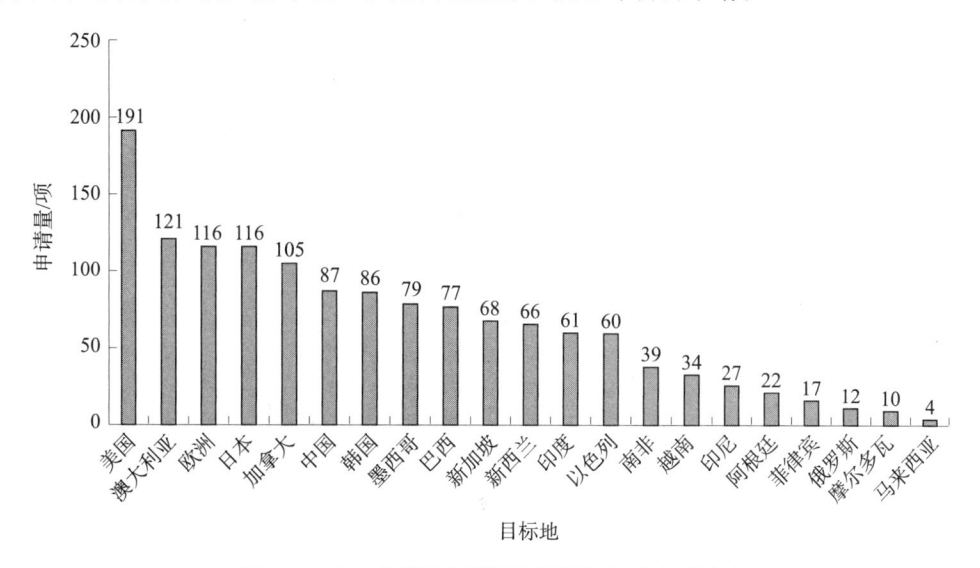

图 4-1-3 吉利德在抗丙肝领域目标地专利分布

4.1.3 吉利德在抗丙肝领域专利技术主题分析

如图 4-1-4 所示,吉利德在抗丙肝领域专利技术主题涉及化合物结构修饰(130 项)、晶型(14 项)、联合用药(22 项)、治疗方法(19 项)、制备方法(13 项)以及其他专利 14 项(例如检测抗病毒方法、HCV 突变体、编码 RNA 聚合酶的核苷酸、RNA 构建体等)。在化学药领域,化合物专利是保护效力最强、最核心的专利,也是制药公

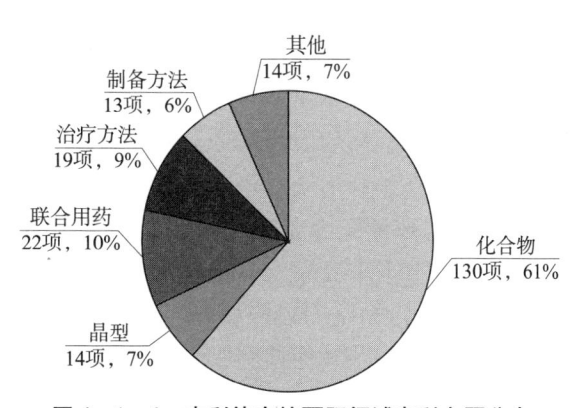

图 4-1-4 吉利德在抗丙肝领域专利主题分布

司最注重的一类专利,因此申请量也相应最大。

如图4-1-5所示,吉利德研发的抗丙肝化合物从作用靶点类型主要分为三类:NS5B蛋白酶抑制剂(67项)、NS3/4A蛋白酶抑制剂(18项)、NS5A抑制剂(9项)。此外,还有36项专利申请涉及ACC抑制剂、Toll样受体调节剂、细胞色素P450单胺氧化酶抑制剂等通过调节免疫或代谢辅助丙肝治疗的非DAAs化合物。上述专利技术分析将在下一节中具体分析。

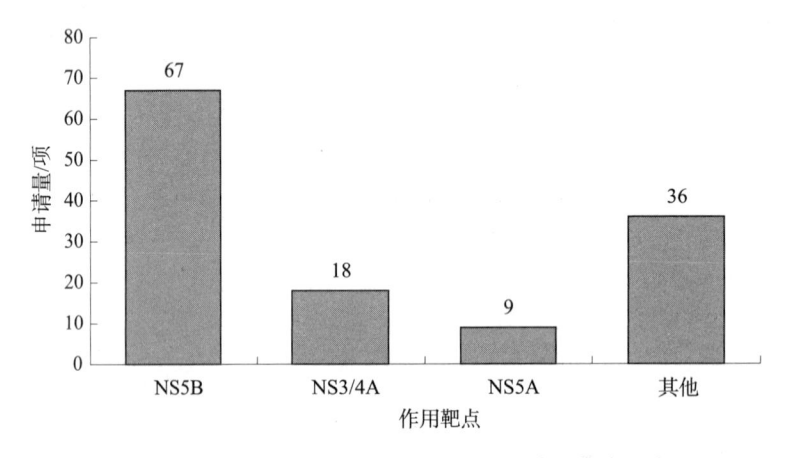

图4-1-5 吉利德在抗丙肝领域化合物专利靶点分布

在抗丙肝领域,不同类型蛋白酶抑制剂的联合使用通常是解决病毒突变和病毒遗传多样性的手段。由图4-1-6可知,吉利德在抗HCV化合物领域专利申请数量下降的情况下,联合用药专利申请数量逐渐增加。吉利德在联合用药方面也申请了22项专利,例如,WO2013040492A2中公开了将氨基磷酸酯类抗丙肝炎药物与NS5A抑制剂、NS5B非核苷抑制剂、NS3蛋白酶抑制剂等联用,具有协同的抗病毒活性。吉利德在WO2014120981A1公开了Sofosbuvir与Ledipasvir的联合用药,实验表明,接受Sofosbuvir、Ledipasvir和病毒唑联用治疗的患者在治疗后第4周和第12周时100%获得了SVR;而接受Sofosbuvir和病毒唑联用治疗的患者仅有88%的初治者和10%的无反应者在治疗后第4周时获得了SVR,且接受Sofosbuvir和病毒唑联用治疗的患者仅有84%的初治者和10%的无反应者在治疗后第12周时获得了SVR,Sofosbuvir与Ledipasvir的联合制剂现已经被开发成Harvoni被广泛使用。吉利德在WO2014185995A1、WO2015030853A1中公开了Sofosbuvir与Velpatasvir的联合用药,Velpatasvir通过抑制P-糖蛋白1转运体从而增强Sofosbuvir的体内吸收,提高生物利用度,减少Sofosbuvir的剂量,缩短了治疗时间,消除或减轻食物影响,减少了与酸抑制性疗法药物间的相互作用,现已被开发为首个全口服、泛基因型、单一片剂的抗丙肝药物。吉利德在WO2017210483A1中公开了无定型Velpatasvir、Voxilaprevir和结晶型Sofosbuvir的联合用药,2017年7月18日已经被FDA批准上市,即Vosevi,其是对已接受直接抗病毒药(例如Sofosbuvir)或其他抑制NS5A蛋白酶药物但无效的患者首选治疗方案。

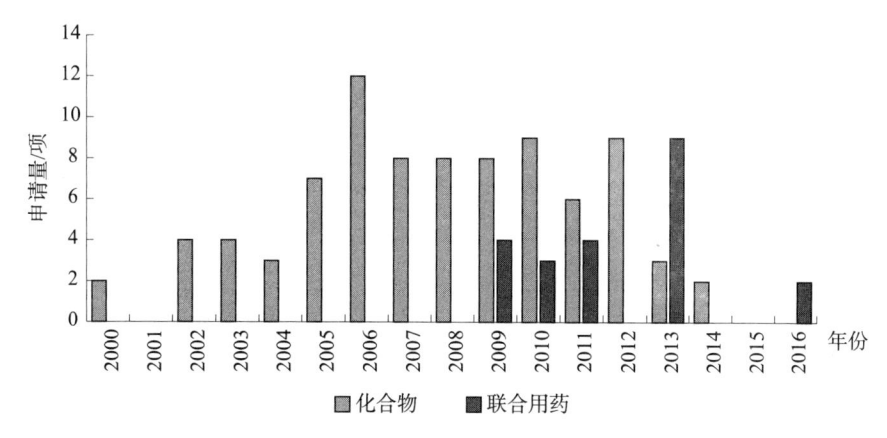

图 4-1-6 吉利德在抗丙肝领域化合物和联合用药专利发展趋势

吉利德关于化合物的外围专利，如晶型、联合用药、治疗方法、制备方法等主要围绕已上市产品，相关专利技术布局和发展见第3章分析。下面仅针对化合物专利技术进行分析以展示吉利德在化合物结构修饰方面的技术演进情况。

4.1.4 吉利德抗丙肝领域化合物专利技术发展分析

吉利德研发的抗丙肝化合物按结构类型主要分为四类：①核苷类：以 Sofosbuvir 为代表（40项）的 NS5B 聚合酶抑制剂；②酰胺类：以 Vedroprevir 为代表的线性酰胺（9项）和以 Voxilaprevir 为代表的大环酰胺类（9项）NS3/4A 蛋白酶抑制剂；③稠合芳环类：以 Ledipasvir、Velpatasvir 为代表的 NS5A 蛋白酶抑制剂；④杂环类：以 Tegobuvir 为代表的含氮稠合芳环和以 Radalbuvir 为代表的噻吩类化合物的 NS5B 聚合酶抑制剂（27项）。

由图 4-1-7 展示的吉利德抗丙肝药物领域各靶点化合物专利发展趋势可以看出，吉利德从 2000 年开始对核苷类抗 HCV 药物提出申请专利，是研发最早的一类抗 HCV 药物，2008 年在该领域的申请量达到顶峰，但在 2010 年以后逐步将重心转移到其他抗 HCV 药物上。2008 年之前，核苷和非核苷类的 NS5B 聚合酶抑制剂是吉利德的研发重

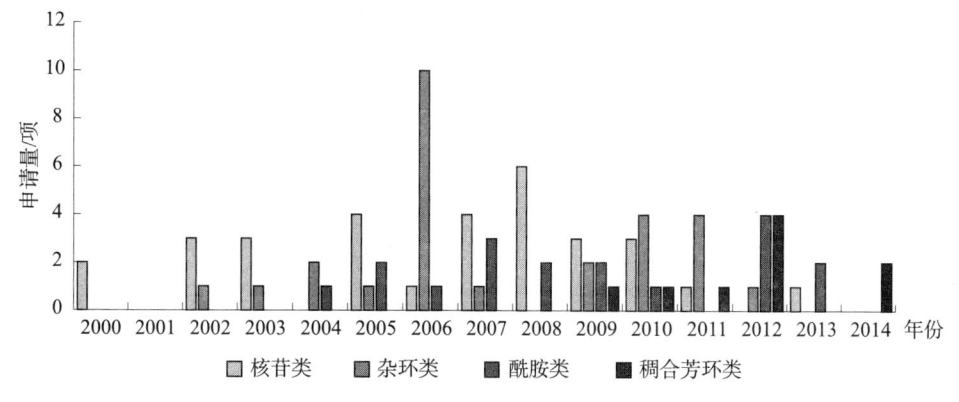

图 4-1-7 吉利德抗丙肝药物领域各靶点化合物专利发展趋势

点，此外，还涉及少量线性酰胺类的 NS3/4A 蛋白酶抑制剂。2008 年之后，吉利德对于 NS5B 聚合酶抑制剂的研究热度逐渐降低，大环酰胺类 NS3/4A 蛋白酶抑制剂和稠合芳环类的 NS5A 蛋白酶抑制剂成为吉利德的研发重点。正是基于对这些领域的研发，吉利德的 Harvoni、Epclusa、Vosevi 中除了 Sofosbuvir 外，其余活性成分均为 NS5A 蛋白酶抑制剂或大环酰胺类 NS3/4A 蛋白酶抑制剂。

4.1.4.1 核苷类化合物专利技术分析

核苷类抗 HCV 药物利用的是与天然 RNA 类似的结构作为导致 RNA 链终止的非天然底物，或者作为与核苷酸竞争结合于 NS5B RNA 依赖性的 RNA 聚合酶（NS5B RdRp）的竞争性抑制剂。因此，碱基和核糖是核苷类抗 HCV 药物主要的修饰位点。

WO0232920A2 为吉利德首个抗 HCV 活性的核苷类药物专利，主要修饰方式为卤代碱基，代表性化合物抑制 HCV 复制子 RNA 水平的活性优于阳性对照药重组干扰素 α-2a；WO03068162A2 中公开了一类在核糖上进行氟代的核苷类化合物，代表性化合物抑制 HCV 复制子 RNA 的 EC90 为 300 nM；WO2004013300A2 中公开了一类碱基与核糖 5′位形成二环（4.2.1）壬烷的核苷类似物，代表性化合物的 EC50 为 20 μM。WO2005003147A2 公开了一类 2′-脱氧-2′-氟-2′-C-甲基的核苷类似物，代表性化合物对野生型 HCV 复制子的 EC90 为 4.6 μM，对 S282T 突变型 HCV 复制子的 EC90 为 30.7 μM，对 HCV 1b（Ntat）、1b（Btat）、1a（pplaSI-7）基因型复制子的 EC90 分别为 3.8 μM、11.5 μM 和 34.7 μM，对野生型和 S282T 型的 HCV1b NS5B 聚合酶的 IC50 分别为 1.7 μM 和 2.0 μM，2′-脱氧-2′-氟-2′-C-甲基修饰的核苷显示了比 2′-甲基核苷更加优异的抗 HCV 活性，且保持了较低的细胞毒活性，吉利德的重磅药 Sofosbuvir 在核糖部分便沿用了这种修饰方式。WO2009067409A1 中公开了一类 2′，4′-取代的核苷，代表性化合物对 HCV 野生型细胞的 EC90 为 7.85 μM，S282T 细胞的 EC90 为 73.08 μM。US2009048189A1 公开了碱基为三环杂芳环的核苷类似物，代表性化合物在 0.1~50 μM 对 HCV 复制子的抑制率为 8%~97%。WO2009132135A1、WO2009132123A1 分别公开了 1′取代和 2′取代的五元杂芳环并三嗪核糖核苷化合物（CARBA-核苷类似物），代表性化合物的 EC50 小于 10 μM。WO2012142523A2 公开了 1′-取代的嘧啶 N-核苷类似物，代表性化合物的 EC50 为 10.865 μM。此外，WO2004013298A2 公开了 2′，3′-二脱氧核苷类似物；WO2005063751A1 公开了一类 4′-取代的卡波韦和阿巴卡韦类似物；WO2006091905A1 公开了核糖由二环（3.1.0）己烷替代的核苷类似物；US2006252715A1 公开了一系列碱基为三环杂芳环的核苷类似物，但前述 4 项专利申请均没有具体公开化合物的生物活性数据。

核苷类药物必须被细胞摄取并在体内转化为三磷酸酯才能竞争聚合酶核苷酸结合部位，而"原核苷酸"是磷酸化级联中一个或多个激酶的不良底物且难以被细胞摄取，因此它们通常并不能在实际应用中表现出优良的活性，将原核苷酸制备成前药是解决上述问题的一种手段。吉利德在 WO2007065829A1 中公开的抗丙肝核苷类前药 3′，5′-C$_{2~5}$烷基二酯化核苷类似物显示优良的前药特性，在大鼠和猴的血液中均观察到显著升高水平的氟化核苷。WO2008005542A2 公开了一种三磷酸核苷类似物，代表性化合物在200 μM对NS5B的抑制率为65.5%。WO2008100447A2中公开了一类碱基为三环杂芳环的三磷酸化合物,抑制HCV复制子的IC50低于10 μM。WO2008121634A2公开了一类核苷氨基磷酸酯前药,该专利申请是Sofosbuvir的原研专利,公开了Sofosbuvir非对映异构体混合物对HCV复制子的EC90为3 μM。WO2010075549A2公开了嘌呤核苷氨基磷酸酯,代表性化合物对HCV复制子的EC90为0.02 μM。WO2009152095A2、WO2010075554A2均公开了一类核苷环状磷酸酯,代表性化合物对HCV复制子的EC90分别为5.35 μM和0.037 μM。WO2010093608A1公开了噻吩(或呋喃)并[3,4-d]嘧啶-7-基核苷磷酸酯或氨基磷酸酯前药,代表性化合物的EC50为2.9 μM。WO2012039791A1公开了2′-氟代五元杂芳环并[1,2,4]三嗪基核苷氨基磷酸酯,代表性化合物的EC50为1.4~4.3 μM。WO2011150288A1公开了1′取代的吡咯(1,2-f)(1,2,4)三嗪核苷氨基磷酸酯前药,代表性化合物为3′-异丁酯化的氨基磷酸酯前药,其EC50为0.14~0.52 μM,活性为原药的180倍,该化合物在肝脏内转化成活性三磷酸核苷的最高浓度是3′位未进行酯化前化合物对应浓度的7倍。WO2012075140A1公开了2′位形成螺环的核苷氨基磷酸酯,代表性化合物的EC50和EC90分别为1.49和3.44 μM,CC50大于20 μM。表4-1-1展示的是吉利德核苷类化合物专利及其代表性化合物。

表4-1-1 吉利德核苷类化合物专利及其代表性化合物

公开号/申请日	代表性化合物	公开号/申请日	代表性化合物
WO0232920A2 2000-10-18		WO03068162A2 2002-02-14	
WO2004013298A2 2002-08-01		WO2004013300A2 2002-08-01	
WO2005003147A2 2003-05-03		WO2005063751A1 2003-12-22	

续表

公开号/申请日	代表性化合物	公开号/申请日	代表性化合物
WO2006091905A1 2005-02-25		US2006252715A1 2005-02-28	
WO2007065829A1 2005-12-09		WO2008005542A2 2006-07-07	
WO2008100447A2 2007-02-09		WO2008121634A2 2007-03-30	
US2009048189A1 2007-08-15		WO2009067409A1 2007-11-20	
WO2009132135A1 2008-04-23		WO2009132123A1 2008-04-23	

续表

公开号/申请日	代表性化合物	公开号/申请日	代表性化合物
WO2009152095A2 2008-06-11		WO2010075554A2 2008-12-23	
WO2010075549A2 2008-12-23		WO2010075517A2 2008-12-23	
WO2010093608A1 2009-02-10		WO2012039791A1 2009-09-21	
WO2012075140A1 2010-11-30		WO2011150288A1 2010-05-28	
WO2012142523A2 2011-04-13		—	—

4.1.4.2 环类化合物专利技术分析

吉利德申请抗丙肝领域的杂环类化合物分为以含氮杂芳双环为核心的结构和以噻吩-2-羧酸为核心的化合物的DAAs药物。

吉利德在2002年进行了含氮杂芳双环类化合物首项专利申请，2002~2011年总计申请了21项化合物专利。早期的专利申请均以咪唑并[4,5-c]吡啶作为核心结构

(WO2004005286A2、WO2005063744A2、WO2006069193A2），随后对核心结构进行了一系列调整，研发了以咪唑并［4，5-d］嘧啶、吡啶［3，2-d］嘧啶、吡咯［2，3-c］嘧啶、喹唑啉、蝶啶、喹啉等含氮杂芳环为核心结构的化合物（WO2006033703A1、WO2006135993A1、WO2008133669A2、WO2008077649A1、WO2008077650A1、WO2008077651A1、WO2008009078A2、WO2008009077A2、WO2008009076A2、 WO2008009079A2、WO2008003149A2、WO2011146817A1、WO2011156610A2、WO2012103113A1、WO2013090929A、WO2013090840A1）。WO2008005519A2公开了一种以图4-1-8所示的Tegobuvir为代表的结构，其是一类以咪唑并［4，5-c］吡啶为核心结构，该化合物苯基2，4位被三氟甲基取代，对HCV 1b的抑制活性是苯基被2，4-二氟取代的化合物的330倍，细胞毒活性低，在美国于2014年完成了Ⅱ期临床试验。然而，2012年之后，吉利德没有对相关结构的化合物进行专利申请，且在2014年以后也没有相关化合物的临床试验数据。

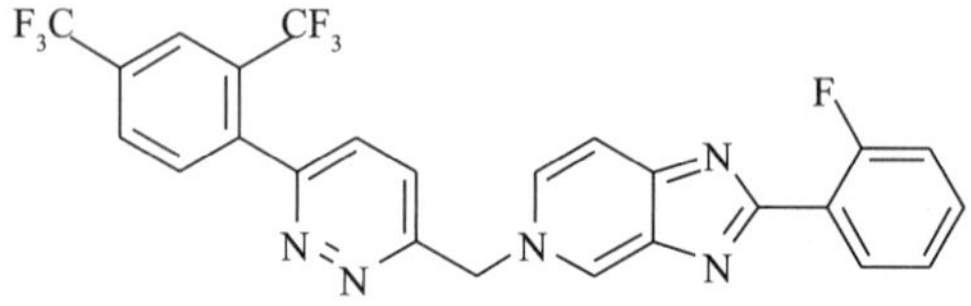

图4-1-8 Tegobuvir

以噻吩-2-羧酸为核心结构的杂环化合物专利最早申请于2009年，总共6项（WO2011011303A1、WO2011031669A1、WO2011088345A1、 WO2011088303A1、 WO2013010112A1、WO2014028343A1），该类化合物具有较为固定的核心结构（见图4-1-9）。上述专利主要是通过对核心结构上取代基及其手性的调整得到具有抗丙肝活性的化合物。其中，WO2011088345A1公开了如图4-1-10所示的化合物，该化合

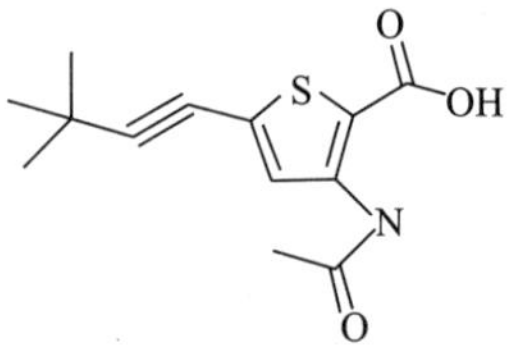

图4-1-9 噻吩类化合物核心结构

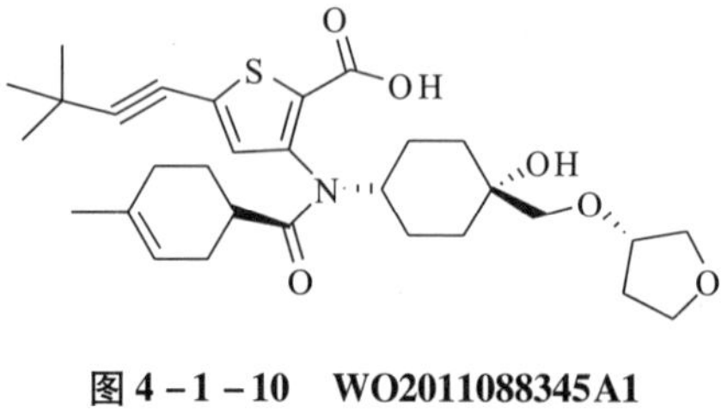

物在2 μM时对HCV复制子的抑制活性为100%，在2012年开始进行首项临床试验，2018年完成了与Sofosbuvir联合用药治疗1型、2型、3型、6型HCV感染的Ⅱ期临床试验。此外，WO2013010112A1公开了如图4-1-11所示的化合物，通过对环己烯上取代基手性的选择，筛选出了对野生型和突变型M423T均具有抑制活性的抗HCV化合物。

图4-1-10 WO2011088345A1 代表性化合物

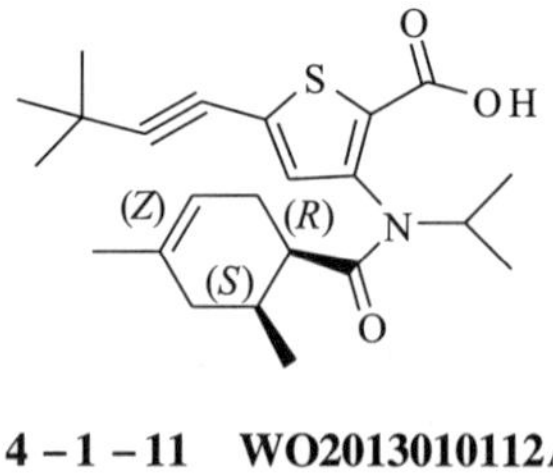

图4-1-11 WO2013010112A1 代表性化合物

4.1.4.3 酰胺类化合物专利技术分析

吉利德的首件酰胺类化合物专利申请于 2004 年。酰胺类化合物属于 NS3/4A 蛋白酶抑制剂，该类结构分为线性和大环型两类，直链型 NS3/4A 蛋白酶抑制剂研发较早。吉利德在 2004～2009 年陆续申请了 9 项专利。其中，WO2006020276A2 公开了一种以脯氨酸-叔亮氨酸-乙烯基取代环丙基为核心结构的次膦酸酯，对 NS3 1b 蛋白酶具有抑制活性；WO2007009109A2、WO2007011658A1 分别用磺酰胺、羧基替换次膦酸酯，代表性化合物的 IC50 小于 1 μM；WO2008005565A2 公开了一类从环丙基到亮氨酸形成环的酰胺化合物；WO2009005677A2 和 WO2009005690A2 分别公开了以氨基磺酸酯或磺酰胺替代次磷酸酯的结构，代表性化合物对 NS3 1b 蛋白酶的 IC50 小于 1 μM，对 HCV 复制子 EC50 小于 5 μM；WO2009005676A2 公开了一类具有桥环结构的酰胺化合物，其中 Vedroprevir 在 2015 年于美国完成了 Ⅱ 期临床试验；US2011135599A1 公开了由氮杂二环基替代吡咯烷环磺酰胺化合物，1 μM 时对病毒复制的抑制率是 99%；US2011135604A1 公开了一种吡唑烷环替代吡咯烷环的璜酰胺化合物，代表性化合物对 NS3 1b 蛋白酶的 IC50 为 0.002 μM。表 4-1-2 展示的是吉利德线性酰胺类化合物专利及其代表性化合物。

表 4-1-2 吉利德线性酰胺类化合物专利及其代表性化合物

公开号/申请日	代表性化合物结构	公开号/申请日	代表性化合物结构
WO2006020276A2 2004-07-16		WO2007009109A2 2005-07-14	
WO2007011658A1 2005-07-14		WO2008005565A2 2006-07-07	
WO2009005676A2 2007-06-29		WO2009005677A2 2007-06-29	

续表

公开号/申请日	代表性化合物结构	公开号/申请日	代表性化合物结构
WO2009005690A2 2007-06-29		US2011135599A1 2009-12-03	
US2011135604A1 2009-12-04		—	—

大环型 NS3/4A 蛋白酶抑制剂可以看作在直链型化合物的特定位点连接成大环，是以直链型 NS3/4A 蛋白酶抑制剂为基础的衍生结构。吉利德在 2008 年底申请了首项专利 WO2010080389A1，保留了直链型中后期重点研发的氨基磺酸酯的侧链结构，以脯氨酸为核心，将杂芳基端和氨基甲酸酯端通过烷基链连接成大环；WO2010075127A1 则公开了一种以环戊烷替代吡咯烷且将环丙基和脯氨酸的氨基通过链烯基连成大环的结构；WO2012078915A1、WO2013185090A1、WO2013185093A1 公开的化合物简化了侧链，并用六氢哒嗪替代吡咯烷，将杂芳基端和氨基甲酸酯端通过烷基链连接成大环。上述 3 项专利申请中典型化合物对 NS3 1b 蛋白酶的 IC50 小于 1 μM。WO2014008285A1、WO2014145095A1 公开了直接连接氨基甲酸酯端的烷基为环烷基或桥环烷基的化合物。该类化合物是泛基因型 HCV 抑制剂，对 HCV 1b、1a、3a、2a、4a 均具有抑制活性，代表性化合物针对不同基因型 EC50 在 0.03～46 nM；并能克服病毒耐药性，对 NS3/4A 蛋白酶抑制剂抗性变异体 R155K、D168K 具有抑制活性，代表性化合物针对野生型和突变体 EC50 在 2.2～17 nM。其中，WO2014008285A1 是 Vosevi 中的 Voxilaprevir 的原研专利。表 4-1-3 展示的是吉利德大环酰胺类化合物专利及其代表性化合物。

表 4-1-3　吉利德大环酰胺类化合物专利及其代表性化合物

公开号/申请日	代表性化合物结构	公开号/申请日	代表性化合物结构
WO2010080389A1 2008-12-19		WO2010075127A1 2008-12-22	

续表

公开号/申请日	代表性化合物结构	公开号/申请日	代表性化合物结构
WO2012078915A1 2010-12-10		WO2013185090A1 2012-06-08	
WO2013185093A1 2012-06-08		WO2014008285A1 2012-07-03	
WO2014145095A1 2013-03-15		—	—

4.1.4.4 稠合芳环类化合物专利技术分析

吉利德的稠合芳环类化合物以稠合芳环、稠合杂芳环、联芳环等为核心，两侧分别连接酰胺链。该类化合物的特点是对 HCV 抑制活性高（EC50 < 1 nM），对 HCV 1a、1b、2a、2b、3a、4a、5a 基因型均有活性，是泛基因型抗 HCV 药物。首件相关专利 WO2010132601A1 申请于 2009 年，是 Harvoni 中 Ledipasvir 的原研专利；其后在 2010~2014 年申请了 5 项相关化合物专利（WO2012068234A2、WO2013075029A1、WO2013173492A1、WO2013173488A1、WO2014100500A1），其中 WO2012068234A2 是吉三代产品中 Velpatasvir 的原研专利。该类结构化合物的结构修饰主要在于对稠合芳环和酰胺链上的选择，稠合芳环中芴环、四氢异色烯[4′,3′:6,7]萘并[1,2-d 咪唑]、联苯等均属于较为优势的结构。此外，WO2015191526A2 公开了核心结构为 5,10-二氢色原酮[5,4,3-cde]色烯，酰胺链上由四氢吡喃取代的 NS5A 蛋白酶抑制剂，不仅具有泛基因型抗 HCV 活性，还能克服病毒耐药性（对耐药株 1b L31V/Y93H、1a Q30R、1a Q30E、1a Y93H、1a Y93N、3a Y93H）。表 4-1-4 展示的是吉利德稠合芳环类专利及其代表性化合物。

表 4-1-4　吉利德稠合芳环类专利及其代表性化合物

公开号/申请日	代表性化合物结构
WO2010132601A1 2009-05-13	
WO2012068234A2 2010-11-17	
WO2013075029A1 2011-11-16	
WO2013173492A1 2012-05-16	
WO2013173488A1 2012-05-16	

续表

公开号/申请日	代表性化合物结构
WO2014100500A1 2012-12-21	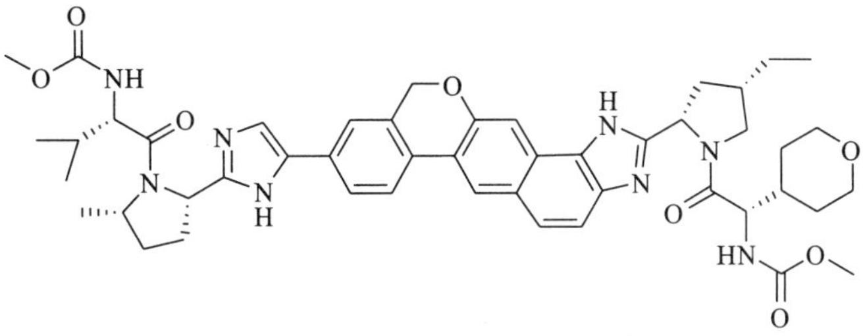
WO2015191526A2 2014-06-12	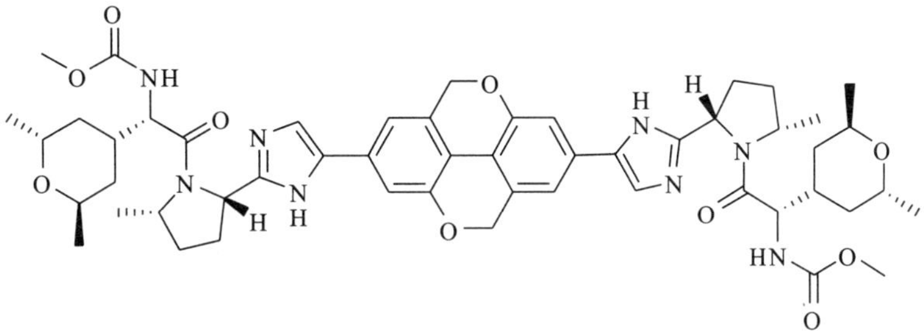

4.1.4.5 其他非DAAs化合物

除了上述DAAs化合物外，吉利德还申请了涉及Toll样受体7的激动剂、提高药物药代动力学的细胞色素P450抑制剂等用于HCV辅助治疗的化合物。

吉利德2006年申请首项涉及HCV的TLR-7的激动剂化合物专利WO2008005555A1。TLR-7的激动剂是免疫刺激剂，能够降低HCV感染者血浆的病毒浓度，通过IFN和IFN非依赖性机制诱导HCV免疫，图4-1-12展示的是该类化合物的典型结构（WO2016044182A1），但该类专利中并没有专门针对HCV进行相关化合物的活性测试。

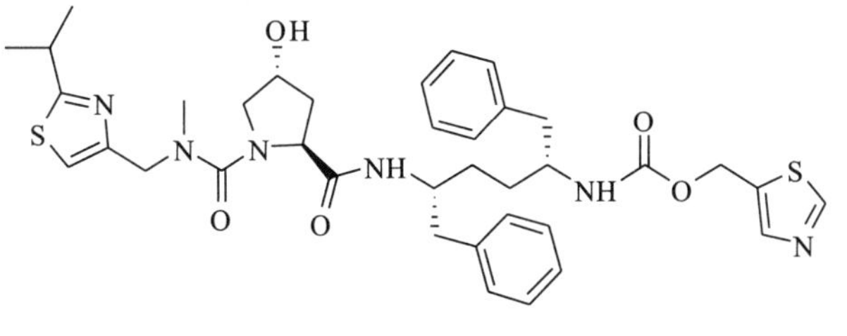

图4-1-12 WO2016044182A1代表性化合物

4.1.5 P450单加氧酶抑制剂

通过改善被细胞色素P450单加氧酶代谢的药代动力学的药物可被应用于HCV治疗。吉利德的相关专利申请于2006~2010年（共5项），图4-1-13是该类化合物的典型结构，但没有专利申请记载化合物在HCV治疗中的具体效果，吉利德也没有该类化合物上市。

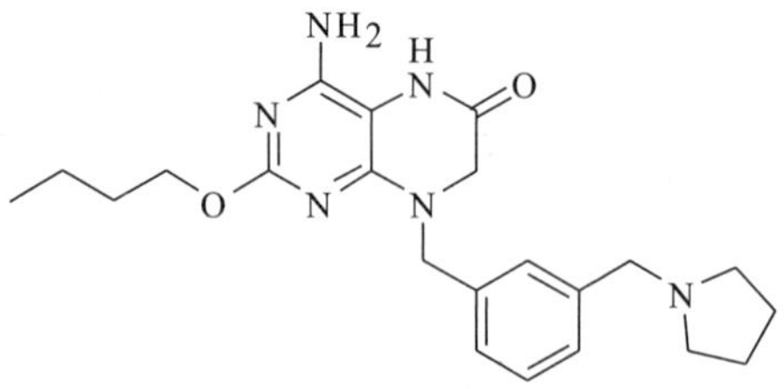

图 4-1-13 P450 单加氧酶抑制剂典型结构

4.1.6 小　　结

由吉利德在抗丙肝领域化合物专利技术分析可知，吉利德的研发重点在于化合物，对各种主要结构类型和靶点均有所涉猎。在 NS5B、NS5A、NS3/4A 抑制剂方面均研发出已上市的产品。分析化合物专利技术演进可知，核苷类药物经历了从原核苷酸到核苷酸氨基磷酸前药的研发过程，经过对核苷、碱基、磷酸酯结构的修饰，逐步确定了优势碱基（尿嘧啶）和优势核苷（2′-脱氧-2′-氟-2′-c-甲基，其中，2′-c 上取代基对应位置为"上-甲基-下-氟"），并在后期研发的化合物中沿用上述优势结构。对杂环类化合物的研发是由含氮杂芳双环核心结构到噻吩-2-羧酸为核心结构的重心转移。尽管该领域研发起始时间早，但吉利德并没有该类型的上市产品。酰胺类化合物则是从线性结构到大环结构的转变，根据吉利德专利文献中的记载，线性酰胺结构的 NS3/4A 抑制剂仅针对 NS3 1b 蛋白酶，但大环酰胺结构的 NS3/4A 抑制剂却体现出了泛基因和抗突变体的特性。稠合芳环类尽管研发起始时间最晚，但成果颇丰，吉利德上市的 2 个产品中均有该类结构的化合物。该类结构的 NS5A 蛋白酶抑制剂能够克服病毒耐药性并且是泛基因型抗丙肝药物，对该类结构的修饰主要集中对中心稠合结构和两端氨基酸结构的改造。

此外，在病毒感染的治疗中，联合用药是提高药效。克服耐药性的有效手段，吉利德在抗 HCV 化合物研究的多样性为药物复方的研发提供了扎实的基础。

4.2 艾伯维相关专利分析

艾伯维是一家以研究为基础的美国生物制药公司。2011 年 10 月 19 日，雅培公司宣布计划分成两个上市公司。"新"雅培公司将专注于多元化产品，包括医疗设备、诊断设备和营养产品，同时艾伯维将作为以研究为基础的生物制药企业。两家公司在 2013 年 1 月 1 日分离生效，艾伯维于 2013 年 1 月 2 日正式在纽约证券交易所上市，公司总部位于伊利诺伊州北芝加哥。

艾伯维的产品 Viekira Pak 是由 4 种抗病毒药 Paritaprevir 75 mg、Dasabuvir 250 mg、Ombitasvir 12.5 mg 和 Ritonavir 50 mg 组成的固定剂量复方制剂，其中前 3 种为新药物，主要作用是抑制 HCV 生长。Ritonavir 是早前批准的药物，可有助于提高血液中 Paritaprevir 的浓度水平。该产品能够同时抑制 NS3/4A、NS5A、NS5B 四个非结构蛋白，对于 HCV 繁殖周期进行了全覆盖，从而增加抑制 HCV 能力，减少其产生耐药性的概率，于 2014 年 12 月 19 日经 FDA 批准在美国上市，于 2016 年 2 月获得了 EMA 批准在欧盟各国上市。

艾伯维的另一产品 Mavyret 是由抗病毒药 Glecaprevir 100 mg 和 Pibrentasvir 40 mg 组成的固定剂量复方制剂，是美国 Enanta 公司首先研发，授权给艾伯维研发，负责在全球上市和销售。2016 年 9 月 30 日，艾伯维将 Mavyret 用于治疗此前对 DAAs 无效的 1 型慢性丙肝患者，获得 FDA 突破性治疗认定；2017 年 1 月 9 日，Mavyret 取得治疗儿科慢性丙肝罕用药的资格；2017 年 3 月 14 日，Mavyret 用于治疗 1～6 型慢性丙肝，在美国、加拿大和日本获得新药优先审评的待遇，于 2017 年 8 月 3 日在美国获批上市，同年 8 月 17 日、9 月 27 日先后在加拿大和日本获批上市。

在全球丙肝药物市场衰退的 2017～2018 年，艾伯维的上市药物 Viekira Pak 和 Mavyret 异军突起。由于其治疗周期的减少（疗程仅为 8 周），治疗费用相比之下大大降低，销售业绩暴涨。2018 年艾伯维抗丙肝业务收入 36.16 亿美元，与吉利德的 36.86 亿美元相差无几。

4.2.1 艾伯维在抗丙肝领域专利发展趋势

由图 4-2-1 和图 4-2-2 可以看出，在抗丙肝领域艾伯维早期全球专利和中国专利的发展趋势基本一致，均从 2002 年起步，沉寂两年后缓慢上升。而在 2010 年艾伯维全球专利申请量激增（23 项），随后缓慢下降，但在 2015 年专利申请量再创新高（28 项）后迅速下降。相对应地，艾伯维中国相关专利申请量在 2010 年仅为 12 项，此后一直处于专利申请量下降的态势，2014 年仅有 2 项专利申请，2015 年回涨到 6 项专利申请后申请量寥寥。产生这种差异的主要原因在于，艾伯维申请的多项专利仅为 PCT 申请，并没有进入各国家和地区。例如在 2015 年，艾伯维总共申请了 28 项专利，其中 18 项为 PCT 专利申请，没有进入任何国家阶段，这可能是艾伯维的一种专利布局策略。

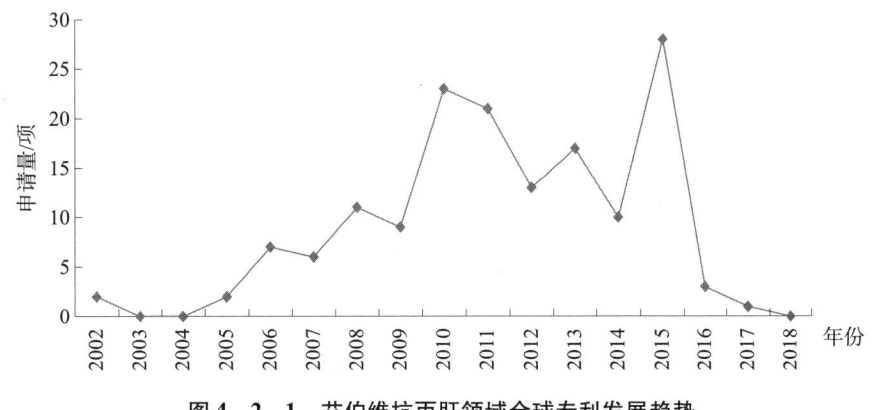

图 4-2-1 艾伯维抗丙肝领域全球专利发展趋势

图 4-2-2 艾伯维抗丙肝领域中国专利发展趋势

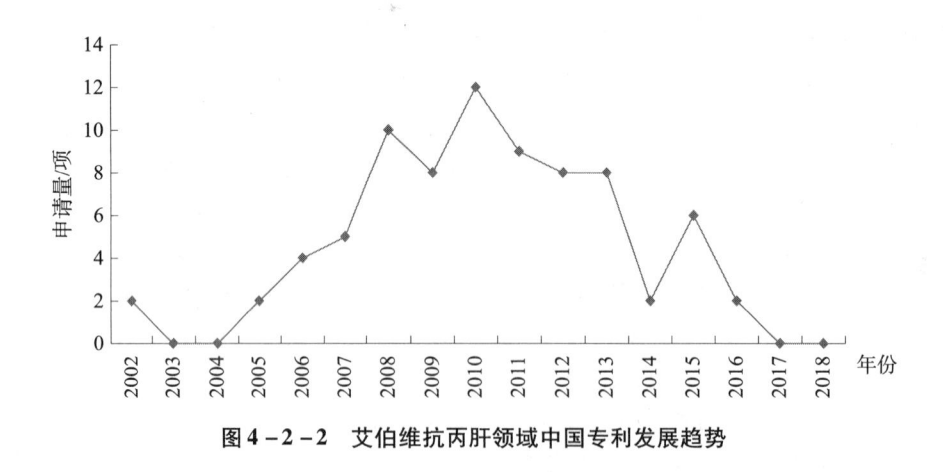

4.2.2 艾伯维在抗丙肝领域专利目标地分布

图 4-2-3 展示的是艾伯维在抗丙肝领域专利输出地分布。艾伯维在全球 35 个国家或地区进行了专利布局，范围相较于吉利德更加广泛。中国是艾伯维在抗丙肝领域的第四大专利输出国家。艾伯维针对 HCV 感染高发的地区，例如俄罗斯、以色列、南非、印尼、阿根廷、越南、菲律宾等国家也进行了核心专利的申请。

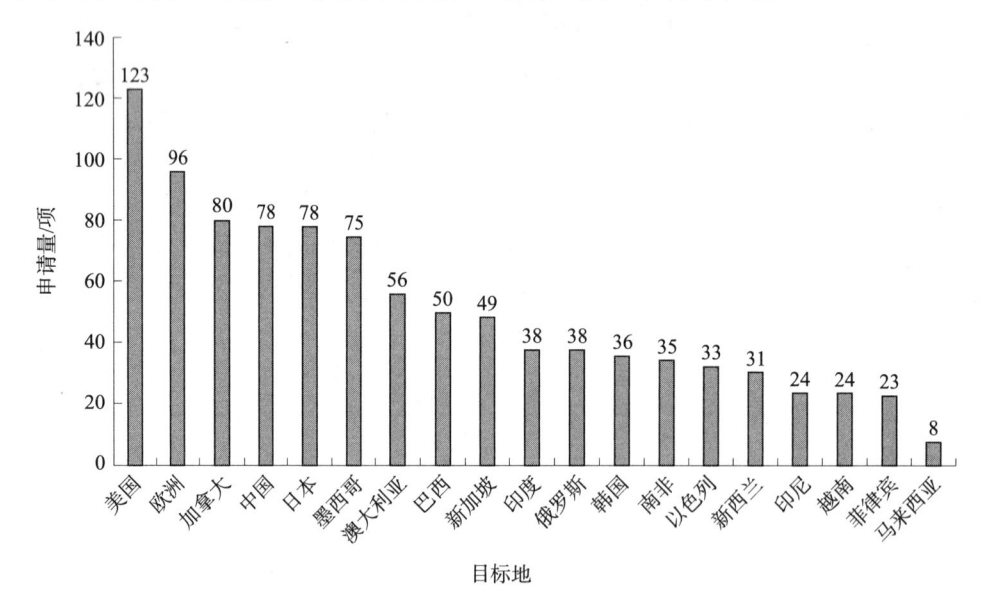

图 4-2-3 艾伯维在抗丙肝领域专利目标地申请量分布

图 4-2-4 展示的是艾伯维在抗丙肝领域专利申请的主题分布，其中，化合物（56 项）、晶型（8 项）、联合用药（30 项）、治疗方法（6 项）、制剂（7 项）、制备方法（6 项）以及其他专利（22 项）（主要涉及治疗或预防 HCV 在内的炎症反应的免疫蛋白）。艾伯维在抗丙肝领域专利主题分布的特点在于，药物领域最核心的化合物专利申请仅占 42%。

图4-2-5展示的是艾伯维在抗丙肝领域化合物专利靶点分布，主要为DAAs化合物，其中NS5B聚合酶抑制剂26项，NS3/4A蛋白酶抑制剂9项，NS5A蛋白酶抑制剂22项，其余分别涉及化学活素受体抑制剂（CN101534824A、WO2011156698A2）、细胞色素P450单加氧酶抑制剂（US2013131085A1、US8598216B1）、激酶抑制剂（US2009270402A1）、乙酰转移酶抑制剂（WO2016044770A1）、Bcl-xL蛋白酶抑制剂（WO2013055897A1）。上述其他类型化合物通过调节免疫、改善代谢等间接途径用于抗病毒药物，而非直接针对HCV感染，在此不作赘述。但值得一提的是，艾伯维生产的上市药物Viekira Pak中的组分之一Ritonavir为细胞色素P450单加氧酶抑制剂，而US8598216B1涉及一种Ritonavir二盐酸盐，能够提高直接抗病毒药物的药代动力学活性，相对于原药具有更好的生物利用度和动力学溶解度。

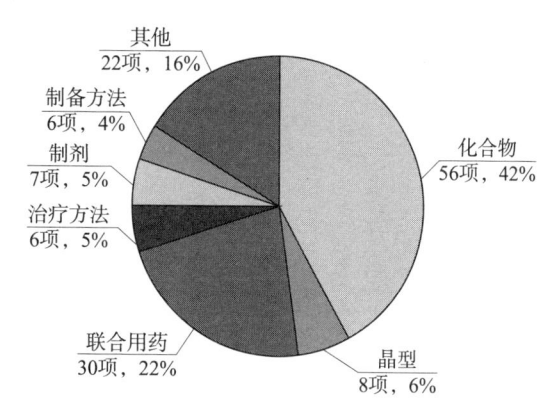

图4-2-4 艾伯维在抗丙肝领域专利主题分布

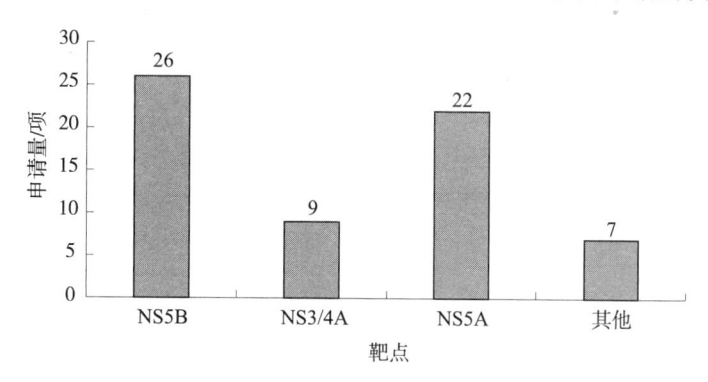

图4-2-5 艾伯维在抗丙肝领域化合物专利靶点分布

由图4-2-6可知，艾伯维在2011年之后的研发重点从化合物转向了药物联用。艾伯维在联合用药专利申请30项，占据总量的22%，相比于其他重要申请人（如吉利德、默沙东）申请的相关主题专利占更多的比例。说明艾伯维对联合用药的专利布局较为重视，这也与其上市产品均为复方制剂相对应。其中，WO2007103934A2公开了利用Ritonavir提高通过细胞色素P450氧化酶代谢的抗丙肝药物

VX-950 或 [结构式] SCH 503034 药代动力学性质的药物组合物；

WO2013040568A1 公开了 Ritonavir 与 HCV NS5A 抑制剂形成的药物组合物；WO2013059630A1 公开了将两种 DAAs 药物和 Ribavirin 联用的技术方案，优选的持续时间是 12 周，也可以是不超过 8 周，上述技术方案避免了干扰素的使用；WO2013059638A1 进一步公开了将两种 DAAs 药物联用的技术方案，通过上述方法能够进一步避免使用 Ribavirin 的使用；WO2013101552A1 公开了 Ombitasvir 和其他 DAAs 药物的联用；WO2014152635A1 公开了 Glecaprevir、Pibrentasvir 和 Ribavirin 联用的技术方案，能够针对 1~6 型的 HCV 感染患者。WO2014152514A1 在上述专利申请的基础上，进一步省略了 Ribavirin，同样是泛基因型的抗 HCV 药物，该组合是上市药物 Mavyret 的活性成分；WO2017015211A1 公开了由 100 mg Glecaprevir 和 40 mg Pibrentasvir 组成的双层片剂，并提出该片剂与食物一起服用可显著提高了药物的生物利用度；WO2015002952A1、WO2015071488A1 公开了由 Ombitasvir、Paritaprevir 和 Ritonavir 组成的药物组合物，以上述组成作为活性成分的复方制剂已于 2015 年 1 月在欧洲上市，用于治疗 1 型、4 型 HCV 感染者；于 2015 年 7 月在美国上市，用于治疗 4 型 HCV 感染者；于 2015 年 9 月在日本上市，用于治疗 1 型 HCV 感染者；并于 2018 年 3 月在中国上市。WO2015103490A1、WO2015116594A1 在上述专利申请的基础上，进一步增加了 Dasabuvir 作为活性组分，该组合为上市药物 Viekira Pak 的活性成分；WO2016040588A1 公开了上述药物组合物与食物一起服用的给药方法；WO2016134058A1 公开了核苷类 NS5B 抑制剂与 Ombitasvir 或 Pibrentasvir 联用的技术方案，且可以进一步与 Paritaprevir 或 Glecaprevir 联用。

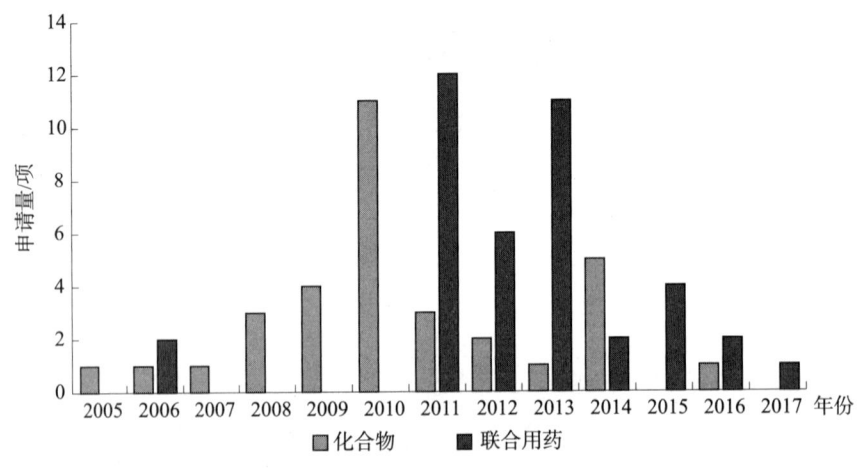

图 4-2-6 艾伯维在抗丙肝领域化合物和联合用药专利发展趋势

4.2.3 艾伯维在抗丙肝领域化合物专利技术分析

上一节中已经对艾伯维在抗丙肝领域化合物的联合用药进行了较为详尽的分析，本节只选取对艾伯维在抗丙肝领域化合物专利技术进行分析，经过阅读筛选，选取说明书实施例中测定具体化合物抗 HCV 活性的 39 项专利申请进行分析。

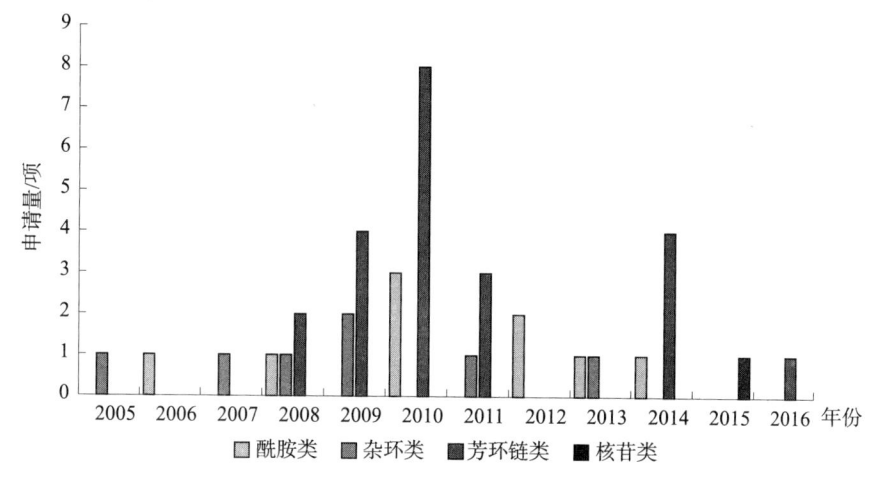

图 4-2-7 展示的是艾伯维在抗丙肝领域 DAAs 药物专利申请趋势。可以看出，艾伯维在抗丙肝药物领域专利申请中以芳环链类化合物申请量最大（22 项），而对酰胺类及杂环类化合物的专利申请量分别为 9 项和 7 项，对核苷类化合物的专利申请时间最晚，数量也最少，仅 1 项。

图 4-2-7 艾伯维在抗丙肝领域 DAAs 药物专利申请趋势

4.2.3.1 芳环链类化合物专利技术分析

艾伯维抗丙肝芳环链类化合物和晶型专利申请共 22 项。上市产品 Viekira Pak 中的组分 Ombitasvir、产品 Mavyret 中的组分 Pibrentasvir 均为该类结构。WO2010075376A2 和 WO2010075380A1 均公开了由芳环或杂（芳）环形成的长链结构，代表性化合物对 HCV 1b 复制子的 IC50 分别为 0.1 ~ 10 nM 和小于 0.1 nM。US2012115918A1、WO2010120935A1、CN102333772A、WO2012051361A1、WO2012083059A1、WO2012083058A2、WO2012083053A2、WO2012083048A2、WO2012083043A1、WO2012083170A1 公开的化合物均为三叉链结构

$$Y—A—L_1—X—L_2—B—Z$$ 的结构，其中 L_3 连接 D。其中，WO2010120935A1 为首项该类结构化合物专利申请，代表性化合物在 HCV 1b - Con - 1 复制子分析中显示出小于 1 nM 的 EC50，该专利申请已在美国、欧洲、日本、中国、俄罗斯等多个国家和地区授权。此外，CN102333772A 公开了化合物 Ombitasvir，对 HCV 1b - Con1 复制子的 EC50 小于 0.1 nM，该项专利在美国、欧洲、中国、日本等多地被授权。WO2012051361A1 公开了化合物 Pibrentasvir，对 HCV 1b - Con1 复制子的 EC50 小于 0.1 nM，且针对 HCV 1a、2a、3a、6a 均具有抑制活性，是泛基因型的抗 HCV 化合物；此外，对于 L31V、M28V、Q30E、Q30R、Y93C、

Y93H、Q30H 等 HCV 变体同样具有强抑制活性，可用于耐药型 HCV 病毒，该项专利已在美国、欧洲、中国、韩国等多个国家和地区被授予专利权。WO2012083170A1 公开了一种以环丙烷为中心的三叉链结构，代表性化合物对 HCV 1b – Con1 复制子的 EC50 小于 0.1 nM，该项专利在中国和日本被授予专利权。

  WO2015171162A1、WO2017189572A1 涉及 Ombitasvir 的晶体，其中 WO2015171162A1 公开的是 Ombitasvir 水合物 B，WO2017189572A1 公开的是 Ombitasvir 的 3 种无水晶型 A～C，4 种水合物晶型，即甲醇溶剂合物、甲醇 – 水溶剂合物、乙醇 – 水溶剂合物、与苹果酸的共晶。上述 2 项专利申请及其同族申请目前均尚未被授权。WO2016053869A1 和 WO2015171993A1 涉及 Pibrentasvir 的晶型，其中，WO2015171993A1 公开了 Pibrentasvir 的无水晶型、正丁胺 – 水、甲醇 – 二乙醚、MTBE、乙醇 – 水、乙腈、二正丁醚溶剂合物，已在美国被授予专利权。WO2016053869A1 公开更多的 Pibrentasvir 溶剂合物，该项专利申请及其同族申请目前尚未被授权。表 4 – 2 – 1 展示的是艾伯维芳环链类专利申请及代表性化合物结构。

表 4 – 2 – 1 艾伯维芳环链类专利申请及代表性化合物结构

公开号/申请日	代表性化合物
WO2010075376A2 2010 – 07 – 01	
WO2010075380A1 2010 – 07 – 01	

续表

公开号/申请日	代表性化合物
WO2010120935A1 2010-10-21	
CN102333772A 2012-01-25	Ombitasvir
WO2012051361A1 2012-04-19	Pibrentasvir
US2012115918A1 2012-05-10	

续表

公开号/申请日	代表性化合物
WO2012083059A1 2012-06-21	
WO2012083058A2 2012-10-11	
WO2012083053A2 2012-06-21	

续表

公开号/申请日	代表性化合物
WO2012083048A2 2012-06-21	
WO2012083043A1 2012-06-21	
WO2012083170A1 2012-06-21	

4.2.3.2 酰胺类化合物专利技术分析

艾伯维抗丙肝酰胺类化合物和晶型专利申请共 9 项。WO2008074035A1 公开了一种链状结构的酰胺化合物,代表性化合物对 HCV 1b 复制子的 IC50 为 0.001~50 μM。此外,CN102641271A、WO2012092409A2、WO2012092411A2、CN103025736A、WO2014058794A1 均涉及大环类的酰胺化合物。CN102641271A 公开 Paritaprevir,是上市药物 Viekira Pak 的组分之一,其对抗衍生自 HCV 基因型 3a 的重组 HCV NS3 蛋白酶的抑制活性的 IC50 为 10~25 nM;在 5%FBS 的存在下,对 1a – H77 复制子抑制活性的 EC50 为 0.5~2.5 nM;在 5%FBS 的存在下,在 1b – Con1 复制子测定中 EC50 <0.5 nM,其可针对多种基因型的 HCV 病毒,该项专利在欧洲、中国等国家和地区被授权。WO2012092409A2、WO2012092411A2 均对 Paritaprevir 进行进一步修饰,包括对大环上的双键进行卤原子加成以及对菲啶环进行取代,修饰后的化合物仍对于多种基因型的 HCV 病毒具有抑制作用。CN10302573A 公开了以吡嗪替代菲啶的大环类酰胺化合物,对于 1a 型和 1b 型 HCV 复制子具有抑制活性。

WO2014011840A1、WO2015084953A1 涉及 Paritaprevir 晶型;WO2014011840A1 公开了 Paritaprevir 的 8 种晶型,该专利已在美国被授权;WO2015084953A1 公开了 Paritaprevir 的 2 种晶型。此外,Glecaprevir 是 Mavyret 的组分之一,该化合物的专利权人是 Enanta 公司,该公司授权艾伯维对 Glecaprevir 进行研发和市场化。因此,艾伯维也申请了 Glecaprevir 的晶型专利 WO2015188045A1,其公开了 Glecaprevir 的无溶剂、二甲醇合物、三甲醇合物晶型,该专利在美国被授权。表 4 – 2 – 2 展示的是艾伯维酰胺类专利申请及代表性化合物结构。

表 4 – 2 – 2 艾伯维酰胺类专利申请及代表性化合物结构

公开号/申请日	代表性化合物	公开号/申请日	代表性化合物
WO2008074035A1 2008 – 06 – 19		WO2012092409A2 2012 – 07 – 05	
WO2012092411A2 2012 – 07 – 05		CN102641271A 2012 – 08 – 22	

续表

公开号/申请日	代表性化合物	公开号/申请日	代表性化合物
CN103025736A 2013-04-03		—	—

4.2.3.3 杂环类化合物专利技术分析

艾伯维抗丙肝杂环类化合物和晶型专利申请共7项，均为化合物专利申请。WO2007076035A2公开了一类以二氮杂萘为核心结构的化合物，代表性化合物对HCV复制子的抑制活性IC50为30nM～100 μM。WO2009039135A1、WO2009039127A1、WO2010111436A2、WO2010111437A1公开了一类以二羰基取代含氮杂芳单环-苯环为核心的结构，其中，WO2009039127A1公开了Dasabuvir。该化合物单药于2015年1月在欧洲上市，2018年3月在中国上市，其还是Viekira Pak的组分之一，对HCV1a、1b复制子的抑制活性IC50均小于0.01 μM。此外，该专利还公开了化合物的多种晶体形式，已在美国、欧洲、中国、韩国等多个国家和地区被授权。WO2009039135A1、WO2010111436A2、WO2010111437A1公开的化合物结构与Dasabuvir类似，对嘧啶酮的连接方式和苯环上的取代基进行调整，公开的代表性化合物活性也与Dasabuvir较为接近。WO2012087833A1公开了以苯并五元杂环为核心的NS5B抑制剂，代表性化合物对于HCV 1a、1b、2a、2b、3a、4a复制子和C316Y变体HCV复制子均具有较好的抑制活性，具有抗耐药、泛基因型抗HCV药物的潜力。表4-2-3展示的是艾伯维杂环类专利申请及代表性化合物结构。

表4-2-3 艾伯维杂环类专利申请及代表性化合物结构

公开号/申请日	代表性化合物	公开号/申请日	代表性化合物
WO2007076035A2 2007-07-05		WO2009039135A1 2009-03-26	
WO2009039127A1 2009-03-26		WO2010111436A2 2009-03-25	

续表

公开号/申请日	代表性化合物	公开号/申请日	代表性化合物
WO2010111437A1 2010-09-30		WO2012087833A1 2012-06-28	

4.2.3.4 核苷类专利技术分析

尽管艾伯维申请了19项核苷类抗HCV化合物专利申请，但仅WO2017040766A1公开了具体化合物的具体活性。其中代表性化合物

对HCV基因型1a-H77抑制活性测试时，显示EC50为13 nM；当针对HCV基因型1b-Conl测试时，同一化合物显示EC50为29nM；如在1a-H77复制子细胞中所测量的，该化合物的治疗指数为约2049倍。该专利申请已经进入了美国、欧洲、中国、日本、加拿大、墨西哥等国家和地区，并已经在美国授予专利权。此外，其余18项专利申请（WO2016134057A1、WO2016134050A1、WO2016134051A1、WO2016134053A1、WO2016134054A1、WO2016134056A1、WO2016182936A1、WO2016182937A1、WO2016182938A1、WO2016182939A1、WO2016182934A1、WO2016182935A1、WO2017040892A1、WO2017040899A1、WO2017040898A1、WO2017040889A1、WO2017040896A1、WO2017040895A1）公开了一系列

为核苷的氨基磷酸酯前药，但没有具体公开化合物活性，也没有进入任何国家。

4.2.4 小　　结

艾伯维在抗丙肝领域的专利申请数量并不多,尤其是核心化合物专利的占比相较于其他重要申请人要低得多,但重点突出,对于上市产品均进行了充分的保护。从药物领域的核心专利数量可以看出,艾伯维的研发重点在于芳环链类化合物,且两种上市药物的芳环链类化合物均为艾伯维的原研产品;此外,酰胺类和杂环类中也均筛选出了组成上市产品的化合物。对于核苷类化合物,尽管专利申请有 19 项,但只有 1 项进入了各个国家阶段并公开具体的合物的活性,其余相关专利申请更多的可能是出于专利布局或对其他公司产品防御的考虑。从专利主题的演进可以看出,艾伯维在成功研发出上市产品的化合物后,并没有局限于研发效果更优的化合物,而是将研发方向转向了药物联用并成功上市了两款复方药物。这也是抗病毒药物开发中较为常规的路线,尤其在抗HCV 领域,药物联用是解决耐药性和遗传多样性的有效手段,值得国内企业关注。

4.3　默沙东相关专利分析

默沙东（MSD）是全球医疗行业的领先者,总部位于美国新泽西。该公司在美国、加拿大被称为默克公司（Merck）,凭借处方药、疫苗、生物制品与动物保健产品,与全球的客户共同合作,为全球 140 多个国家和地区提供创新的医疗解决方案。2016 年,FDA 以优先审评的方式批准了默沙东用于治疗慢性丙肝药物 Zepatier,其由 NS5A 抑制剂 Elbasvir 50 mg 和 NS3/4a 蛋白酶抑制剂 Grazoprevir 100 mg 构成;2018 年,Zepatier 获 CFDA 批准上市,用于治疗 1 型、4 型慢性丙肝成年患者。Zepatier 是最早获得突破性药物资格的丙肝药物之一,其定价相对于吉利德 Solvadi 便宜 30%,比 Harvoni 定价便宜 40%。默沙东拥有 5 种上市药物（具体参见表 4-3-1），以单药居多，Zepatier 是唯一复方药物，Boceprevir 是首批上市的 DAAs 药物之一，同时默沙东也是上市产品最多的企业。

表 4-3-1 默沙东已上市抗丙肝 DAAs 药物

产品（商品名）	药物	靶点（作用机制）	基因型	最早上市时间/地区
Victrelis	Boceprevir	NS3/4A	1 型	2011-05/美国
Vanihep	Vaniprevir	NS3/4A	1 型	2014-09/日本
Erelsa	Elbasvir	NS5A	1 型	2016-09/日本
Grazyna	Grazoprevir	NS3/4A	1 型	2016-09/日本
Zepatier	Elbasvir/Grazoprevir	NS5A、NS3/4A	1、4 型	2016-01/美国

4.3.1 默沙东抗丙肝领域小分子专利发展趋势

由图 4-3-1 和图 4-3-2 可以看出，默沙东抗丙肝领域全球专利早在 1967 年开始提出申请，并从 2000 年出现明显涨幅，2006 年达到峰值；而在华专利的发展趋势总体滞后于全球专利布局，具体为在华专利起步于 1993 年，2002 年出现明显涨幅，但其峰值较早出现。2007 年后均出现波动，2007 年申请量下降。全球专利和在华专利在 2011 年均出现上涨现象，该波动可能与 Victrelis 上市有关。Victrelis 是默沙东最早被 FDA 批准上市的抗 HCV 药物，上市时间为 2011 年，为了保持市场占有，不断推陈出新是默沙东的长期战略，因而加大新化合物的研发以及专利布局是必然趋势。

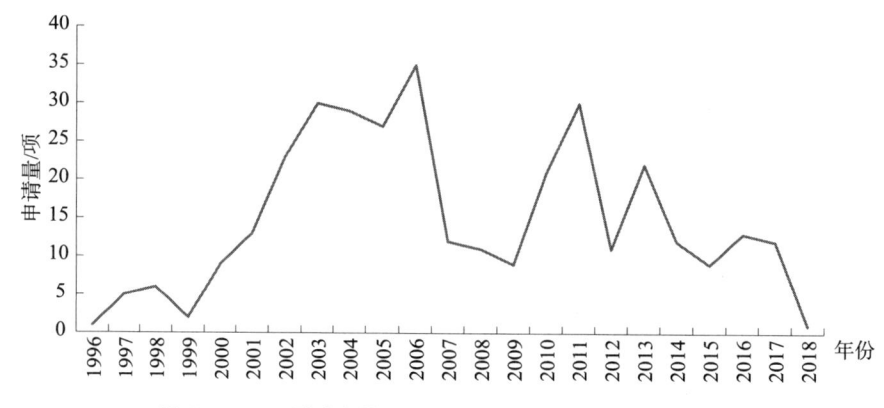

图 4-3-1 默沙东抗丙肝领域全球小分子专利发展趋势

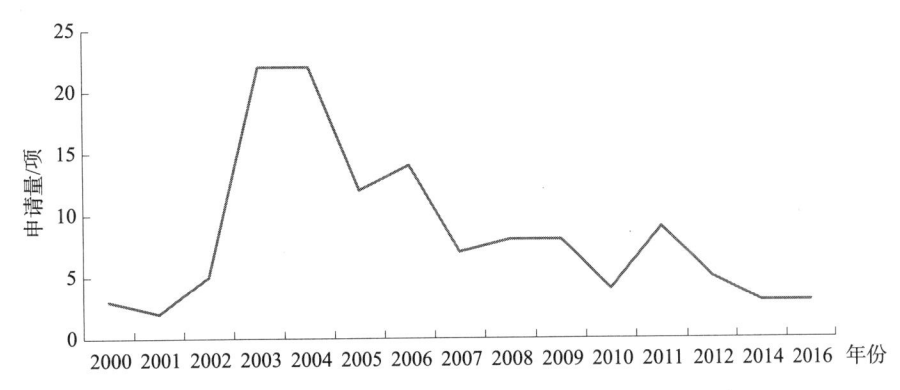

图 4-3-2 默沙东抗丙肝领域中国小分子专利发展趋势

4.3.2 默沙东抗丙肝领域小分子专利目标地

图 4-3-3 展示的是默沙东在小分子抗丙肝领域专利输出地分布。默沙东在全球 41 个国家或地区进行了专利布局，非常注重对知识产权的保护，不仅在美国等发达国家或地区进行了大量的专利申请，在中国、墨西哥等发展中国家也进行了大量的专利布局。此外，针对 HCV 感染高发的地区，例如以色列、南非、印尼、阿根廷、菲律宾、俄罗斯等国家也进行了核心专利的申请。

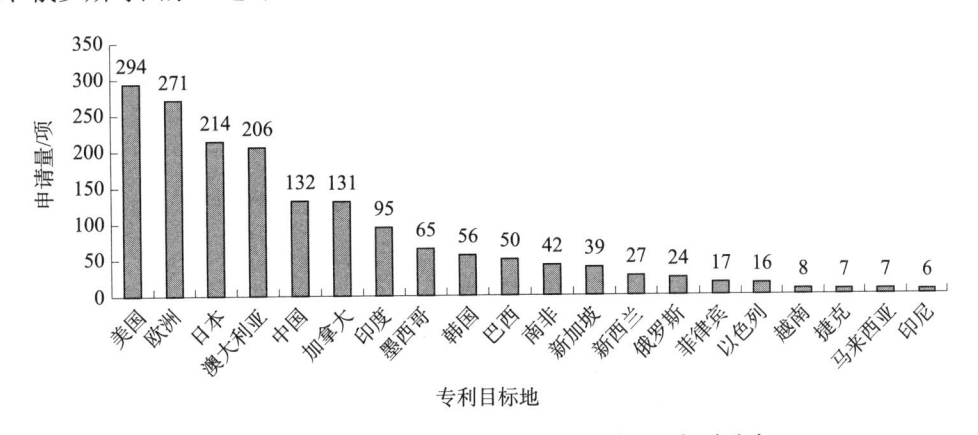

图 4-3-3 默沙东抗丙肝领域小分子专利目标地分布

4.3.3 默沙东抗丙肝领域小分子专利技术主题分析

如图 4-3-4 所示，默沙东抗丙肝领域小分子专利以化合物结构修饰（262 项）为主，占据总数据的 75%。另外，还涉及了药物联用（17 项）、治疗方法（22 项）、制备方法（32 项）、晶型（2 项）以及其他专利 14 项（例如检测抗病毒方法、HCV 突变体、编码 RNA 聚合酶的核苷酸、RNA 构建体等）。默沙东技术主题的分布与吉利德明显不同，更加突出对新化合物的研发，拥有众多核心专利，而对外围专利，尤其是化合物晶型专利布局甚少。默沙东同样基于鸡尾酒疗法的研究趋势，布局了多项药物联

113

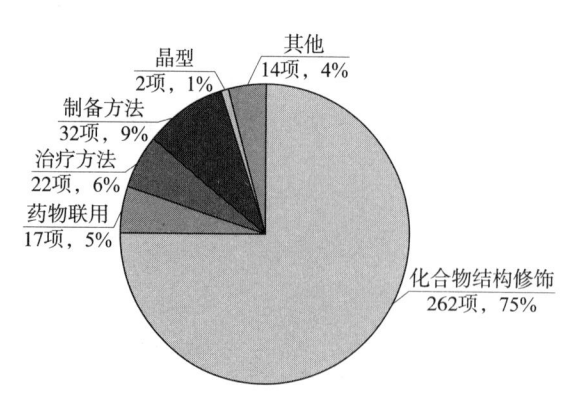

图4-3-4 默沙东抗丙肝领域
小分子专利技术主题分布

（饼图数据：化合物结构修饰 262项，75%；药物联用 17项，5%；治疗方法 22项，6%；制备方法 32项，9%；晶型 2项，1%；其他 14项，4%）

用方面的专利，有效保护了其后续产品的开发。

图4-3-5展示的是基于作用靶点或基因的专利分布，默沙东重视对每种抑制剂的专利布局，并以NS5B聚合酶抑制剂作为研究重点。HCV病毒存在多种基因型，目前默沙东上市的5种产品以针对基因1型居多，但该公司针对HCV不同基因型化合物申请了23项专利，有利于完善对抗丙肝领域专利布局的完整性。

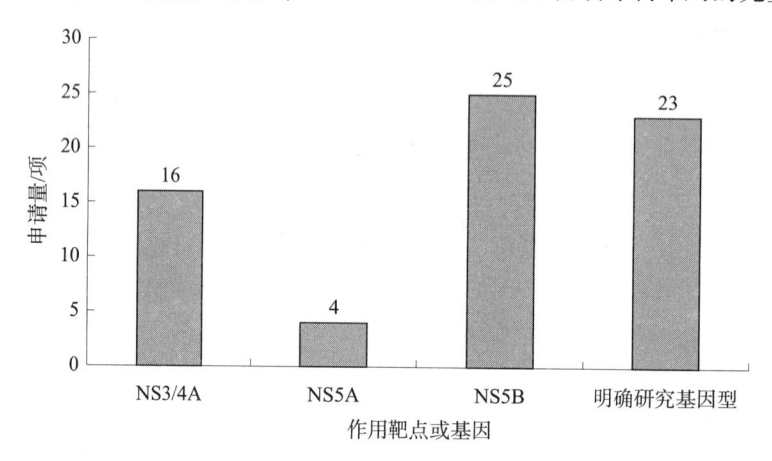

（柱状图数据：NS3/4A 16；NS5A 4；NS5B 25；明确研究基因型 23）

图4-3-5 默沙东抗丙肝领域基于作用靶点或基因的专利分布

4.3.4 默沙东抗丙肝领域小分子专利技术发展分析

分析默沙东有关HCV的专利，其中涉及新药专利共计262项，部分专利仅泛泛提及可用于抗HCV，未明确测定抑制活性数据。为了精确整理默沙东关于抗HCV小分子化合物的结构研究特点，本节结合说明书实施例中活性测定数据，提取出103项专利进行重点分析。

从图4-3-6、图4-3-7和图4-3-8可以看出，默沙东抗HCV化合物按结构类型主要分为五类：①核苷类药物：以NS5B聚合酶抑制剂为主；②稠合芳环类药物，包含以Elbasvir代表的含氮稠合芳芳环，主要作为NS5A、NS5B抑制剂；③大环酰胺类药物，包含以Grazoprevir、Vaniprevir为代表的大环NS3/4A蛋白酶抑制剂；

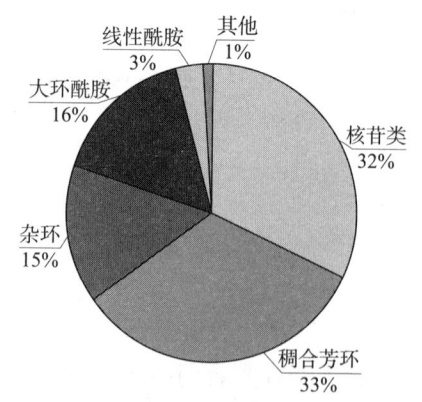

（饼图数据：核苷类 32%；稠合芳环 33%；杂环 15%；大环酰胺 16%；线性酰胺 3%；其他 1%）

图4-3-6 默沙东抗丙肝领域
化合物结构专利类型分布

④杂环类药物；⑤线性酰胺类药物：其中包含以 Boceprevir 为代表的线性 NS3/4A 蛋白酶抑制剂。

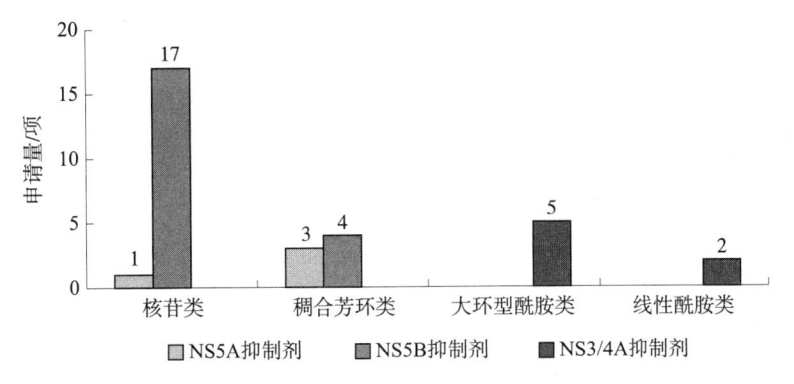

图 4-3-7　默沙东抗丙肝领域不同靶点抑制剂与化合物结构对应分析

从图 4-3-8 可以看出，默沙东抗丙肝药物的研发分为以下几个阶段：

（1）2001~2004 年，此阶段的研究重点为核苷类药物。2001 年、2002 年、2004 年仅针对核苷类化合物进行专利布局，与吉利德前期的研究特点相似；2002 年首次申请了线性酰胺类抗 HCV 药物，为其第一个上市药物 Boceprevir 打下基础。

（2）2005~2007 年，在 2005 年将研究重点逐步转向大环酰胺类抑制剂的研究，同时兼顾核苷类和线性酰胺类化合物的继续推进；这一阶段对大环酰胺类抑制剂的重点布局，促成了其第二个上市药物 Vaniprevir 的产生。

（3）2008~2009 年，每个年份针对不同结构的化合物进行开发。

（4）2010~2013 年，涉及众多类型结构，尤其在 2010 年，迎来了以稠合芳基为核心结构的化合物的研发高潮，并且逐渐平衡各类结构抑制剂的研究投入量，齐头并进。

（5）2015~2017 年，仍以稠合芳基为核心结构的化合物开发为重点。从作用靶点角度来看，默沙东在近几年的研究当中，更为重视 NS5A 蛋白酶、NS5B 聚合酶抑制剂的布局，基于前期积累了大环酰胺类、线性酰胺类 NS3/4A 蛋白酶抑制剂的申请，其在小分子抗丙肝领域专利布局更为全面，也有利于药物联用专利的稳定性。

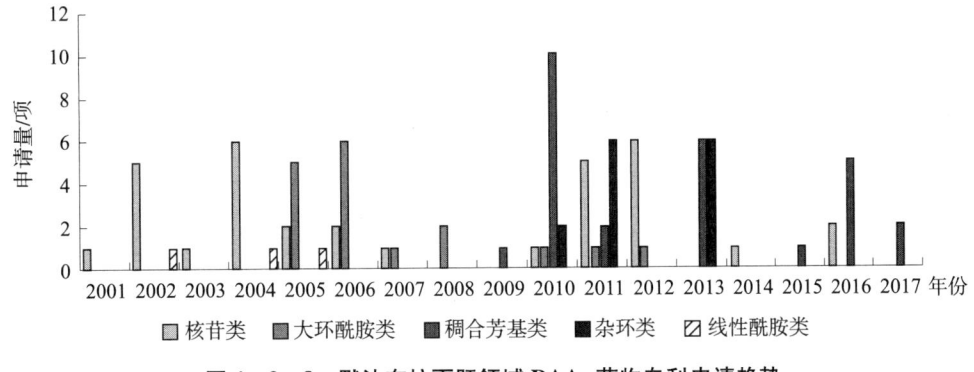

图 4-3-8　默沙东抗丙肝领域 DAAs 药物专利申请趋势

以下针对申请量居于前三位的不同结构类型化合物专利进行具体分析。

4.3.4.1 核苷类化合物专利

从表 4-3-2 展示的核苷类代表性专利及化合物可以发现，默沙东对于核苷类抑制剂的研究具有一定规律。其早在 2001 年申请了第一件核苷类抗丙肝化合物专利；在 2002 年申请量猛增，围绕核苷母核进行了多种改造，如甲基取代位点的改变（WO03105770A2）、甲基进一步卤代修饰（WO2004000858A2）、核糖 1 位 O 替代（WO03105770A2、WO2004009020A2）、碱基取代修饰（WO2004003138A2）、4 位羟基成酯修饰（WO2004007512A2）；2003 年则是将糖环上的甲基取消；2004 年之后重点研究不同磷脂前药的开发，同时还存在 3 位氰基、氨基、叠氮修饰（如 WO2012142085A1、WO2012142075A1），4 位羟基不同的成酯改造（WO2004007512A2），以及碱基杂环取代（WO2011103441A1）。总结其改造位点，即为核糖 1 位 O 替代、3 位 C 取代、4、6 位羟基保护（主要形成前药）、碱基取代。

表 4-3-2 默沙东核苷类专利申请及代表性化合物

公开号/申请日	代表性化合物	公开号/申请日	代表性化合物
WO03026589A2 2001-09-28		WO03026589A2 2001-09-28	
WO03105770A2 2002-06-17		WO03105770A2 2002-06-17	
WO2004003138A2 2002-06-27		WO2004003138A2 2002-06-27	

续表

公开号/申请日	代表性化合物	公开号/申请日	代表性化合物
WO2004000858A2 2002-06-21		WO2004009020A2 2002-07-24	
WO2004007512A2 2002-07-16		WO2005009418A2 2003-07-25	
WO2005009418A2 2003-07-25		WO2005123087A2 2004-06-15	
WO2006012078A2 2004-06-24		WO2006033709A2 2004-02-13	
WO2006033709A2 2004-02-13		WO2006065335A2 2004-10-21	

续表

公开号/申请日	代表性化合物	公开号/申请日	代表性化合物
WO2007021610A2 2005-08-09		WO2007095269A2 2006-02-14	
WO2008079206A1 2006-12-20		WO2008085508A2 2007-01-05	
WO2011103441A1 2010-02-18		WO2012142085A1 2011-04-13	
WO2012142085A1 2011-04-13		WO2012142075A1 2011-04-13	
WO2012142075A1 2011-04-13		WO2012142093A2 2011-04-13	

续表

公开号/申请日	代表性化合物	公开号/申请日	代表性化合物
WO2012142093A2 2011-04-13		WO2013009737A1 2011-07-13	
WO2013009737A1 2011-07-13		WO2013009735A1 2011-07-13	
WO2013009735A1 2011-07-13		WO2014059901A1 2012-10-17	
WO2014059902A1 2012-10-17		WO2014062596A1 2012-10-17	
WO2014078463A1 2012-11-19		WO2014088920A1 2012-12-06	
WO2014088923A1 2012-12-06		WO2015134780A1 2014-03-05	

续表

公开号/申请日	代表性化合物	公开号/申请日	代表性化合物
WO2017223020A1 2016-06-20		WO2017223012A1 2016-06-20	

4.3.4.2 稠合芳环类化合物专利

表4-3-3展示的是默沙东历年稠合芳环类代表性专利及化合物。从该表可以看出，此类化合物的专利最早出现于2009年，虽起步晚，但申请量占据默沙东各类抗丙肝化合物专利总量首位。其化合物结构的演变亦存在一定规律，基于2009年的基础化合物，将嘧啶连接基替代为苯环（WO2011112429A1），2010年之后大量的研究则集中于两个咪唑基之间连接基团的改变（如WO2012018534A2、WO2012122716A1、WO2015094998A1等）或者基于新的连接基团作进一步的取代修饰（WO2014110705A1、WO2018032468A1），同时还存在部分申请在吡咯环上作进一步取代（如WO2012040923A1等）。

表4-3-3 默沙东稠合芳环类专利申请及代表性化合物

公开号/申请日	代表性化合物
WO2011087740A1 2009-12-22	
WO2011112429A1 2010-03-09	
WO2012018534A2 2010-07-26	

续表

公开号/申请日	代表性化合物
WO2012050848A1 2010-09-29	
WO2012040923A1 2010-09-29	
WO2012041014A1 2010-09-29	
WO2012041227A1 2010-09-29	

续表

公开号/申请日	代表性化合物
WO2010111483A1 2010-09-30	
WO2012122716A1 2011-03-17	
WO2013039878A1 2011-09-14	
WO2014110705A1 2013-01-16	

续表

公开号/申请日	代表性化合物
WO2015065817A1 2013-10-30	
WO2015094998A1 2013-12-20	
WO2017112531A1 2015-12-21	
WO2018032468A1 2016-08-18	

续表

公开号/申请日	代表性化合物
WO2018032467A1 2016-08-18	
US2019127365A1 2017-11-01	

4.3.4.3 大环酰胺类化合物专利

从表4-3-4展示的默沙东历年大环酰胺类代表性专利及化合物可以看出,大环酰胺类化合物结构改造位点众多,有涉及环内改造,亦有环外链的改造。具体环内改造为喹啉环替换(如WO2007015787A1、WO2008057209A1、WO2009010804A1)、双键替换为单键(WO2007131966A1)、单键替换为环(WO2007131966A1、WO2009134624A1);环外链上改造如磺酰基替代(WO2008051475A2)、吡咯环的修饰(如WO2014025736A1)等;另外,还可以环外与环内再次成环(WO2014025736A1)。从申请量来看,环内修饰占据主导,且将单键替换为各类环基是改造的主要方式。

表4-3-4 默沙东大环酰胺类专利申请及代表性化合物

公开号/申请日	代表性化合物	公开号/申请日	代表性化合物
WO2006119061A2 2005-05-02		WO2007015787A1 2005-07-20	

续表

公开号/申请日	代表性化合物	公开号/申请日	代表性化合物
WO2007016441A1 2005-08-01		WO2007131966A1 2006-05-15	
WO2007148135A1 2006-06-23		WO2008057208A2 2006-10-27	
WO2008057209A1 2006-10-27		WO2008051514A2 2006-10-24	
WO2008051475A2 2006-10-24		WO2009010804A1 2007-07-19	
WO2009134624A1 2008-04-28		WO2010011566A1 2008-07-22	

续表

公开号/申请日	代表性化合物	公开号/申请日	代表性化合物
WO2012040040A1 2010－09－21		WO2013074386A2 2011－11－15	
WO2014025736A1 2012－08－08		—	—

4.3.5 小　　结

根据上述默沙东抗丙肝领域小分子专利布局可以看出，该公司重视新化合物的研发，重视核心专利布局，而对于外围专利诸如晶型、制备方法申请较少。从时间轴来看，前期重视核苷类化合物的研发，中后期则将重点转向大环酰胺类和稠合芳基类抑制剂的申请，且中后期的申请有效率确保了5种上市药物的专利稳定性。从作用靶点来看，对各作用靶点均有所涉猎，针对丙肝病毒易突变和遗传多样性的特点，该公司基于自身已有药物库进行药物组合联用，并成功开发上市产品Zepatier。从结构修饰角度来看，核苷类修饰位点主要集中于核糖基团上，尤其是4，6位羟基修饰，制备各类磷脂前药形式较为突出，而稠合芳环类则集中于主链中连接基的替代；至于大环酰胺类化合物，修饰位点众多，没有明显的时间演进规律。默沙东通过其多方位的专利布局，为其在小分子抗丙肝领域打下坚实基础，有利于提高市场占有率。

第 5 章　重点上市药物临床与专利布局分析

5.1　Sofosbuvir

5.1.1　Sofosbuvir 概述

5.1.1.1　Sofosbuvir 简介

Sofosbuvir 原研公司为法莫赛特公司。国际著名制药公司吉利德于 2011 年收购了该公司，进而获得了 Sofosbuvir 专利权。目前吉利德基于 Sofosbuvir 连续推出了四代产品，如表 5-1-1 所示，包括 Sovaldi（吉一代，索华迪，主成分为 Sofosbuvir）、Harvoni（吉二代，哈瓦尼，主成分为 Sofosbuvir 400 mg 和 Ledipasvir 90 mg）、Epclusa（吉三代，伊柯鲁沙，主成分为 Sofosbuvir 400 mg 和 Velpatasvir 100 mg）、Vosevi（吉四代，主成分为 Sofosbuvir 400 mg、Velpatasvir 100 mg 和 Voxilaprevir 100 mg）。

表 5-1-1　吉利德四代产品主要成分结构

化合物名称	结构式
Sofosbuvir, SOF 索非布韦	
Ledipasvir, LED 雷迪帕韦	

续表

化合物名称	结构式
Velpatasvir, VEL 维帕他韦	
Voxilaprevir, VOX 伏西普韦	

5.1.1.2 上市情况

Sovaldi（吉一代）于 2013 年 12 月 6 日经美国 FDA 批准在美国上市，于 2014 年 1 月 16 日经 EMA 批准在欧盟各国上市，于 2017 年 9 月 20 日经 CFDA 批准在中国上市。Sovaldi 的获批把丙肝药物市场带入了新纪元，2014 年全球销售额达到了 110.86 亿美元。

Harvoni（吉二代）于 2014 年 10 月 10 日经 FDA 批准在美国上市，于 2014 年 11 月经 EMA 批准在欧盟各国上市，于 2018 年 11 月 21 日经 CFDA 批准在中国上市。

Epclusa（吉三代）于 2016 年 6 月 28 日经 FDA 批准在美国上市，于 2016 年 7 月经 EMA 批准在欧盟各国上市，于 2018 年 5 月 23 日经 CFDA 批准在中国上市，2019 年初 Epclusa 已在日本成功获批上市。

Vosevi（吉四代）于 2017 年 7 月 18 日经 FDA 批准在美国上市，于该月也获得了 EMA 批准在欧洲上市，在中国也进入新药审批程序，受理号为 JXHS1900078。

5.1.2 Sofosbuvir 临床开展情况

本章临床数据来源于美国卫生研究院下的 ClinicalTrails.gov 收录的临床研究信息，以及 Pharmproject 数据库收录的临床信息，下文将综合上述内容进行临床分析研究。

5.1.2.1 基于单体化合物的研究

关于 Sofosbuvir 的临床研究始于 2011 年 10 月 22 日，并且在 2011 年内共计开展了四次临床研究，涉及 Ⅰ～Ⅲ 期临床试验，Ⅳ 期临床最早始于 2014 年 5 月 1 日，2011～2019 年共计实施了 112 项临床研究。

（1） Sofosbuvir 的 Ⅰ 期临床

Ⅰ 期临床共包括 4 项研究，分布在 2011 年、2012 年、2014 年和 2015 年，主要针对药物的安全性、耐受性、有效性试验，同时还涉及药代动力学（NCT01565889）、针对病毒基因型（NCT02185794）、与其他药物联用（NCT02185794 中与 GS – 5816 联用）以及药物配伍禁忌（NCT02533427）的研究。

（2） Sofosbuvir 的 Ⅱ 期临床

Ⅱ 期临床共包括 44 项研究，2011～2019 年均有分布。Ⅱ 期临床研究重点之一为药物联用，拥有 28 项临床试验，涉及了与 Simeprevir、Ledipasvir、Velpatasvir、Velpatasvir、Voxilaprevir、Ribavirin 至少之一联用，其中存在与 Ribavirin 联用，试验均涉及不与其联用的方案，进行效果比较；另一重点则集中在针对不同基因型病毒治疗方面，共计 20 项且涉及 1～5 型 HCV 病毒的药物有效性、安全性、耐受性的研究，同时在 2013 年、2016 年以及 2019 年还针对晚期肝病或肝脏移植后感染 HCV、代偿性肝硬化、Child – Pugh – Turcotte（CPT） C 级肝硬化、终末期肾脏疾病（ESRD）、慢性乙型肝炎等存在特殊疾病的患者进行治疗研究。另外，针对不同患病人群亦进行试验，其中涉及 HCV – HIV 共染患者、儿童患者（NCT02249182、NCT02868242、NCT03820258）、接受终末期肾病（ESRD）透析的 HCV 感染者（NCT03036839）、同意从已感染 HCV 的已故供者进行肾脏移植患者（NCT040759160）。

（3） Sofosbuvir 的 Ⅲ 期临床

Ⅲ 期临床试验共有 51 项，分布在 2011～2017 年。Ⅲ 期临床研究重点仍为药物联用，拥有 36 项临床试验，涉及了与 Ledipasvir、Velpatasvir、Voxilaprevir、Ribavirin、聚乙二醇 – 干扰素（PR）、Simeprevir 至少之一联用，其中存在与 Ribavirin、PR 联用，试验均涉及不与其联用的方案，进行效果比较。另外，针对不同基因型（1～6 型）、特殊疾病、特殊患者的抗病毒研究依然存在。同时还增加了区域如日本（NCT01910636、NCT01975675）、中国台湾地区（NCT02613871）患者的研究。

（4） Sofosbuvir 的 Ⅳ 期临床

Ⅳ 期临床试验共计 13 项，在 2014～2017 年分别开展，其中 9 项涉及了特殊患者的治疗研究，分别针对经补偿的肝硬化美国退伍军人患者（NCT02128542）、有吸食鸦片史的 HCV 感染患者（NCT02638233、NCT03235154、NCT03949764）、输血依赖性的 HCV 感染患者（NCT03032666）、患有晚期心脏病或晚期肺部疾病的 HCV 感染患者（NCT02858180）、被监禁的 HCV 感染患者（NCT03018353）、有美沙酮治疗史的 HIV – HCV 合并感染患者（NCT03549312）等，而药物联用则重点针对与 Ledipasvir 联用含有的有效性、安全性、耐受性的研究。另外，考察了与 Ledipasvir 联用针对 6 型 HCV 的疗效（NCT02480166）。

(5) 小结

可以看出，Sofosbuvir 的 II、III 期试验为临床研究的重点，将安全性、有效性、耐受性作为重点；每个期次的分布时间跨度均较长，甚至长达 8 年之久；结合 HCV 特点，研究了不同基因型的疗效；由于 HCV 的多基因型性，鸡尾酒疗法占据主导，因此在不同期次均存在大量的药物联用治疗作用、风险研究。

5.1.2.2 基于四代产品的研究

吉利德基于 Sofosbuvir 的四代产品构成具有延续性，四代产品的临床项目在时间上存在交织，从总体上无法明确各代产品具体的临床研究特点。因此，除上述以 Sofosbuvir 单体化合物为主线分析外，还需要针对每代产品的临床项目进行研究。

(1) 吉一代临床研究特点

对于吉一代，产品主成分即为 Sofosbuvir，因此 2011 年的临床数据同"Sofosbuvir 的 I 期临床"中所述。2011～2019 年，吉利德针对吉一代共进行了 42 项临床研究。分析各期次研究目的发现，I 期临床主要集中于药物安全性和药代动力学研究；II 期临床试验共 7 项，分别开始于 2011 年、2014 年、2016 年、2017 年与 2019 年，其注重于不同基因型、不同病患等有效性、安全性研究，存在药物联用的药效学研究，如 NCT01466790 中与 Simeprevir 联用；同时，II 期临床中还考察了对戊型肝炎病毒感染患者的安全性研究（NCT03282474）；III 期临床试验共计 22 项，2011～2016 年每年均有项目，且 2012～2014 年研究项目居多，III 期临床重点考察药物联用的有效性，尤其是针对不同基因型的药物联用有效性试验，涉及的联用药物主要为 Ribavirin、PR、Simeprevir，其间还涉及部分联合用药组分剂量的考察（如 NCT02114151），其中存在与 Ribavirin 联用，试验均涉及不与其联用的方案，进行效果比较；IV 期临床试验共计 13 项，在 2014～2017 年开展，2017～2019 年年均两项，相较而言较为突出，其中 6 项涉及了特殊患者的治疗研究，分别针对有鸦片吸食史的 HCV 感染患者（NCT03949764、NCT03235154）、患有晚期心脏病或晚期肺部疾病的 HCV 感染患者（NCT02858180）、被监禁的 HCV 感染患者（NCT03018353）等。

(2) 吉二代临床研究特点

吉二代的临床研究不涉及 I 期临床，II 期临床研究最早开始于 2012 年 1 月 15 日，共计 24 项，重要研究时间段为 2013～2015 年。研究重点之一为针对不同基因型病毒治疗方面，涉及 1、3～5 型 HCV 病毒的药物有效性、安全性、耐受性的研究；另一重点则集中在药物联用，涉及了与 Ribavirin、Vedroprevir 至少之一联用，其中存在与 Ribavirin 联用，试验均涉及不与其联用的方案，进行效果比较；同时还针对晚期肝病或肝脏移植后感染 HCV、慢性乙型肝炎（NCT03312023）等存在特殊疾病的患者进行治疗研究。另外，针对不同患病人群亦进行试验，其中涉及 HCV - HIV 共染患者（NCT02457611）、儿童患者（如 NCT02249182、NCT02868242）、接受终末期肾病（ESRD）透析的 HCV 感染者（NCT03036839）。III 期临床侧重于吉二代疗效、安全性方面的评价，部分涉及了不同基因型病患的治疗，少数涉及与 Ribavirin 联合用药疗效的对比。IV 期临床启动于 2015～2017 年，主要考察不同患者和 1～6 型 HCV 感染患者的疗效。

(3) 吉三代临床研究特点

吉三代的临床研究仅涉及Ⅱ、Ⅲ期，其中Ⅱ期在2014年、2016年与2017年开展，且以2016年项数最多。除对常见HCV病患治疗外，还针对肝脏移植后感染HCV、代偿性肝硬化、Child – Pugh – Turcotte（CPT）C级肝硬化、终末期肾脏疾病（ESRD）等存在特殊疾病的患者进行治疗研究。另外，针对儿童患者（如NCT03022981）考察药物的安全性和有效性。此外，评估对1型或2型HCV患者的抗病毒疗效、安全性和耐受性（NCT02781571）。Ⅲ期临床于2014~2017年开展，且以2014年、2016年项数最多，侧重研究针对不同基因型HCV的抗病毒疗效。

(4) 吉四代临床研究特点

吉四代的临床研究同样仅涉及Ⅱ、Ⅲ期，各开展了4项。Ⅱ期分别于在2015年、2019年开始，并以2015年为主，均研究对于1型HCV感染患者的抗病毒疗效、安全性和耐受性（NCT02378961、NCT02378935、NCT02536313），另在2019年吉利德开展了评估药物对乙型肝炎病毒儿童患者的药代动力学研究（NCT03820258）。Ⅲ期临床分别于在2015年、2017年开展，并以2015年为主，主要研究产品的疗效与安全性、耐受性。

(5) 小结

吉一代进行了全面的临床研究，涉及Ⅰ~Ⅳ期，而其他三代产品则会选择性进行。如吉三代、吉四代均只进行Ⅱ期、Ⅲ期临床，分别仅涉及20项、8项试验，进一步说明延续的几代产品，除了有效减少研发时间，从临床研究上也可以节省成本和时间。另外，对于HCV感染患者的治疗是典型的鸡尾酒式疗法，因此在吉一代的Ⅱ期、Ⅲ期阶段进行了多项药物联用药效、安全性研究；而吉二代、吉三代以及吉四代，尤其是后面两代，其本身已是联用产品，因此临床研究中很少存在与其他药物联用。此外，分析历代产品临床研究最早开始时间和FDA批准上市时间可以发现，早在前一代产品上市前，后一代产品已经着手临床研究，如表5 – 1 – 2所示，吉二代临床试验最早开始时间为2012年1月15日，而吉一代的上市时间为2013年12月6日，提早近2年。由此可见，吉利德对于每代产品的研发在时间节点上环环相扣，并根据HCV特点不断推陈出新，拥有强大的研发能力，以此抢占市场先机。

表5 – 1 – 2 吉利德四代产品临床相关数据

产品	临床项数	临床试验最早开始时间	FDA批准上市时间
吉一代	42	2011 – 10 – 22	2013 – 12 – 06
吉二代	42	2012 – 01 – 15	2014 – 10 – 10
吉三代	20	2014 – 07 – 25	2016 – 06 – 28
吉四代	8	2015 – 03 – 04	2017 – 07 – 18

5.1.3 Sofosbuvir专利布局

专利信息的获取以橙皮书为基础，在STN CAPLUS数据库中补充检索。对于

Sofosbuvir，吉利德的专利申请具有持续性特点，从 2007 年（以最早优先权计，下同）至 2016 年，几乎每年都针对产品涉及的组合物、单体化合物和/或外围产品进行专利布局。以下结合临床各时间节点分析四代产品的专利布局特点。

5.1.3.1 吉一代专利布局

（1）临床前专利布局

从表 5-1-3 可以看出，整体而言临床研究滞后于专利申请。Sofosbuvir 最早的专利中保护的是 Sofosbuvir（Sp 构型与 Rp 构型）的外消旋体（即实施例 25 所得化合物），其记录了具体的抗 HCV 活性（EC90 为 0.39 μM）；之后在其同族专利 US20140045783A1 明确公开了 Sp 构型。2009 年开始针对 Sofosbuvir 布局晶型专利以及 Sofosbuvir 与 Ribavirin 组合物专利进行布局。吉一代最早的 I 期临床研究开始于 2011 年 10 月 22 日，而在此之前，吉利德针对 Sofosbuvir 的核心专利以及外围的晶型、制备方法、药物组合物专利布局已经完成。该药物在没有专利风险的前提下才开始临床试验。Sofosbuvir 与 Ribavirin 组合物专利最早于 2009 年 5 月 20 日申请，而涉及该组合物的临床研究最早为 2011 年，间隔 1 年之久。而多项临床试验涉及由强生和瑞典 Medivir 公司共同研发的 Simeprevir 和 Sofosbuvir 联合用药，但没有相应专利，其能够与 Simeprevir 上市相对应。

表 5-1-3 吉一代临床前专利布局

授权号	公开号	最早优先权日	申请日	保护主题
*US7964580B2	US20100016251A1	2007-03-30	2008-03-21	通式化合物，并保护含有 Sofosbuvir 的外消旋体
US8334270B2	US20110257122A1	2007-03-30	2011-05-03	通式化合物，并保护含有 Sofosbuvir 的外消旋体（Rp，Sp）
US8580765B2	US20130029929A1	2007-03-30	2012-09-11	通式化合物
US8735372B2	US20140045783A1	2007-03-30	2013-08-29	Sofosbuvir（Sp）
US9585906B2	US20150231166A1	2007-03-30	2015-03-12	通式化合物，并保护含有 Sofosbuvir 的外消旋体（Rp，Sp）
*US8618076B2	US20110251152A1	2009-05-20	2011-03-31	Sofosbuvir 晶型 1~5，化合物以及晶体制备方法
US8633309B2	US20130137654A1	2009-05-20	2013-01-10	保护化合物，限定 Sofosbuvir 中 Rp 含量
US9284342B2	US20130288997A1	2009-05-20	2013-06-24	Sofosbuvir 晶型 6
—	US20100298257A1	2009-05-20	2010-05-20	Sofosbuvir + Ribavirin 固定剂量以及给药频次
—	US20120107278A1	2010-10-29	2011-10-31	Sofosbuvir + Ribavirin

(2) 临床阶段专利布局

吉一代临床研究分布在 2011～2019 年时间段内，从开始临床至上市这个时间段内，吉利德共申请了 7 项专利。如表 5-1-4 所示，该阶段专利主要针对 Sofosbuvir 药物组合物进行布局，除涉及 Sofosbuvir 特定晶型、特定含量的药物组合物外，还开发更多新晶型，并且申请了针对肝硬化的治疗用途专利。另外，药物联用，相较于早期申请，扩大了可联用药物范围，有效进行外围专利布局的横向延展。

表 5-1-4 吉一代临床阶段专利布局

授权号	公开号	最早优先权日	申请日	保护主题
*US8889159B2	US20130136776A1	2011-11-29	2012-11-27	保护特定含量、特定晶型 Sofosbuvir 药物组合物
US9549941B2	US20150150896A1	2011-11-29	2014-11-11	Sofosbuvir 晶型 6 与 Ribavirin 固定剂量组合物
—	US2014357595A1	2013-06-04	2014-06-02	400 mg Sofosbuvir + 1000 mg Ribavirin 联用
—	US2014249101A1	2013-03-04	2014-03-03	Sofosbuvir + Ribavirin，Ledipasvir 联用
—	US2015150897A1	2013-12-02	2014-12-01	用于治疗肝硬化的用途和给药剂量
—	US2014343008A1	2013-05-16	2014-01-30	Sofosbuvir 与多种抗 HCV 化合物的药物组合物
—	US2015175646A1	2013-12-23	2014-12-08	Sofosbuvir 晶型 7

(3) 上市后专利布局

FDA 批准吉一代上市时间为 2013 年 12 月 6 日，在此之后，主要是针对后代产品的专利布局。为更直观了解吉一代产品专利布局与临床研究、上市时间关系，总结如图 5-1-1 所示。

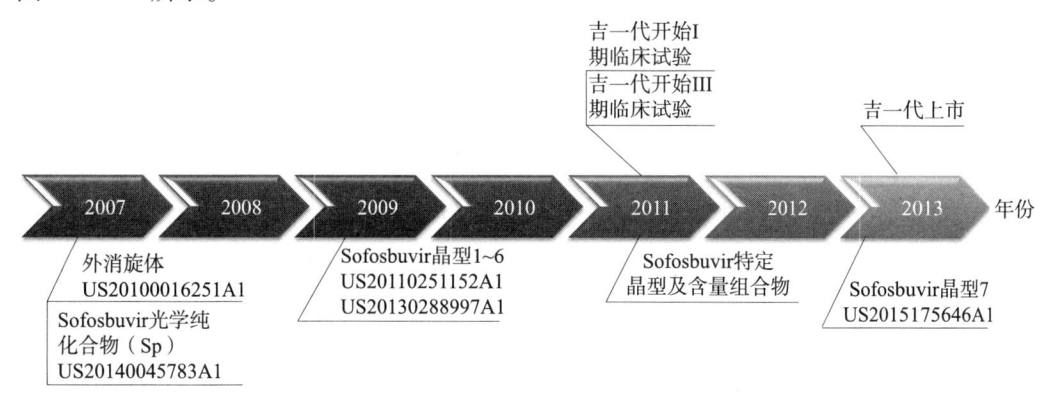

图 5-1-1 吉一代专利布局与临床试验时间对照

5.1.3.2 吉二代专利布局

由于吉二代基于 Sofosbuvir 单体化合物的相关专利，吉二代的专利布局与吉一代相关专利有部分重叠。为避免赘述，以下仅针对未在第 5.1.3.1 节中出现的专利进行罗列，但并不代表吉二代产品无单体化合物相关化合物的专利布局。

（1）临床前专利布局

结合表 5-1-3 和表 5-1-5 所示吉一代和吉二代临床前专利布局可以看出，在开始临床研究前，Sofosbuvir、Ledipasvir 的核心专利早在 2007 年、2009 年已申请，并均获得专利权。2009 年的核心专利（US20100310512A1）还提交了多件同族专利，保护主题涉及"通式化合物，Ledipasvir 化合物""Ledipasvir 与 NS5B 抑制剂组合物""Ledipasvir 与 NS5B 和 NS3 抑制剂组合物"，且这些专利甚至都在吉一代上市之前进行申请。可见，吉利德在同时开发多种抗 HCV 新型化合物的同时，善于利用自身药物库进行药物联用并进行专利布局。这样有利于节约研发时间，缩短新产品的审批上市周期。同时对于吉二代，虽未进行临床研究，但依其药效，对 Sofosbuvir + Ledipasvir 组合物进行了递进式的专利布局，具体为在 2009 年先提出 Ledipasvir 与 NS5B 抑制剂组合物的申请，此申请中并未明确 NS5B 抑制剂的具体选择，2011 年进一步明确 NS5B 抑制剂为 Sofosbuvir。

表 5-1-5 吉二代临床前专利布局

授权号	公开号	最早优先权日	申请日	保护主题
*US8088368B2	US20100310512A1	2009-05-13	2010-05-12	Ledipasvir 化合物原研专利
US8273341B2	US20120157404A1	2009-05-13	2011-11-08	通式化合物，Ledipasvir 化合物
US8822430B2	US20140051656A1	2009-05-13	2013-07-31	通式化合物，Ledipasvir 化合物
US8841278B2	US20140039021A1	2009-05-13	2013-10-03	Ledipasvir 与 NS5B 抑制剂组合物，没有明确 NS5B 抑制剂的具体类型
US9511056B2	US20140249074A1	2009-05-13	2014-05-16	Ledipasvir 与 NS5B 和 NS3 抑制剂组合物，没有明确 NS5B 抑制剂是 Sofosbuvir
*US9393256B2	US20130243726A1	2011-09-16	2013-05-01	组合物，Sofosbuvir + Ledipasvir

（2）临床阶段专利布局

吉二代最早的临床研究开始于 2012 年 1 月 15 日，于 2014 年 10 月 10 日上市。在此阶段，关于吉二代组合物的专利共有 3 件，如表 5-1-6 所示，其中 US20140212491A1 为 US20170202865A1 的同族申请。保护主题涉及"Sofosbuvir + Ledipasvir 组合物""晶型 Sofosbuvir + Ledipasvir 组合物""晶型 Sofosbuvir + Ledipasvir 特定含量组合物"。其延续了临床前关于组合物专利布局的递进方式，先提出 Sofosbuvir + Ledipasvir 组合物，之后明确 Sofosbuvir 为特定晶型，最终保护了二者特定含量的药物组合物。这样的递进式布局，与其研发进程息息相关，对于组合物的专利布局紧随研发。值得注意的是，虽然

2009年相关专利已经显示Sofosbuvir的晶型6最为稳定，但吉二代在专利布局时，并未直接将组合物中的Sofosbuvir限定为晶型6，这样可在最大程度上扩展其保护范围。

表5-1-6 吉二代临床阶段专利布局

授权号	公开号	最早优先权时间	申请日	保护主题
*US10039779B2	US20170202865A1	2013-01-31	2016-12-29	组合物，Sofosbuvir + Ledipasvir
—	US20140212491A1	2013-01-31	2014-01-30	组合物，晶型Sofosbuvir + Ledipasvir
US9757406B2	US20170095499A1	2013-08-27	2016-09-30	组合物，晶型Sofosbuvir + Ledipasvir特定含量

（3）上市后专利布局

吉二代在上市之后无相关专利申请，说明其依据实际市场需求将研究重点已迅速转移。

课题组对吉二代产品专利布局与临床研究、上市时间关系进行总结，同时增加了Sofosbuvir单体化合物外围专利的布局，如图5-1-2所示。

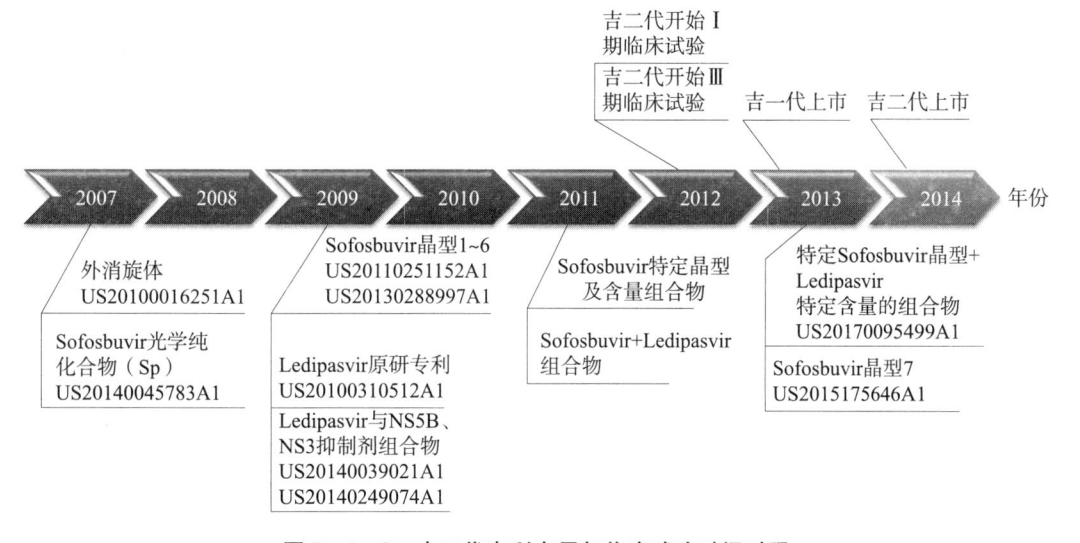

图5-1-2 吉二代专利布局与临床试验时间对照

5.1.3.3 吉三代专利布局

下面仅针对未在第5.1.3.1节中未出现的专利进行罗列，但并不代表吉三代产品无单体相关化合物的专利布局，具体布局如图5-1-3所示。

（1）临床前专利布局

结合图5-1-3和表5-1-7可以看出，在开始临床研究前，Sofosbuvir、Velpatasvir的核心专利早在2007年、2011年已申请，并均获得专利权。2011年吉利德涉及三代产品的专利共6件，其中4件与Velpatasvir相关，保护主题涉及"Velpatasvir化合物""Velpatasvir化合物，及其与NS5B抑制剂组合物""共聚维酮以1:1负载的

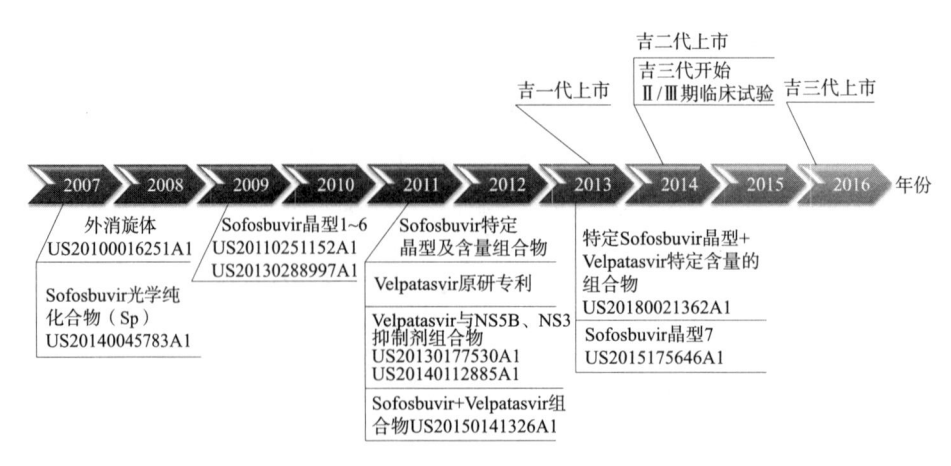

```
                                吉二代上市
                                吉三代开始
                    吉一代上市    Ⅱ/Ⅲ期临床试验    吉三代上市
   2007  2008  2009  2010  2011  2012  2013  2014  2015  2016  年份
```

图5-1-3 吉三代专利布局与临床试验时间对照

Velpatasvir 化合物，与特定含量晶型 Sofosbuvir 的组合物"，且这些专利申请亦发生在吉一代上市之前。对于 Sofosbuvir 与 Velpatasvir 组合物专利，类似于吉二代，吉利德亦采用递进式保护方式，具体为在原研专利申请后，便布局了 Velpatasvir 化合物与 NS5B 抑制剂组合物，但并没有明确 NS5B 抑制剂为 Sofosbuvir。吉三代与吉二代虽均于 2011 年提出两种药物组合物专利申请，但明显不同在于，前者早在 2011 年便明确了 Sofosbuvir 晶型，而后者则是在两年后才明确。

表5-1-7 吉三代临床前专利布局

授权号	公开号	最早优先权时间	申请日	保护主题
US8940718B2	US20130156732A1	2011-11-16	2012-11-16	Velpatasvir 化合物原研专利
US8575135B2	US20130177530A1	2011-11-16	2013-03-01	Velpatasvir 化合物，及其与 NS5B 抑制剂组合物，没有明确抑制剂为 Sofosbuvir
US8921341B2	US20140112885A1	2011-11-16	2013-10-08	Velpatasvir 化合物，及其与 NS5B 抑制剂组合物，没有明确抑制剂为 Sofosbuvir
US9868745B2	US20150141326A1	2011-11-16	2014-11-13	共聚维酮以 1∶1 负载的 Velpatasvir 化合物，与特定含量晶型 Sofosbuvir 的组合物
US10086011B2	US20180021362A1	2013-08-27	2017-08-07	组合物，晶型 Sofosbuvir + Velpatasvir 特定含量

（2）临床阶段和上市后专利布局

吉三代在临床阶段和上市之后无相关专利申请，说明其依据市场实际需求将研究重点迅速转移。

5.1.3.4 吉四代专利布局

由于吉四代基于 Sofosbuvir、Velpatasvir 单体化合物的相关专利，吉四代的专利布局与吉一代、吉三代相关专利有部分重叠。为避免赘述，以下仅针对未在第5.1.3.1节、第5.1.3.3节中出现的专利进行罗列，但并不代表吉四代产品无单体相关化合物的专利布局，具体布局如图5-1-4所示。

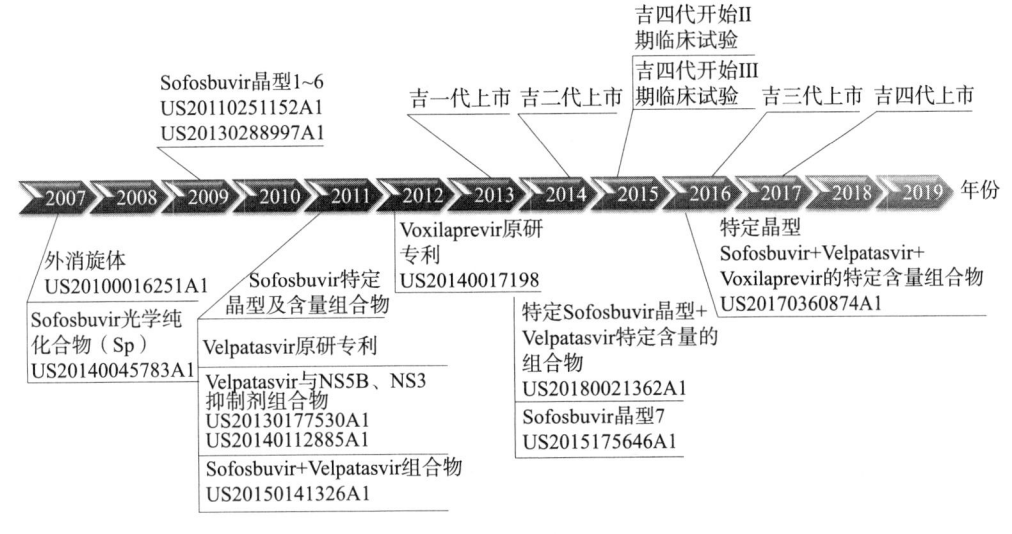

图5-1-4 吉四代专利布局与临床试验时间对照

（1）临床前专利布局

同前几代产品，吉四代涉及的3种化合物的核心专利均在临床前已申请，Sofosbuvir、Velpatasvir、Voxilaprevir化合物的原研专利申请提出日分别在2007年、2011年、2012年，后两者的提出年限非常接近。吉四代临床前专利布局如表5-1-8所示。

表5-1-8 吉四代临床前专利布局

授权号	公开号	最早优先权时间	申请日	保护主题
US9296782B2	US20140017198A1	2012-07-03	2013-07-02	Voxilaprevir化合物

（2）临床阶段专利布局

吉四代用于治疗伴有轻度肝硬化或无肝硬化的基因1~6型丙肝病毒感染成人患者，它是FDA在吉三代后批准的第二种全基因型丙肝新药。不过，吉四代主要用于丙肝的二线治疗，常作为"候补队员"用于丙肝的治疗。也就是说，患者用其他口服丙肝药物未得到治愈的，可以用吉四代。从时间上来看，吉三代的上市时间为2016年6月28日，但吉利德在此之前就已经提出新一代药物的专利申请见表5-1-9。

表5-1-9 吉四代临床阶段专利布局

公开号	最早优先权时间	申请日	保护主题
US20170360874A1	2016-06-02	2016-06-02	组合物，晶型Sofosbuvir+Velpatasvir+Voxilaprevir研究特定含量

(3) 上市后专利布局

吉四代在上市后，同吉二代、吉三代相同，均没有进一步的专利布局。

5.1.3.5 小　结

上述内容详细分析了吉利德对 Sofosbuvir 及相关四代产品的专利布局与临床研究现状，以时间轴结合技术内容来看，可以得出以下结论。

① 在每代产品临床研究之前，吉利德已布局了各组分的化合物核心专利，以及相应晶型、制备方法专利，即均是在没有专利风险的前提下才开始临床试验。同时，如图 5-1-5（见文前彩色插图第 1 页）Sofosbuvir 专利布局与临床试验对照所示，对比产品专利布局、临床研究最早开始时间和 FDA 批准上市时间可以发现，早在吉一代上市前，吉利德已完成 Sofosbuvir、Sofosbuvir + Ledipasvir、Sofosbuvir + Velpatasvir 的专利布局；而且前一代产品上市前，后一代产品已经着手临床研究。可见无论是专利布局还是临床研究，吉利德均能把握在"前"实施的重要性，每代产品在时间节点上环环相扣。这样利于抢占市场先机，提高市场占有率。

② 图 5-1-6（见文前彩色插图第 2 页）中展示了吉一代至吉四代临床研究与专利布局在内容和时间上的对应关系。一方面，从对应关系可以看出，临床研究首先就产品的安全性、有效性进行试验，其次会针对不同基因型、特殊疾病（如患有肝硬化的 HCV 患者、肝功能损伤患者、输血依赖患者等）进行安全性、耐受性和疗效的研究，最后则是针对不同地区或国家的患者进行有效性研究。另一方面，虽然 Sofosbuvir 的临床研究均是在无专利风险的情况才开始，但组合物存在特殊性，吉利德采取的方式是：首先取得尽可能大的保护范围，如 Sofosbuvir + Ledipasvir 组合物，最早在 2011 年申请 US9393256B2，而该授权文本中并不涉及具体剂量，获得组合物专利权后，申请人在 2013 年 5 月便针对该组合物以固定剂量（Sofosbuvir + Ledipasvir 400/90 mg）对 1 型 HCV 患者的疗效、安全性和耐受性展开研究；其次在 2013 年 8 月才提出该方案的专利申请，这样的专利布局与临床研究是国内企业可以借鉴的，可以在低专利风险情况下显著缩短产出时间；最后，正如之前描述得那样，吉利德的产品是更迭换代式推出的，后代产品可基于前一代的数据基础向前推进，甚至可在未布局专利的情况下，提前开始临床试验，如吉四代临床试验在 2015 年 12 月开展，而专利申请则于 2016 年 6 月提出，虽然存在一定风险，但缩短产出时间是非常可观的，国内企业可以适时借鉴。

③ 吉利德无疑拥有新化合物强大的研发实力，但其亦重视自身药物库的利用，吉一代至吉四代便是这一意识的成功产物。由于产品上具有延续性，无论在专利申请投入方面，还是在研发和临床试验方面，均能减少资源与时间的消耗，缩短新产品的审批上市周期，保持其在抗 HCV 药物市场的优势地位。并通过布局 Sofosbuvir 的不同晶型专利、与多种抑制剂联用的药物组合物专利等实现核心专利保护期的延长。

④ 对于组合物产品，采用递进式的专利布局，具体方式如图 5-1-7 所示。这种递进式布局，使吉利德在一开始便圈占了潜在的保护范围，提高市场竞争力，进而利用有效的专利之盾捍卫潜在的巨额利润。

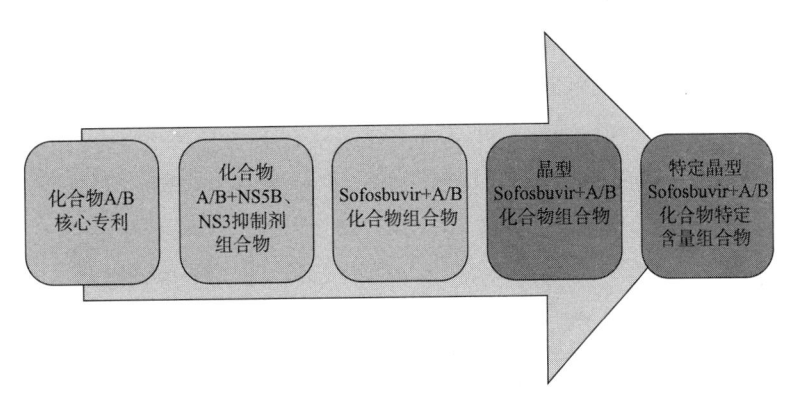

第 5 章 重点上市药物临床与专利布局分析

图 5-1-7 组合物递进式专利布局

⑤ Sofosbuvir 最早的专利是以外消旋体的形式保护，虽活性相较单一构型的 Sofosbuvir 较差，但仍然具备抗 HCV 活性，且相较于开发新化合物更加省时省力，因此以外消旋体为核心的专利仍需布局。这也提示研发企业应重视查漏补缺，使其专利更加完善和稳固，从而构建密不透风的专利堡垒。

5.1.4　Sofosbuvir 专利周期

发明专利的保护期限通常为 20 年。由于完成新药研发到产品上市需要相对较长的时间，并且一种新药尤其是像 Sofosbuvir 这样的抗 HCV 疗效显著的药物，专利保护是保证企业利润的重要基石，所以企业在进行专利布局时必然会注意专利保护期限的问题，要注意采用各种手段尽可能延长专利保护期限。在分析吉利德专利布局策略后可知，如图 5-1-8 所示，关于化合物的核心专利保护期，原研公司通过推出与不同抑

时间	序号	专利内容
2008-03	01	Sofosbuvir 化合物专利 *US7964580B2 & US8735372B2
2011-03	02	Sofosbuvir 多晶型专利 *US8618076B2 & US9284342B2
2012-11	03	Sofosbuvir 特定晶型特定含量药物组合物 *US8889159B2
2013-05	04	Sofosbuvir 与 Ledipasvir 药物组合物 *US9393256B2
2014-11	05	特定 Sofosbuvir 晶型+Velpatasvir 特定含量的组合物 US10086011B2
2016-09	06	特定 Sofosbuvir 晶型+Ledipasvir 特定含量的组合物 US9757406B2
2017-07	07	特定 Sofosbuvir 晶型+Ledipasvir+Voxilaprevir 特定含量的组合物 US20170360874A1

9 年

图 5-1-8　Sofosbuvir 专利布局与保护期对照

制剂的药物组合物、开发尽可能多的晶型等外围专利的布局方式，将围绕 Sofosbuvir 的专利保护期延长约 9 年，从而为自身创造更多的商业利润。

5.2 Boceprevir

5.2.1 Boceprevir 概述

5.2.1.1 Boceprevir 简介

Boceprevir（BOC）是最早上市的口服 DAAs 之一，结构式如图 5-2-1 所示，其为 NS3/4A 抑制剂，临床上需要与 Ribavirin 和干扰素注射剂联合使用。该化合物由美国先灵公司研发，该公司之后被美国默沙东收购。

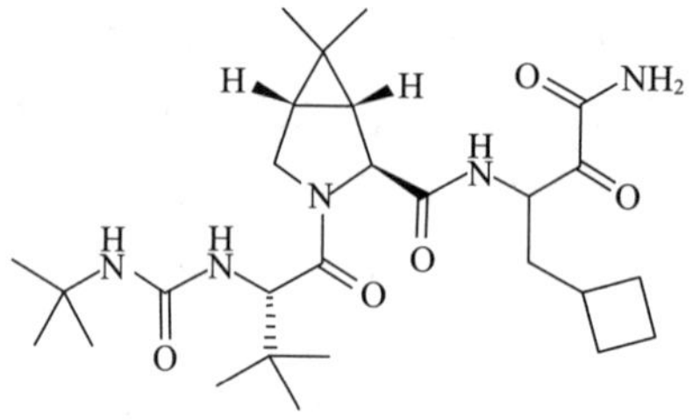

图 5-2-1 Boceprevir 结构

5.2.1.2 Boceprevir 上市情况

2011 年 5 月 13 日，Boceprevir 在美国被批准上市，批准的适应证是联合干扰素和 Ribavirin 治疗成人基因 1 型慢性丙肝。临床结果显示 44 周治疗后，Boceprevir 的 SVR24 超过 60%，与安慰剂对照组相比，在主要疗效终点都表现出明显的统计学差异。在初治患者 Boceprevir 组复发率为 9%，安慰剂对照组为 22%；在经治患者 Boceprevir 组复发率为 12%~14%，安慰剂对照组为 28%。但由于一系列的副作用和新的全口服 DAAs 药物的出现，2015 年默沙东宣布停止该药物的销售。

5.2.2 Boceprevir 临床开展情况

默沙东在 2005 年首次开展 Boceprevir 的临床研究（NCT00160251），对于传统疗法 PEG IFN 联合 Ribavirin 治疗无效的 1 型慢性丙肝患者，进行 Boceprevir 联合 PEG IFN（二联）或 Boceprevir 联合 PEG IFN、Ribavirin（三联）治疗，评估 Boceprevir 的安全剂量、合适的疗程；其次评估相比二联疗法，Ribavirin 是否提供额外益处。

默沙东随后在 2007~2009 年启动多项 Ⅱ 期和 Ⅲ 期临床研究，涉及有关 Boceprevir 安全性和/或有效性评估，包括对既往未接受过丙肝治疗的 1 型 HCV 感染患者，评估 Boceprevir 的安全性和有效性（NCT00423670），或者对先前接受 PEG IFN 联合 RBV 治疗失败的 1 型 HCV 感染患者，评估三联疗法的安全性和有效性（NCT00708500、NCT00845065）。其中，对既往未接受过丙肝治疗的 1 型 HCV 白人或黑人患者，进行了分组研究,评价三联疗法在不同人种治疗中的安全性和有效性(NCT00705432);此外,还有一项为期3年的随访研究,评估Boceprevir治疗的长期安全性(NCT00689390)。

在2009年启动的3项Ⅱ期或Ⅲ期临床研究中,分别对三类人群,即未接受过治疗的慢性丙肝患者、既往接受过PEG IFN联合Ribavirin治疗但无效的1型HCV患者、同时感染HIV病毒的1型慢性丙肝HCV患者,评估口服给药800 mg Boceprevir tid po和特定剂量的PEG IFN、Ribavirin的疗效(NCT01023035、NCT00959699、NCT00910624)。在2010年启动的一项临床研究中,默沙东针对新剂型,评估Boceprevir片剂和胶囊制剂的生物等效性(NCT01181804),如表5-2-1所示。

表5-2-1 Boceprevir临床研究

临床编号	主要内容	开始时间	结束时间	期次
NCT00160251	Boceprevir + PEG IFN + Ribavirin,安全剂量、适当疗程	2005-09	2007-07	Ⅱ期
NCT00423670	既往未接受过丙肝治疗,1型,Boceprevir的安全性和有效性	2007-01	2008-11	Ⅱ期
NCT00708500	既往接受PR治疗无效,1型,Boceprevir + PEG IFN + Ribavirin	2008-08	2010-04	Ⅲ期
NCT00845065	既往接受PR治疗失败,1型,Boceprevir + PEG IFN α-2a + Ribavirin	2009-02	2010-10	Ⅲ期
NCT00705432	白人和黑人、既往未接受过丙肝治疗1型,Boceprevir + PEG IFN + Ribavirin的安全性和有效性	2008-08	2010-05	Ⅲ期
NCT00689390	3年随访,长期安全性	2007-02	2014-10	Ⅱ期、Ⅲ期
NCT01023035	未接受过治疗,Boceprevir 800mg tid po + PEG IFN α-2b + Ribavirin	2009-12	2011-10	Ⅲ期
NCT00959699	HIV/HCV合并感染,1型,Boceprevir 800mg tid po + PEG IFN 1.5 μg/kg 1x/wk sc + Ribavirin 600~1400 mg/d po x44wk,安全性和疗效	2009-11	2012-10	Ⅱ期
NCT00910624	既往接受PR治疗无效,1型,Boceprevir + PEG IFN + Ribavirin	2009-06	2012-12	Ⅲ期
NCT01181804	Ribavirin片剂和胶囊制剂的生物等效性	2010-06	2010-12	Ⅰ期

对于服用特定药物的人群,监测Boceprevir与其他药物之间的药代动力学相互影响以评估联合用药的安全性是必需的。2011~2012年启动的多项临床研究更多地针对药物联用的安全性评估,包括评估Boceprevir对HIV整合酶抑制剂Raltegravir的药代动力学影响、考察组合用药的安全性(NCT01288417);对于服用美沙酮或丁丙诺啡+纳洛

酮（吸毒患者）人群，给予 Boceprevir 胶囊治疗（800 mg/8h），评估 Boceprevir 的体内药代动力学（NCT01396005）。对于长期服用钙离子阻滞剂（氨氯地平和地尔硫䓬）的患者，考察 Boceprevir 与钙离子阻滞剂之间的药代动力学相互影响，评估药物联用的安全性（NCT01549496）；由于质子泵抑制剂奥美拉唑在临床用量非常大，例如，其在荷兰每年超 500 万张处方，为荷兰第二大处方药，因此此项临床研究考察 Boceprevir 与奥美拉唑之间药代动力学相互影响，评估联合用药的安全性（NCT01470690），如表 5-2-2 所示。

表 5-2-2 Boceprevir 药物联用相关临床研究

临床编号	主要内容	开始时间	结束时间	期次
NCT01288417	Boceprevir 对 Raltegravir 药代动力学的影响，药物联用安全性	2011-08	2011-12	Ⅰ期
NCT01396005	服用美沙酮或丁丙诺啡+纳洛酮（吸毒患者），Boceprevir 800mg q8hr 胶囊 po 的药代动力学	2011-09	2011-12	Ⅰ期
NCT01549496	Boceprevir+钙离子阻滞剂，PK，安全性	2012-05		Ⅰ期
NCT01470690	Boceprevir+奥美拉唑，PK，安全性	2011-10	2012-01	Ⅰ期

默沙东在 2011～2012 年还开展了针对更多特定人群的临床研究，包括：对于 HCV/HIV 合并感染患者，评估 Boceprevir 800 mg tid po 与 PEG IFN α 和 Ribavirin 联合使用的疗效和安全性（NCT01335529）；对于亚太地区的 1 型慢性丙肝患者，并且之前未接受过干扰素联合 Ribavirin 治疗的，评估 Boceprevir 800mg tid po 与 PEG IFN α-2b 和 Ribavirin 联合使用的安全性和有效性（NCT01390844）；对于感染 1 型慢性丙肝的更年期妇女中，且未经过干扰素联合 Ribavirin 治疗或治疗失败的患者，采用 Boceprevir 联合 PEG IFN 和 Ribavirin，评估其疗效（NCT01457937）；对于儿科患者，考察 Boceprevir 粉末制剂的药代动力学、安全性、剂量反应和基于体重的剂量（NCT01425190）；对于 1 型 HCV 合并肝硬化和等待肝移植的患者，评估 Boceprevir 联合 PEG IFN 和 Ribavirin 的疗效（NCT01463956），如表 5-2-3 所示。

表 5-2-3 Boceprevir 在特定人群中的相关临床研究

临床编号	主要内容	开始时间	结束时间	期次
NCT01335529	HCV/HIV 合并感染，Boceprevir 800 mg 片剂 tid+PEG IFN α-2a/Ribavirin，安全性有效性	2011-05	2014-05	Ⅱ期
NCT01390844	亚太地区受试者、1 型，Boceprevir 800 mg 片剂 tid+PEG IFN α-2b/Ribavirin，安全性有效性	2011-10	2015-06	Ⅲ期

续表

临床编号	主要内容	开始时间	结束时间	期次
NCT01457937	更年期妇女、1型、未经过PR治疗或PR治疗无效,Boceprevir + PEG IFN + Ribavirin,有效性	2011-11	2014-06	Ⅲ期
NCT01425190	儿科患者,Boceprevir粉末制剂,PK,剂量,安全性	2012-01	2013-03	Ⅰ期
NCT01463956	1型合并肝硬化、等待肝移植,Boceprevir + PEG IFN + Ribavirin有效性	2012-01	2015-01	Ⅱ期

此外,2011年开展的两项Ⅳ期临床项目为长期观察试验,包括监测接受Boceprevir治疗的患者血清趋化因子水平差异,社区中综合评估使用Boceprevir治疗患者的用药安全性、有效性、合规性以及生活质量等(NCT01949077、NCT01405027)。

2012年和2013年开展的两项临床研究,将Boceprevir治疗的基因型扩展到更多基因型,包括:对于3型HCV且之前使用干扰素联合Ribavirin治疗失败的患者,采用Boceprevir联合PEG IFN和Ribavirin治疗,获得该患者群体中重要基线和治疗因素与SVR之间关联的初步信息,评估治疗的有效性和不良反应(NCT01585584);对于6型HCV患者,评估Boceprevir治疗的有效性(NCT01949168)。

2013~2014年的临床研究,考察了Boceprevir不同给药剂量下的安全性和有效性、针对不同人种、具体适应证的治疗效果以及其他特殊情况,包括:对1型慢性丙肝的初治患者,比较Boceprevir 800 mg胶囊 tid po + PEG IFN α-2a + Ribavirin与Boceprevir 1200 mg胶囊 bid po + PEG IFN α-2a + Ribavirin的疗效差异(NCT01544920);对1型慢性丙肝的儿科患者,评估Boceprevir 11.4 mg/kg tid×3周与PEG IFN α-2b和Ribavirin联合用药的安全性和有效性(NCT01590225)。针对不同人种研究方面,对于亚洲1型慢性丙肝的初治患者,评估Boceprevir 800 mg po tid治疗16周后,与PEG IFN α-2b 1.5 μg/kg sc联合Ribavirin 800~1400 mg po bid治疗后的疗效差异(NCT01945294);对于越南1型慢性丙肝且未接受过任何干扰素联合Ribavirin治疗的患者,评估Boceprevir联合PEG IFN α-2b和Ribavirin治疗的安全性和有效性(NCT01641666)。具体适应证包括:对于干扰素联合Ribavirin治疗失败且合并肝硬化的1型患者(NCT01756079),对于患有终末期肾病的1型丙肝患者(NCT02112630、NCT01731301),对于未进行抗病毒药物治疗且准备肝移植的1型患者(NCT01909401),对于干扰素联合Ribavirin治疗失败且具有胰岛素抵抗的1型患者(NCT01770223),评估Boceprevir联合PEG IFN α-2b和Ribavirin治疗的安全性和有效性。此外,在2014年的一项Ⅲ期临床试验中,研究者比较了Grazoprevir、Ebasvir和Boceprevir三联疗法的疗效(NCT02204475),如表5-2-4所示。

表 5-2-4 Boceprevir 不同剂量、人种、适应证相关临床研究

临床编号	主要内容	开始时间	结束时间	期次
NCT01585584	3型，有效性和不良反应	2012-05	2015-07	Ⅲ期
NCT01949168	6型，有效性	2013-09		Ⅱ期
NCT01544920	Boceprevir 800 mg vs Boceprevir 1200 mg	2012-05	2015-05	Ⅲ期
NCT01590225	儿科、1型	2013-01	2021-08	Ⅲ期
NCT01945294	亚洲、1型	2013-10	2015-11	Ⅲ期
NCT01641666	越南、1型	2014-05	2016-09	Ⅲ期
NCT01756079	PR治疗失败、合并肝硬化	2013-02	2015-11	Ⅳ期
NCT02112630	终末期肾病、1型	2013-05	2015-02	—
NCT01731301	终末期肾病、1型	2013-01	2015-01	Ⅳ期
NCT01909401	未进行治疗且准备肝移植、1型	2013-06	2014-07	Ⅰ期早期
NCT01770223	有胰岛素抵抗、PR治疗失败、1型	2014-01	2015-12	Ⅳ期
NCT02204475	Grazoprevir、Ebasvir 和 Boceprevir 三联疗法，有效性	2014-11	2016-09	Ⅲ期

5.2.3 Boceprevir 专利布局

5.2.3.1 Boceprevir 临床前专利布局

由于先灵公司已被默沙东收购，以下专利权人或申请人均以默沙东表述。默沙东关于 Boceprevir 最早的临床研究在 2005 年 9 月开展。此前，默沙东已申请了多件关于 Boceprevir 化合物及其制备方法、中间体、组合物、用途的专利申请，其最早一件专利申请的最早优先权日为 2000 年 7 月 21 日，并且通过分案申请、部分延续申请等方式构建了 5 件专利授权，分别为 USRE43298B2、US7592316B2、US7244721B2、US7012066B2，组成核心专利族，其中 USRE43298B2 是 US7012066B2 的再版专利。该专利族中 USRE43298B2 保护包含 Boceprevir 在内的多种具体化合物及其异构体、药物组合物，抑制 HCV NS3/4A 蛋白酶的用途等。该专利申请也是 FDA 橙皮书收录的与 Boceprevir 相关的专利，即 Boceprevir 的核心化合物专利。其中，US7244721B2 保护通式 以及一系列具体化合物；US7592316B2 保护药物组合物，

包含由选自 Boceprevir 及其异构体和结构类似物的化合物组的至少一种，其从属权利要求进一步保护的所述药物组合物还包含 Ribavirin 和 PEG IFN α-2a 或 PEG IFN α-2b，以及抑制 HCV 病毒复制的方法，包括给予患者上述组合物。

默沙东在 2003 年通过分案申请围绕 Boceprevir 的制备方法构建 4 件专利申请并均获得授权，最早优先权日均为 2003 年 6 月 17 日。其中 US7326795B2 保护 Boceprevir 化合物的制备方法及其中间体；US7309717B2 保护中间体的制备方法，其分案申请 US7569705B2 和 US7728165B2 分别保护中间体化合物。上述专利申请构成 Boceprevir 临床前研究的全部重要专利申请。此外，默沙东在 2004 年 5 月 6 日提交专利申请 US20050249702A1，保护 Boceprevir 的异构体，但未获得授权。

进入临床阶段之前，默沙东布局了大量专利申请，包括药物制剂、给药方法、Boceprevir 的制备、纯化方法、中间体的制备方法、药物联用等。其在 2006 年没有启动临床试验，但是同年申请了多件与治疗方法相关的专利，包括治疗与 HCV 病毒相关疾病的方法、给予患者选自通式 中至少一种 HCV 蛋白酶抑制剂（US20060276406A1、US20060276405A1、US20060276407A1、US20070021351A1）；系列申请（US20060252698A1、US20060287248A1、US20070004635A1、US20060281689A1）涉及保护抑制 HCV 蛋白酶活性的方法、不对称给药方法、缩短治疗周期、治疗干扰素无应答的方法，但均未获得授权。

但在此期间默沙东布局两件关键授权专利——US7772178B2（药物制剂）、US8119602B2（给药方法），均被 FDA 橙皮书收录。US7772178B2 保护包含 Boceprevir 4 种异构体化合物的药物制剂，异构体结构分别为：

，所述制剂优选胶囊形式，含量在 50~800 mg，优选 200~800 mg。US8119602B2 保护上述 4 种异构体化合物在治疗或预防丙肝的方法，并且在摄取食物 30 min 内或 90 min 后服用，相较于空腹服用可增加 HCV 蛋白酶抑制剂的生物利用度。

最早优先权日为 2005 年 11 月 14 的专利申请 US7528263B2 保护通式

的制备方法，在之前授权专利 US7326795B2 保护 Boceprevir 化合物制备方法基础上获得更大的保护范围。

可见，在 Boceprevir 的临床研究开展之前，默沙东已经进行了相当广泛的专利布局，涵盖马库什通式、核心化合物、异构体化合物、通式化合物的制备方法和具体化合物的制备方法、相应的中间体及其制备方法，以及治疗方法、药物制剂等，如表 5-2-5 所示。

表 5-2-5 Boceprevir 临床前专利布局

授权号	公开号	最早优先权日	申请日	保护主题
*USRE43298B2	US20030216325A1	2000-07-21	2001-07-19	化合物，Boceprevir 具体化合物

续表

授权号	公开号	最早优先权日	申请日	保护主题
US7592316B2	US20070232549A1	2000－07－21	2001－07－19	组合物，选自一个或多个所述具体结构（含 Boceprevir）
US7244721B2	US20070032433A1	2000－07－21	2001－07－19	化合物，马库什通式
US7012066B2	US20030216325A1	2000－07－21	2001－07－19	化合物，Boceprevir 具体化合物
US7326795B2	US20050059800A1	2003－06－17	2004－06－15	Boceprevir 的制备方法
US7728165B2	US20090247784A1	2003－06－17	2004－06－15	Boceprevir 中间体
US7569705B2	US20080114179A1	2003－06－17	2004－06－15	Boceprevir 中间体
US7309717B2	US20050059648A1	2003－06－17	2004－06－15	Boceprevir 中间体的制备方法
—	US20050249702A1	2004－05－06	2005－05－04	Boceprevir 异构体
—	US20060276406A1	2005－06－02	2006－05－31	通式化合物治疗方法
—	US20060276405A1	2005－06－02	2006－05－31	通式化合物治疗方法
—	US20060276407A1	2005－06－02	2006－05－31	通式化合物治疗方法
—	US20070021351A1	2005－06－02	2006－05－31	通式化合物治疗方法
—	US20060281689A1	2005－06－02	2006－05－31	通式化合物治疗方法
—	US20070004635A1	2005－06－02	2006－05－31	通式化合物治疗方法
—	US20060287248A1	2005－06－02	2006－05－31	通式化合物治疗方法
—	US20060252698A1	2005－04－20	2006－04－20	通式化合物治疗方法
*US7772178B2	US20070010431A1	2005－06－02	2006－05－31	制剂（胶囊），剂量
*US8119602B2	US20060281688A1	2005－06－02	2006－05－31	治疗方法，4个异构体，与食物同服
US7528263B2	US20070149459A1	2005－11－14	2006－11－13	Boceprevir 通式的制备方法

5.2.3.2 Boceprevir 临床阶段专利布局

默沙东在临床研究开始后，专利申请主要涉及不同的药物剂型（US20100081672A1、US20060275366A1）、一种或多种 NS3/4A 蛋白酶抑制剂联用或者其与其他种类化合物，例如与 CYP3A4 抑制剂、IRES 抑制剂或 AKR 抑制剂进行联合给药（US20060276404A1、US20070287664A1、US20090220457A1、US20060276404A1、US20070224167A、US20070274951A1），但是这些专利并未获得授权。可见在进入临床阶段后，默沙东更倾向于进行更广泛的专利布局，将 Boceprevir 最大限度与其他种类抑制剂联用，为竞争对手可能的后续开发设置障碍。

默沙东在进入临床阶段后还对制备方法类专利进行重点布局，并获得一系列授权，包括：授权专利 US8222427B2 分别保护 Boceprevir 的制备方法和纯化方法，US8586765B2 保护中间体的制备方法，US8420122B2 保护连续沉淀分离 Boceprevir 的方法，专利申请 US20100113821A1 保护中间体的制备方法，如表 5-2-6 所示。

表 5-2-6 Boceprevir 临床阶段专利布局

授权号	公开号	最早优先权日	申请日	保护主题
—	US20100081672A1	2006-12-07	2007-12-06	制剂，包含 Boceprevir 的口服控释制剂
—	US20060275366A1	2005-06-02	2006-05-31	制剂，包含 Boceprevir 的口服控释制剂
—	US20060276404A1	2005-06-02	2006-05-31	其他化合物，联合 Boceprevir
—	US20070287664A1	2006-03-23	2007-03-19	CYP3A4 抑制剂，可联合 Boceprevir
—	US20090220457A1	2006-03-03	2007-02-23	IRES 抑制剂，可联合 Boceprevir
—	US20060276404A1	2005-06-02	2006-05-31	AKR 抑制剂，可联合 Boceprevir
—	US 20070224167A	2006-02-09	2007-02-09	具体的药物联用
—	US20070274951A1	2006-02-09	2007-02-09	药物联用，选自通式中的一种或多种化合物
US8222427B2	US20090326244A1	2006-12-15	2007-12-13	Boceprevir 的纯化方法
US8420122B2	US20080254128A1	2006-04-28	2007-04-26	连续沉淀分离 Boceprevir 的方法
US8586765B2	US20110034705A1	2007-12-21	2008-12-17	Boceprevir 中间体的制备方法
—	US20100113821A1	2006-12-19	2007-12-17	Boceprevir 中间体的制备方法

5.2.3.3 Boceprevir 上市后专利布局

Boceprevir（Victrelis®）于 2011 年 5 月 13 日在美国上市，在上市前已基本完成专利布局。默沙东在 2013~2016 年共计提交 3 件与 Boceprevir 相关的专利申请，涉及多种药物联用（US20160346198A1）、固体制剂（US20140044759A1）、治疗方法（US20140162942A1），并未获得授权。

5.2.3.4 小　　结

① 临床前早布局。在临床前基本完成关键专利布局，从获得的授权范围来看，除了最核心的具体化合物之外，保护范围还包括给药剂量和给药方法（随饭服用）、与 PEG IFN 和 Ribavirin 联合用药形式，以及 Boceprevir 胶囊剂型。2009 年 6 月开展的临床试验首次明确 Boceprevir 的制剂剂型为胶囊，2010 年 6 月开展的临床试验考察胶囊和片剂的生物等效性。由于 Boceprevir 生物利用度较差，合适的剂型是提高其生物利用度的关键技术手段，因此，默沙东早在 2005 年 6 月就已布局相应的专利申请 US7772178B2，其限定了制剂中辅料含量和种类，并优选胶囊形式，如图 5-2-2 所示。

第 5 章 重点上市药物临床与专利布局分析

```
专利申请                                                                  临床研究

2000年7月~   *USRE43298E Bocoprevir化合物、HCV的用途、
2003年6月    Bocoprevir+PR
            US7592316B2 组合物
            US7244721B2 马库什
            US7012066B2 Bocoprevir系列具体化合物（异构体）      核
            US7326795B2 Bocoprevir制备方法                    心
            US728165B2 中间体                                 及
            US7569705B2 中间体                                重
            US7309717B2 中间体制备方法                        要
                                                              专
2005年4月~   US20060281689A1/US20070004635A1/                 利
2005年6月    US20060287248A1/US20060252698A1 治疗方法
            *US8119602B2 治疗方法（与食物同服）
            *US7772178B2 药物制剂（胶囊）
            US20070021351A1/US20060276407A1/
            US20060276405A1/US20060276406A1 治疗方法

                                                    PR治疗无效患者，Bocoprevir+PR安全性、有效性    2005年9月

2005年11月~  US7528263B2 Bocoprevir通式的制备方法
2006年12月   US8163937B2 Bocoprevir的制备方法
            US8222427B2 Bocoprevir的纯化方法
            US8420122B2 连续沉淀分离Bocoprevir的方法
                                                    2007年1月未接受过治疗
                                                    2008年8月PR治疗无效、基因1型            2007~2009年
2008年6月~   US8901139B2/US9198907B2/US8841302B2    2008年8月未接受过治疗，白人或黑人
2009年4月    其他化合物，可与Bocoprevir联合给药        2009年2月PR治疗失败、基因1型

                                                    Bocoprevir(800 mg胶囊)+PR 有效性            2009年6月

                                                    Bocoprevir胶囊和片剂的生物等效性            2010年6月
2010年7月    US20140162942A1 治疗方法
                                                    共患HIV：
                                                    2009年11月Bocoprevir 800 mg tid po+PR
                                                    2011年5月Bocoprevir 800 mg 片剂+PR           2009~2011年
2011年5月    US20140044759A1/US20140044759A1        2011年8月Bocoprevir对HIV整合酶抑制剂Raltegravir
            Bocoprevir固体制剂                       药动学影响
                                    2011年5月上市
                                                    药物相互作用
                                                    2011年9月服用美沙酮或丁丙诺啡+纳洛酮受试者，   2011年9月~
                                                    Bocoprevir 800 mg胶囊药动学                 2011年10月
                                                    2011年10月Bocoprevir与质子泵抑制剂奥美拉唑药动
                                                    学相互影响

                                                    特定人群：
                                                    2011年10月亚太地区人群
                                                    2011年11月更年期妇女                       2011年10月~
                                                    2012年1月儿科患者                           2012年1月
                                                    2012年1月基因1型合并肝硬化

                                                    药物相互作用、3型HCV、1200 mg剂量          2012年5月

2014年2月    US20160346198A1 多种药物联用，含Bocoprevir  特定人群：儿科患者、亚洲1型、越南1型
                                                    共患疾病：合并肝硬化、终末期肾病、胰岛素抵抗   2013~2014年
                                                    更多基因型：6型
```

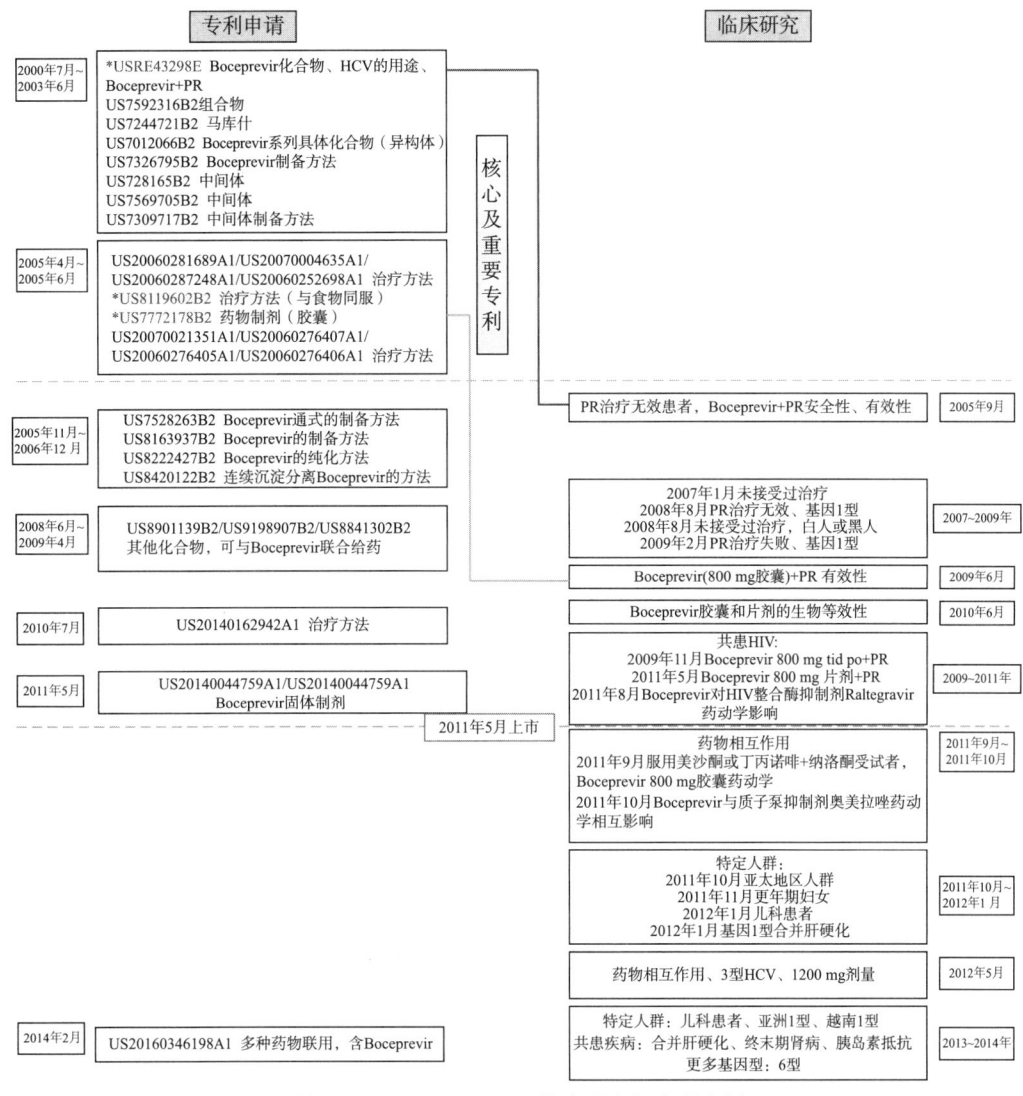

图 5-2-2 Boceprevir 临床研究与专利布局

② 临床后广撒网。众所周知，Boceprevir 虽然没有作为复方联用制剂上市，但默沙东仍在药物联用方面进行专利布局。从其整体专利布局来看，默沙东在 2008 年 6 月到 2009 年 4 月获得了多件与 Boceprevir 相关的联合用药授权专利，为后期可能的复方联合给药打下基础以防止竞争对手寻找到突破口，参见图 5-2-2。

5.2.4 Boceprevir 专利周期

从 Boceprevir 专利申请布局来看，其核心化合物专利 USRE43298B2 的申请日为 2001 年 7 月 19 日。Boceprevir 的上市剂型是胶囊形式，并且相较于空腹服用，与食物同服可增加 Boceprevir 的生物利用度。默沙东申请两项相应药物制剂和治疗方法的核心专利 US8119602B2、US7772178B2 的申请日均为 2006 年 5 月 31 日。上述专利同样被橙皮书收录（见图 5-2-3）。

149

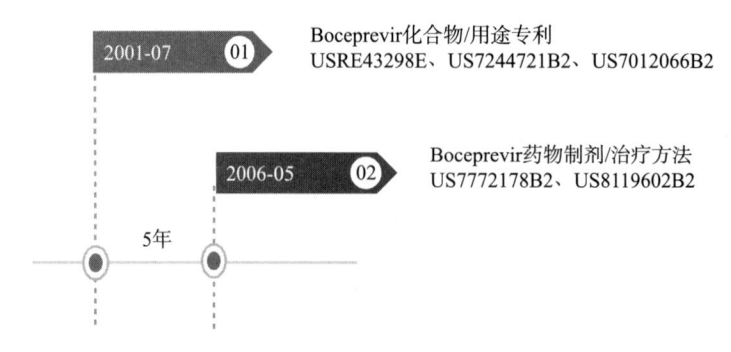

```
                                Boceprevir化合物/用途专利
           2001-07    01        USRE43298E、US7244721B2、US7012066B2


                                Boceprevir药物制剂/治疗方法
              2006-05    02     US7772178B2、US8119602B2

     5年
```

图 5-2-3　Boceprevir 专利布局与保护期对照

5.3　Simeprevir

5.3.1　Simeprevir 概述

Simeprevir 化学名为 N-［17-［2-（4-异丙基-1-噻唑-2-基）-7-甲氧基-8-甲基喹啉-4-基氧基］-13-甲基-2，14-二氧-3，13-二氮三环［13.3.0.0（4，6）］十八烷-7-烯-4-羰基］（环丙基）磺酰胺，商品名为 Olysio。Simeprevir sodium 由美国 Janssen 公司和瑞典 Medivir 公司共同研发，其结构式如图 5-3-1 所示。

图 5-3-1　Simeprevir sodium 结构

Simeprevir 于 2013 年 9 月 27 日获日本医药品医疗器械综合机构（PMDA）批准上市，之后于 2013 年 11 月 22 日获美国 FDA 批准上市，后又于 2014 年 5 月 14 日获 EMA 批准上市，于 2017 年 8 月 24 日获 CFDA 批准上市。Simeprevir sodium 是 HCV NS3/4A 蛋白酶抑制剂，可以通过抑制蛋白质的合成阻止病毒的成熟。该药与 PEG IFN 和 Ribavirin 联用，用于初治或使用 PEG IFN 联合 Ribavirin 治疗的无应答或复发的 1 型慢性丙肝的治疗。

5.3.2　Simeprevir 临床开展情况

Simeprevir 由美国 Janssen 公司和瑞典 Medivir 公司共同研发，但其最早的临床由 Janssen 子公司 Tibotec Pharmaceuticals 公司开展。2007～2008 年，Tibotec Pharmaceuticals

公司（Tibotec）开展了多项关于 Simeprevir 的临床试验。2007 年开展了两项 I 期试验，其中一项采取双盲、随机安慰剂对照试验在健康受试者中进行，以检查单次或重复给药后增加 Simeprevir 口服剂量的安全性、耐受性和药代动力学（NCT00938899）；在另一项试验中，在健康受试者中进行开放标签试验，以评估稳态剂量的利托那韦与 Simeprevir 在多次给药的第一剂和最后剂后的药物相互作用，并探讨 200 多次给药的短期安全性和耐受性（NCT01891851）。2008 年，Tibotec 开展了两项 I 期临床试验。在 NCT00741169 中，采取三项交叉试验，以确定多次给药后 Simeprevir 和利福平之间的药物相互作用；在 NCT00752544 中研究了健康男性受试者在单次或多次给药后 Simeprevir 口服剂量递增的安全性、耐受性和血浆药代动力学。在一项 II 期临床试验中，评估了重复剂量的 Simeprevir 对 1 型丙型肝炎感染受试者的功效、安全性、耐受性和药代动力学。

2009~2010 年，Tibotec 进行了多项有关 Simeprevir 的 I 期和 II 临床试验。在 NCT00812331 中以 HCV 感染的基因 2 型、3 型、4 型、5 型和 6 型的受试者为对象，进行一次开放标签试验，以评估每日 7 次单药治疗后 Simeprevir 的抗病毒活性、安全性、耐受性和药代动力学。在 NCT00882908 中评估 Simeprevir 的 4 种不同方案与 PEG IFN α-2a 和 Ribavirin 结合的疗效。另外，在 NCT01046058、NCT01241773、NCT01205139 中分别研究了在肝功能中度或重度受损的受试者中的药代动力学、安全性和耐受性；Simeprevir 与抗逆转录病毒药物 Efavirenz 和 Raltegravir 之间的药代动力学相互作用；Simeprevir 与抗逆转录病毒药物 TMC278 和替诺福韦（TDF）之间的药代动力学相互作用。2009 年，Janssen 公司开展了一项 II 期临床试验（NCT00996476），在日本进行随机开放标签研究，以调查 Simeprevir 作为初治、1 型慢性丙肝受试者的治疗方案的一部分的疗效、安全性和药代动力学。

2011~2012 年，Janssen 公司开展了多项与 Simeprevir 相关的临床试验。其中在 NCT01290731 中，在日本进行第三阶段开放标签试验，以调查 Simeprevir 作为 1 型丙肝感染受试者在先前基于 IFN 的治疗后复发的治疗方案（包括 PEG IFN α-2a 和 Ribavirin 的治疗方案）的有效性和安全性。在 NCT01479868 中，开展了一项三阶段开放标签研究，用于评估 Simeprevir 加 PEG IFN α-2a 和 Ribavirin 在 1 型慢性 HCV 感染者中与 HIV 类型同时感染的三联疗法的安全性、耐受性和疗效。在 NCT01323244 中，研究了 Simeprevir 与 PEG IFN α-2a 和 Ribavirin 联合用于 1 型 HCV 感染受试者的 II 期/单期单臂翻转试验。在 NCT01281839 中，研究了 Simeprevir 与安慰剂（包括 PEG IFN α-2a 和 Ribavirin）在丙肝（基因 1 型感染后在其后复发的受试者）中的治疗方案的功效、安全性和耐受性。在 NCT01707342 中，评估了 Simeprevir 绝对生物利用度和药代动力学。在 NCT01571570 中，在健康成人受试者中进行 I 期开放标签随机 3×3 路交叉试验，以评估与 III 期 150mg 胶囊相比，施用 2 种液体制剂或 2 种不同胶囊概念制剂后 Simeprevir 的相对生物利用度，并评估液体制剂给药后食物对 Simeprevir 生物利用度的影响。在 NCT01567735 中，研究了 Simeprevir 与 Sofosbuvir 联合治疗的 12 周治疗方案在初治或有经验的基因 4 型慢性 HCV 感染患者中的疗效和安全性。在

NCT01628692 中，与百时美施贵宝共同进行了 Daclatasvir 和 Simeprevir 联合或不联合 Ribavirin 的联合用药研究。

2013~2017 年，Janssen 公司开展了多项关于 Simeprevir 与其他药物联用治疗丙肝、生物利用度/药代动力学等的临床试验。在 NCT01938625 中，研究了在原位复发后患有基因 1b 型慢性丙肝感染的受试者中，Simeprevir、Daclatasvir 和 Ribavirin 联合使用的药代动力学、功效、安全性和耐受性。在 NCT01852604 中，与默沙东共同评估了 IDX719 与 Simeprevir 和/或 TMC647055/Ribavirin 联合或不联合 Ribavirin 使用在慢性丙肝感染受试者中 12 周的安全性和有效性的随机研究。在 NCT01846832 中，在未经治疗的患有基因 1 型或基因 4 型慢性 HCV 的受试者中进行为期 12 周的Ⅲ期开放标签单臂研究，以评估 TMC435 联合 PEG IFNα-2a 和 Ribavirin 的安全性和有效性。在 NCT02114177 中，研究 Simeprevir 与 Sofosbuvir 联合治疗初治和有经验的基因 1 型慢性丙肝病毒感染患者（无肝硬化）的 12 周或 8 周治疗方案的疗效和安全性。在 NCT02114151 中，研究 Simeprevir 与 Sofosbuvir 联合治疗的 12 周治疗方案在未经接受治疗或有经验的基因 1 型慢性丙肝病毒感染和肝硬化患者中的疗效和安全性。在 NCT02250807 和 NCT02256176 中，研究了 Simeprevir 与 Sofosbuvir 联合治疗的 12 周治疗方案在初治或有经验的基因 4 型慢性丙肝病毒感染患者中的疗效和安全性。在 NCT02385071 中，评估了与 150 mg 口服胶囊相比，年龄适合的口服制剂候选者单次给药后 Simeprevir 的相对生物利用度，并评估食物对 Simeprevir 生物利用度的影响。在 NCT02421211 中，研究了 Simeprevir、Sofosbuvir 和 Ledipasvir 组成的治疗方案中 Simeprevir 和 Ledipasvir 之间的药代动力学相互作用。在 NCT02569710 中，Janssen 子公司 Alios Biopharma 开展了一项Ⅱa 期开放标签研究，评估在有或没有 1、2 或 3 型慢性丙肝的未接受治疗的受试者中，AL-335 和 Odalasvir 联合或不联合 Simeprevir 的安全性、药代动力学和疗效代偿性。在 NCT02765490 中，开展了一项Ⅱb 期多中心随机开放标签的研究，用于研究初治和有治疗经验的 1 型慢性丙肝受试者中 AL-335、Odalasvir 和 Simeprevir 不同治疗方案的疗效、安全性和药代动力学。在 NCT03059303 中，在健康成人受试者中进行了Ⅰ期开放标签部分随机平行分组研究，以固定剂量组合（FDC）评估单剂量 Simeprevir、Odalasvir 和 AL-335 的相对生物利用度，与同时使用的单药比较，并评估多剂量兰索拉唑或奥美拉唑对作为 FDC 管理的 Simeprevir、Odalasvir 和 AL-335 的单剂量药代动力学的影响。

5.3.3　Simeprevir 专利布局

原研企业通过专利组合的方式，根据药物的研发进程在不同的阶段申请不同主题的专利，从而形成一个统一、有机的专利族对其药物进行有效保护。图 5-3-2 对 Simeprevir 的专利布局进行了梳理。下文将详细介绍 Janssen 公司对 Simeprevir 的专利布局策略。

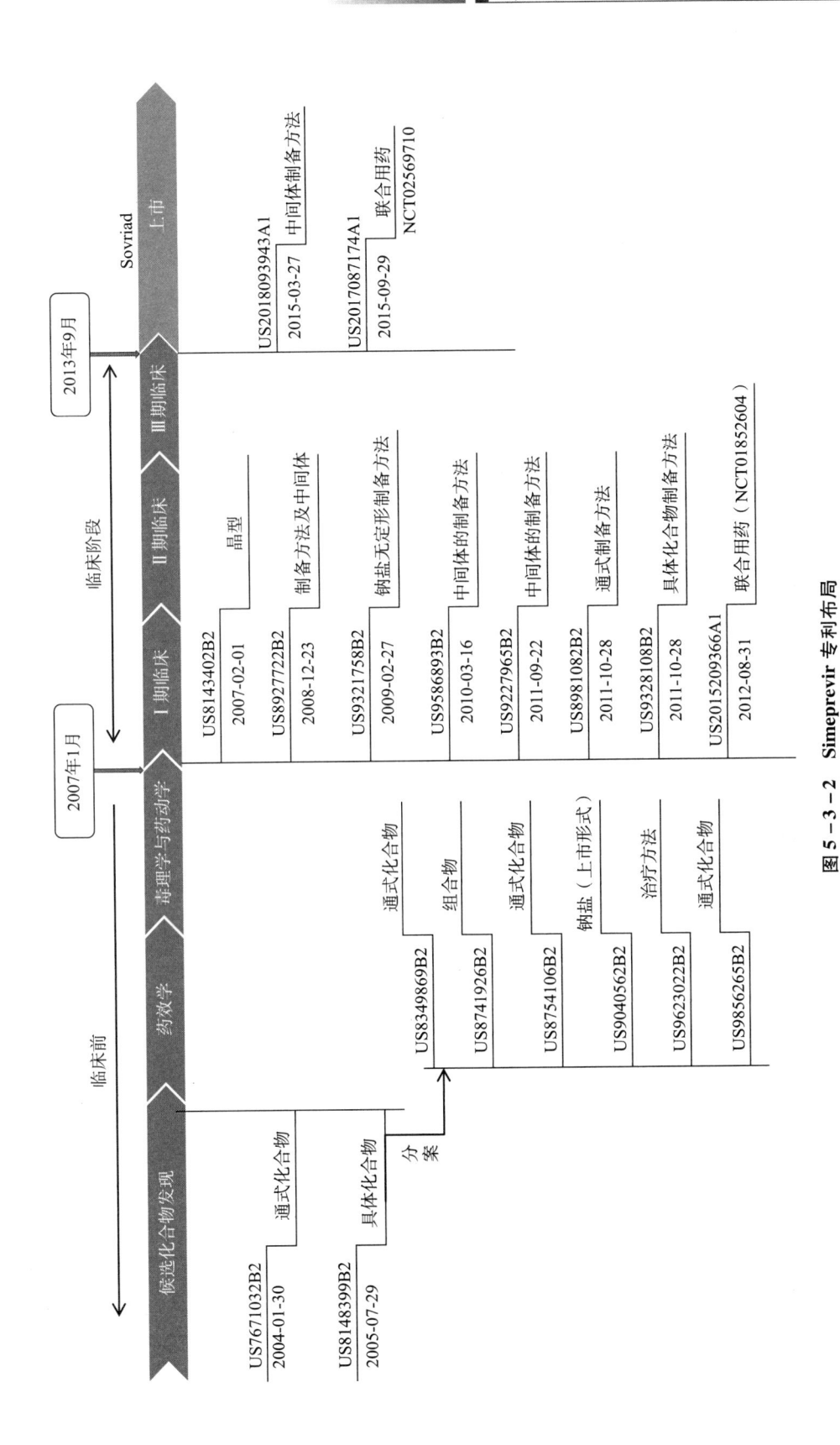

第 5 章 重点上市药物临床与专利布局分析

图 5-3-2 Simeprevir 专利布局

5.3.3.1 Simeprevir 临床前专利布局

Simeprevir 在 2007 年 1 月开始进入临床试验。如表 5-3-1 所示，在进入临床前，原研药企 Medivir 公司对其化合物专利进行了布局，包括在 2005 年 1 月 28 日（优先权日为 2004 年 1 月 30 日）申请的 US2007203072A1 和 US2009281140A1，其中在 2005 年 1 月 28 日申请的 US2007203072A1 公开了包含 Simeprevir 的通式化合物，披露了大量结构与 Simeprevir 相似的具体化合物，但未披露 Simeprevir；而在 2006 年 7 月 28 申请的 US2009281140A1（优先权日为 2005 年 7 月 29 日，相应的 PCT 申请 WO2007014926A1 于 2007 年 2 月 8 日公开，授权号 US8148399B2）中首次披露了 Simeprevir，并在权利要求书中对 Simeprevir 或其盐及其制备方法进行保护。而且从随后的专利申请来看，在 US8148399B2 的基础上，不断有新的分案申请保护包含 Simeprevir 在内的不同范围的通式化合物、Simeprevir 的钠盐、Simeprevir 与抗 HCV 化合物的组合物等，对 Simeprevir 从多种维度进行保护。可见，其核心专利（通式化合物、具体化合物及其盐、制备方法）布局早于研发节点（临床试验）近 2~3 年，即在 Simeprevir 进入临床试验前，原研公司 Medivir 进行了药物和临床前研究的核心化合物专利布局。另外，从 Simeprevir 上市的化合物实体来看，是以钠盐形式上市。在 US8148399B2 中，其并未直接披露和保护 Simeprevir 的钠盐，而是在说明书中泛泛地提及药用可接受盐包括钠盐，到了 2014 年 5 月 23 日才通过分案的形式在 US2014255347A1（US9040562B2）中予以直接提出保护。

表 5-3-1 Simeprevir 临床前专利布局

授权号	公开号	最早优先权日	申请日	保护主题
US7671032B2	US2007203072A1	2004-01-30	2005-01-28	通式化合物
US8148399B2	US2009281140A1	2005-07-29	2006-07-28	具体化合物
US8349869B2	US2012171157A1	2005-07-29	2012-03-06	通式化合物
US8741926B2	US2013089520A1	2005-07-29	2012-11-28	组合物
US8754106B2	US2013217725A1	2005-07-29	2013-03-15	通式化合物
US9040562B2	US2014255347A1	2005-07-29	2014-05-23	钠盐
US9856265B2	US2017226111A1	2005-07-29	2017-03-09	通式化合物
US9353103B2	US2015218153A1	2005-07-29	2015-04-13	治疗 HCV 的方法
US9623022B2	US2016235737A1	2005-07-29	2016-04-25	治疗 HCV 的方法

5.3.3.2 Simeprevir 临床阶段专利布局

在 Simeprevir 于 2007 年 1 月进入临床后，Janssen 子公司 Tibotec 在 2007 年 2 月 1 日，提交了一件关于 Simeprevir 晶型的专利申请 US2010029715A1（US8143402B2）。如表 5-3-2 所示，该专利申请中要求保护 Simeprevir 的 5 种不同晶型。核心化合物的晶型也是药物的核心专利，尽管其是在 Simeprevir 进入临床后申请的，但从其申请时间来看，与进入临床的时间相差并不多，因此，可以说其晶型研究工作是在临床前完成的。由于Simeprevir结构较为复杂，合成难度较大，Janssen公司在2007~2012年对其制备方法进行了大量布局，申请了6项关于Simeprevir及中间体制备方法的专利：在US8927722B2和US9328108B2中，保护了Simeprevir以及关键中间体的制备方法；在US8981082B2中保护了包含Simeprevir在内的通式化合物的制备方法；在US9586893B2、US9227965B2中保护了关键中间体的制备方法；在US9321758B2中保护了Simeprevir钠盐的无定型制备方法（上市产品为Simeprevir的钠盐）。另外，Janssen公司还申请了1项关于Simeprevir、TMC647055、Ritonavir联合用药的组合物专利。值得注意的是，Jassen公司在NCT01852604中，与默沙东共同评估了IDX719与Simeprevir和/或TMC647055/Ritonavir联合或不联合Ribavirin使用在慢性丙肝感染受试者中12周的安全性和有效性的随机研究。可见，该联合用药组合物专利可能是为后续产品迭代更新而进行的布局。

表5-3-2 Simeprevir临床阶段专利布局

授权号	公开号	最早优先权日	申请日	保护主题
US8143402B2	US2010029715A1	2007-02-01	2008-02-01	Simeprevir的5种晶型
US8927722B2	US2011257403A1	2008-12-23	2009-12-22	Simeprevir的制备方法及中间体
US9321758B2	US2011306634A1	2009-02-27	2010-02-26	钠盐无定型制备方法
US9586893B2	US2013005976A1	2010-03-16	2011-03-16	中间体的制备方法
US9227965B2	US2014228574A1	2011-09-22	2012-09-21	中间体的制备方法
US8981082B2	US2014235852A1	2011-10-28	2012-10-26	包括Simeprevir在内的通式制备方法
US9328108B2	US2015152098A1	2011-10-28	2015-02-09	Simeprevir制备方法
—	US2015209366A1	2012-08-31	2013-08-30	药物联用（与利托那韦等三组分联用）
—	US2018093943A1	2015-03-27	2016-03-25	中间体制备方法
—	US2017087174A1	2015-09-29	2016-09-29	药物联用（与Odalasvir、Adafosbuvir（AL-335）三组分联用）

5.3.3.3 Simeprevir上市后的专利布局

虽然Simeprevir上市后，初期表现优异，在2014年Olysio全球市场达23.29亿美元，但随着抗丙肝新药竞相上市，吉利德Sovaldi异军突起，抗丙肝药物市场在2016年开始进入跳水期；Simeprevir在2015年的销售额为6.21亿美元，2016年上半年则只有0.75亿美元濒临退市。其相应的专利申请并不多，仅在2015年申请了两件相关专利：

US2018093943A1 中要求保护 Simeprevir 的制备方法及部分关键中间体的制备方法；US2017087174A1 请求保护 Simeprevir、Odalasvir、Adafosbuvir（AL-335）三组分联合用药的组合物。对于该联合用药，Jassen 子公司 Alios Biopharma 公司于 2017 年在 NCT02569710 中进行了一项 II a 期开放标签研究，评估在有或没有 1 型、2 型或 3 型慢性丙肝感染的未接受治疗的受试者中，AL-335 和 Odalasvir 联合或不联合 Simeprevir 的安全性、药代动力学和疗效代偿性。同时，Jassen 公司在 NCT03099135 中进行了一项对在之前的第 2 阶段或第 3 阶段研究中，接受含 Odalasvir 和 AL-335 方案以及含或不含 Simeprevir 的方案治疗的受试者的前瞻性 3 年随访研究。可以看出，Simeprevir、Odalasvir、Adafosbuvir 三组分联合用药可能是其下一代产品，Jassen 公司为 Simeprevir 的产品迭代更新进行了专利布局。

5.3.3.4 小　结

从 Simeprevir 的专利布局过程来看，其专利的组合方式并非无序随意的组合，而是根据研发进程在时间和技术上作到有机的统一，适时地申请或公开相关技术主题。

首先，如图 5-3-3 所示，进入临床是药物研发进程的重要节点，Simeprevir 的通式化合物、具体化合物及其钠盐、制备方法专利在进入临床试验前，均已经提交申请。虽然 Simeprevir 的晶型专利是在进入临床后申请的，但申请时间与进入临床的时间相差并不多，即基本可以确定 Simeprevir 晶型研究工作是在临床前完成的，某种意义上也可以说明其在进入临床前，对核心化合物的晶型专利也已经完成布局。可见，进入临床试验是药物核心专利申请的分水岭，原因也是显而易见的：当药物研发从临床前阶段进入临床试验阶段，由于涉及的人员更多更复杂，对药物研究信息的保密工作更加难以管理，药物相关重要信息更容易泄露，因此，在进入临床前，企业需要完成对药物核心专利的布局。

其次，通过在 US7671032B2 中以通式化合物形式对 Simeprevir 予以间接的保护，而不直接披露 Simeprevir，然后通过在后续的 US8148399B2 对 Simeprevir 具体化合物予以直接披露和直接保护，以延长保护期，并延迟了最核心化合物 Simeprevir 的直接披露，可以防止其他竞争者，尤其是仿制药企业对其技术的跟进。类似地，对 Simeprevir 的上市实体钠盐并未在之前的 US8148399B2 中直接披露和保护，只在说明书中泛泛地提及药用可接受盐包括钠盐，而是在其上市之后通过采取分案策略在 US2014255347A1（US9040562B2）中予以直接提出和保护。上述申请策略实际上是通过调整申请时间和公开时间，延迟重要技术的直接披露，防止其他竞争者，尤其是仿制药企业对技术的跟进。

最后，Jassen 公司在 Simeprevir 的专利布局也体现了沿着药物产品线在技术角度上的专利布局。由于 Simeprevir 结构较为复杂，合成难度较大，在 Simeprevir 进入临床试验阶段后，Janssen 公司在 2007~2012 年申请了 5 项关于 Simeprevir 及中间体制备方法的专利，还申请了一项关于 Simeprevir 钠盐的无定型制备方法。通过对原料实体制备方法以及重要中间体的制备方法的专利布局以延长对 Simeprevir 的专利保护。另外，在临床试验阶段，Janssen 公司还申请了 1 项关于 Simeprevir、TMC647055、Ritonavir 联合用药

第5章 重点上市药物临床与专利布局分析

专利申请

2004年1月~2005年7月
- *US7671032B2/ *US8349B2/ *US8754106B2/
- US9856265B2 通式化合物
- US8148399B2 具体化合物
- *US9040562B2 钠盐
- *US8741926B2 组合物
- *US9353103B2/ *US9623022B2 治疗方法

核心及重要专利

2007年2月~2010年3月
- US8143402B2 5种晶型
- US8927722B2 制备方法及中间体
- US9321758B2 钠盐无定形制备方法
- US9586893B2 中间体的制备方法

2011年2月~2012年8月
- US9227965B2 中间体制备方法
- US8981082B2 包括Simeprevir在内的通式制备方法
- US9328108B2 Simeprevir制备方法
- US2015209366A1 Simeprevir+TMC647055+Ritonavir

2015年3月~2015年9月
- US2018093943A1 中间体制备方法
- US2017087174A1 Simeprevir+Odalasvir+Adafosbuvir

2013年9月上市

临床研究

2007年1月~2008年12月
安全性、耐受性和药代动力学

2009年3月~2009年7月
对2~6型HCV进行筛选

2012年5月
施用2种液体制剂或2种不同胶囊概念制剂后TMC435的相对生物利用度

2012年7月~2013年3月
Simeprevir+Daclatasvir+Ribavirin有效性、安全性和耐受性
Simeprevir+IDX719+(TMC647055/Ritonavir)安全性和有效性

2014年12月~2017年4月
Simeprevir+Sofosbuvir有效性与安全性
Simeprevir+Adafosbuvir+Odalasvir有效性与安全性

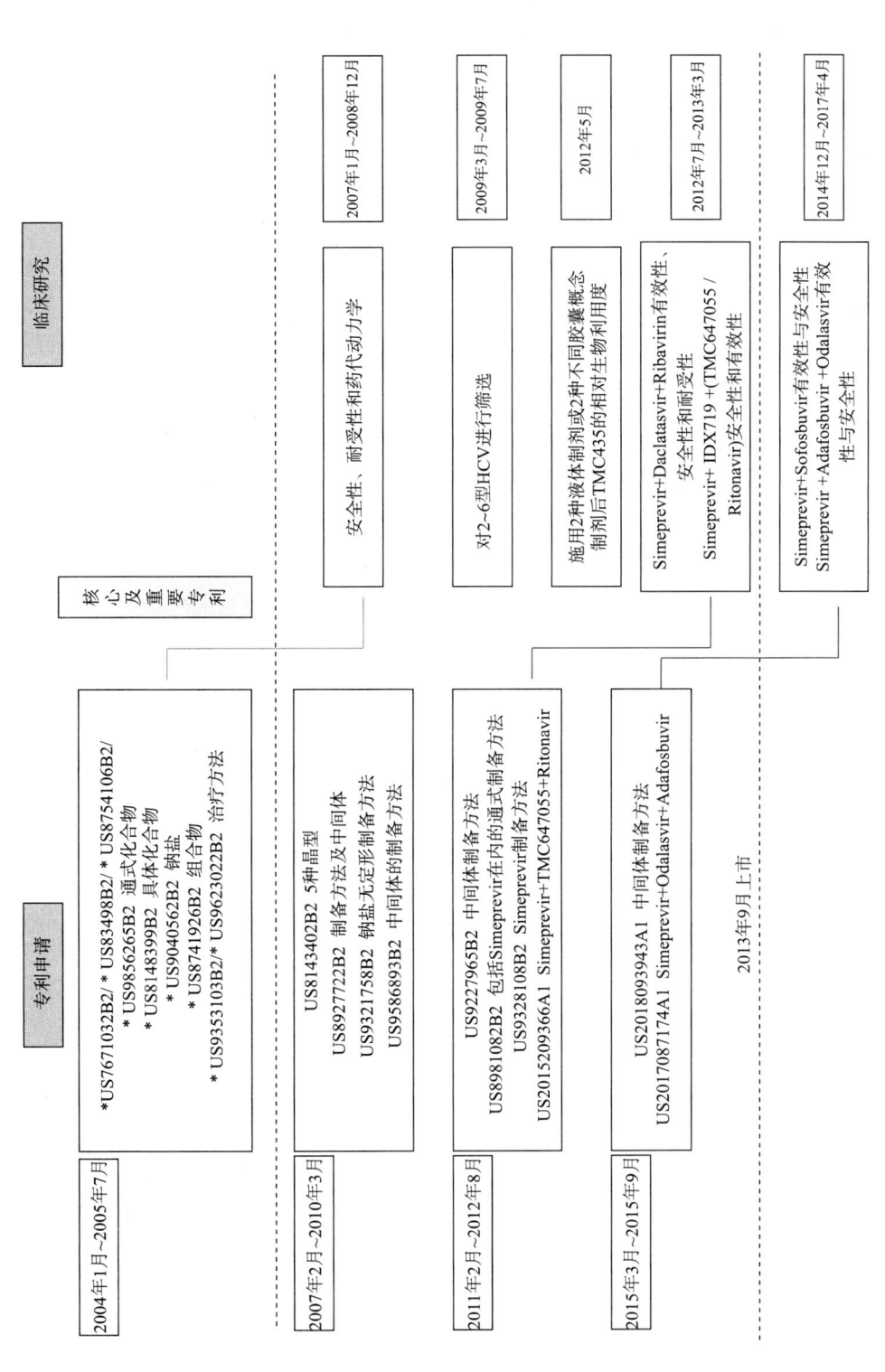

图 5-3-3 Simeprevir 临床研究与专利布局

的组合物专利,该组合物也在 2013 年 3 月 1 日进入 Ⅱ 期临床(NCT01852604);在其上市后,还申请了一项关于 Simeprevir、Odalasvir、Adafosbuvir(AL-335)三组分联合用药的组合物,该组合物由 Jassen 子公司 Alios Biopharma 于 2017 年开始 Ⅱ 期临床研究(NCT02569710)。可见,Jassen 公司通过布局联合用药组合物专利的形式以为后续产品迭代更新而服务。

5.3.4 Simeprevir 专利周期

如图 5-3-4 所示,Janssen 公司在对 Simeprevir 的专利布局中,通过先申请通式化合物专利,再申请 Simeprevir 具体化合物专利延长其核心化合物的专利保护时间近 1.5 年;此后,通过布局其晶型和上市形式钠盐进一步延长其保护期;最后通过布局 Simeprevir、Odalasvir、Adafosbuvir(AL-335)三组分联合用药的组合物,为其产品迭代更新作准备。上述重要专利的布局,能够有效地延长其专利保护时间。

时间	编号	专利内容	专利号
2005-01	01	Simeprevir通式化合物专利	US7671032B2
2006-07	02	Simeprevir具体化合物专利	US8148399B2
2008-02	03	Simeprevir的5种晶型	US8143402B2
2014-05	04	Simeprevir的钠盐	US9040562B2
2016-09	05	Simeprevir、Odalasvir、Adafosbuvir 组合联用	US2017087174A1

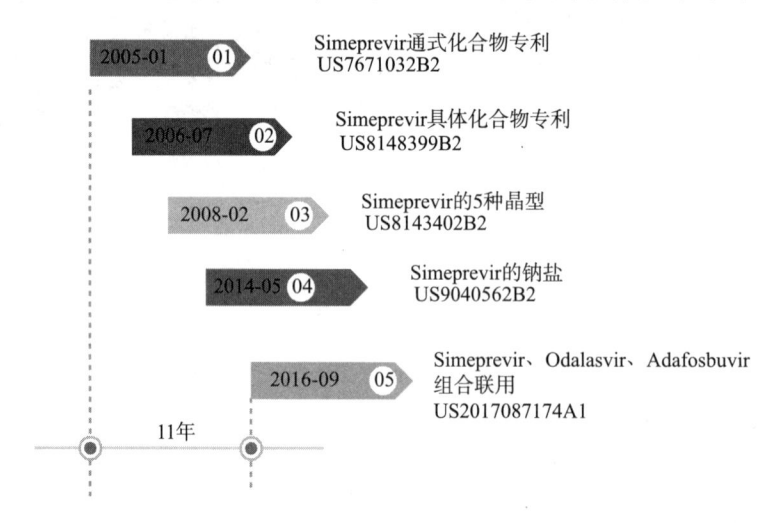

11年

图 5-3-4 Simeprevir 专利布局与保护期对照

5.4 Technivie

5.4.1 Technivie 概述

Technivie 是由艾伯维研发的一种全口服抗丙型肝炎病毒药物,FDA 批准其联合 Ribavirin 用于未发生肝硬化的基因 4 型丙肝成年患者的治疗。Technivie 联合 Ribavirin 用药是迄今为止唯一一种用于基因 4 型丙肝的全口服、无干扰素、直接作用的鸡尾酒疗法,同时也标志针对该基因型丙肝临床治疗的重大进步。

Technivie 是由固定剂量 Ombitasvir(25 mg/ABT-267/丙肝病毒 NS5A 抑制剂)、Paritaprevir(150 mg/ABT-450/丙肝病毒 NS3/4A 蛋白酶抑制剂)、Ritonavir(100 mg/RTV/CYP3A 抑制剂)复配而成,各结构如表 5-4-1 所示。其中 Ritonavir 已于 1996

年作为 HIV 蛋白酶的增强剂在美国上市，单用或与其他抗 HIV 药物组成复方制剂，广泛用于艾滋病的治疗，其并没有抗丙肝活性，它的主要作用是增加 Paritaprevir 的血浆浓度，协同增加 HCV 蛋白酶抑制剂的活性。值得一提的是，Technivie 的这三种成分也是该公司 2014 年上市药物 Viekira Pak（由 Ombitasvir、Paritaprevir、Ritonavir 以及 NS5B 聚合酶抑制剂 Dasabuvir 复配而成）的重要组分，所以 Technivie 的安全性已在 Viekira Pak 的临床试验中被证实。

表 5-4-1 Technivie 各成分结构

化合物名称	结构式
Ombitasvir	
Paritaprevir	
Ritonavir	

Technivie 于 2015 年 7 月 24 日被 FDA 批准其联合 Ribavirin 用于未发生肝硬化的 4 型丙肝成年患者的治疗。

159

5.4.2 Technivie 临床开展情况

Technivie 的临床试验从 2011 年开始，直到 2013 年期间，都是以 II 期临床试验为主。2011 年，开展的临床试验评估了 Technivie 分别针对 1 型、2 型、4 型慢性 HCV 感染的受试者联用或者不联用 Ribavirin 治疗的安全性、药代动力学和疗效（NCT01458535）。

从 2012 年开始，开展的临床试验评估了 Technivie 单独使用对成人 HCV 感染患者的安全性和效果（NCT01685203）。进一步地，针对特定地区的特定基因型感染者进行了试验，评估了日本的 1b 型和 2 型慢性 HCV 感染并且之前曾经接受过聚乙二醇化干扰素/Ribavirin 治疗的受试者，单独使用的 Technivie 安全性、耐受性和药代动力学（NCT01672983）。并且针对接受过治疗，然而治疗无反应的 HCV 感染者也开展了相应的临床试验，考察了 Technivie 与 PEG IFN/Ribavirin 联合使用的安全性和疗效（NCT01609933）。

在 2013 年开展的 II 期临床试验，主要考察 Technivie 与 ABT-333（Dasabuvir）或 Ribavirin 联合使用的安全性和有效性，分别针对不同的人群，包括 1 型、4 型 HCV 感染的受试者（NCT01782495）或者 1 型 HCV 感染并且联合服用美沙酮或丁丙诺啡 ± 纳洛酮的受试者（NCT01911845）。

在 2014 年进行的一项 I 期临床试验，评估了 Technivie 在 18 名 18～65 岁的健康受试者中的口服生物利用度（NCT02052362）。次年进行的一项 II 期临床试验，则针对未经治疗过的 1a 型 HCV 感染的成年人，采用 Technivie 与 ABT-333（Dasabuvir）联用，联合低剂量 Ribavirin、全剂量 Ribavirin 或者不使用 Ribavirin，考察其有效性（NCT02493855）。

在 2014 年还进行了多项 III 期临床试验，主要针对 4 型慢性 HCV 病毒的感染者，具体分为同时合并肝硬化、不合并肝硬化、未经过治疗、有治疗经验等多种不同的感染者，考察评估了 Technivie 联合 Ribavirin 使用的安全性和有效性（NCT02265237、NCT02247401）。针对合并或不合并代偿性肝硬化的 2 型慢性 HCV 病毒的感染者，评估了 Technivie 与基于体重的 Ribavirin 共同治疗的安全性和疗效（NCT02023112）。

在 2016 年开展的一项 III 期临床试验中，针对 30 名未经接受过治疗或曾接受过基于干扰素治疗的感染了 1b 型 HCV 的日本成年人，并且患有晚期肾血液透析疾病，评估了 Technivie 的安全性、疗效和药代动力学。

5.4.3 Technivie 专利布局

5.4.3.1 临床前专利布局

在临床试验开展之前，1998～2010 年，艾伯维分别对 Technivie 中的 3 种活性化合物 Ombitasvir、Paritaprevir 和 Ritonavir 单独进行了专利布局。如表 5-4-2 所示，1998 年最初申请的 Ritonavir 化合物及其晶型专利，2009 年申请的 Paritaprevir 化合物专利和 Ombitasvir 化合物专利，均为保护化合物的核心专利，还针对 Ritonavir 和 Ombitasvir 分别申请了药物组合物专利，并且都获得了授权。

表 5－4－2　Technivie 临床前专利布局

授权号	公开号	最早优先权日	申请日	保护主题
US7148359B2	US20050203152A1	1998－07－20	1999－07－19	Ritonavir 晶型
US7364752B1	—	1999－11－12	2000－11－10	Ritonavir + PEG + ABT378 药物制剂
US8268349B2	US20120202858A1	2003－08－28	2004－08－25	固体剂型，Ritonavir + Lopinavir
US8399015B2	US20120022089A1	2003－08－28	2004－08－25	固体剂型，Ritonavir + Lopinavir
US9044480B2	US20100144608A1	2009－03－10	2012－03－05	Paritaprevir 化合物及其用途
US8420596B2	US20100144608A1	2009－03－10	2009－09－10	Paritaprevir 化合物及其用途
US8642538B2	US20120196792A1	2009－03－10	2009－09－10	Paritaprevir 化合物及其用途
US8691938B2	US20100317568A1	2009－06－11	2010－01－10	Ombitasvir 化合物及其用途
US9006387B2	US20140315792A1	2009－06－11	2010－06－10	Ombitasvir 化合物及其用途
US8686026B2	US20120258909A1	2010－01－10	2011－01－09	Ombitasvir 剂型

5.4.3.2　临床阶段专利布局

临床阶段主要进行的是联合用药治疗方法相关的专利申请。如表 5－4－3 所示，在 2011 年的专利申请集中在 Technivie 与 Dasabuvir 联合使用对 1 型 HCV 感染者的治疗，分别涉及不同的治疗方法。US20130102525A1 请求保护采用 Technivie 和 Dasabuvir 联合使用，合并使用 Ribavirin，并且不使用干扰素，对 1 型 HCV 感染者治疗 12 周的方法。US20130102558A1 请求保护采用 Technivie 和 Dasabuvir 联合使用，不联合使用 Ribavirin 或干扰素，对 1 型 HCV 感染者治疗 12 周的方法。US20140024579A1 请求保护采用 Technivie 和 Dasabuvir 联合使用，不联合使用干扰素，对 1 型 HCV 感染者治疗 8 周的方法。US2014057835A1 请求保护采用 Technivie 和 Dasabuvir 联合使用，不联合使用干扰素或 Ribavirin，对 1 型 HCV 感染者治疗 8 周的方法，并且均获得了授权。

表 5－4－3　Technivie 临床阶段专利布局

授权号	公开号	最早优先权日	申请日	保护主题
US8466159B2	US20130102525A1	2011－10－21	2012－09－04	药物联用
US8492386B2	US20130102558A1	2011－10－21	2012－09－04	药物联用
US8680106B2	US20140024579A1	2011－10－21	2012－09－04	药物联用
US8685984B2	US2014057835A1	2011－10－21	2012－09－04	药物联用
US9044480B2	US20100144608A1	2011－03－03	2012－03－05	化合物及其用途
US9629841B2	US20140113921A1	2012－10－18	2013－10－18	剂型

续表

授权号	公开号	最早优先权日	申请日	保护主题
—	US20160333404A1	2012-10-09	2013-10-08	药物联用
—	US20150011481A1	2013-07-02	2014-07-01	药物联用
—	US20150174194A1	2013-12-19	2014-12-18	药物联用
—	US20150141351A1	2013-11-18	2014-11-17	药物组合物 Ombitasvir + Paritaprevir + Ritonavir
US9333204B2	US20150258093A1	2014-01-03	2015-01-02	药物组合物
—	US20180177778A1	2015-06-29	2016-06-28	药物联用

2012~2013年，专利申请对不同基因型或合并其他疾病的患者的治疗方法进行了扩展布局。US2015011481A1请求保护采用Technivie和Dasabuvir联合使用，不联合使用干扰素或Ribavirin，对1b型HCV感染者治疗8~12周的方法。US2015174194A1请求保护采用Technivie和Dasabuvir联合使用，不联合使用干扰素，对感染HCV的肝移植受者治疗4~24周的方法。

2013年和2014年，艾伯维分别对Technivie的3种活性药物成分、含有Technivie和Dasabuvir的药物组合物提出了专利申请US2015141351A1、US2015258093A1，对活性化合物的比例和含量申请了保护。

2015年，针对联合用药的治疗方法进行了进一步的专利布防，针对Technivie的适应症4型HCV感染进行了专利布防。专利US2018177778A1请求保护采用Technivie和Dasabuvir联合使用，不联合使用干扰素或Ribavirin，对1b型或4型HCV感染者治疗8~12周的方法。

5.4.3.3 小　　结

如图5-4-1所示，艾伯维在临床试验开始之前已经针对复方制剂中的各个活性化合物分别布局了化合物的核心专利，并且都获得了专利授权，同时也开展了晶型、药物制剂等外围专利的布局。

随着临床试验的展开，艾伯维对药物组合的专利、联合用药治疗方法的专利进行了批量申请，并且专利申请基本上早于临床试验。专利申请对临床试验中评估过的具体治疗方式有选择性地进行了布局，例如针对具体的1a型或1b型HCV感染者、感染了HCV的肝移植受者联合或不联合Ribavirin或干扰素、治疗的时长等。可见艾伯维在进行相应的临床试验之前，已经结合临床前的研发对临床试验的结果有所预期，并且对预期效果较好的治疗方案预先进行了专利申请，同样可以避免临床试验造成的使用公开。

专利申请

1998~2009年
- *US7148359B2 Ritonavir化合物
- *US8420596B2 Paritaprevir化合物
- *US8691938B2 Ombitasvir化合物

核心及重要专利

2010年1月
- *US8686026B2 Ombitasvir药物制剂

2011年10月
- *US8466159B2 药物联用 GT1 Technivie + Dasabuvir +Ribavirin 12周
- *US8492386B2 药物联用 GT1 Technivie+Dasabuvir 12周
- *US8680106B2 药物联用 GT1 Technivie+Dasabuvir 8周
- *US8685984B2 药物联用 GT1 Technivie+Dasabuvir 8周

2012年10月
- *US10201542B2/US9629841B2 Dasabuvir制剂

2012~2013年
- US2016333404A1 药物联用 Technivie + Dasabuvir GT2、GT3
- US2015011481A1 药物联用 Technivie + Dasabuvir GT1b 8~12周
- US2015174194A1 药物联用 肝移植受者Technivie + Dasabuvir 4~24周

2013年11月
- US2015141351A1 Technivie药物制剂

2015年6月
- US2018177778A1 药物联用Technivie GT1b GT4 8~12周

临床研究

2011年9月
- Technivie+Ribavirin GT1、2、3 安全性与有效性

2012年
- 2012年7月 Technivie GT1b GT2 日本感染者 安全性 药代动力学
- 2012年8月 Technivie 泛基因型 安全性与有效性
- 2012年12月 Technivie+Ribavirin+PEG IFN 治疗无反应患者安全性与有效性

2013~2014年
- 2013年1月 Technivie+Dasabuvir+Ribavirin GT1、GT4 肝/肾移植受者 安全性
- 2013年12月 Technivie GT1b 日本成年人 安全性与有效性
- 2014年1月 Technivie 生物利用度
- 2014年1月 Technivie+RBV GT2 安全性
- 2014年10月 Technivie+RBV GT4 肝硬化成人 安全性与有效性
- 2014年12月 Technivie+Sofosbuvir 安全性与有效性

2015年7月24日上市

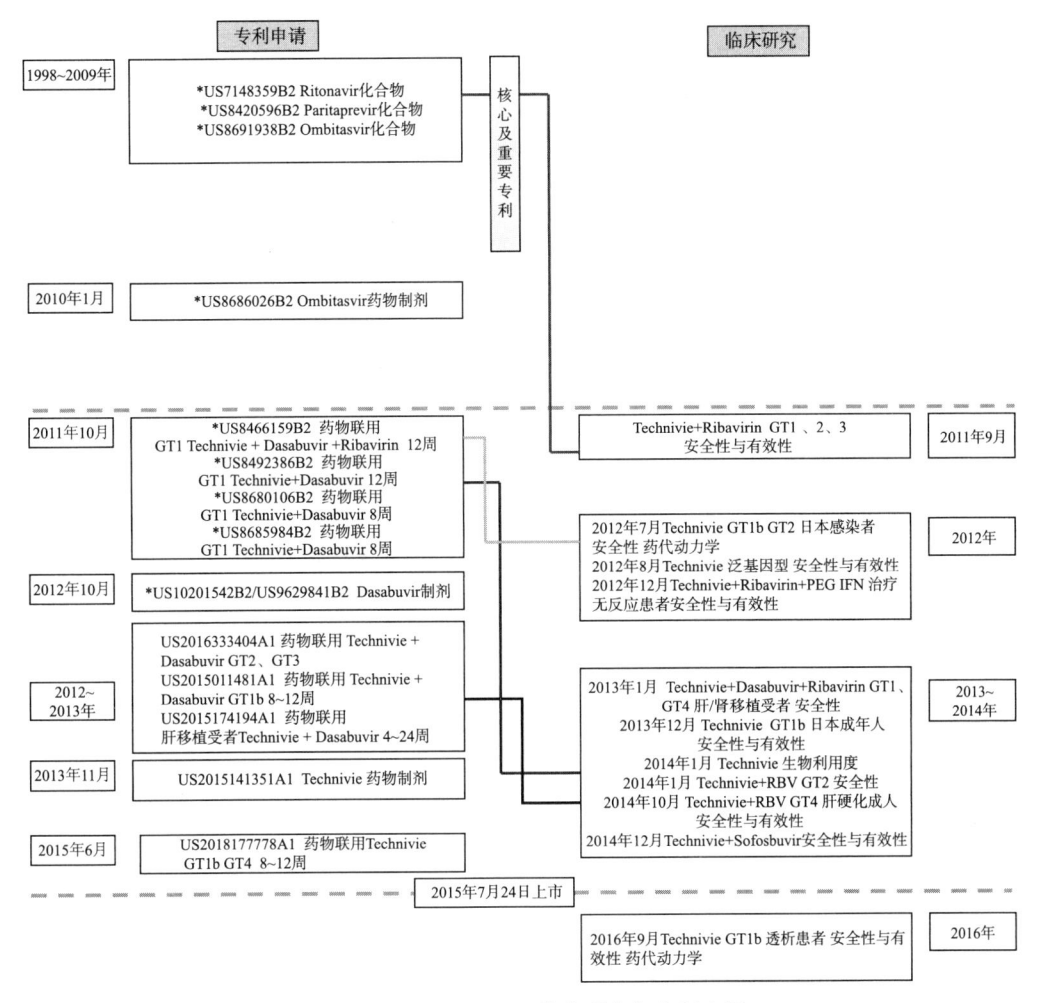

2016年
- 2016年9月 Technivie GT1b 透析患者 安全性与有效性 药代动力学

图 5-4-1 Technivie 临床研究与专利布局

5.4.4 Technivie 专利周期

新药研发到产品上市一般需要较长的时间，而专利保护期自申请日起计算仅有20年。如果申请专利过早，会造成新药上市后，专利无法提供足够长时间的专利保护期；而如果专利申请过晚，则有可能被竞争对手抢占先机，丧失获取专利权的机会。因此专利申请的时机对于药物研发企业至关重要，并且通常会形成专利保护链，以延长产品的专利保护期。

从Technivie的专利申请布局来看，艾伯维采用了递进式的专利布局策略，如图 5-4-2 所示，在临床试验开始之前先获得单体化合物的专利权，随着临床试验的开始，逐渐过渡到药物联用的专利申请。这种策略可以尽量缩短专利申请与药物上市之间的时间间隔，尽量保证药物上市之后的专利保护年限，同时通过申请组合物、联合用药、晶型等外围专利的方式，延长对Technivie的专利保护期。

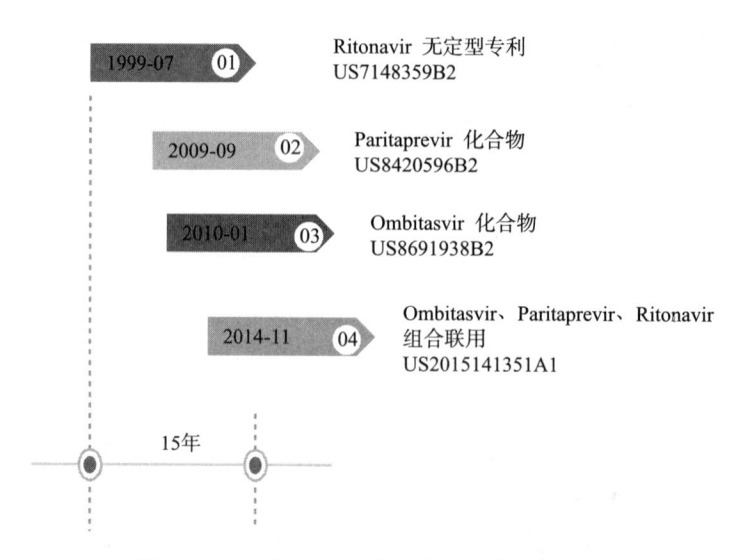

```
1999-07  01    Ritonavir 无定型专利
                US7148359B2

    2009-09  02   Paritaprevir 化合物
                   US8420596B2

        2010-01  03   Ombitasvir 化合物
                       US8691938B2

            2014-11  04   Ombitasvir、Paritaprevir、Ritonavir
                           组合联用
                           US2015141351A1

    15年
```

图 5-4-2　Technivie 专利布局与保护期对照

5.5　Telaprevir

5.5.1　Telaprevir 概述

5.5.1.1　Telaprevir 简介

Telaprevir（VX-950，结构如图 5-5-1 所示）由沃泰克斯制药公司开发，是一种口服 HCV NS3/4A 丝氨酸蛋白酶抑制剂，商品名 Incivek，临床上与 PEG IFN 和 Ribavirin 联用，用于治疗成人无既往治疗史或虽经既往标准治疗方案（PEG IFN 联合 Ribavirin）治疗但未达到持续病毒学应答（复发、部分应答和没有应答）的具有代偿性肝病（肝已受损害但还有一定功能）、包括肝硬化的 1 型慢性丙肝患者。Telaprevir 联合 PEG IFN 和 Ribavirin 的三联疗法治疗 1 型 HCV 感染的疗效和安全性优于标准治疗方案，但也存在停药后副作用比标准治疗方案更严重的问题（7%～8% vs. 4%）。Telaprevir 常见的副作用有疲劳、皮肤瘙痒、恶性、头痛、贫血、皮疹、流感样疾病等。

图 5-5-1　Telaprevir 结构

5.5.1.2 Telaprevir 上市情况

Telaprevir 最早于 2011 年 5 月 23 日在美国上市。根据沃泰克斯制药公司与礼来的协议，沃泰克斯制药公司有权在北美将 Telaprevir 商业化，并且其作为沃泰克斯制药公司与礼来合作的一部分，由礼来负责全球营销和开发，但是该协议后来进行了调整，沃泰克斯制药公司将领导和开发商业化，礼来保留财物权益。强生公司获得 Telaprevir 在非洲、澳大利亚、欧洲、中东和南美洲的独家许可，三菱田边制药获得在中国、日本、韩国和中国台湾的开发和商业化许可。

Telaprevir 作为最早上市的口服 DAAs 药物之一，在早些年对抗病毒肝炎作出巨大的贡献，并且连续三年稳居美国销售 TOP200 排行榜。2011 年以 8.46 亿美元的销售额排名第 72 位，2012 年销售额达 13.13 亿美元，排名第 42 位，但之后随着其他新型口服 DAAs 药物上市，以及 Telaprevir 本身的副作用明显，销售业绩出现下滑，2015 年沃泰克斯制药公司宣布停止销售该产品。

5.5.2 Telaprevir 临床开展情况

5.5.2.1 Telaprevir 临床研究

沃泰克斯制药公司在 2005 年 10 月首次开展 Telaprevir 的临床研究（NCT00251199），评估 Telaprevir 和其与 PEG IFN 联用在丙肝患者中的药代动力学；随后在 2005 年 12 月评估 Telaprevir 与 PEG IFN α-2a 和 Ribavirin 联用的安全性（NCT00262483）。2006 年沃泰克斯制药公司开展两项临床研究，同样是评估 Telaprevir 联合 PEG IFN α-2a 和 Ribavirin 治疗丙肝的有效性（NCT00372385、NCT00336479），如表 5-5-1 所示。

表 5-5-1 2005~2006 年 Telaprevir 临床研究

临床编号	主要内容	开始时间	结束时间	期次
NCT00251199	Telaprevir + PEG IFN 药代动力学	2005-10	2006-03	Ⅰ期
NCT00262483	Telaprevir + PEG IFN α-2a + Ribavirin 安全性、有效性	2005-12	2006-04	Ⅱ期
NCT00372385	Telaprevir + PEG IFN α-2a + Ribavirin 有效性	2006-08	2008-06	Ⅱ期
NCT00336479	Telaprevir + PEG IFN α-2a + Ribavirin 有效性	2006-06	2008-02	Ⅱ期

从 2007 年开始，沃泰克斯制药公司针对更详细的适应证和具体基因型的丙肝开展临床研究，包括对在先前使用干扰素治疗未达到 SVR 的 1 型丙肝患者，给予 Telaprevir 联合 PEG IFN α 和 Ribavirin 治疗，评估疗效（NCT00420784）；对患有中度和重度肝功能不全的受试者，多次口服给药 Telaprevir 后，评估安全性和药代动力学（NCT00509210）；为由于研究不足而停止治疗的研究对照组 VX06-950-106（源自 NCT00420784）、VX05-950-104（源自 NCT00336479）和 VX05-950-104（源自

NCT00372385）的受试者，提供 Telaprevir 联合 PEG IFN α 和 Ribavirin 治疗，评估安全性、耐受性和 HCV RNA 的水平（NCT00535847）；对 1b 型丙肝患者，评估服用 Telaprevir 后的安全性、药代动力学和 HCV RNA 动力学（NCT00591214），如表 5-5-2 所示。

表 5-5-2　2007 年 Telaprevir 临床研究

临床编号	主要内容	开始时间	结束时间	期次
NCT00420784	先前使用干扰素治疗未达到持续 SVR，1 型，Telaprevir + PEG IFN α-2a + Ribavirin	2007-02	2009-04	Ⅱ期
NCT00509210	患有中度和重度肝功能不全的受试者，多次给药 Telaprevir	2007-09	2008-06	Ⅰ期
NCT00535847	对于研究不足而停止治疗的研究对照组，Telaprevir + PEG IFN α-2a + Ribavirin	2007-10	2010-02	Ⅱ期
NCT00591214	1b 型，Telaprevir	2007-12	2008-10	Ⅰ期

2008~2013 年，沃泰克斯制药公司进行了多项临床研究，其中 2007~2008 年的临床研究重点关注 Telaprevir 在治疗 1 型丙肝时的安全性、有效性、给药剂量。这些研究包括对 1b 型慢性丙肝患者，评估 Telaprevir 的安全性和有效性（NCT00621296），评估 Telaprevir 联合 PEG IFN α-2a 和 Ribavirin 的安全性、药代动力学（NCT00630058）；对未接受过治疗的 1 型慢性丙肝患者，给予 Telaprevir 联合 PEG IFN α-2a 和 Ribavirin 治疗，评估安全性或有效性（NCT00780416），或未接受过治疗但对 Telaprevir 的治疗快速反应的患者，评估其 24 周或 48 周的病毒应答情况（NCT00758043）；对于既往治疗后复发的 1 型患者（NCT00780910），或对既往治疗无反应的 1 型丙肝患者（NCT00781274）评估联合 PEG IFN α-2b 和 Ribavirin 治疗的疗效和安全性；在未接受过治疗的 1 型慢性丙肝患者中，给予 Telaprevir 联合 PEG IFN α-2a 和 Ribavirin 治疗，评估两种剂量的安全性和有效性（NCT00627926），如表 5-5-3 所示。

表 5-5-3　2008~2013 年 Telaprevir 临床研究

临床编号	主要内容	开始时间	结束时间	期次
NCT00621296	1b 型，Telaprevir 的安全性、有效性	2008-01	2009-02	Ⅱ期
NCT00630058	1b 型，Telaprevir + PEG IFN α-2a + Ribavirin 安全性、PK	2008-04	2009-03	Ⅰ期
NCT00780416	未接受过治疗的 1 型，Telaprevir + PEG IFN α-2a + Ribavirin 安全性、有效性	2008-11	2010-08	Ⅲ期
NCT00758043	未接受过治疗的 1 型，Telaprevir + PEG IFN α-2a + Ribavirin，SVR24 或 SVR48	2008-10	2010-07	Ⅲ期

续表

临床编号	主要内容	开始时间	结束时间	期次
NCT00780910	既往治疗后复发的1型，Telaprevir + PEG IFN α – 2b + Ribavirin 安全性、有效性	2008 – 11	2010 – 10	Ⅲ期
NCT00781274	既往治疗无反应的1型，Telaprevir + PEG IFN α – 2b + Ribavirin 安全性、有效性	2008 – 12	2010 – 07	Ⅲ期
NCT00627926	未接受过治疗的1型，两种剂量的Telaprevir + PEG IFN α – 2a + Ribavirin，安全性、有效性	2008 – 03	2010 – 05	Ⅲ期

2009~2010年的临床研究重点关注联合给药、药物相互作用，包括对于美沙酮维持治疗的受试者，稳态下每8小时给予750 mg Telaprevir，评估对R-和S-美沙酮的稳态药代动力学影响，考察潜在药物相互作用（NCT00933283）；在健康受试者中，共同给药VCH – 222（Lomibuvir，HCV聚合酶抑制剂）和Telaprevir，评估药代动力学、药物相互作用、安全性和耐受性（NCT00958152）；对共同感染HCV/HIV患者，且未接受过丙肝治疗，给予Telaprevir联合PEG IFN和Ribavirin，评估其在治疗HCV感染中是否安全有效（NCT00983853）；在健康成人中，评估Telaprevir对环孢素和他克莫司药代动力学的影响（NCT01038167）；对1型丙肝患者，评估四联疗法（Telaprevir + VX – 222 + PEG IFN α – 2a + Ribavirin）的疗效和安全性（NCT01516918）；对未接受过治疗的初治1型患者，评估Telaprevir和VX – 222联合治疗的安全性和耐受性（NCT01080222）；评估在健康受试者中，Telaprevir和Raltegravir（用于治疗HIV）药动学相互作用（NCT01253551）。此外，还包括为期三年的观察试验，评估患者对Telaprevir的长期反应并评估HCV随时间的变化（NCT00916474）；健康受试者给予Telaprevir，评估对心电图的影响（NCT00973388）；未接受过治疗的1型慢性HCV感染受试者（NCT01241760）或治疗失败的受试者（NCT01054573），给予Telaprevir、PEG IFN α – 2a + Ribavirin，评估Telaprevir的剂量方案，如表5 – 5 – 4所示。

表5 – 5 – 4 2009~2010年Telaprevir临床研究

临床编号	主要内容	开始时间	结束时间	期次
NCT00933283	美沙酮维持治疗的受试者，Telaprevir，PK	2009 – 07	2009 – 12	Ⅰ期
NCT00958152	健康受试者中共同给药VCH – 222和Telaprevir，PK、安全性	2009 – 08	2010 – 01	Ⅰ期
NCT00983853	感染HCV/HIV患者，Telaprevir + PEG IFN α + Ribavirin，安全性和有效性	2009 – 10	2012 – 03	Ⅱ期
NCT01038167	健康成人，Telaprevir对环孢素和他克莫司PK影响	2010 – 01	2010 – 04	Ⅰ期

续表

临床编号	主要内容	开始时间	结束时间	期次
NCT01516918	1型，Telaprevir + VX-222 + PEG IFN α-2a + Ribavirin 的疗效和安全性	2010-02	2013-12	Ⅱ期
NCT01080222	初治1型患者，Telaprevir + VX-222 安全性和耐受性	2010-08	2013-11	Ⅱ期
NCT01253551	健康受试者，Telaprevir + Raltegravir，PK	2010-12	2011-04	Ⅰ期
NCT00916474	Telaprevir 长期观察试验	2009-06	2013-12	—
NCT00973388	健康者，Telaprevir，心电图	2009-10	2010-01	Ⅰ期
NCT01241760	未接受治疗的1型，Telaprevir、PEG IFN α-2a + Ribavirin，剂量	2010-12	2012-11	Ⅲ期
NCT01054573	治疗失败的受试者，Telaprevir、PEG IFN α-2a + Ribavirin	2010-04	2012-05	Ⅲ期

2011~2013年的临床研究重点关注 Telaprevir 在不同人群（存在共患疾病、不同人种）中的安全性和有效性，包括评估 Telaprevir 对丁丙诺啡/纳洛酮（阿片类镇痛剂）依赖的 HCV 患者中丁丙诺啡/纳洛酮药代动力学的影响（NCT01275599）；在未接受治疗或复发的1型慢性丙肝感染者且具有 IL28B（白介素28B）CC 基因型的受试者，评估 Telaprevir 联合 PEG IFN α-2a 和 Ribavirin 是否安全有效（NCT01459913）；对于共同感染1型 HCV 和1型 HIV 病毒的受试者，评估 Telaprevir 联合 PEG IFN α-2a 和 Ribavirin 的疗效（NCT01467479）；对经历过干扰素治疗的1型慢性丙肝的黑人/非裔美国人和非黑人/非裔美国人（但未获得持续病毒应答）受试者，评估 Telaprevir 联合 PEG IFN α-2a 和 Ribavirin 是否安全有效（NCT01467492）；对感染1型 HCV 且肝移植后的受试者，评估 Telaprevir 联合 PEG IFN 和 Ribavirin 的疗效（NCT01467505）；对于共患血友病的丙肝受试者，采用 Telaprevir 联合 PEG IFN 和 Ribavirin 治疗，评估病毒动力学反应（NCT01704521）；对于儿科受试者，评估 Telaprevir 联合 PEG IFN 和 Ribavirin 治疗1型患者的安全性、疗效、药代动力学（NCT01701063）；肝移植后的1型丙肝患者，采用 Telaprevir 联合 PEG IFN α-2a 和 Ribavirin 治疗，评估能否防止病毒再复发（NCT01821963），如表5-5-5所示。

表5-5-5　2011~2013年 Telaprevir 临床研究

临床编号	主要内容	开始时间	结束时间	期次
NCT01275599	对丁丙诺啡/纳洛酮依赖的受试者，Telaprevir，PK	2011-01	2011-04	Ⅰ期
NCT01459913	未接受治疗或复发的1型 HCV 且具有 IL28B CC 基因型，Telaprevir + PEG IFN α-2a + Ribavirin，安全性、有效性	2011-11	2014-01	Ⅲ期

续表

临床编号	主要内容	开始时间	结束时间	期次
NCT01467479	1型HCV和1型HIV，Telaprevir + PEG IFN α – 2a + Ribavirin，有效性	2011 – 12	2014 – 02	Ⅲ期
NCT01467492	经历过PR治疗的1型HCV黑人/非裔美国人和非黑人/非裔美国人，Telaprevir + PEG IFN α – 2a + Ribavirin，安全性、有效性	2012 – 01	2014 – 05	Ⅳ期
NCT01467505	1型HCV且肝移植后，Telaprevir + PEG IFN α – 2a + Ribavirin 有效性	2012 – 02	2014 – 04	Ⅱ期
NCT01704521	共患血友病，Telaprevir + PR 治疗，有效性	2012 – 12	2014 – 10	Ⅰ期
NCT01701063	儿科1型HCV，Telaprevir + PR，安全性、有效性和PK	2013 – 01	2015 – 04	Ⅰ、Ⅱ期
NCT01821963	1型HCV且肝移植后，Telaprevir + PEG IFN α – 2a + Ribavirin 是否复发	2013 – 04	2014 – 02	Ⅲ期

2012~2013年的3项研究涉及新剂型、联合给药的安全性和有效性，包括评估3种新的Telaprevir制剂相对于Incivek 375 mg片剂的相对生物利用度、安全性和耐受性（NCT01511432）；在未进行过治疗的1a型慢性丙肝受试者中，评估VX – 222 + Telaprevir + Ribavirin治疗的安全性和有效性（NCT01581138）；对于未接受过治疗的初治1型丙肝患者，评估Telaprevir和Sofosbuvir联合治疗的安全性和耐受性（NCT01994486）；对于1型丙肝患者，采用Telaprevir + PEG IFN + Ribavirin + 维生素D3，评估安全性和有效性，考察维生素D3是否有利于病毒清除（NCT01890772），如表5 – 5 – 6所示。

表5 – 5 – 6　2012~2013年Telaprevir临床研究

临床编号	主要内容	开始时间	结束时间	期次
NCT01511432	3种新制剂相对于Incivek 375 mg片剂，相对生物利用度、安全性	2012 – 01	2012 – 07	Ⅰ期
NCT01581138	未进行过治疗的1a型HCV，VX – 222 + Telaprevir + Ribavirin，安全性和有效性	2012 – 07	2013 – 12	Ⅱ期
NCT01994486	未进行过治疗初治1型HCV，Telaprevir + Sofosbuvir，安全性和耐受性	2013 – 12	2014 – 09	Ⅱ期
NCT01890772	1型HCV，Telaprevir + PEG IFN + Ribavirin + VD3，安全性有效性	2013 – 08	—	Ⅱ、Ⅲ期

5.5.2.2 Telaprevir 小结

从沃泰克斯制药公司开展的 Telaprevir 临床研究来看（见图 5-5-2），临床研究初期（2005~2006 年）围绕 Telaprevir 的药代动力学、安全性和有效性开展研究，这也是常见的临床研究模式。2007~2011 年为其临床研究密集阶段，针对更详细的适应证。具体的 1 型丙肝治疗的安全性、有效性，并且在该阶段后期偏向联合给药，药物相互作用，以及更细化的 Telaprevir 在不同人种、儿童患者和有其他共患疾病的患者中的相关临床研究；在临床研究末期（2012~2013 年），考察不同剂型的生物利用度。

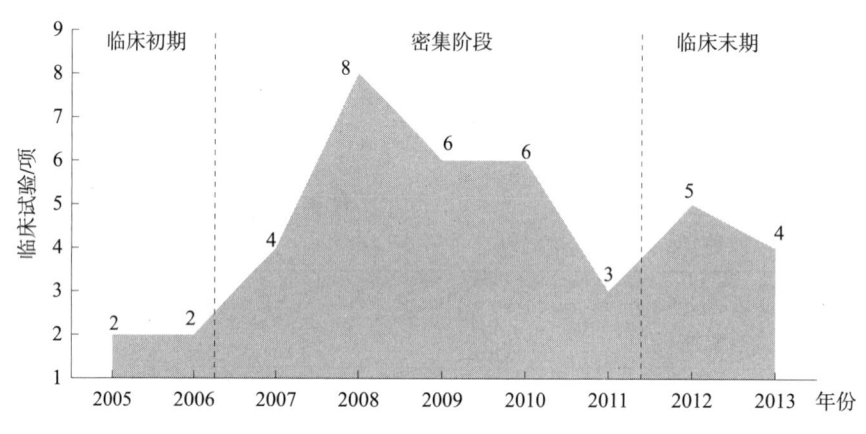

图 5-5-2 Telaprevir 临床研究项目年度分布

5.5.3 Telaprevir 专利布局

5.5.3.1 临床前专利布局

如表 5-5-7 所示，有关 Telaprevir 授权的第一件美国专利申请为 US7820671B2，申请日为 2000 年 8 月 31 日，其保护 Telaprevir 化合物及其药学上可接受的盐、前药，以及非对映异构体。该专利同样被美国 FDA 橙皮书收录，构成 Telaprevir 的核心专利之一。随后，沃泰克斯制药公司通过延续申请相继获得两项专利权 US8252923B2 和 US8529882B2，分别保护中间体化合物以及 Telaprevir 化合物及其药学上可接受的盐、前药、非对映异构体用于治疗 HCV 病毒感染的应用，后者被美国 FDA 橙皮书收录。此外，沃泰克斯制药公司以相同的临时申请为基础利用延续申请，提交了两件专利申请 US20120064034A1 和

US20140294763A1，请求保护通式 ![结构式] 的化合物，但并未获得授权。上述授权专利构成了 Telaprevir 核心专利族，其中化合物专利 US7820671B2 专利到期日为 2025 年 2 月 25 日，用途专利 US8529882B2 到期日为 2021 年 8 月 31 日。

沃泰克斯制药公司在 2003~2005 年申请了十余件专利申请，包括 Telaprevir 和细胞色素 P450 单加氧酶抑制剂联用（US20060003942A1、US20100015090A1、US20120114604A1），包含 Telaprevir 无定型形式的药物组合物（US20060089385A1、US20130274180A1），Telaprevir 在治疗 2 型或 3 型丙肝中的用途（US20080267915A1、US20110059886A1）；以及 Telaprevir 的给药方案，包括给药：a）Telaprevir 或其药学上可接受的盐，每天 3 次，每次 750 mg；b）PEG IFN，180 μg/wk；c）Ribavirin，连续给药 14 天（US8431615B2），该授权专利被美国 FDA 橙皮书收录。

此外，沃泰克斯制药公司在临床前还申请了保护 Telaprevir 非对映异构体及其组合物的多件专利申请（US20070105781A1、US20110171175A1、US20130177531A1、US20140056847A1）；布局 Telaprevir 的制备方法（US7776887B2），并通过延续申请布局了中间体的制备方法（US8637457B2）和 Telaprevir 其他制备路线的授权专利（US8399615B2、US8871904B2）。另外两项专利申请 US2014107318A1 和 US20140107318A1 涉及 Telaprevir 通式、中间体的制备方法，并未获得专利授权。

表 5-5-7 Telaprevir 临床前专利布局

授权号	公开号	最早优先权日	申请日	保护主题
*US7820671B2	US20050197299A1	2000-08-31	2001-08-31	Telaprevir 的具体化合物
US8252923 B2	US20100137583A1	2000-08-31	2001-08-31	通式中间体
—	US20120064034A1	2000-08-31	2001-08-31	Telaprevir 通式
*US8529882B2	US20120282219A1	2000-08-31	2001-08-31	Telaprevir 具体化合物治疗 HCV 的用途
—	US20140294763A1	2000-08-31	2001-08-31	Telaprevir 通式
—	US20060003942A1	2003-10-27	2004-10-27	Telaprevir 和细胞色素 P450 单加氧酶抑制剂联用
—	US20100015090A1	2003-10-27	2004-10-27	Telaprevir 和细胞色素 P450 单加氧酶抑制剂联用
—	US20120114604A1	2003-10-27	2004-10-27	Telaprevir 和细胞色素 P450 单加氧酶抑制剂联用
—	US20060089385A1	2004-06-08	2005-06-08	药物组合物，包含 Telaprevir 的无定型形式

续表

授权号	公开号	最早优先权日	申请日	保护主题
—	US20130274180A1	2004-06-08	2005-06-08	药物组合物,包含Telaprevir的无定型形式
—	US20080267915A1	2004-10-01	2005-09-30	治疗2型或3型丙肝,给予Telaprevir
—	US20110059886A1	2004-10-01	2005-09-30	治疗2型或3型丙肝
*US8431615B2	US20060105978A1	2004-10-29	2005-10-28	Telaprevir + PEG IFN + Ribavirin
—	US20070105781A1	2005-08-02	2006-08-01	Telaprevir异构体以及异构体混合物
—	US20110171175A1	2005-08-02	2006-08-01	Telaprevir异构体以及异构体混合物
—	US20130177531A1	2005-08-02	2006-08-01	Telaprevir异构体以及异构体混合物
—	US20140056847A1	2005-08-02	2006-08-01	Telaprevir异构体以及异构体混合物
US7776887B2	US20070879731A1	2005-08-19	2006-08-18	Telaprevir的制备方法
US8399615B2	US2010063252A1	2005-08-19	2006-08-18	Telaprevir的制备方法和中间体
—	US20140107318A1	2005-08-19	2006-08-18	通式及Telaprevir的制备方法
US8637457B2	US2010174077A1	2005-08-19	2006-08-18	中间体的制备方法
US8871904B2	US2013172276A1	2005-08-19	2006-08-18	Telaprevir的制备方法
—	US2014107318A1	2005-08-19	2006-08-18	Telaprevir的制备方法,中间体、中体的制备方法

从上述专利布局可以看出,沃泰克斯制药公司在Telaprevir进入临床阶段前,对核心专利化合物Telaprevir、其治疗丙肝的用途、临床给药方式均进行了布局保护,并且与核心专利密切相关的制备方法、重要中间体进行专利布局。此外,沃泰克斯制药公司将技术方案扩展到结构种类更广泛的通式、更多用途(Telaprevir治疗2型或3型丙肝)、不同对映/非对映异构体,并申请了涉及药物联用、包含Telaprevir无定型形式的药物组合物,为其他竞争对手设置障碍。

5.5.3.2 临床阶段专利布局

沃泰克斯制药公司在2006年申请了一系列关于Telaprevir的共晶、中间体的制备方法、药物组合物、喷雾干燥的方法的专利申请。US8039475B2、US8372846B2分别保护包含Telaprevir和水杨酸的共晶以及共晶的制备方法。US8853152B2保护的喷雾干燥Telaprevir的方法，在包含二氯甲烷、丙酮和水的溶剂体系（非挥发性溶剂的量为0.1%~20%）中，喷雾干燥获得无定型物；US20070218138A1、US20100267744A1、US20120083441A1、US20130079289A1保护涉及Telaprevir固体分散剂的药物组合物；专利申请US2007244334A1（撤回）涉及中间体的制备方法，通过继续申请，获得授权专利US8383858B2（保护中间体化合物）和授权专利US8247532B2（保护中间体及其制备方法）。此外，沃泰克斯制药公司通过分案申请，布局专利申请US2013131359A1（US8383858B2的分案）中间体及其不同制备方法，如表5-5-8所示。

表5-5-8 Telaprevir临床阶段专利布局一

授权号	公开号	最早优先权日	申请日	保护主题
US8372846B2	US20120088740A1	2006-02-27	2007-02-27	包含Telaprevir和水杨酸的共晶
US8853152B2	US20070212683A1	2006-02-27	2007-02-27	包含Telaprevir和水杨酸的共晶
US8853152B2	US20090247468A1	2006-03-20	2009-06-10	喷雾干燥药物的方法
—	US20070218012A1	2006-03-20	2007-03-19	喷雾干燥、固体分散剂制备方法
	US20100011610A1	2006-12-22	2007-04-11	工业上流化喷雾干燥Telaprevir的方法
	US20070218138A1	2006-03-20	2007-03-19	药物组合物，含无定型Telaprevir固体分散剂
—	US20100267744A1	2006-03-20	2010-04-26	药物组合物，含无定型Telaprevir固体分散剂
	US20120083441A1	2006-03-20	2011-12-13	药物组合物，含无定型Telaprevir固体分散剂
—	US20130079289A1	2006-03-20	2012-07-10	药物组合物，含无定型Telaprevir固体分散剂
—	US2007244334A1	2006-03-16	2009-11-18	中间体的制备方法
US8383858B2	US2010298568A1	2006-03-16	2009-11-18	中间体化合物
US8247532B2	US2011071074A1	2006-03-16	2007-03-14	中间体的制备方法
—	US2013131359A1	2006-03-16	2007-03-14	中间体的制备方法

从前述分析可知，沃泰克斯制药公司从 2007 年开始启动大批量的临床研究，并且在 2007 年之前完成核心专利和其他重要专利布局；2007 年之后的专利申请重点围绕 Telaprevir 的外围专利，如晶体、适应证、药物联用、剂型、改进的临床治疗方案等，以期能够尽可能地延长该产品的专利保护期。

如表 5-5-9 所示，授权专利 US8759353B2 保护包含 Telaprevir 和 4-羟基苯甲酸等的共晶；US8492546B2 保护包含 Telaprevir 和 2，5-二羟基苯甲酸等的共晶；随后一年申请的授权专利 US8541025B2 保护药物组合物，其包含至少 68% 的 Telaprevir 和 4-羟基苯甲酸组成的共晶与辅料，辅料包括微晶纤维素、乳糖、交联羧甲基纤维素钠、月桂基硫酸钠、硬脂富马酸钠。授权专利 US8258116B2 保护 Telaprevir 和选自式（Ⅰ）

的 HCV 聚合酶抑制剂的联用药物，以及该联用药物治疗 HCV 感染的用途，其分案专利申请 US2012295843A1 要求保护 Telaprevir 与选自 R7128 或 IDX184 聚合酶抑制剂的联用药物，以及该联用药物治疗 HCV 感染的用途。

表 5-5-9　Telaprevir 临床阶段专利布局二

授权号	公开号	最早优先权日	申请日	保护主题
US8759353B2	US20110059987A1	2007-02-27	2008-02-27	包含 Telaprevir 和 4-羟基苯甲酸的共晶
US8492546B2	US20110009424A1	2007-08-30	2008-08-29	包含 Telaprevir 和 2，5-二羟基苯甲酸等的共晶
US8541025B2	US20110236478A1	2008-09-03	2009-08-28	包含 Telaprevir 和 4-羟基苯甲酸共晶的药物组合物
US8258116B2	US20100172866A1	2007-05-04	2008-05-05	Telaprevir 和聚合酶抑制剂组合，治疗 HCV
—	US20120295843A1	2007-05-04	2008-05-05	Telaprevir 与 R7128 或 IDX184 联合用药，治疗 HCV
—	US20100189688A1	2007-05-21	2008-05-21	Telaprevir + PR 的给药方案，用于脂肪肝等疾病的治疗
—	US20100226889A1	2007-11-05	2008-11-04	Telaprevir + PR 给药方案

续表

授权号	公开号	最早优先权日	申请日	保护主题
US8664273B2	US20120045415A1	2008-04-23	2009-04-23	对 PR 治疗无应答的丙肝患者，Telaprevir+PR 治疗方案
—	US20140127160A1	2008-04-23	2009-04-23	对 PR 治疗无应答的丙肝患者，Telaprevir+PR 治疗方案
—	US20120088904A1	2008-08-28	2009-08-28	适应证，治疗 1a 型丙肝的方法
—	US20140050697A1	2008-08-28	2009-08-28	适应证，治疗 1a 型丙肝的方法

沃泰克斯制药公司布局新适应证的专利申请包括：专利 US20100189688A1 请求保护治疗肝损伤、肝炎、脂肪肝、酒精性脂肪变性等疾病的方法，给予患者每天约 1350 mg、约 2250 mg、约 2500 mg 的 Telaprevir 和 PEG IFN + Ribavirin 的方法；治疗 HCV 感染的方法，包括每天给予 100~1500 mg 的 Telaprevir；US20100226889A1 请求保护 Telaprevir + PEG IFN α-2a + Ribavirin 的给药方案，其中 Telaprevir 750 mg/8hr、PEG IFN α-2a 180 μg/周、Ribavirin 1000~1200 mg/day，连续给药 12~24 周。

2008 年布局的授权专利 US8664273B2 保护对先前采用 PEG IFN + Ribavirin 治疗无应答患者，采用 Telaprevir 联合 PEG IFN + Ribavirin 治疗，给予 12 周、24 周或 36 周连续治疗，治疗初期 Telaprevir 给药剂量为 750 mg，每天三次，第二阶段干扰素以 108 μg/wk 的量给药；以该专利申请为母案进行分案申请，专利申请 US20140127160A1 继续请求保护对先前采用 PEG IFN + Ribavirin 治疗无应答患者的治疗方案，权利要求中扩大了 Telaprevir 的剂量范围（100~1500mg），可能为竞争者后续申请设置障碍。专利申请 US20120088904A1 和 US20140050697A1 则将 Telaprevir 适应证扩展到 1a 型丙肝。

如表 5-5-10 所示，沃泰克斯制药公司还申请了更多的给药方案、药物联用和药物制剂相关专利：专利申请 US20110236351A1 请求保护 Telaprevir 联合 PEG IFN 和 Ribavirin 的给药方案，其延续申请获得专利权 US8871812B2，包括在初始阶段给予患者 PEG IFN + Ribavirin 和 Telaprevir，在第二阶段给予 PEG IFN 和 Ribavirin，其中第二阶段发生在初始阶段之后，其中以 1125 mg 的量每天两次给予 Telaprevir，以 180 μg 的量每周给予 PEG IFN，以 1000~1200 mg 的量每天给予 Ribavirin。

US20110274652A1 请求保护治疗 HCV 感染患者的方法，通过连续给药 Telaprevir 和干扰素，使得患者血液中 Telaprevir 和干扰素的低谷浓度达到 1500 ng/mL 或 5000 pg/mL；US20120039850A1 请求保护治疗肝硬化的给药方案，包括给予 Telaprevir、PEG IFN 和 Ribavirin，从属权利要求进一步限定给药剂量、给药间隔和周期。专利申请 US20130034522A1 保护药物联用形式，将 Telaprevir 和 VX-222 共同给药，以改善 VX-222 在体内的药物代谢动力学。

专利申请 US20130072440A1 请求保护一种药物制剂，包含 Telaprevir 的共晶，该共晶的动力学溶解度能够在一段较长的时间内处于治疗上可接受的水平。专利申请 US20120014912A1 请求保护 Telaprevir 的药物制剂，目的在于改善口感；专利申请 US20130195797A1 涉及 Telaprevir 的喷雾干燥分散剂。

表 5–5–10　Telaprevir 临床阶段专利布局三

授权号	公开号	最早优先权日	申请日	保护主题
—	US20110236351A1	2008-09-24	2009-09-24	Telaprevir 和 PR 的给药间隔、周期和剂量
US8871812B2	US20130101554A1	2008-09-24	2009-09-24	Telaprevir 和 PR 的给药间隔、周期和剂量
—	US20110274652A1	2008-11-05	2009-11-04	连续给药使 Telaprevir 和 PR 低谷浓度达到一定水平
—	US20120039850A1	2009-02-12	2010-02-12	肝硬化的治疗方案，包括 Telaprevir + PR，从属权利要求限定给药剂量、给药间隔和周期
—	US20130034522A1	2010-01-29	2011-01-28	Telaprevir 和 VX–222 共同给药，改善 VX–222 的药代动力学
—	US20130072440A1	2010-03-11	2011-03-11	包含 Telaprevir 共晶的药物制剂
—	US20120014912A1	2010-07-14	2011-07-14	改善 Telaprevir 制剂口感
—	US20130195797A1	2012-01-31	2013-01-30	Telaprevir 的喷雾干燥分散剂

5.5.3.3　小　　结

从 Telaprevir 的临床研究开展专利布局策略可以看出（见图 5–5–3，文前彩色插图第 3 页），沃泰克斯制药公司在临床阶段前，对核心专利均进行了布局保护，包括核心化合物、治疗用途、与干扰素 + Ribavirin 联合给药方式、制备方法、重要中间体，结合后续审查过程和审查结论来看，沃泰克斯制药公司对于这些专利申请布局目的比较明确，即获得专利授权。众所周知，安全性考察是早期临床研究的重要内容，结合 Telaprevir 早期临床研究内容来看，沃泰克斯制药公司在 2005 年 12 月开展的一项 II 期临床，向感染 HCV 的成人患者，给予 Telaprevir、Pegasys（PEG IFN α–2a）和 Copegus（Ribavirin）联合治疗，评估安全性；这一治疗方法在临床研究开展前已进行布局，核心专利 US8529882B2（该专利同时被橙皮书收录）最早优先权日为 2000 年 8 月 31 日、申请日 2001 年 8 月 31 日、专利到期日为 2021 年 8 月 31 日，其保护 Telaprevir 治疗 HCV 感染的方法，包括向患者给予有效剂量的 Telaprevir 或药学上可接受的盐，或者同时给予有效剂量的 Telaprevir 或药学上可接受的盐、PEG IFN 和 Ribavirin。在安全性临床研究之后，紧接着，沃泰克斯制药公司在 2006 年 6 月开展对 1 型 HCV 患者有效性研究，连续给药 Telaprevir 12 周，第一天口服一次 1250 mg Telaprevir 片剂，然后口服 750 mg/每天三次，联合皮下注射 PEG IFN α-2a 180 μg/周和口服 Ribavirin 治疗，评估 HCV RNA 在血浆中的浓度水平；而在这之前，沃泰克斯制药公司布局了给药方式专利申请并获得授权，US8431615B2（该专利同时被橙皮书收录）最早优先权日为 2004 年 10 月 29 日、申请日为 2005 年 10 月 28 日、专利到期日为 2028 年 5 月 30 日，其保护了至少持续 14 天的给药方案，包括联合给药 Telaprevir（或其药学上可接受的盐），750 mg×3 次/天，PEG IFN 180 μg/周和 Ribavirin；从属权利要求进一步保护，Telaprevir 每隔 8 小时给药一次，覆盖了上述临床研究治疗方案。可见，沃泰克斯制药公司在专利申请时，已经对未来临床研究和上市后给药形式作出预期，布局申请了治疗用途关键专利。与此同时，沃泰克斯制药公司将技术方案扩展到保护范围更广的通式、通式的制备方法、更多治疗用途、不同对映体/非对映体，并申请了多件涉及药物联用、药物组合物的专利申请，为竞争对手的结构改造设置障碍。当 Telaprevir 进入临床阶段后，专利布局偏向晶体、不同的制备方法、药物联用、新的适应证、改进的临床治疗方案、剂型等外围专利，以期能够尽可能地延长该产品的专利保护期。权利要求对于用途的保护也更加细化，一方面，用途权利要求通常针对具体的适应证，很少出现"用于丙型肝炎治疗"或"抗 HCV 病毒感染"这类宽泛的撰写形式，另一方面，Telaprevir 的临床试验在 2007 年后进入密集阶段，研究者通过其招募的受试者类型可以分析出具体的适应证种类，因此，沃泰克斯制药公司在进行大规模临床试验之初，就布局了多件关于适应证、给药方案的专利申请，US8664273B2 最早优先权日为 2008 年 4 月 23 日、申请日 2009 年 4 月 23 日，其保护范围为采用 Telaprevir 联合 PEG IFN + Ribavirin 治疗 PR 无应答丙肝患者，Telaprevir 给药剂量为 750 mg，每天 3 次，IFN 108 μg/周，进行连续 12 周、24 周或 36 周治疗；随后在 2008 年 11 月和 12 月两项密切相关的临床试验申请 NCT00780910、NCT00781274（见表 5-5-3）启动，两项研究均针对难治型 1 型 HCV，入组受试者包括 109 位复发者和 32 位无应答者，患者接受 Telaprevir（每 8 小时 750 mg）治疗 12 周，接受 PEG IFN + Ribavirin 治疗 24 周，评估安全性和疗效，其中复发者和无反应者的 SVR 分别为 88.1%（96/109）和 34.4%（11/32）。可见，沃泰克斯制药公司在研发过程中，一直是专利申请"先于"并"扶植"临床研究前进。

值得一提的是，沃泰克斯制药公司在 2009 年 8 月开展了一项 Telaprevir 与 VX-222 联合给药的安全性临床研究，并在 2010 年、2012 年开展三项联合给药安全性、有效性研究，但是其最早的相关专利申请 US2013034522A1，最早优先权日为 2010 年 1 月 29 日、申请日为 2011 年 1 月 28 日，并未获得专利权，虽然根据后期信息可知该四联法（Telaprevir + VX-222 + PEG IFN + Ribavirin）产品并未上市，但是从专利布局角度来看仍存在漏洞，在当下联合给药的疗效和安全性未知的情况下，具有一定风险。

5.5.4 Telaprevir 专利周期

Telaprevir 化合物专利（US7820671B2）和用途专利（US8529882B2）的专利到期日分别为 2025 年 2 月 25 日和 2021 年 8 月 31 日，其联合 PEG IFN + Ribavirin 给药方案专利 US8431615B2 到期日为 2028 年 5 月 30 日。沃泰克斯制药公司在后进一步申请获得 Telaprevir 的共晶和聚合酶抑制剂的组合物、对 PR 治疗无应答患者治疗方案专利授权，相应的最晚专利申请的 US8664273B2 申请日为 2009 年 4 月 23 日。也就是说，通过一系列专利布局，沃泰克斯制药公司可将 Telaprevir 的专利保护周期延长至少 8 年，如图 5-5-4 所示。

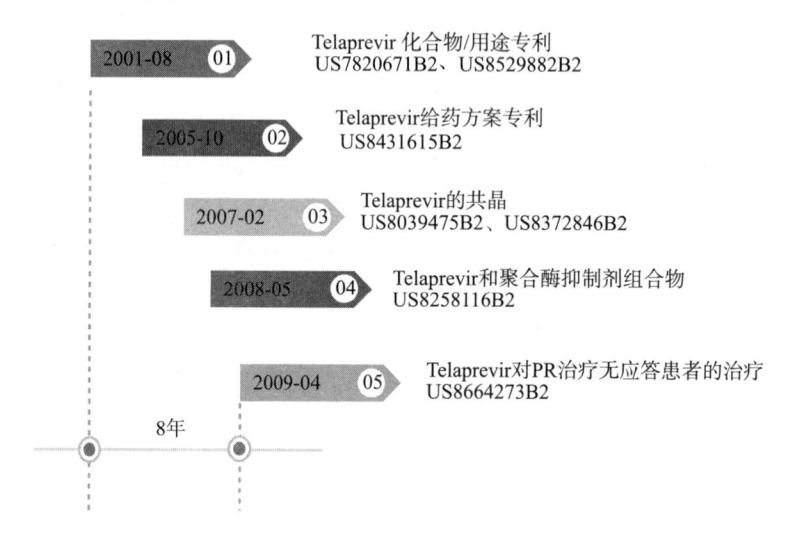

- 2001-08 01 Telaprevir 化合物/用途专利 US7820671B2、US8529882B2
- 2005-10 02 Telaprevir 给药方案专利 US8431615B2
- 2007-02 03 Telaprevir 的共晶 US8039475B2、US8372846B2
- 2008-05 04 Telaprevir 和聚合酶抑制剂组合物 US8258116B2
- 2009-04 05 Telaprevir 对 PR 治疗无应答患者的治疗 US8664273B2

8年

图 5-5-4　Telaprevir 专利布局与保护期对照

5.6　Viekira Pak

5.6.1　Viekira Pak 概述

Viekira Pak 由艾伯维研发，是第一种治疗 1 型慢性丙肝全口服含有 4 种组分的合剂。该合剂是 FDA 批准的第 11 个突破性治疗药物，含有 3 种固定剂量的药物，分别为抗 HCV NS5A 蛋白酶抑制药 Ombitasvir（奥比他韦/ABT-267）、HCV NS3/4A 蛋白酶抑制药 Paritaprevir（帕利普韦/ABT-450）和细胞色素 P450 酶抑制药 Ritonavir（利托那韦，RTV）的复方片剂，外加 HCV NS5B 聚合酶抑制药 Dasabuvir（达沙布韦/ABT-333）的片剂组合包装。

除 Ritonavir 于 1996 年 3 月 1 日在美国上市，作为 HIV 蛋白酶的增强剂，单用或与其他抗 HIV 药物组成复方制剂，广泛用于治疗艾滋病联合用药的重要组分之外，其他 3

种药物均未单独批准临床使用，这4种组分都是第一次用于治疗慢性丙肝。Viekira Pak 无需联用注射干扰素，可单用或与其他抗 HCV 口服药物，如和 Ribavirin 联合使用。Viekira Pak 获得了 FDA 加速审批资格，于2014年12月19日被批准上市。

5.6.2 Viekira Pak 临床开展情况

2011~2012年，早期的临床试验主要在于研究 Viekira Pak 与 Ribavirin 联用或者不联用的安全性和抗病毒活性，Ⅱ期临床试验分别在Ⅰ型 HCV 感染患者（NCT01464827）和慢性 HCV 感染而无肝硬化的患者（NCT01563536）中开展，并且还关注了 Viekira Pak 的耐受性和药代动力学研究。

2013~2015年，艾伯维针对不同种类的感染者，集中开展了广泛全面的Ⅰ期、Ⅱ期、Ⅲ期临床试验，涉及针对 1a 型、1b 型或 4 型的 HCV 感染患者、无肝硬化成年患者、有代偿性肝硬化成年患者、血液透析或腹膜透析的患者、早期肝细胞癌的患者、严重肾功能不全或晚期肾病患者、肝或肾移植受者、合并感染 HIV-1 的患者、未接受过治疗的患者、接受过干扰素或 Ribavirin 治疗的患者、亚洲成年人患者、美国退伍军人患者、儿科患者或健康的中国受试者等多种不同的对象。

在联合用药方面，针对 Viekira Pak 合并或不合并 Ribavirin 使用，Viekira Pak 合并 Telaprevir 使用，Viekira Pak 合并 Ribavirin 使用并联合服用美沙酮或丁丙诺啡±纳洛酮，Viekira Pak 合并 PEG IFN α-2a 和 Ribavirin 使用，Viekira Pak 合并 Sofosbuvir 使用，Viekira Pak 合并低剂量 Ribavirin 或全剂量 Ribavirin 使用，或者 Viekira Pak 合并或不合并 Sofosbuvir 和 Ribavirin 使用等多种不同的治疗方式，均开展了Ⅰ期、Ⅱ期、Ⅲ期临床试验，评估了试验的药代动力学、安全性、抗病毒活性以及长期结局。

艾伯维仅在健康的中国受试者中开展了Ⅰ期临床试验，仅考察了单独使用 Viekira Pak 的药代动力学和安全性，并且是在2015年9月，即 Viekira Pak 已经上市以后进行的。由于丙肝治疗领域多采用鸡尾酒疗法，Viekira Pak 也属于一种含有4种活性药物的复方制剂，因此Ⅱ期、Ⅲ期临床试验主要在于针对感染不同基因型的 HCV 合并感染其他的肝肾疾病或 HIV、未经过治疗、经过干扰素和/或 Ribavirin 治疗，或者不同地区、不同人种、不同年龄段的受试者，单独使用 Viekira Pak，或者合并不同剂量的其他丙肝治疗剂或其他药物使用，进行了安全性、药代动力学、疗效以及长期结局的评价。

5.6.3 Viekira Pak 专利布局

5.6.3.1 Viekira Pak 临床前专利布局

在临床试验开展之前，如表5-6-1所示，1998~2010年，艾伯维分别对 Viekira Pak 中的4种活性化合物 Ombitasvir、Paritaprevir、Ritonavir 和 Dasabuvir 单独进行了专利布局。1998~2003年，分别对 Ritonavir 的晶型、无定型、固体剂型、与 Lopinavir 联用的固体剂型申请了专利，并均获得了授权。

2007~2008年，艾伯维对 Dasabuvir 的化合物、溶剂合物、晶型和制药用途申请了专利，并获得了授权。

2009年,艾伯维对Paritaprevir和Ombitasvir的化合物和制药用途申请了专利,并获得了授权。2010年,艾伯维则对Ombitasvir的制剂组合物进行了专利申请,并获得了授权。

表5-6-1 Viekira Pak临床前专利布局

授权号	公开号	最早优先权日	申请日	保护主题
US7148359B2	US2005203152A1	1998-07-20	1999-07-19	Ritonavir晶型及无定型
US7364752B1	—	1999-11-12	2000-11-10	Ritonavir + ABT378剂型
US8268349B2	US20120202858A1	2003-08-28	2004-08-25	固体剂型 Ritonavir + Lopinavir
US8399015B2	US20120022089A1	2003-08-28	2004-08-25	固体剂型 Ritonavir + Lopinavir
US8188104B2	US2009186912A1	2007-09-17	2008-09-17	Dasabuvir化合物、晶型及其用途
US9139536B2	US20140294766A1	2007-09-17	2008-09-13	Dasabuvir化合物、晶型及其用途
US8501238B2	US2012244119A1	2008-09-13	2008-09-17	Dasabuvir化合物、晶型及其用途
US8420596B2	US20100144608A1	2009-03-10	2009-09-10	Paritaprevir化合物及其用途
US8642538B2	US20120196792A1	2009-03-10	2009-09-10	Paritaprevir化合物及其用途
US8691938B2	US20100317568A1	2009-06-11	2010-01-10	Ombitasvir化合物及其用途
US9006387B2	US20140315792A1	2009-06-11	2010-06-10	Ombitasvir化合物及其用途
US8686026B2	US20120258909A1	2010-01-10	2011-01-09	Ombitasvir剂型

在临床试验开始以前,艾伯维分别对Viekira Pak复方制剂中的活性化合物单独进行了专利申请布局,类型涉及化合物、晶型、溶剂合物、制药用途、剂型组合物,对单个活性化合物进行了基本的专利布局。

5.6.3.2 Viekira Pak临床阶段专利布局

随着临床试验的开展,艾伯维在2011年集中申请了一批联合用药治疗HCV感染患者的方法专利,如表5-6-2所示,US20130102525A1请求保护采用Ombitasvir、Paritaprevir、Dasabuvir和Ritonavir联合使用Ribavirin,并且不使用干扰素,对1型HCV感染患者治疗12周的方法。US20130102558A1请求保护采用Ombitasvir、Paritaprevir、Dasabuvir和Ritonavir,不联合使用Ribavirin或干扰素,对1型HCV感染患者治疗12周的方法。US20140024579A1请求保护采用Ombitasvir、Paritaprevir、Dasabuvir和Ritonavir,不联合使用干扰素,对1型HCV感染患者治疗8周的方法。US2014057835A1请求保护采用Ombitasvir、Paritaprevir、Dasabuvir和Ritonavir,不联合使用干扰素或Ribavirin,对1型HCV感染患者治疗8周的方法,并且均获得了授权。

表 5-6-2 Viekira Pak 临床阶段专利布局

授权号	公开号	最早优先权日	申请日	保护主题
US8466159B2	US20130102525A1	2011-10-21	2012-09-04	药物联用，Ombitasvir + Paritaprevir + Dasabuvir
US8492386B2	US20130102558A1	2011-10-21	2012-09-04	药物联用，Ombitasvir + Paritaprevir + Dasabuvir
US8680106B2	US20140024579A1	2011-10-21	2012-09-04	药物联用，Ombitasvir + Paritaprevir + Dasabuvir
US8685984B2	US2014057835A1	2011-10-21	2012-09-04	药物联用，Ombitasvir + Paritaprevir + Dasabuvir
US9044480B2	US20100144608A1	2011-03-03	2012-03-05	Paritaprevir 化合物及其用途
US10201542B2	US2014113921A1	2012-10-08	2013-10-08	Dasabuvir 剂型
US9629841B2	US2014113921A1	2012-10-18	2013-10-18	Dasabuvir 剂型
—	US2016333404A1	2012-10-09	2013-10-08	药物联用，Ombitasvir + Paritaprevir + Dasabuvir + Ritonavir（特定基因型）
—	US2015011481A1	2013-07-02	2014-07-01	药物联用，Ombitasvir + Paritaprevir + Dasabuvir + Ritonavir
—	US2015174194A1	2013-12-19	2014-12-18	药物联用，Ombitasvir + Paritaprevir + Dasabuvir + Ritonavir
US9333204B2	US2015258093A1	2014-01-03	2015-01-02	药物组合物

在 2012~2013 年，艾伯维继续对联合用药治疗 HCV 感染患者的方法专利进行了布局。US2015011481A1 请求保护采用 Ombitasvir、Paritaprevir、Dasabuvir 和 Ritonavir，不联合使用干扰素或 Ribavirin，对 1b 型 HCV 感染者治疗 8~12 周的方法。US2015174194A1 请求保护采用 Ombitasvir、Paritaprevir、Dasabuvir 和 Ritonavir，不联合使用干扰素，对感染 HCV 的肝移植受者治疗 4~24 周的方法。

2014 年，艾伯维对含有 4 种活性药物成分的药物组合物申请了专利 US2015258093A1，对 4 种活性化合物的比例和含量申请了保护。

5.6.3.3 Viekira Pak 上市后专利布局

在 Viekira Pak 上市以后，艾伯维仅针对联合用药的治疗方法进行了进一步的专利布防，如表 5-6-3 所示。US2018177778A1 请求保护采用 Ombitasvir、Paritaprevir、Dasabuvir 和 Ritonavir，不联合使用干扰素或 Ribavirin，对 1b 型或 4 型的 HCV 感染患者治疗 8~12 周的方法。

表 5-6-3　Viekira Pak 上市后专利布局

授权号	公开号	最早优先权日	申请日	保护主题
—	US2018177778A1	2015-06-29	2016-06-28	药物联用

5.6.3.4　小　　结

艾伯维在临床试验开始以前就已经对复方制剂中的单独活性化合物分别进行了专利申请，并且获得了化合物核心专利的授权，同时也对晶型、溶剂合物、剂型等外围专利进行了一定程度的布局，这样操作的目的是避免临床试验造成活性化合物的使用公开，如图 5-6-1 所示。

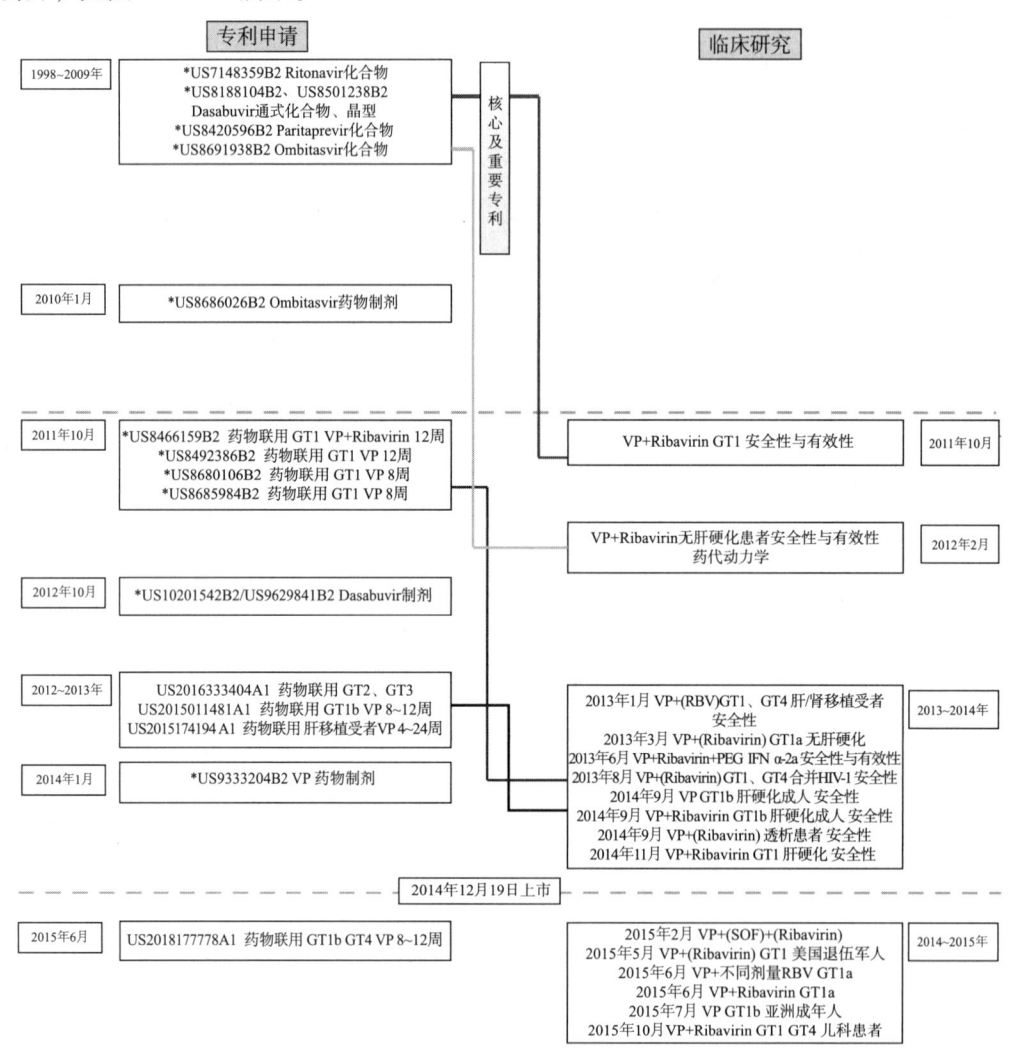

图 5-6-1　Viekira Pak 临床研究与专利布局

注：图中 VP 为 Viekira Pak 的简写。

由于丙肝领域常用鸡尾酒疗法，Viekira Pak 也属于一种复方制剂，因此艾伯维对联合用药的治疗方法也申请了相应的专利，并且专利申请基本上早于临床试验。专利申请对临床试验中评估过的具体治疗方式选择性地进行了布局,例如针对具体的1a型或1b型感染者、感染了HCV的肝移植受者、联合或不联合Ribavirin或干扰素、治疗的时长等,可见艾伯维在进行相应的临床试验之前,已经结合临床前的研发对临床试验的结果有所预期,并且对预期效果较好的治疗方案预先进行了专利申请,同样可以避免临床试验造成的使用公开。

5.6.4 Viekira Pak 专利周期

新药研发到产品上市一般需要较长的时间,而专利保护期自申请日起计算通常只有20年,如果申请专利过早,会造成新药上市后,专利无法提供足够长时间的专利保护期。而如果专利申请过晚,则有可能被竞争对手抢占先机,丧失获取专利权的机会,因此申请专利的时机对于药物研发企业至关重要,并且它们通常会通过一定的专利布局策略形成专利保护链,以延长产品的专利保护期。

从图5-6-2所示的Viekira Pak的专利布局路线可以看出,艾伯维采用了递进式的专利布局策略,在临床试验开始之前先获得单独化合物的专利权,随着临床试验的开始,逐渐过渡到药物联用的专利申请,这种策略可以尽量缩短专利申请与药物上市之间的时间间隔,尽量保证药物上市之后的专利保护年限,同时通过申请组合物、联合用药、晶型等外围专利的方式,延长对Viekira Pak的专利保护期。

时间	序号	专利内容
1999-07	01	Ritonavir无定型专利 US7148359B2
2008-09	02	Dasabuvir化合物专利 US8188104B2&US9139536B2
2009-09	03	Paritaprevir化合物 US8420596B2
2010-01	04	Ombitasvir化合物 US8691938B2
2012-09	05	Ombitasvir、Paritaprevir、Ritonavir、Dasabuvir组合联用 US8466159B2&US8492386B2&US8680106B2&US8685984B2

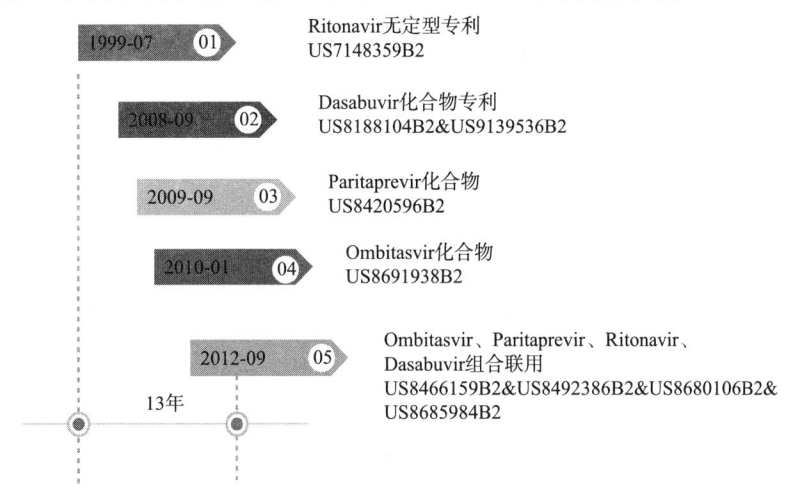

13年

图5-6-2 Viekira Pak 专利布局与保护期对照

5.7 Zepatier

5.7.1 Zepatier 概述

Zepatier是FDA批准的第三款丙肝鸡尾酒疗法,由默沙东研发。Zepatier是每日一次的固定剂量组合片剂,由NS5A抑制剂Elbasvir(EBR,50 mg)和NS3/4A蛋白酶抑制剂 Grazoprevir（GZR，100 mg）组成，如表 5-7-1 所示。由于 4 型丙肝合并终末期肾病正在进行血液透析治疗的 1 型丙肝的医疗需求仍远未得到满足，FDA 于 2015 年 4 月在这两个适应证上授予了 Zepatier 突破性药物资格。目前，Zepatier 已经在美国、欧洲、日本、中国获批上市。Zepatier 日本获批为两个成分的单方，获批时间为 2016 年 9 月 28 日；在美国获批时间为 2016 年 1 月 28 日；在中国于 2018 年 4 月 28 日获批上市，用于治疗 1 型、4 型慢性丙肝的成年患者。

表 5-7-1 Zepatier 各成分结构

化合物名称	结构式
Grazoprevir	(结构式图)
Elbasvir	(结构式图)

5.7.2 Zepatier 临床开展情况

默沙东在 2010~2012 年先后对 Grazoprevir、Elbasvir 开展临床研究。2010 年 2 月，在 NCT00998985 中开展 I 期临床，多剂量研究评估 Grazoprevir（MK-5172）在丙肝感染男性患者中的安全性、耐受性、药代动力学和药效学。在 2011 年又开展了两项 II 期临床试验和一项 I 期临床试验。在 NCT01353911 中，评估了与 PEG IFN α-2b 和 Ribavirin 同时使用的 MK-5172 不同方案用于未接受过治疗的 1 型慢性丙肝患者的安全性、耐受性和功效；在 NCT01440595 中评估了 MK-5172 与 PEG IFN 和 Ribavirin 同时给药时，对未接受过治疗的 2 型或 3 型慢性丙肝患者的安全性、耐受性和功效。在 NCT01390428 中研究了肝功能不全对 Grazoprevir（MK-5172）药代动力学的影响。

2012年2月，默沙东在NCT01532973中对Elbasvir首次开展临床，评估了Elbasvir（MK-8742）在丙肝男性患者中的安全性、药代动力学和药效动力学。在NCT01710501中，评估了与PEG IFN α-2b和Ribavirin同时使用MK-5172不同剂量的安全性、耐受性和功效。

默沙东从2013年开始对Grazoprevir、Elbasvir联合用药的方案进行临床研究。在2013年2月在NCT01717326中首次开展了一项Ⅱ期临床试验，研究联合方案MK-5172和MK-8742±Ribavirin在慢性丙肝患者中的疗效和安全性。在NCT01937975中开展了一项Ⅰ期临床试验，开放标签研究，以研究MK-5172和MK-8742在肾功能不全患者中的药代动力学。在NCT01932762中，Ⅱ期临床试验评估MK-5172合并/不合并MK-8742和/或Ribavirin的治疗方案在未接受治疗的2型、4型、5型和6型慢性丙肝患者中的疗效和安全性。

默沙东在2014年开展了多项关于Grazoprevir、Elbasvir联合用药方案的Ⅱ期和Ⅲ期临床试验。在NCT02092350中研究了MK-5172和MK-8742联合疗法对慢性丙肝患者和慢性肾脏病患者的疗效和安全性。在NCT02105454中研究了MK-5172+MK-8742+Ribavirin联合疗法在慢性HCV感染受试者中未通过直接作用抗病毒治疗的受试者的疗效和安全性。NCT02115321在研究MK-5172和MK-8742联合疗法在患有慢性丙肝并患有晚期肝硬化和Child-Pugh（CP）-B肝感染的受试者中的疗效和安全性。在NCT02105467中，评估了MK-5172+MK-8742联合疗法在未接受过初治的1型、4型和6型HCV感染患者中的疗效和安全性。在NCT02105662中研究了Grazoprevir和Elbasvir联合治疗方案对1型、4型和6型HCV感染，同时感染HIV的受试者中的疗效和安全性。在NCT02133131中，研究了MK-5172、MK-8742和Sofosbuvir联合治疗方案在未经治疗的1型或3型慢性HCV感染患者中的疗效和安全性。在NCT02203149中，评估了MK-5172和MK-8742联合疗法在日本丙肝受试者中的安全性、耐受性和有效性。在NCT02105688中，研究了MK-5172+MK-8742联合方案在接受阿片类药物替代治疗的1型、4型和6型慢性HCV感染初治患者中的疗效和安全性。在NCT02252016中，研究了MK-5172和MK-8742联合疗法对患有1型、4型和6型慢性HCV感染并伴有和不伴有HIV合并感染的遗传性血液疾病的受试者的疗效和安全性。在NCT02204475中，研究了MK-5172+MK-8742联合方案与Boceprevir+PEG IFN+Ribavirin联合治疗初治和PR早期治疗失败的慢性HCV感染受试者的疗效和安全性。

2015年，默沙东在NCT02251990中评估了MK-5172+MK-8742联合疗法在未接受过1型、4型和6型HCV感染初治患者中的疗效和安全性。在NCT02332707中，开展了一项Ⅱ期随机、开放标签临床试验，研究MK-5172和MK-3682与MK-8742或MK-8408联合治疗1型和2型慢性HCV感染受试者的疗效和安全性。在NCT02332720中，开展了一项Ⅱ期随机、开放标签临床试验，用于研究MK-5172和MK-3682与MK-8742或MK-8408的联合治疗对3型、4型、5型或6型慢性HCV感染受试者的疗效和安全性。在NCT02358044中，比较了MK-5172+MK-8742联合方案与 Sofosbuvir + PEG IFN + Ribavirin 联合治疗初治和 PR 治疗慢性 HCV 失败受试者的疗效。

2016 年，默沙东在 NCT02601573 中，开展了 Ⅱ 期随机开放标签临床试验，用于研究 Elbasvir/Grazoprevir 和 Sofosbuvir 联合或不联合 Ribavirin 联合治疗在 3 型慢性 HCV 感染的肝硬化患者中的疗效和安全性。在 NCT02743897 中，研究了 Zepatier 在接受 HCV 阳性供体肾脏移植的 HCV 阴性患者中的有效性和安全性。在 NCT03186365 中研究了 Zepatier 在治疗患有 1b 型慢性丙肝并同时患有轻度纤维化患者中的疗效。在 NCT02886624 中，评估了在 1 型或 4 型急性丙肝患者中，口服 100 mg Grazoprevir + Elbasvir 50mg 治疗 8 周或 12 周的 SVR。在 NCT03379506 中，开展了一项 Ⅱb 期临床研究，评估了 Elbasvir + Grazoprevir 组合药物在 3~18 岁慢性丙肝患者中的药代动力学、安全性和有效性。在 NCT03724149 中，研究了 Zepatier 在接受 HCV 阳性供体肺移植的 HCV 阴性患者中的有效性和安全性。

5.7.3 Zepatier 专利布局

下面对 Zepatier 的专利布局进行相关分析，以了解默沙东对 Zepatier 的专利布局策略，如图 5-7-1（见文前彩色插图第 4 页）所示。

5.7.3.1 Zepatier 临床前专利布局

Zepatier 包括两个药性组分 Grazoprevir 和 Elbasvir，其分别于 2010 年 2 月、2012 年 2 月开始临床研究，而对于两者联合用药治疗 HCV 方案的临床试验则开始于 2013 年 2 月，如表 5-7-2 所示。

表 5-7-2 Zepatier 临床前专利布局

授权号	公开号	最早优先权日	申请日	保护主题
US8591878B2	US2011002884A1	2008-02-25	2009-02-12	Grazoprevir 通式化合物，未披露 Grazoprevir
US7973040B2	US2010029666A1	2008-07-22	2009-07-17	Grazoprevir 具体化合物
US8080654B2	US2011224134A1	2008-07-22	2011-05-20	Grazoprevir 制备方法
US8871759B2	US2012083483A1	2009-03-27	2010-03-25	Elbasvir 具体化合物
US9090661B2	US2014371138A1	2009-03-27	2014-08-29	Elbasvir 通式化合物
—	US2013280214A1	2010-09-29	2011-09-28	Grazoprevir 和 Elbasvir 组合物

在 2008 年 2 月 25 日，默沙东申请了一件关于 Grazoprevir 通式化合物的专利 US2011002884A1（US8591878B2），在该专利中并未披露 Grazoprevir 的化学结构，但其授权的通式化合物包括 Grazoprevir。在 2008 年 7 月 22 日，其申请了一项专利 US2010029666A1，首次披露并保护了 Grazoprevir 具体化合物及其盐（尤其是钾盐），并在该案基础上，通过分案形式申请了专利 US2011224134A1，保护 Grazoprevir 及其盐的制备方法。

在 2009 年 3 月 27 日，默沙东申请了专利 US2012083483A1，请求保护通式化合物和一系列具体化合物，最终授权文本（US8871759B2）保护了 Elbasvir 具体化合物及其盐，并在该案基础上通过分案形式提交了专利 US2014371138A1，保护了通式化合物和其他具体化合物（US9090661B2）。

2010 年 9 月 29 日，默沙东在 US2013280214A1 中，请求保护一系列联合用药的组合物，从其权利要求书可以看出包括了 Grazoprevir 与 Elbasvir 联合用药的方案。

从上述分析来看，默沙东对 Grazoprevir 的通式化合物、具体化合物及其制备方法布局早于研发节点（临床试验）近 2 年，对 Elbasvir 的通式化合物和具体化合物布局早于研发节点（临床试验）近 3 年；同时，对于 Grazoprevir 和 Elbasvir 联合用药的方案也早于临床试验 2.5 年。即在上述两个化合物进入临床试验前，默沙东对药物核心化合物 Grazoprevir 和 Elbasvir，以及两者联合用药的核心组合物进行了专利布局。

5.7.3.2　Zepatier 临床阶段专利布局

如表 5-7-3 所示，在 2011 年，默沙东申请了 2 项关于 Grazoprevir 及中间体的制备方法的专利 US2014200343A1 和 US2014243519A1，并在 US2014206605A1 中要求保护 Grazoprevir 水合物的 6 种晶型（上市产品 Zepatier 中的 Grazoprevir 是其水合物形式）及 Grazoprevir 钠盐和钾盐的晶型。

在 2013 年，默沙东申请了 3 项关于 Grazoprevir 或 Elbasvir 的制备方法专利。在 WO2015095430A1 中要求保护包括 Grazoprevir 在内的通式化合物的制备方法。在 US2016251375A1 中要求保护关键中间体及 Grazoprevir 的制备方法。在 US2016257698A1 中保护了包括 Elbasvir 在内的通式化合物及 Elbasvir 具体化合物的制备方法。

在 2014 年，默沙东在 US2016339074A1 中要求保护一种 Grazoprevir 组合物，其含有一种能够增强吸收的聚合物（聚合纤维素、乙烯吡咯烷酮与醋酸乙烯酯的共聚物）。在 US2016346289A1 中要求保护一种含有固体分散形式的 Elbasvir 和固体分散形式的 Grazoprevir 的组合物，固体分散形式中含有聚合物。在 US2018065985A1 中要求保护 Elbasvir 中间体及其制备方法。在 US2016346198A1 中请求保护一种口服剂型，包括一种或多种活性成分和表面活性剂，其中活性成分和表面活性剂分散于聚合物基质中；其中活性成分包括 Grazoprevir、Elbasvir 等。在 US2017368031A1 中请求保护 Elbasvir 固体分散剂，其含有聚合物。

在 2015 年，默沙东申请了关于 Elbasvir 制备方法的专利 US2018179223A1，关于 Elbasvir 分散剂的喷雾干燥方法的专利 US2018221282A，以及关于 Elbasvir、Grazoprevir、Uprifosbuvir 三组分联合用药的组合物专利 US2018228826A1。值得注意的是，默沙东在 2015 年开展了 Elbasvir、Grazoprevir、Uprifosbuvir 三组分联合治疗 1 型、2 型、3 型、4 型、5 型和 6 型慢性 HCV 感染受试者的疗效和安全性的 Ⅱ 期临床试验（NCT02332707、NCT02332720），因此，Elbasvir、Grazoprevir、Uprifosbuvir 三组分联合用药的方案专利可能是默沙东为后续产品迭代更新而布局的。

在 2016 年，默沙东申请了 2 件关于 Elbasvir 衍生物的专利申请 US20190185486A1、US20190175602A1，通过结构类似物专利的申请，在产品线上进一步拓展延伸。

如表 5-7-3 所示，在临床试验阶段，默沙东通过申请以下相关主题的专利，沿着药物产品线对上下游相关技术主题进行拓展，多维度地进行保护，以达到延长其药物的专利保护，增强壁垒，延缓仿制药的研发：Grazoprevir、Elbasvir 的制备方法及相关中间体的制备方法，Grazoprevir 的水合物、钾盐、钠盐的晶型，Grazoprevir、Elbasvir 或其组合的固体分散剂、口服剂型，Elbasvir 分散剂的喷雾干燥方法，Elbasvir、Grazoprevir、Uprifosbuvir 三组分联合用药，Elbasvir 衍生物等。

表 5-7-3 Zepatier 临床阶段专利布局

授权号	公开号	最早优先权日	申请日	保护主题
US9238604B2	US2014200343A1	2011-08-19	2012-08-16	Grazoprevir 制备方法
US9242917B2	US2014206605A1	2011-08-19	2012-08-16	Grazoprevir 水合物、钠盐、钾盐晶型
US9073825B2	US2014243519A1	2011-08-19	2012-08-16	Grazoprevir 中间体及其制备方法
—	US2014328799A1	2011-10-31	2012-10-26	Grazoprevir 与多种药物联用
US9873707B2	US2016251375A1	2013-10-18	2014-10-14	Grazoprevir 制备方法
US9725464B2	US2016257698A1	2013-10-30	2014-10-24	Elbasvir 通式化合物制备方法
—	WO2015095430A1	2013-12-20	2014-12-18	包括 Grazoprevir 在内的通式制备方法
—	US2016339074A1	2014-02-05	2015-02-03	Grazoprevir 组合物
—	US2016346289A1	2014-02-05	2015-02-03	Elbasvir、Grazoprevir 组合联用
US10202401B2	US2018065985A1	2014-07-11	2017-11-09	Elbasvir 中间体及其制备方法
—	US2016346198A1	2014-12-04	2015-02-04	Grazoprevir 剂型
—	US2017368031A1	2014-12-22	2015-11-06	Elbasvir 固体分散剂
—	US2018179223A1	2015-06-04	2016-06-03	Elbasvir 制备方法
—	US2018221282A1	2015-08-04	2016-07-29	Elbasvir 喷雾干燥方法
—	US2018228826A1	2015-08-04	2016-07-29	Elbasvir、Grazoprevir、Uprifosbuvir 组合联用
—	US20190185486A1	2016-08-18	2019-02-15	Elbasvir 衍生物
—	US20190175602A1	2016-08-18	2019-02-15	Elbasvir 衍生物
—	US20190231705A1	2018-01-29	2019-01-23	Grazoprevir 聚合纳米颗粒

5.7.3.3 Zepatier 上市后的专利布局

由于 Zepatier 在 2016 年 9 月才上市，目前默沙东对其相关专利申请并不多，仅在 2018 年申请了 US20190231705A1，请求保护 Grazoprevir 的聚合纳米颗粒形式。

第5章 重点上市药物临床与专利布局分析

临床研究

时间	研究内容
2010年2月~2011年11月	Grazoprevir单药或与PEG IFN α-2b/Ribavirin联合的安全性、耐受性和药代动力学
2012年2月	Elbasvir单药的安全性、耐受性和药代动力学
2013年2月	Grazoprevir+Elbasvir+Ribavirin的有效性和安全性
2015年1月	Elbasvir+Grazoprevir+Ribavirin的有效性和安全性
2013年9月~2016年5月	Grazoprevir+Elbasvir+Ribavirin对基因1、4、6型筛选，以及特殊患者（肾功能不全、慢性肾脏病，并患晚期肝硬化、HIV感染、肾脏移植）

核心及重要专利

专利申请

时间	专利号
2008年2月~2009年3月	US8591878B2 Grazoprevir通式化合物 *US7973040B2 Grazoprevir具体化合物 *US8871759B2 Elbasvir具体化合物 US9090661B2 Elbasvir通式化合物
2010年9月~2013年10月	US20130280214A1 Grazoprevir&Elbasvir联合用药 US9242917B2 Grazoprevir水合物、钠盐、钾盐晶型 US9238604B2 Grazoprevir制备方法 US9073825B2 Grazoprevir中间体及其制备方法 US9725464B2 Elbasvir制备方法
2014年12月~2015年8月	US20163464198A1 Grazoprevir剂型 US20173668031A1 Elbasvir固体分散剂 US20182221282A1 Elbasvir喷雾干燥方法 US20182228826A1 Elbasvir+Grazoprevir+Uprifosbuvir
	2016年9月 上市
2016年8月	US20190185486A1 Elbasvir衍生物 US20190175602A1 Elbasvir衍生物
2018年1月	US20190231705A1 Grazoprevir聚合钠米颗粒

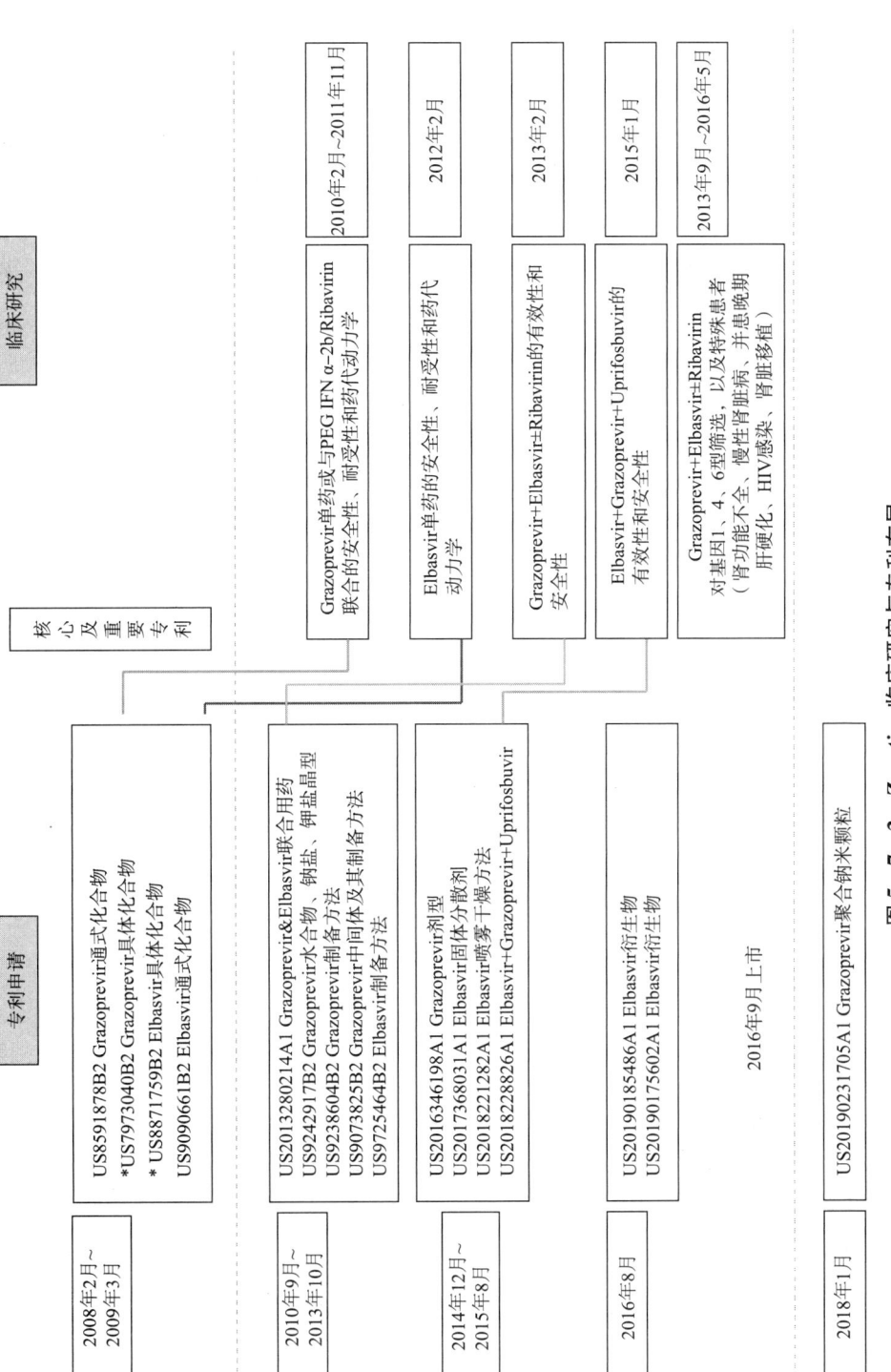

图5-7-2 Zepatier临床研究与专利布局

189

5.7.3.4 小　　结

由图 5-7-2 可知，从 Zepatier 的专利布局过程来看，其专利的组合方式并非随意的，而是根据研发进程，在时间和技术上做到有机的统一，适时地申请或公开相关技术主题。

首先，进入临床是药物研发进程的重要节点，Zepatier 中两个活性成分 Grazoprevir 和 Elbasvir 的通式化合物、具体化合物、制备方法专利，以及两者的核心组合物专利在进入临床试验前，均已经提交申请。可见，进入临床试验是药物核心专利申请的分水岭，其原因也是显而易见的：当药物研发从临床前阶段进入到临床试验阶段，由于涉及的人员更多更复杂，对药物研究信息的保密工作更加难以管理，药物相关重要信息更容易泄露，因此，在进入临床前，企业需要完成对药物核心专利的布局。

其次，在 US8591878B2 中以通式化合物形式对 Grazoprevir 予以间接的保护，而非直接披露，然后通过后续的 US7973040B2 对 Grazoprevir 具体化合物及其钾盐予以直接披露和保护。在延长保护期的同时，延迟了核心化合物 Grazoprevir 的直接披露，可以有效防止竞争者，尤其是仿制药企业对其技术的跟进。实际是通过调整专利申请时间和公开时间，在时间轴上有序披露相关信息，完成上述目的。

再次，安全性和耐受性临床研究之后，对能否适用于 HCV 进行筛查。在临床中，对特殊患者（如肾功能不全、慢性肾病、并患晚期肝硬化、HIV 感染、肾脏移植）进行细分研究。

最后，在临床试验阶段，默沙东通过申请核心化合物的制备方法及中间体、化合物晶型、化合物盐、剂型改进、制剂工艺、联合用药组合物等相关主题的专利，沿着药物产品线对上下游相关技术主题进行拓展，多维度地进行保护，同时为产品迭代更新作准备，以达到最大限度延长其药物的专利保护，增强壁垒，延缓仿制药的研发。

5.7.4　Zepatier 专利周期

默沙东在对 Zepatier 的专利布局中，对其两个核心组分 Grazoprevir 和 Elbasvir 的化合物专利采取先后布局的方式，使其保护周期延长约 1 年；此后，通过申请专利保护 Grazoprevir 和 Elbasvir 的组合物、Grazoprevir 的水合物及钠盐、钾盐的晶型，进一步延长其保护期 2 年多；最后通过布局 Elbasvir、Grazoprevir、Uprifosbuvir 三组分联合用药的组合物，为其产品迭代更新作准备。通过上述重要专利的布局，能够有效地将其专利保护时间延长约 7 年，如图 5-7-3 所示。

第5章 重点上市药物临床与专利布局分析

时间	编号	内容
2009-02	01	Grazoprevir化合物 US8591878B2&US7973040B2
2010-03	02	Elbasvir化合物 US8871759B2&US9090661B2
2011-09	03	Grazoprevir和Elbasvir组合物 US2013280214A1
2012-08	04	Grazoprevir水合物及其钠盐、钾盐的晶型（上市的为其水合物形式）US9242917B2
2016-07	05	Elbasvir、Grazoprevir、Uprifosbuvir组合联用 US2018228826A1

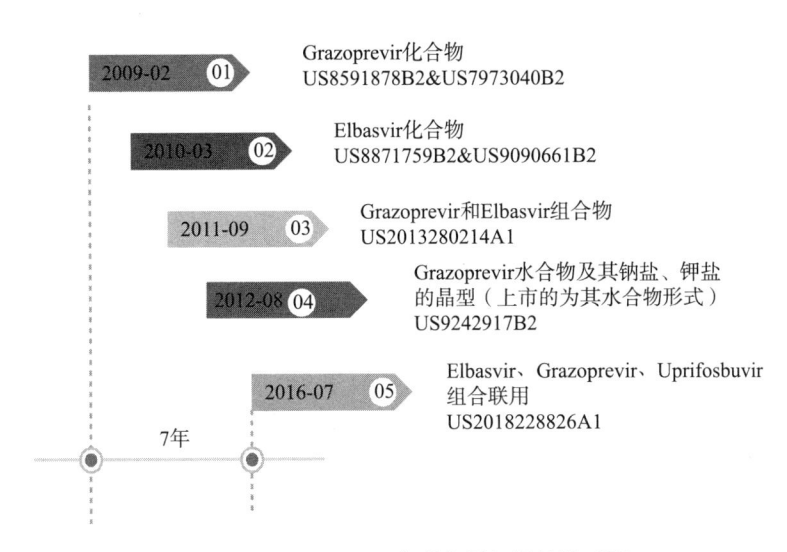

图 5-7-3　Zepatier 专利布局与保护期对照

5.8　Mavyret

5.8.1　Mavyret 概述

Mavyret 包含两种固定剂量的直接抗病毒药物：NS3/4A 抑制剂 Glecaprevir（格来普韦/GLE/ABT-493/100 mg）和 NS5A 抑制剂 Pibrentasvir（匹布他韦/PIB/ABT-450/40 mg）（见表 5-8-1）。Mavyret 由美国 Enanta 公司首先研制，授权给艾伯维继续临床研究，后者负责在全球上市和销售。该药物于 2017 年 8 月 3 日获得美国 FDA 批准上市，用于治疗全部 6 种基因型慢性 HCV 感染的成人患者；2017 年 8 月 17 日和 2017 年 9 月 27 日先后在加拿大和日本上市，2019 年 5 月 15 日获批在中国上市。

表 5-8-1　Mavyret 各成分结构

化合物名称	结构式
Glecaprevir	（结构式图）

续表

化合物名称	结构式
Pibrentasvir	

5.8.2 Mavyret 临床开展情况

原研公司 Enanta 公司以及艾伯维主要针对 Glecaprevir/Pibrentasvir 组合物开展临床试验。该药物临床试验中，仅有一项涉及 Pibrentasvir 单药有效性初步研究，试验题目是评估 ABT－450/Ritonavir＋Pibrentasvir 联合使用或不使用 Ribavirin 对 3 型 HCV 感染患者的安全性和抗病毒作用的研究（NCT02068222）。其他临床试验均涉及 Glecaprevir/Pibrentasvir 组合物。从数量上来看，Glecaprevir/Pibrentasvir 的临床试验中Ⅰ期、Ⅱ期试验数量较少，Ⅲ期试验数量较多。

Mavyret 临床试验最早开始于 2013 年 11 月，2013 年至 2015 年 6 月主要进行Ⅰ期、Ⅱ期试验，以测试该组合物的安全性、耐受性并初步测试其有效性。

对于药物的安全性，测试 Glecaprevir/Pibrentasvir 在不同病患受试者中的安全性：Glecaprevir/Pibrentasvir 在肝功能正常和受损的受试者中的药代动力学和安全性（NCT02296905），以及在肾功能正常和受损的受试者中的药代动力学和安全性（NCT02442258）。

在早期临床试验中，该组合物与 Ribavirin 的联合用药也是试验方案之一，艾伯维针对 Glecaprevir/Pibrentasvir 与 Ribavirin 的联用开展试验，以评估含有和不含 Ribavirin 的 Glecaprevir/Pibrentasvir 在 HCV 感染患者中的功效、安全性和药代动力学（NCT02446717）。

对于不同的基因型开展了多项临床试验，比如，评估多剂量 Glecaprevir/Pibrentasvir 在 1 型 HCV 成人感染者中的安全性和抗病毒作用的研究（NCT01995071）；在 1 型、

4型、5型和6型HCV感染的受试者中评估Glecaprevir/Pibrentasvir联合应用和不使用Ribavirin的功效、安全性和药代动力学的研究（NCT02243280）；在2型、3型、4型、5型或6型慢性HCV感染的受试者中评估Glecaprevir/Pibrentasvir共同给药和有或没有Ribavirin的功效、安全性和药代动力学的研究（NCT02243293）。

Ⅲ期临床试验集中开始于上市前2年时间内，即2015年6月至2017年。这一阶段针对不同病患、不同基因型、不同药物组合等，进行了多项Ⅲ期试验，对临床安全性、有效性进行了全面评估。Glecaprevir/Pibrentasvir的Ⅲ期试验主要针对不同基因型展开，进行了如下试验：评估Glecaprevir/Pibrentasvir在1型HCV感染的受试者中的功效和安全性的研究（NCT02604017）；评估Glecaprevir/Pibrentasvir在2型HCV成人感染者中的疗效和安全性的研究（NCT02640482）；评估Glecaprevir/Pibrentasvir对5型或6型慢性HCV成人感染者的疗效研究（NCT02966795）。艾伯维还重点针对多基因型进行临床试验，以测试该组合方案治疗泛基因型HCV感染患者的可能性，例如评估Glecaprevir/Pibrentasvir在1~6型慢性HCV成人感染者中的疗效和安全性的研究（NCT02651194）；评估Glecaprevir/Pibrentasvir在1型、2型、4型、5型或6型HCV感染患者和代偿性肝硬化患者中的疗效和安全性的研究（NCT02642432）；评价Glecaprevir/Pibrentasvir对1~6型HCV感染患者和肾功能不全患者的疗效和安全性的研究（NCT03069365）。

针对不同地区人群，进行了如下试验：评估Glecaprevir/Pibrentasvir在日本HCV感染患者中的疗效和安全性的研究（NCT02707952）；评估Glecaprevir/Pibrentasvir在日本2型HCV成人感染者中的疗效和安全性的研究（NCT02723084）。

针对Glecaprevir/Pibrentasvir与其他已上市DAAs药物的有效性对比，艾伯维进行了如下试验：Glecaprevir/Pibrentasvir与含有Daclatasvir+Sofosbuvir在3型HCV成人感染者中的疗效和安全性比较研究（NCT02640157）。

针对HCV/HIV共感染患者，艾伯维进行了如下试验：评估实验药物Glecaprevir/Pibrentasvir在1~6型HCV感染患者和HIV成人感染者中的功效和安全性的研究（NCT02738138）。

针对不同患者情况进行了如下试验：评估Glecaprevir/Pibrentasvir在成人肝移植或肾移植后HCV感染受体中的安全性和有效性的研究（NCT02692703）。

艾伯维还对Glecaprevir/Pibrentasvir在儿童中的安全性、有效性进行了试验：评估Glecaprevir/Pibrentasvir在1~6型HCV感染的儿科患者中的药代动力学、安全性和有效性的研究（NCT03067129）。

针对Glecaprevir/Pibrentasvir与其他DAAs药物的联用，艾伯维主要研究了该组合物与Sofosbuvir联用的疗效，进行了如下试验：评估Glecaprevir/Pibrentasvir联合Sofosbuvir和Ribavirin治疗HCV参与者的疗效和安全性的研究（NCT02939989）。

2017年首次上市之后，针对Glecaprevir/Pibrentasvir对泛基因型HCV的治疗疗效继续进行研究，如Glecaprevir/Pibrentasvir治疗1~6型HCV感染患者的疗效及临床应用研究（NCT03303599）。另外，为了配合药物在不同地区上市的需求，针对不同地区人群的临床研究也在开展中，例如评估Glecaprevir/Pibrentasvir治疗巴西初治1~6型HCV

成人感染者的疗效和安全性的研究（NCT03219216）。

5.8.3 Mavyret 专利布局

5.8.3.1 Mavyret 临床前专利布局

临床前阶段，艾伯维、Enanta 公司关于 Mavyret 的专利申请情况如表 5-8-2 所示。

表 5-8-2 Mavyret 临床前专利布局

授权号	公开号	最早优先权日	申请日	保护主题
*US10028937B2	US20170157105A1	2009-06-11	2010-06-10	Pibrentasvir 治疗 HCV 感染的用途
*US10039754B2	US20170157104A1	2009-06-11	2010-06-10	Pibrentasvir 治疗 HCV 感染的用途
*US8937150B2	US20120004196A1	2009-06-11	2010-06-10	Pibrentasvir 通式、具体化合物
*US9586978B2	US20150087618A1	2009-06-11	2010-06-10	Pibrentasvir 通式治疗 HCV 感染的用途
—	US20140080868A1	2012-09-18	2013-09-17	Pibrentasvir 治疗泛基因型 HCV 感染的用途
*US8648037B2	US201200070416A1	2010-09-21	2011-09-20	Glecaprevir 通式、具体化合物、治疗 HCV 感染的用途
—	US20150119400A1	2013-10-25	2014-10-24	Glecaprevir 在治疗 2 型、3 型、4 型、6 型 HCV 感染中的用途
—	US20140274934A1	2013-03-14	2014-03-14	Glecaprevir + Pibrentasvir + Ribavirin 联合用药，治疗 HCV 感染的用途
*US10286029B2	US20150283198A1	2013-03-14	2014-03-14	Glecaprevir + Pibrentasvir 联合用药，治疗 HCV 感染的用途

Pibrentasvir 最早披露于 WO2010144646A1，最早优先权日为 2009 年 6 月 11 日，该专利申请还公开了包含 Pibrentasvir 的通式化合物、Pibrentasvir 治疗 HCV 感染的用途；2012 年 9 月 18 日，艾伯维申请 US2014080868A1，进一步要求保护 Pibrentasvir 治疗泛基因型 HCV 感染的用途，该专利目前尚未得到授权。

Glecaprevir 的专利申请模式与 Pibrentasvir 相同：最早披露于 WO2012040167A1，最早优先权日为 2010 年 9 月 21 日，该专利申请公开了 Glecaprevir 通式、具体化合物、治疗 HCV 感染的用途；2012 年，艾伯维申请 US2015119400A1，进一步要求保护 Glecaprevir 在治疗 2 型、3 型、4 型、6 型 HCV 感染中的用途，该专利同样未得到授权。

从专利申请情况来看，临床前阶段艾伯维已经对 Glecaprevir/Pibrentasvir 联合用药进行了专利布局。最早优先权日为 2013 年 3 月 14 日的专利 US10286029B2 要求保护 Glecaprevir/Pibrentasvir 联合用药治疗 HCV 感染的用途，同一优先权日的专利申请 US2014274934A1 则要求保护 Glecaprevir/Pibrentasvir/Ribavirin 联合用药的技术方案。US10286029B2 要求保护 Glecaprevir/Pibrentasvir 联合用药用于 HCV 感染的治疗方法，并限定了该方法中不使用干扰素或 Ribavirin，并且限定了治疗时间，但未涉及上市组合物的固定剂量信息。从该专利申请来看，其实施例中记载了多个治疗方案，与后续的临床试验方案相对应。可见艾伯维在专利申请阶段即对产品的临床方案有所考虑。

5.8.3.2 Mavyret 临床阶段专利布局

在临床阶段，艾伯维对 Mavyret 的专利布局可谓"少而精"，专利申请情况如表 5-8-3 所示。

表 5-8-3 Mavyret 临床阶段专利布局

授权号	公开号	最早优先权日	申请日	保护主题
US9593078B2	US20150322047A1	2014-05-09	2015-05-08	Pibrentasvir 的晶型
*US9321807B2	US20150353600A1	2014-06-06	2015-06-05	Glecaprevir 的晶型
—	US20160090373A1	2014-09-29	2015-09-28	Pibrentasvir 溶剂合物的晶型
—	US20150283199A1	2015-04-01	2015-04-01	药物联用：Glecaprevir + Pibrentasvir + Ribavirin；Glecaprevir + Pibrentasvir + Sofosbuvir + Ribavirin；Pibrentasvir + Sofosbuvir + Ribavirin
—	US20160375087A1	2015-06-26	2016-06-24	固体药物组合物，包括 Glecaprevir 和 Pibrentasvir 的无定型分散剂
—	US20180085330A1	2016-09-23	2017-09-22	剂量调整方法，Glecaprevir/Pibrentasvir 与其他药物共同给予时，该组合与其他药物之间存在相互作用，需要对其他药物进行剂量调整
—	WO20180093717A1	2016-11-17	2017-11-13	包含 Pibrentasvir 的组合物

从单独的化合物方面来看，临床试验阶段艾伯维主要是针对化合物晶型进行布局。专利申请 US20150322047A1（2014年5月9日）披露了 Pibrentasvir 晶型，该专利已获得授权；US20150353600A1（2014年6月6日）披露了 Glecaprevir 晶型，已获得美国授权；WO2016053869A1（2014年9月29日）披露了 Pibrentasvir 的溶剂合物的晶型，该专利目前仅进入美国阶段（US20160090373A1），没有获得授权。Glecaprevir/Pibrentasvir 的临床试验未发现与这些晶型有关。

从组合物方面来看，艾伯维主要围绕 Glecaprevir/Pibrentasvir 这一方案进行布局。2015年4月1日，艾伯维申请专利 US2015283199A1，披露了 DAAs 与 Ribavirin 联合用药治疗 HCV 感染的方法，涉及以下组合方式：①Glecaprevir + Pibrentasvir + Ribavirin；②Glecaprevir + Pibrentasvir + Sofosbuvir + Ribavirin；③Pibrentasvir + Sofosbuvir + Ribavirin。该专利的主要改进点在于，Glecaprevir/Pibrentasvir 组合中加入 Sofosbuvir，这与 2016 年其开展的一项临床试验（NCT02939989）相对应。2015 年 6 月 26 日，艾伯维针对 Glecaprevir + Pibrentasvir 方案申请专利 US2016375087A1。该专利要求保护包含无定型固体分散物的 100 mg Glecaprevir 和无定型固体分散物的 40 mg Pibrentasvir。该组合物剂量与上市产品中两化合物的剂量相同。2016 年 9 月 23 日，艾伯维针对 Glecaprevir + Pibrentasvir 方案的剂量调整申请专利 US2018085330A1。Glecaprevir/Pibrentasvir 与其他药物共同给予时，该组合与其他药物之间存在相互作用，需要对其他药物进行剂量调整。该专利涉及这一剂量调整方法。

另外，针对 Pibrentasvir 这一药物，艾伯维还申请了专利 WO2018093717A1，保护 Pibrentasvir 与 以及该组合物治疗 HCV 感染的技术方案。该申请目前还未进入任何国家阶段。

5.8.3.3 Mavyret 上市之后专利布局

2017 年 8 月首次上市之后，艾伯维立即针对另一组合 Glecaprevir + Pibrentasvir + Sofosbuvir + Ribavirin 治疗泛基因 HCV 感染的用途提出了专利申请 WO2019074507A1，最早优先权日是 2017 年 10 月 12 日（最早 2017 年 8 月 3 日上市），并具体限定该组合用于治疗曾经 Glecaprevir/Pibrentasvir 方案治疗失败的 HCV 感染患者，即针对 Mavyret 耐药提供了解决方案。可见 Mavyret 上市之际，艾伯维即针对 Mavyret 耐药治疗失败后的补救方案进行了专利布局。该申请目前未进入任何国家阶段。

5.8.3.4 小　结

从专利布局方面来看，艾伯维针对 Mavyret 的布局策略如下。①临床前完成核心专利布局：Mavyret 由 Glecaprevir 和 Pibrentasvir 两种 DAAs 化合物组成，进入临床阶段之前，对于两种化合物的结构、用途等核心专利，以及所述组合物治疗 HCV 感染的用途，均已布局完毕。②临床阶段传统模式 + HCV 模式并重：既重视单个药物的晶型等外围专利开发，又重视组合物的布局；总量来看，申请量极小，每一项申请都有明确的保护目的，没有防御性、迷惑性的专利申请。③上市后未雨绸缪：2017 年 8 月首次上市之后，艾伯维立即针对另一组合 Glecaprevir + Pibrentasvir + Sofosbuvir + Ribavirin 治疗泛基因 HCV 感染的用途提出了专利申请 WO2019074507A1，最早优先权日是 2017 年 10 月 12 日（Mavyret 于 2017 年 8 月 3 日上市），并具体限定该组合用于治疗曾经 Glecaprevir/Pibrentasvir 方案治疗失败的 HCV 感染患者，即针对 Mavyret 耐药提供了解决方案。可见 Mavyret 初上市之际，艾伯维即针对 Mavyret 耐药治疗失败后的补救方案进行了专利布局。

值得注意的是，2016年艾伯维针对Glecaprevir + Pibrentasvir + Sofosbuvir + Ribavirin的组合开展临床试验，推测艾伯维在临床试验中发现该四组分组合对曾经Glecaprevir/Pibrentasvir治疗失败的HCV感染患者有疗效，因此2017年10月提出了专利申请WO2019074507A1，即临床结果指导了专利申请。

图5-8-1总结了Mavyret的专利申请与临床试验之间的关系。艾伯维的临床试验以组合物为试验目标，极少涉及单独化合物。可见该产品从研发之初即是以组合物为上市目标产品。其所布局的每一项专利申请都有明确的保护目的，相应地也能够找到与之对应的临床试验。从时间来看，专利布局早于相应临床试验开始时间。从具体内容来看，临床前阶段艾伯维针对Glecaprevir、Pibrentasvir治疗泛基因型HCV感染的用途分别申请了专利，与后续针对泛基因型HCV感染开展的多项临床试验相对应。

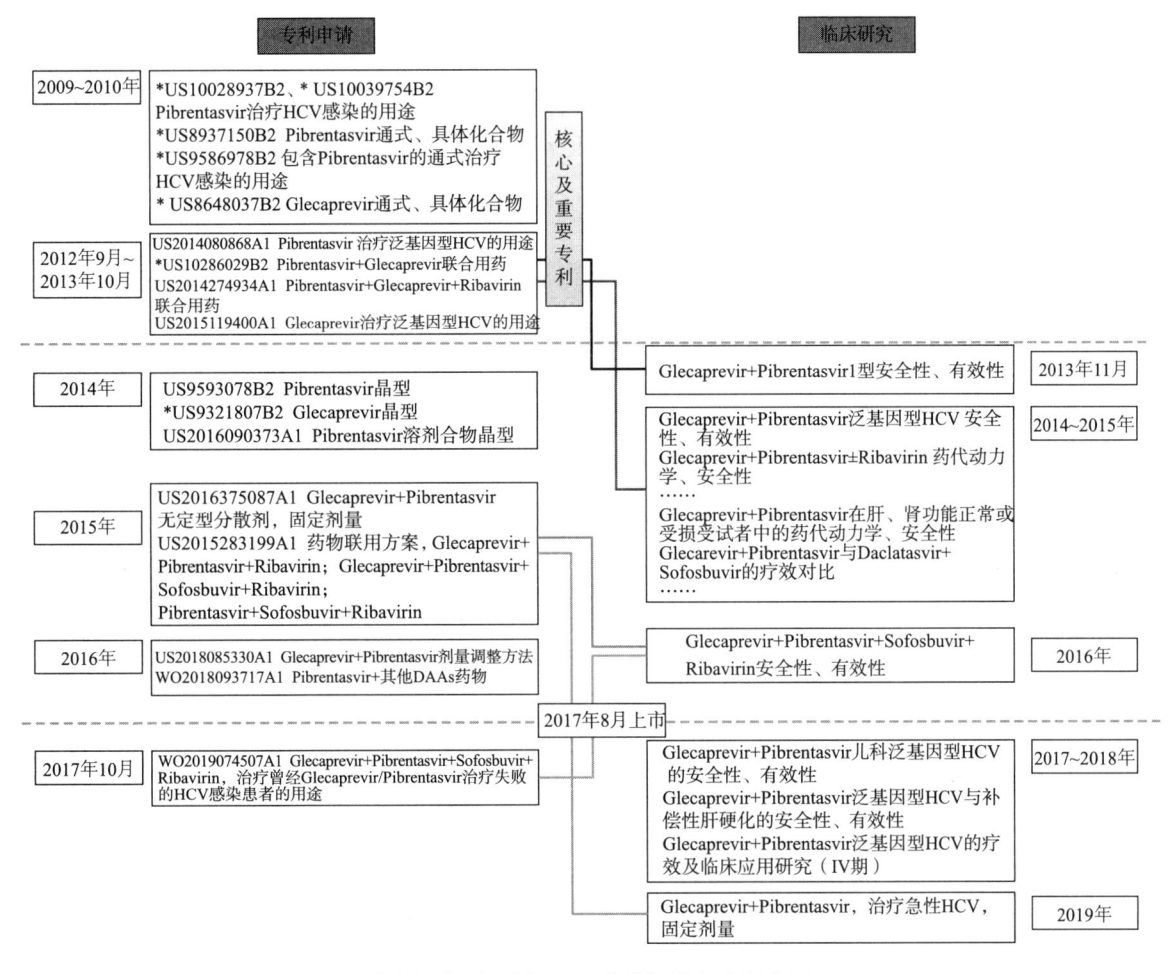

图5-8-1 Mavyret临床研究与专利布局

5.8.4 Mavyret 专利周期

Pibrentasvir 和 Glecaprevir 的化合物专利申请日分别是 2010 年 6 月、2011 年 9 月，基于美国药品专利期延长制度，这两个核心组分的保护期均大于 20 年，化合物专利分别于 2032 年 5 月、2032 年 1 月到期。Mavyret 组合物专利申请日为 2014 年 3 月，这一专利延长了产品的实际保护期。组合物专利提出之后，艾伯维又分别针对 Pibrentasvir 和 Glecaprevir 的晶型提出了专利申请，其中 Glecaprevir 的晶型专利 US9321807B2 被橙皮书收录。这一晶型将产品的保护期延长至 2035 年 6 月，如图 5-8-2 所示。

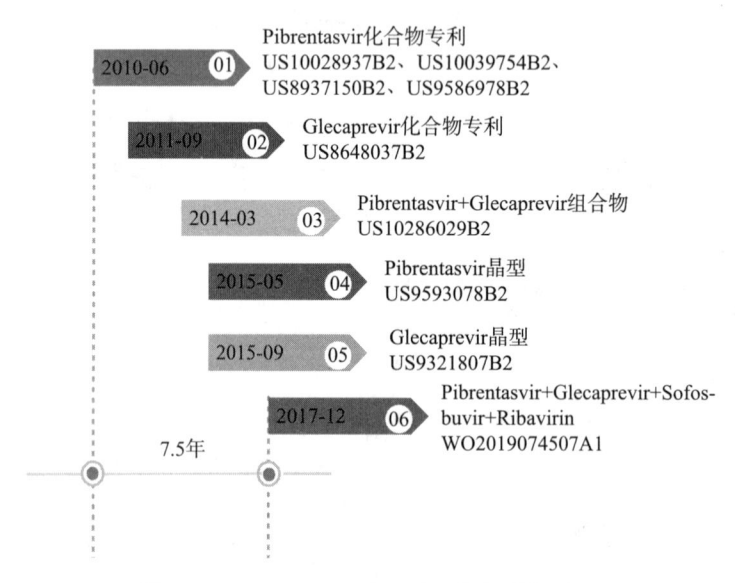

```
2010-06  01  Pibrentasvir化合物专利
              US10028937B2、US10039754B2、
              US8937150B2、US9586978B2

2011-09  02  Glecaprevir化合物专利
              US8648037B2

2014-03  03  Pibrentasvir+Glecaprevir组合物
              US10286029B2

2015-05  04  Pibrentasvir晶型
              US9593078B2

2015-09  05  Glecaprevir晶型
              US9321807B2

2017-12  06  Pibrentasvir+Glecaprevir+Sofos-
              buvir+Ribavirin
              WO2019074507A1

7.5年
```

图 5-8-2 Mavyret 专利布局与保护期对照

5.9 Daclatasvir

5.9.1 Daclatasvir 概述

Daclatasvir（达卡他韦/BMS-790052/DCV）是 HCV NS5A 抑制剂，结构如图 5-9-1 所示，由美国百时美施贵宝研发。2015 年 7 月 24 日 FDA 批准 Daclatasvir 与 Sofosbuvir 联合使用，治疗 3 型慢性 HCV 感染，服用方法为：60 mg 口服每天 1 次，有或无食物与 Sofosbuvir 联用。早在 FDA 批准之前，2014 年 7 月日本批准 Daclatasvir 和 Asunaprevir（BMS-650032）组成的复方制剂用于 1 型 HCV 感染患者的治疗；2014 年 8 月欧盟批准 Daclatasvir 与其他药物组成的复方药物用于 1 型、2 型、3 型和 4 型慢性 HCV 成人感染患者的治疗。2017 年中国批准 Daclatasvir 上市销售。

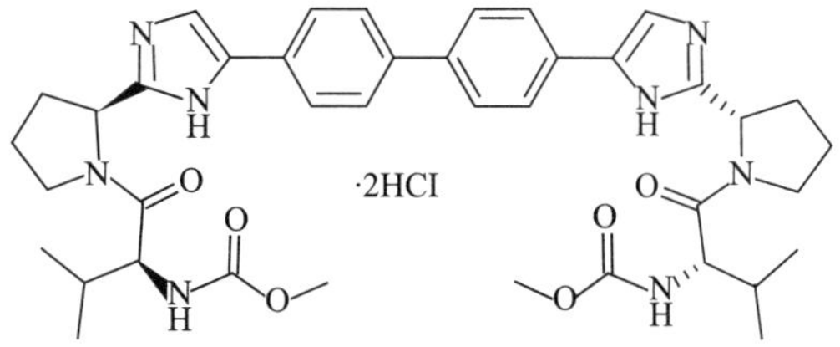

图 5-9-1 Daclatasvir 结构

5.9.2 Daclatasvir 临床开展情况

百时美施贵宝最早于 2007 年 11 月就 Daclatasvir 进行了临床试验。

2007～2008 年临床试验量较少，进行了两项Ⅰ、Ⅱ期早期试验，登记号分别为 NCT00546715 和 NCT00663208。这两项试验分别研究了 Daclatasvir 在 HCV 感染受试者中的单一上升剂量、Daclatasvir 在 1 型 HCV 感染患者中的多次上升剂量。

2009～2011 年百时美施贵宝针对不同人群、不同药物联用，开展了一系列Ⅰ期、Ⅱ期试验。药物联用方面，百时美施贵宝首先考虑将 Daclatasvir 和 PEG IFN/Ribavirin，或者和其公司原研的其他 DAAs 药物 Asunaprevir（BMS-650032）、Beclabuvir（BMS-791325）进行联用。Daclatasvir 和百时美施贵宝其他 DAAs 类药物的联用主要涉及以下试验主题：Daclatasvir 和 Asunaprevir（BMS-650032）联合在健康受试者体内的药物相互作用研究（NCT00904059）；Daclatasvir 和 Asunaprevir（BMS-650032）治疗曾经治疗失败的 HCV 感染患者的有效性研究；Daclatasvir + PEG IFN - α + Asunaprevir 治疗 HCV 感染患者的安全性/有效性试验（NCT01428063）；Daclatasvir + Asunaprevir + Beclabuvir 抗病毒联合疗法治疗 HCV 感染患者的有效性和安全性的研究（NCT01455090）。

在 Daclatasvir 和 PEG IFN/Ribavirin 联用方面：首先测试了 Daclatasvir 和 PEG IFN/Ribavirin 联用的安全性和有效性（NCT00874770）。随后针对该药物联用，在不同人群、不同患者中进行临床试验，例如，Daclatasvir 和 PEG IFN/Ribavirin 在日本 HCV 感染患者中的安全性和有效性试验（NCT01017575），在黑人/非裔美国人、拉美裔和白人/高加索人 HCV 感染患者的有效性试验（NCT01389323）；在曾经治疗失败的 HCV 感染患者中的有效性研究（NCT01170962）。针对具体的基因型，还进行了 Daclatasvir 和 PEG IFN/Ribavirin 联用对于 2 型或 3 型 HCV 感染患者的有效性研究（NCT01257204）。

百时美施贵宝还针对 Daclatasvir 与吉利德的 Sofosbuvir 联合用药进行了临床试验：确定 PSI-7977 + Daclatasvir 联合疗法治疗既往未达到护理标准的 HCV 感染患者的安全性和有效性的研究（NCT01359644）。值得注意的是，课题组并未发现任何针对 Daclatasvir + Sofosbuvir 联用的专利申请。

2012～2014 年，在首次上市前的 3 年时间内，百时美施贵宝主要开展了一系列Ⅲ期试验。Ⅲ期试验主要围绕 Daclatasvir 联合用药展开，对其安全性、有效性进行全面评估。

针对不同基因型 HCV 病毒感染进行了如下试验：Daclatasvir + PEG IFN/Ribavirin 治

疗原发性 HCV 感染的 III 期试验（NCT01448044）；Daclatasvir + Asunaprevir + Beclabuvir 在固定剂量组合中用于治疗 1 型慢性 HCV 感染的研究（NCT01979939、NCT01973049 和 NCT02170727）；Daclatasvir 和 Sofosbuvir 治疗 3 型慢性 HCV 感染的 III 期试验（NCT02032901）；Daclatasvir + PEG IFN/Ribavirin 治疗 1 型和 4 型 HCV 感染患者的疗效和安全性评价（NCT01797848）。

针对不同地区人群，百时美施贵宝进行了针对日本 HCV 感染患者中 Daclatasvir + Asunaprevir 的 III 期临床研究（NCT01497834、NCT02123654），这些临床试验研究为 Daclatasvir 在日本首次上市扫清了障碍。

针对多病毒共感染，百时美施贵宝进行了 Daclatasvir + PEG IFN/Ribavirin 治疗 HCV/HIV 病毒共感染的安全性和有效性研究（NCT01471574）；针对 1 型、2 型、3 型和 4 型慢性 HCV 与 HIV 共感染的受试者中 Daclatasvir + PEG IFN/Ribavirin 的安全性和有效性研究（NCT01866930）；Daclatasvir 和 Sofosbuvir 联合治疗 HIV 和 HCV 共感染的 III 期临床研究（NCT02032888）。

针对不同并发症患者，进行了如下临床试验：Daclatasvir、Sofosbuvir 和 Ribavirin 在肝硬化患者和患者肝移植后的 III 期临床试验（NCT02032875）。

针对 Daclatasvir 与其他已上市 DAAs 药物的有效性对比，百时美施贵宝进行了如下试验：Daclatasvir + PEG IFN/Ribavirin 与 Telaprevir + PEG IFN/Ribavirin 治疗 HCV 感染的有效性对比研究（NCT01492426），Asunaprevir + Daclatasvir 联合用药与 Telaprevir 治疗效果的比较研究（NCT01718145）。

2014 年 Daclatasvir 首次上市之后，百时美施贵宝对于该药物的副作用、安全性以及后续研究，进行了如下 IV 期试验：Daclatasvir 的 HCV 治疗对神经认知功能和脑代谢的影响（NCT02292966）；Daclatasvir 和 Asunaprevir 在 1b 型慢性 HCV 感染和慢性肾功能衰竭治疗中的安全性和有效性（NCT02580474）。

另外，从临床试验申请情况来看，Daclatasvir 上市之后，百时美施贵宝对该药物的开发步伐没有减缓，针对不同人群、不同患者联合用药，滚动进行了多项 I、II、III 期试验。例如，研究评估 Darunavir（达鲁那韦）/Ritonavir 或 Lopinavir（洛匹那韦）/Ritonavir 对健康参与者 Daclatasvir 药代动力学的影响（NCT02159352）；Daclatasvir + Asunaprevir + BMS - 791325 对选择性 5 - 羟色胺再摄取抑制剂药代动力学的影响（NCT02175602）；Daclatasvir、Asunaprevir + BMS - 791325 + Sofosbuvir 在慢性 HCV 感染的受试者中的短期联合疗法（NCT02175966）；Daclatasvir + Sofosbuvir + Ribavirin 联合治疗晚期纤维化或肝硬化的 3 型慢性 HCV 感染的安全性和有效性研究（NCT02319031）；Daclatasvir + Asunaprevir 治疗初治 1b 型慢性 HCV 感染的 III 期评估（NCT02496078）；Daclatasvir + Sofosbuvir + Ribavirin 治疗肝硬化和 3 型 HCV 感染的研究（NCT02673489）。

5.9.3　Daclatasvir 专利布局

5.9.3.1　Daclatasvir 临床前专利布局

Daclatasvir 进入临床前，百时美施贵宝的专利申请情况如表 5 - 9 - 1 所示。

表 5-9-1 Daclatasvir 临床前专利布局

授权号	公开号	最早优先权日	申请日	保护主题
*US8329159B2	US20080050336A1	2006-08-11	2007-08-08	Daclatasvir 游离化合物
*US8642025B2	US20130034520A1	2006-08-11	2007-08-08	通式化合物及其治疗 HCV 用途
*US8900566B2	US20140050695A1	2006-08-11	2007-08-08	治疗 HCV 的方法
*US9421192B2	US20160067223A1	2006-08-11	2007-08-08	Daclatasvir 二盐酸盐化合物
*US8629171B2	US20090041716A1	2007-08-08	2008-07-17	Daclatasvir 二盐酸盐晶型
US7728027B2	US20090043107A1	2007-08-08	2008-07-17	Daclatasvir 的制备方法

Daclatasvir 最早披露于专利 WO2008021927A1 中，最早优先权日为 2006 年 8 月 11 日，该专利涉及通式以及 Daclatasvir 化合物、Daclatasvir 二盐酸盐化合物（上市形式）、治疗 HCV 感染的用途等；一年之后，百时美施贵宝针对 Daclatasvir 二盐酸盐和 Daclatasvir 的制备方法申请了专利，分别为 US20090041716A1（最早优先权日 2007 年 8 月 8 日）、US20090043107A1（最早优先权日 2007 年 8 月 8 日）。

5.9.3.2 Daclatasvir 临床阶段专利布局

临床阶段，百时美施贵宝针对 Daclatasvir 的专利申请较少，全部围绕组合物展开，具体申请情况如表 5-9-2 所示。

表 5-9-2 Daclatasvir 临床阶段专利布局

授权号	公开号	最早优先权日	申请日	保护主题
US8415374B2	US20110250176A1	2009-10-12	2010-10-07	组合物，Daclatasvir + Asunaprevir
—	US20120196794A1	2010-08-06	2011-08-01	组合物，Daclatasvir + Asunaprevir + Daclatasvir
US9326973B2	US20130183269A1	2012-01-13	2013-01-07	组合物，Daclatasvir + NS5A 增效剂
—	US20160158200A1	2013-07-09	2013-07-09	组合物，Daclatasvir + NS5A 增效剂

US20110250176A1 涉及 Daclatasvir + Asunaprevir 的组合物。US20120196794A1 涉及 Daclatasvir + Asunaprevir + Beclabuvir 的组合物。US20160158200A1 涉及包含 NS5A 靶向化合物（如 Daclatasvir）和 NS5A 增效剂的组合产品，所述组合物产品能够对具有抗性的变异体产生协同抗 HCV 作用。实验结果显示：当 NS5A 靶向化合物与该 NS5A 增效剂针对 HCV 变异体单独测试时基本上无活性或活性较弱，但是二者以组合形式测试时恢复 3 倍以上的协同抑制效能。这一组合方案有助于解决 HCV 变异所导致的 DAAs 耐药问题。

5.9.3.3 小　结

如图 5-9-2 所示，百时美施贵宝的 Daclatasvir 专利申请以年为单位，有明显的时间间隔特点：从 2006 年 8 月开始，每间隔一年时间进行申请，申请主题从核心化合物、药用盐到外围的晶型、制备方法等。

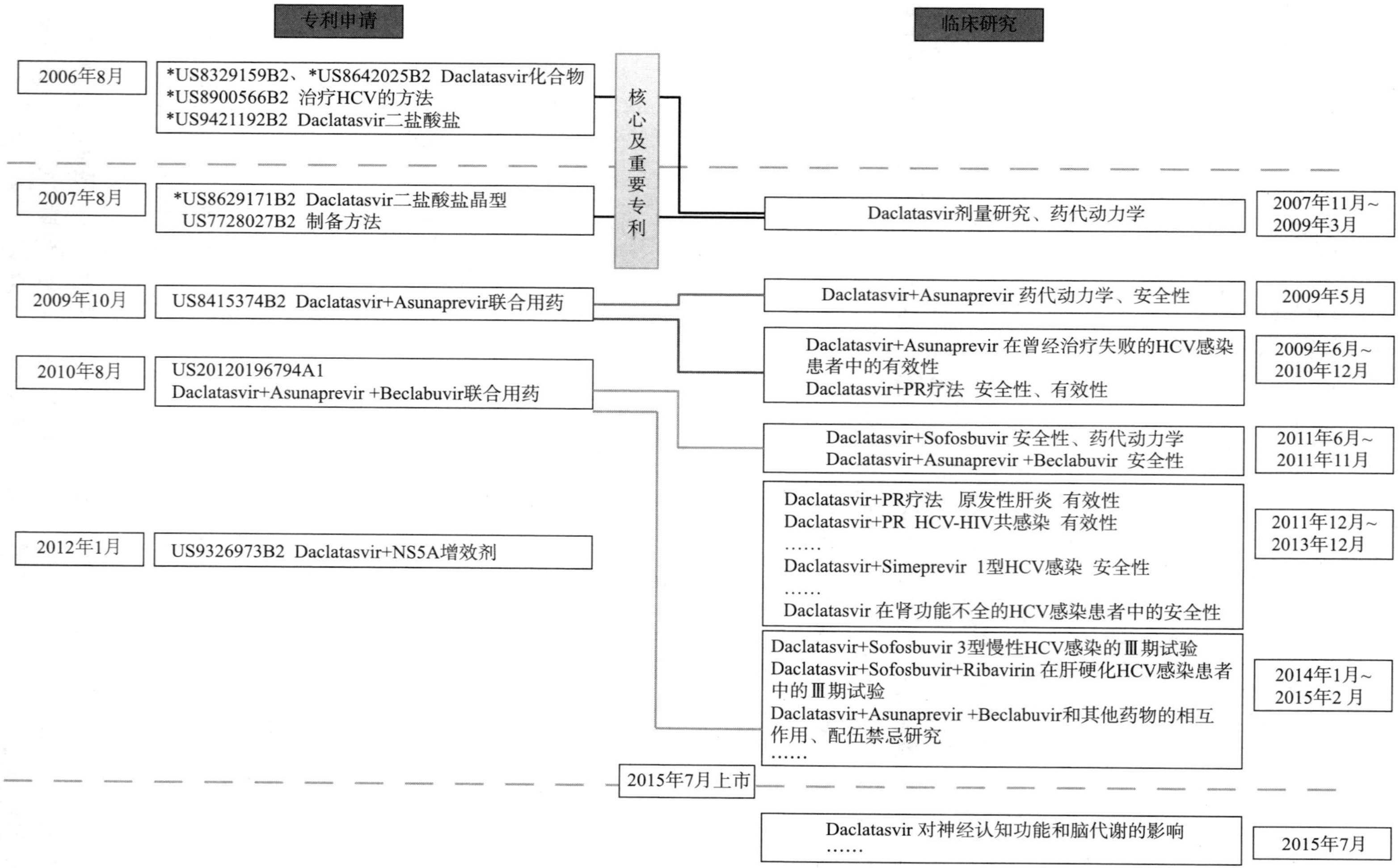

图 5-9-2 Daclatasvir 临床研究与专利布局

百时美施贵宝针对 Daclatasvir 采用了医药领域典型的专利布局策略：首先对产品的核心专利进行重点布局，包括通式结构、上位概括、医药用途等；在此基础上，考虑外围专利的布局，核心专利申请1年之后提出晶型、制备方法等专利申请。结合抗丙肝药物领域鸡尾酒疗法的特点，后期不断进行药物联用布局，在药物联用的方案中，百时美施贵宝针对 Daclatasvir 应用后可能出现的耐药进行了布局。

从图5-9-2中可以看出，相较于临床试验，百时美施贵宝针对 Daclatasvir 的专利申请量较少，但是这些专利申请基本上都能与临床试验相对应。整体而言，Daclatasvir 的专利布局先于临床研究进行，如核心化合物专利申请提出1年之后开始进行Ⅰ期临床试验；Daclatasvir + Asunaprevir + Beclabuvir 联合用药的专利申请提出1年之后，开展临床试验。部分技术方案临床试验的开展则略微早于专利布局，但这一时间相差很短。例如，Daclatasvir + Asunaprevir 联合用药，2009年5月进入临床阶段，相应专利申请的最早优先权日是2009年10月。考虑到临床试验时间上的延续性，可以视为专利布局和临床试验同步进行。

值得注意的是，百时美施贵宝进行了一系列 Daclatasvir 与 Sofosbuvir 联合用药的临床试验，例如：确定 Sofosbuvir + Daclatasvir 联合疗法治疗既往未达到护理标准的 HCV 感染患者的安全性和有效性的研究（NCT01359644）；Daclatasvir 和 Sofosbuvir 治疗3型慢性 HCV 感染的Ⅲ期临床试验（NCT02032901）；Daclatasvir 和 Sofosbuvir 联合治疗 HIV 和 HCV 共感染的Ⅲ期研究（NCT02032888）。从治疗效果来看，Sofosbuvir + Daclatasvir 方案具有良好的效果，是多国的推荐治疗方案：美国 FDA 批准 Sofosbuvir + Daclatasvir 治疗3型慢性 HCV 感染患者，欧洲肝病学会（EASL）建议严重肝纤维化、肝硬化患者以及特殊患者（HIV-HCV 共感染者、等待肝移植者、肝移植后 HCV 复发）优先选择 Sofosbuvir + Daclatasvir + Ribavirin 抗病毒治疗。由此来看，在学术方面或者商业方面，Sofosbuvir + Daclatasvir 方案均具有很高的价值。

5.9.4 Daclatasvir 专利周期

如图5-9-3所示，从 Daclatasvir 专利申请提出到该产品上市，经历约8年时间。从医药领域整体来看，Daclatasvir 的开发周期相对较短。根据橙皮书信息，由于美国药品专利期限延长制度，Daclatasvir 核心化合物专利于2028年4月到期，也就是说，该产品至少可以享受约13年市场独占期。考虑到后续的晶型、重要组合物专利，这一独占期限有可能再次延长。

```
2007-08  01  Daclatasvir化合物专利
              US8329159B2、US8642025B2、US8900566B2

2007-08  02  Daclatasvir二盐酸盐（上市形式为二盐酸盐）
              US9421192B2

2008-07  03  Daclatasvir二盐酸盐晶型
              US8629171B2

2010-10  04  Daclatasvir+Asunaprevir组合物
              US8415374B2

2011-08  05  Daclatasvir+Asunaprevir+Beclabuvir组合物
              US20120196794A1

2015-07  06  Daclatasvir上市

         8年
```

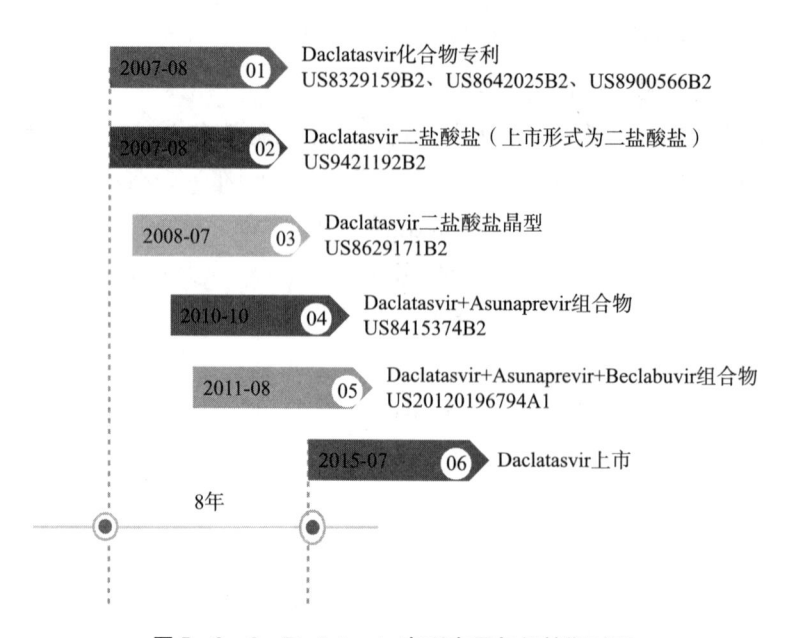

图 5 - 9 - 3　Daclatasvir 专利布局与保护期对照

5.10　本章小结

截至 2019 年 6 月，所有已上市的抗丙肝 DAAs 药物总计 21 款，分别于美国、中国、欧洲、俄罗斯、日本、老挝等国家或地区上市，其中在美国首次上市的产品数量最多。以 FDA 批准的 12 款抗丙肝 DAAs 药物为分析对象，对这些药物的临床研究历程以及原研公司的专利申请历程进行梳理，以期总结抗丙肝药物领域专利申请与新药研发之间的规律，为国内企业进行专利布局规划提供参考。

对 12 款美国上市产品的临床研究历程与专利申请历程进行梳理后发现，抗丙肝药物的专利布局策略中体现了医药领域的共性，同时又体现了抗丙肝药物领域不同于其他疾病的特点。一方面，医药领域一向重视针对化合物进行核心专利重点布局，同时从晶型、制备方法、中间体化合物、药物制剂等方面进行外围专利布局，层层递进，以扩大保护主题范围、延长产品保护期，Boceprevir、Telaprevir、Simeprevir 等较早上市的 DAAs 药物即体现了这种传统的布局策略；另一方面，抗丙肝治疗中鸡尾酒疗法是大势所趋，《WHO 2018 版慢性丙型肝炎病毒感染患者的管理和治疗指南》的推荐疗法均为多个 DAAs 药物联合用药。相应地，各大制药企业重点针对药物联用、组合物等方面进行专利布局，吉利德的 Sofosbuvir 以及后续的吉二代、吉三代、吉四代等产品也体现了这一行业特点。从各大公司所进行的临床试验项目可以看出，近年来，多个 DAAs 组分联合用药是研究热点，多个产品以组合物形式上市，如 Viekira Pak、Mavyret 等。组合物的专利布局与单组分药物专利布局相比有其自身的特点。

5.10.1 Telaprevir 模式

5.10.1.1 专利布局的整体框架

默沙东的 Boceprevir、沃泰克斯制药公司的 Telaprevir 以及 Janssen 公司的 Simeprevir 是较早上市的 3 个 DAAs 药物。以 Telaprevir 和 Simeprevir 为例，该模式专利布局策略如图 5-10-1 和图 5-10-2 所示。

布局维度	专利
核心化合物及治疗方法	*US7820671B2 具体化合物；*US8529882B2 用途；US8431615B2 治疗方法
化合物扩展	US20120064034A1/20140294763A1 通式；US20070105781A1/US20110171175A1/US20130177531A1/US20140056847A1 异构体及其混合物
用途扩展	US20080267915A1/US20110059886A1 治疗2型或3型
组合物	US20060089385A1/ US20130274180A1 无定型组合物；US20120083441A1/US20130079289A1/US8541025B2 药物组合物
晶体	US8372846B2/US8853152B2/US8759353B2/US8492546B2 多种共晶
制备方法及中间体	US8252923B2/US7776887B2/US8399615B2/US20140207318A1/US8637457B2/US8871904B2/US2014107318A1 制备方法、中间体、中间体的制备方法
扩展更多适应证	US8664273B2/US8871812B2 适应证、给药方案
药物联用	US20140294763A1/US20100015090A1/US20120114604A1 Tela细胞色素P450单加氧酶抑制剂联用；US8258116B2/US20120295843A1 药物联用

图 5-10-1 Telaprevir 专利布局策略

从图 5-10-1 和图 5-10-2 可以看出，该模式偏向于医药领域的传统专利布局模式：针对化合物及其用途、治疗方法等核心专利进行布局，并在此基础上，从晶型变化、药用盐形式、制备方法、制备中间体、药物联用等多个角度进行广撒网式外围专利布局，以实现对产品多维度的专利保护，以期能尽可能延长其专利保护。例如，Telaprevir 化合物专利（US7820671B2）和用途专利（US8529882B2）的专利到期日分别为 2025 年 2 月 25 日和 2021 年 8 月 31 日，其联合 PEG IFN 和 Ribavirin 给药方案专利 US8431615B2 专利到期日为 2028 年 5 月 30 日。沃泰克斯制药公司在后进一步获得 Telaprevir 的共晶、与聚合酶抑制剂的组合物、对 PR 治疗无应答患者治疗方案的专利权，相应的最晚专利 US8664273B2 申请日为 2009 年 4 月，即通过一系列专利布局，沃泰克斯制药公司可将 Telaprevir 的专利保护周期延长至少 8 年。Janssen 公司在对 Simeprevir 的专利布局中，通过先申请通式化合物专利，再申请 Simeprevir 具体化合物专利以此延长其核心化合物的专利保护时间近1.5年；此后，通过布局其晶型和上市形式钠盐进一步延长其保护期；最后，通过布局Simeprevir、Odalasvir、Adafosbuvir（AL-335）三组分联合用药的联用形式，为其产品迭代更新作准备。

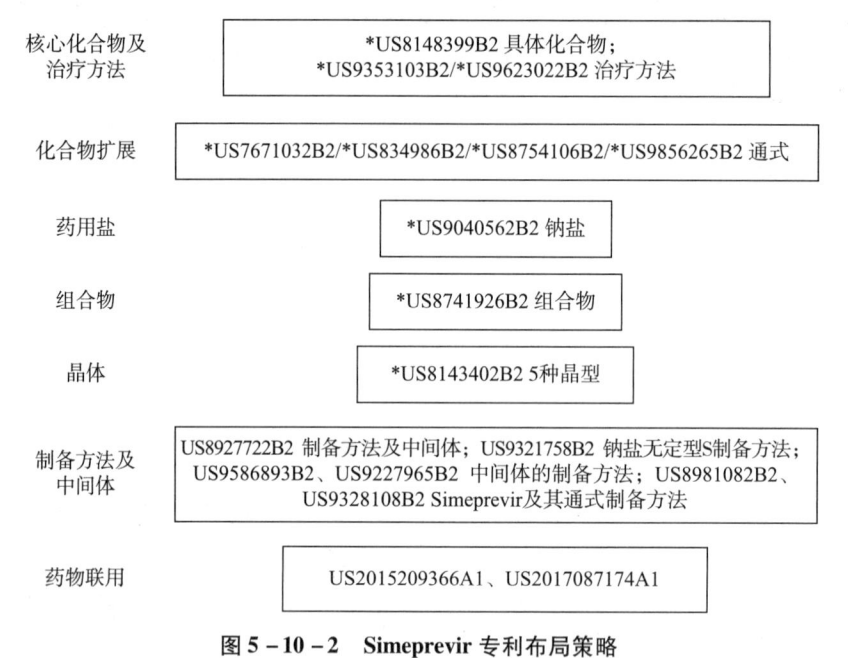

核心化合物及治疗方法	*US8148399B2 具体化合物；*US9353103B2/*US9623022B2 治疗方法
化合物扩展	*US7671032B2/*US834986B2/*US8754106B2/*US9856265B2 通式
药用盐	*US9040562B2 钠盐
组合物	*US8741926B2 组合物
晶体	*US8143402B2 5种晶型
制备方法及中间体	US8927722B2 制备方法及中间体；US9321758B2 钠盐无定型S制备方法；US9586893B2、US9227965B2 中间体的制备方法；US8981082B2、US9328108B2 Simeprevir及其通式制备方法
药物联用	US2015209366A1、US2017087174A1

图 5-10-2　Simeprevir 专利布局策略

5.10.1.2　临床前——主要布局核心专利

以 Telaprevir 为例，沃泰克斯制药公司在临床阶段前，对 Telaprevir 的核心专利均进行了布局，包括化合物、治疗用途、与干扰素/Ribavirin 联合给药方式、制备方法、重要中间体；与此同时，沃泰克斯制药公司将技术方案扩展到保护范围更广的马库什通式、通式的制备方法、更多治疗用途、不同对映体/非对映体，并申请了多件涉及药物联用、药物组合物的专利，为竞争对手的结构改造设置障碍。

类似地，在 Boceprevir 临床研究开展之前，默沙东已经针对其核心化合物、异构体化合物、通式化合物的制备方法、具体化合物的制备方法、治疗方法、药物制剂等方面进行专利申请。Simeprevir 的通式化合物、具体化合物及其钠盐、制备方法专利在进入临床试验前，也均已经布局专利申请。

综上所述，进入临床试验是药物核心专利申请布局的分水岭，其原因也是显而易见的：当药物研发从临床前阶段进入临床试验阶段，由于涉及的人员更多更复杂，对药物研究信息的保密工作更加难以管控，药物相关重要信息更容易泄露，因此，在进入临床试验前，企业需要完成对药物核心专利的布局。

5.10.1.3　临床中——布局外围专利

进入临床试验后，化合物成药上市的可能性提高。从技术改进角度出发，原研公司围绕产品制剂、制备方法、制备中间体、组合物、具体治疗方法等外围专利进行全方位布局和保护。以 Telaprevir、Simeprevir 为例，临床阶段专利布局情况如图 5-10-3 所示。

第5章 重点上市药物临床与专利布局分析

```
Telaprevir临床阶段
├── 晶型
│   ├── Telaprevir+水杨酸共晶 US20120088740A1等2件
│   ├── Telaprevir+4-羟基苯甲酸共晶 US20110059987A1等2件
│   └── Telaprevir+2,5-二羟基苯甲酸共晶 US20110009424A1
├── 制剂
│   ├── 无定型固体分散剂 US20070218138A1等4件
│   ├── 包含Telaprevir共晶的制剂 US20130072440A1
│   ├── 喷雾干燥分散剂 US20130195797A1
│   └── 改善口感制剂 US20120014912A1
├── 制备方法
│   ├── 喷雾干燥法 US20070218012A1等3件
│   └── 中间体 US2010298568A1等4件
├── 药物联用
│   ├── Telaprevir+聚合酶抑制剂 US20100172866A1
│   ├── Telaprevir+R7128/IDX184 US20120295843A1
│   ├── Telaprevir+PR US20100189688A1等8件
│   └── Telaprevir+VX-222 US20130034522A1
└── 适应证
    └── 治疗1a型丙肝的方法 US20120088904A1等2件

Simeprevir临床阶段
├── 晶型
│   ├── 5种晶型 US20100029715A1
│   └── 无定型钠盐 US2011306634A1
├── 制备方法
│   ├── Simeprevir的制备方法 US2011257403A1等2件
│   ├── 通式制备方法 US2014235852A1
│   └── 中间体制备方法 US2013005976A1等2件
└── 药物联用
    ├── Simeprevir+Ritonavir US2015209366A1
    └── Simeprevir+Odalasvir+Adafosbuvir US2017087174A1
```

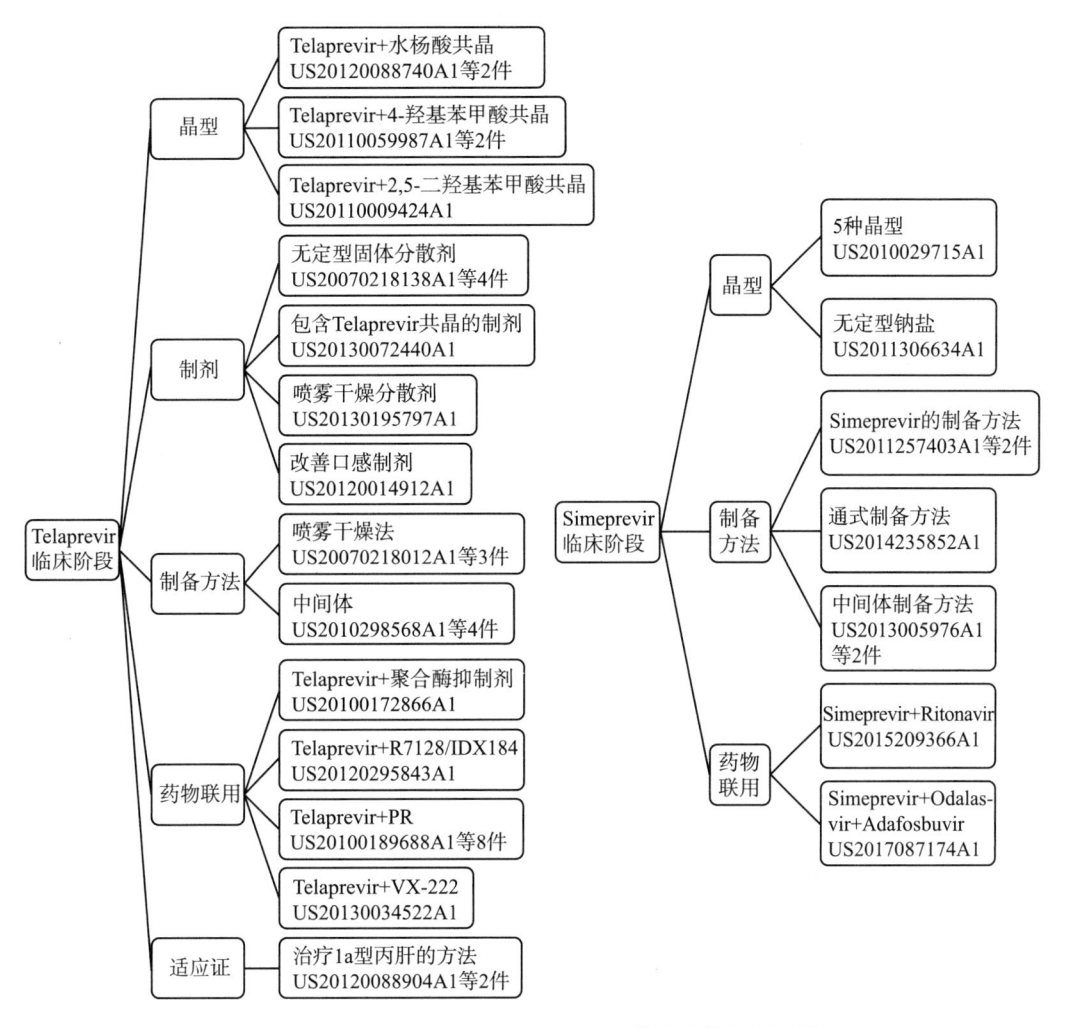

图 5-10-3　Telaprevir、Simeprevir 临床阶段专利布局

从图 5-10-3 可以看出，上述两款产品在临床研究阶段，均采用广撒网的形式进行专利布局，针对化合物、剂型、制备方法等多方面提交专利申请。从这些申请所保护的主题来看，临床阶段专利申请的保护目的进一步明确，尤其是在美国专利法允许对治疗方法进行专利保护的制度下，对于用途的保护更加细化。例如，2007～2008 年（此为最早优先权日，下同），Telaprevir 进入临床阶段后，沃泰克斯制药公司针对适应证、给药方案提交了多件专利申请，其权利要求通常针对具体的适应证。Telaprevir 的临床试验在 2007 年后进入密集阶段，研究者通过其招募的受试者类型可以分析出具体的适应证种类，因此，沃泰克斯制药公司在进行大规模临床试验之初，就布局了多件关于适应证、给药方案的专利申请。可见在药物研发过程中，专利申请"先于"并"扶植"新药临床研究前进。

5.10.1.4 上市后——布局改进型专利和分案申请

（1）针对改进技术进一步专利布局

上市之后，针对该产品的研究不会停滞，Ⅳ期临床阶段中可能会发现产品与其他药物之间的相互作用或者发现新的用途等，进而针对这些新的研究成果提交专利申请。例如，Boceprevir 于 2011 年 5 月 13 日在美国上市，默沙东在 2013～2016 年共计提交 3 件与 Boceprevir 相关的专利申请，涉及多种药物联用（US20160346198A1）、固体制剂（US20140044759A1）和治疗方法（US20140162942A1）。

（2）利用分案申请、继续申请制度，延缓核心技术披露

根据前述分析，通常而言，临床前阶段药物核心专利布局已经完成，但是这并不意味着核心技术的披露。利用分案申请或者美国的继续申请制度是对核心技术进行"保密"的有效方式之一。通过了解上市产品的核心专利申请文件公开的内容，发现这些专利申请通常公开了大量信息，而核心化合物则隐身于数百个结构相似的化合物之中，有些甚至仅记载于说明书中，而未写入权利要求书。原研公司可以在后续适当的时机提出分案申请或者继续申请，对核心技术方案进行针对性的保护。申请人通过前期打包申请的方式，并在后续逐步提出分案申请，可以享有较早的优先权日，同时隐藏自己的核心技术，达到迷惑竞争对手的目的。

例如，Janssen 公司在 2005 年 7 月 29 日提交的专利 US8148399B2 中对 Simeprevir 具体化合物予以保护，此时距临床试验开始还有约 2 年时间。从 Simeprevir 上市的化合物实体来看，是以其钠盐形式上市，在 US8148399B2 中，其并未直接披露和保护 Simeprevir 的钠盐，仅在说明书中泛泛地提及药用可接受盐包括钠盐，到了该产品上市之后的 2014 年 5 月 23 日，通过分案申请的形式在 US2014255347A1（US9040562B2）中对 Simeprevir 钠盐直接提出保护。上述申请策略实际上是通过调整申请时间和公开时间，延迟核心技术的直接披露，防止其他竞争者，尤其是仿制药企业对其技术的跟进。

5.10.1.5 小　　结

Telaprevir 模式与医药领域的传统布局模式无明显差别，围绕产品制剂、制备方法、制备中间体、组合物、具体治疗方法等外围专利进行全方位布局和保护，没有明显的侧重点。这种专利布局模式下，产品可以获得最全面的保护，尽可能地延长保护期，但是其缺点也是显而易见的——原研公司需要针对每项专利在各个目标市场国家或地区提交专利申请，耗费大量人力物力，经济负担较重。对于抗丙肝药物，这一缺点更加明显。由于 HCV 易变异，直接抗病毒药物容易产生耐药而失去疗效，从而被新一代的产品所取代。2015 年默沙东宣布停止 Boceprevir 的销售，同年沃泰克斯制药公司宣布停止销售 Telaprevir，Simeprevir 虽未撤市，但是 2016 年之后销售额急速下滑。可见，抗丙肝药物相较于其他药物，市场生命周期较短，产品更新换代较快，针对某一具体化合物进行多角度技术改进意义有限。

5.10.2　Sofosbuvir 模式

5.10.2.1　专利布局的整体框架

吉利德的 Sofosbuvir 以及后续吉二代、吉三代、吉四代，百时美施贵宝的 Daclatasvir

专利布局策略，有别于医药领域的传统模式，体现了抗丙肝药物领域的特点，即重点针对产品更迭换代进行布局。以 Sofosbuvir 为例，吉利德的专利布局策略如图 5-10-4 所示。

Sofosbuvir核心化合物及用途	*US796458B2/US8735372B2 Sofosbuvir具体化合物及其异构体
晶体	*US8618076B2 晶型1~5；US9284342B2 晶型6
Ledipasvir核心化合物	*US8088368B2 Ledipasvir化合物
药物联用	*US9393256B2 Sofosbuvir+Ledipasvir
Velpatavir核心化合物	US8940718B2 Velpatavir化合物
Voxilaprevir核心化合物	US9296782B2 Voxilaprevir化合物
药物联用	*US10039779B2 特定含量的(Sofosbuvir特定晶型+Ledipasvir无定型+特定辅料)
药物联用	US10086011B2 特定含量的(Sofosbuvir特定晶型+共聚维酮1∶1负载无定型Velpatavir+特定辅料)

图 5-10-4 Sofosbuvir 专利布局策略

对比图 5-10-1 可见，Sofosbuvir 的专利布局显示出明显的侧重点，除了化合物、用途等核心专利之外，其主要针对药物联用进行外围专利布局，Sofosbuvir 与其他抗丙肝药物的联合用药在外围专利中占较大比例。吉利德通过推出与不同抑制剂的药物组合物、开发尽可能多的晶型等外围专利的布局方式，将围绕 Sofosbuvir 的专利保护期至少延长 9 年。

5.10.2.2 临床前——递进式布局核心专利

（1）临床前完成核心专利布局

与 Telaprevir 模式相同，在每代产品临床研究之前，原研公司已经针对产品的核心专利，如化合物、晶型、用途等进行专利布局。Sofosbuvir 进入临床之前，针对其外消旋体、光学纯化合物、晶型已经提交专利申请；吉二代进入临床之前，针对 Ledipasvir 化合物的核心专利、Sofosbuvir + Ledipasvir 组合物也已提交专利申请；同样地，吉三代、吉四代在临床前阶段均已针对各个化合物核心专利、药物联用提交专利申请。

类似地，百时美施贵宝的 Daclatasvir 进入临床阶段前，针对该具体化合物、上市的药用盐、晶型、核心化合物制备方法已经完成专利布局。

（2）递进式专利布局

对临床前阶段的核心专利申请提交时间进行梳理发现，其内部存在一定的规律，即从最重要的化合物、制药用途开始，逐步扩展至晶型、制备方法等衍生专利。例如，百时美施贵宝针对 Daclatasvir 以及吉利德针对 Sofosbuvir 的临床前专利布局递进关系如图 5 – 10 – 5 所示。

```
Daclatasvir二盐酸盐      Daclatasvir二盐酸盐晶型
US20160067223A1        US20090041716A1
  Daclatasvir化合物        Daclatasvir制备方法      Daclatasvir开始
  US20080050336A1        US20090043107A1        临床试验
```

> 2006 → 2007 → 2008 → 2009 → 2010 → 2011

```
                                  Sofosbuvir晶型1~6
         Sofosbuvir外消旋体          US20110251152A1     Sofosbuvir+Ribavirin
         US20100016251A1           US20130288997A1     US20120107278A1
           Sofosbuvir光学纯化合物                                Sofosbuvir开始
           US20140045783A1                                   临床试验
```

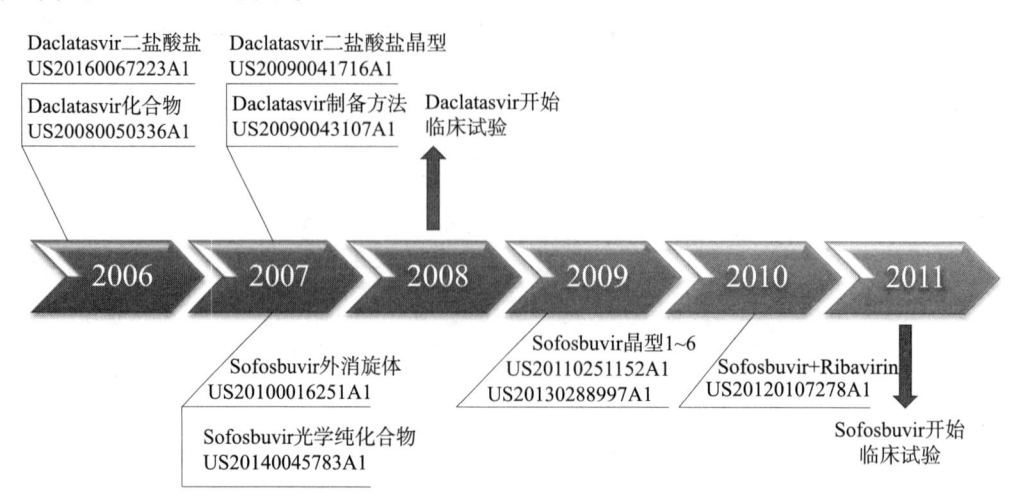

图 5 – 10 – 5　Sofosbuvir 和 Daclatasvir 的临床前专利布局

化合物专利是药物核心专利群中的重中之重，先完成化合物的专利申请，再针对其晶型、制备方法等进行专利申请，这一专利布局策略符合新药研发的一般规律。由于原研公司所保护的药用盐、晶型通常是成药性最好的条件，药用盐、晶型等专利挑战存在一定难度，该策略也在一定程度上延长了产品的保护期。

（3）初步进行药物联用专利布局

通常而言，药物联用能够增加药物的疗效或减轻药物的毒副作用。尤其是抗丙肝药物领域，由于病毒 RNA 变异，单一成分药物容易产生耐药，多个针对不同靶点的 DAAs 药物联用是解决耐药问题的有效手段之一。原研公司在拥有多个 DAAs 新化合物的基础上，利用自身药物库及早进行药物联用研究和专利布局，能够缩短新药研发周期，提高效率。例如，关于 Sofosbuvir 的临床研究始于 2011 年 10 月 22 日，而吉利德在 Sofosbuvir 的临床前阶段即针对多个靶点药物联用提交专利申请，如表 5 – 10 – 1 所示。

表 5 – 10 – 1　吉一代临床前阶段 Sofosbuvir 的药物联用专利申请

授权号	公开号	最早优先权日	保护主题
US8841278B2	US20140039021A1	2009 – 05 – 13	Ledipasvir 与 NS5B 抑制剂组合物，没有明确 NS5B 抑制剂的具体类型
US9511056B2	US20140249074A1	2009 – 05 – 13	Ledipasvir 与 NS5B 和 NS3 抑制剂组合物，没有明确 NS5B 抑制剂是 Sofosbuvir
*US9393256B2	US20130243726A1	2011 – 09 – 16	组合物，Sofosbuvir + Ledipasvir

上述 US9393256B2 即为吉二代的基础核心专利。可见，吉利德非常重视药物联用方面的技术开发和专利布局。单药进入临床阶段之前，即针对其组合物进行专利布局，该药物联用复方于 2012 年 1 月进入临床阶段，吉利德对于每代产品的研发在时间节点

上环环相扣，并根据 HCV 特点不断推陈出新，以此抢占市场先机。

5.10.2.3　临床阶段——布局药物联用专利

进入临床阶段后，相较于 Telapevir 模式，Sofosbuvir 模式下的专利布局策略有明显的领域特点：申请数量少，主题相对单一，重点针对药物联用进行专利布局。

申请数量方面，临床阶段吉利德针对吉一代（即 Sofosbuvir）仅提交了 7 件专利申请，吉二代临床阶段提交的专利申请则更少，仅有 3 件；百时美施贵宝在 Daclatasvir 的临床阶段提交了 4 件专利申请；相比于 Telaprevir 模式，沃泰克斯制药公司在 Telaprevir 临床阶段针对该药物提交了 32 件专利申请，而默沙东在 Boceprevir 临床阶段则提交了 12 件专利申请。可见，Sofosbuvir 模式下原研公司提交专利申请的数量明显减少。

申请主题方面，以 Sofosbuvir 和 Daclatasvir 为例，吉利德和百时美施贵宝在药物临床阶段提交专利申请情况如图 5-10-6 所示（见文前彩色插图第 5 页）。

从 Boceprevir、Telaprevir 临床阶段专利布局来看，Sofosbuvir 模式下，原研公司的专利布局主题明显集中，重点针对药物联用提交专利申请，仅有少量申请涉及晶型和适应证主题。

综上所述，相较于 Telaprevir 等大而全的专利布局模式，Sofosbuvir 模式显示出小而精的特点。分析这一模式改变背后的原因，其主要是由抗丙肝药物领域自身特点所决定：DAAs 药物作用于 HCV 蛋白，然而病毒亚型种类较多且容易发生变异，单一药物容易产生耐药而失效，针对某一药物进行全方面技术改进的市场需求较小；新药研发企业要想提高自身市场份额、最大化获取利润，必然首先满足更新换代的市场需求。一方面，将分别作用于不同靶点的药物联用是解决单一药物耐药的有效手段之一；另一方面，相比于研发新化合物，利用已知的活性分子组成复方是获得新药的更快捷途径。因此，在临床阶段企业重点针对抗丙肝药物联用进行研究开发和专利布局。

5.10.2.4　上市后——专利布局基本停止

从原研公司的临床研究与专利申请情况来看，Sofosbuvir 模式下，产品上市之后原研公司会继续针对药物的安全性、有效性开展Ⅳ期临床研究，但是专利申请量极少。Daclatasvir 上市后，百时美施贵宝仅提交了 1 件专利申请 US2018221342A1，该申请是临床阶段药物联用专利布局的延续。Sofosbuvir 上市后，吉利德针对该单药仅提交了 1 件专利申请，而吉二代至吉四代上市后针对相应产品无专利申请。

Sofosbuvir 上市后吉利德提交专利申请 US20150231166A1，请求保护 Sofosbuvir 化合物外消旋体以及其与 NS5B 和 NS3 抑制剂组合物。从 Sofosbuvir 的专利布局整体情况来看，这可能是吉利德针对该药物专利布局进行查漏补缺的结果。Sofosbuvir 原始专利申请中该化合物首先以外消旋体的形式出现，其后的一系列专利布局均围绕上市的单一构型 Sofosbuvir 形式进行。虽然外消旋体相较上市 Sofosbuvir 在活性方面无优势，但其仍然具有抗 HCV 活性，且外消旋体省略光学拆分纯化步骤，对企业而言生产成本较低。吉利德的这一专利申请使得 Sofosbuvir 的专利布局更为全面。

5.10.2.5　小　结

基于抗丙肝药物领域药品更新换代较快这一特点，Sofosbuvir 模式下企业的专利布局策略体现了该领域的特点：摒弃传统模式大批量、多角度的专利布局，着重于药物联用方面进行研究开发。该模式有诸多优点：首先，该模式下，临床前的核心专利布局为产品打下坚实的专利壁垒，临床阶段针对药物联用进行布局，为后代产品开发上市提供了专利基础，缩短新产品的研发周期；其次，新药研发企业利用自身药物库进行药物联用，这种策略有益于节省研发成本；最后，小而精的专利布局策略也能够减少企业在专利申请、专利权维持等方面的成本。但是，Sofosbuvir 模式也存在风险，该模式下产品未能获得全方位保护，因而对临床前的核心专利布局提出了更高要求，企业应当布局严密的核心专利网并及时进行查漏补缺，避免在产品上市之后出现无法有效保护的情况。

5.10.3 复方产品专利布局策略

抗丙肝药物领域多个产品为复方形式上市，如吉利德的吉二代、吉三代、吉四代，艾伯维的 Viekira Pak、Technivie、Mavyret，默沙东的 Zepatier 等。2017 年以来，除歌礼生物的 Danoprevir 之外，其他批准上市的两款 DAAs 药物均是复方药。不同 DAAs 药物联合用药也是抗丙肝药物领域解决耐药和泛基因问题的有效手段。因此有必要对复方产品的专利布局策略单独进行总结。前述复方药物中，吉二代、吉三代、吉四代是在 Sofosbuvir 基础上的衍生产品，艾伯维和默沙东的 4 款产品则直接以复方形式上市。以下以 Viekira Pak、Technivie、Mavyret、Zepatier 为基础，对 DAAs 复方药物的专利布局策略进行总结。

5.10.3.1 专利布局整体框架

整体而言，复方产品的专利布局策略是先单一后整合，即先针对活性化合物单独进行专利布局，包含化合物、晶型、用途、剂型等专利布局，这与一般药物的专利布局策略相同，之后再针对药物联用产品、治疗方案等进行复方的专利布局。具体到产品而言，不同公司针对复方的专利布局策略又有所不同。

（1）Mavyret 模式

以艾伯维的 Mavyret（商品名为艾诺全）为例，其专利布局策略如图 5-10-7 所示。艾伯维对于 Mavyret 的专利布局属于前述 Sofosbuvir 模式，所涉及的保护主题较为精简：对于两个活性成分而言，只从最核心的化合物和治疗用途方法进行专利布局，而未涉及制备方法、剂型等外围主题，同时对于治疗泛基因型 HCV 的用途单独提交专利申请予以重点保护；对于复方专利布局较为全面，从组合物、用途、治疗方案、剂型、药物联用等方面进行布局。值得注意的是，虽然 Mavyret 本身已经是复方，但是艾伯维仍然针对该复方与其他经典抗 HCV 药物，如 Ribavirin、Sofosbuvir 等的联用进行研究以及专利布局。艾伯维的其他复方产品 Viekira Pak、Technivie 与 Mavyret 的专利布局策略类似，专利申请总量较少，重点突出。

图 5-10-7 Mavyret 专利布局策略

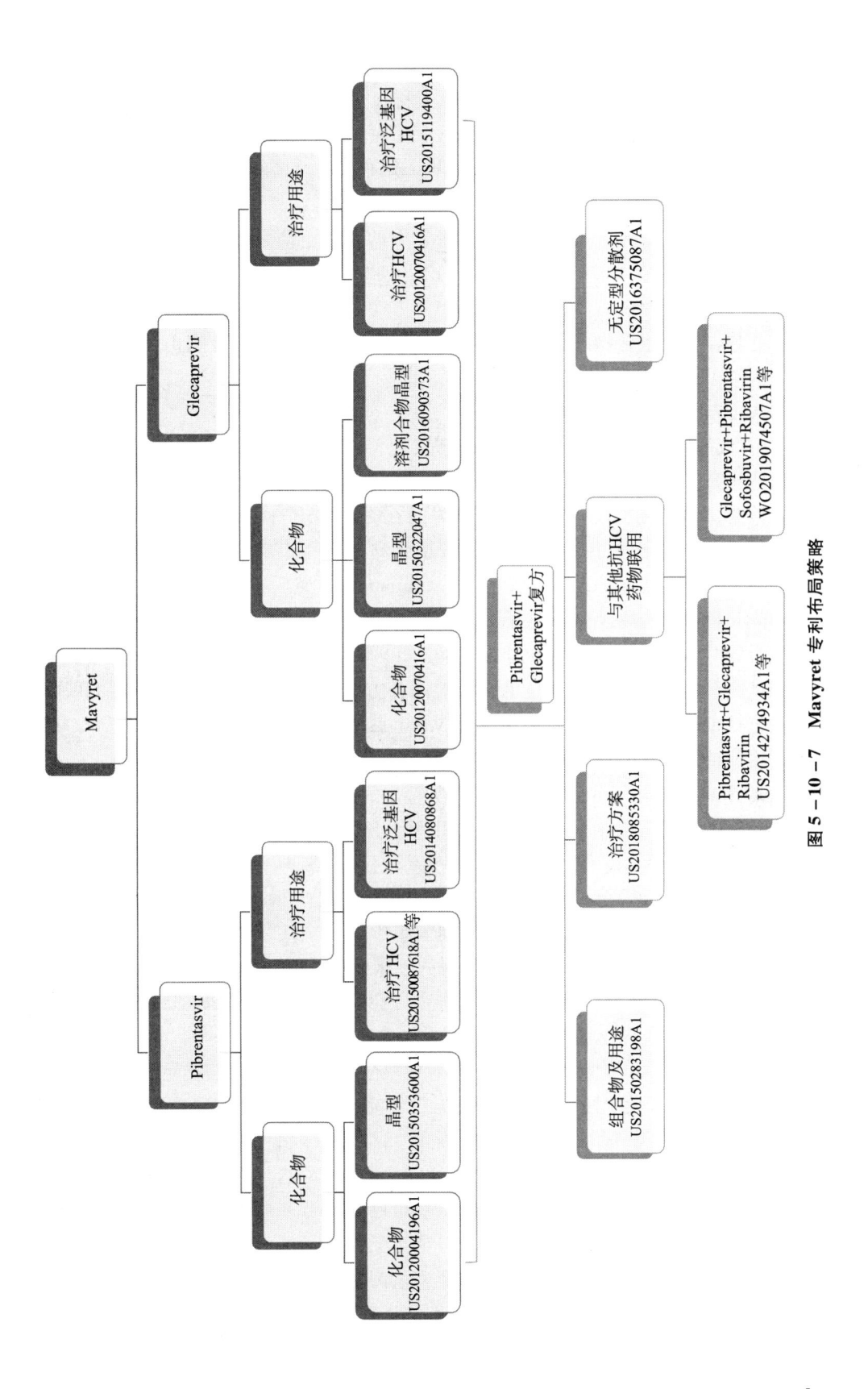

(2) Zepatier 模式

不同于艾伯维，默沙东的 Zepatier 的专利布局策略（见图 5-10-8）类似于传统的 Boceprevir 模式。如表 5-7-2 和表 5-7-3 所示的临床前和临床阶段专利布局，默沙东对两个活性组分 Grazoprevir 和 Elbasvir 布局了严密的专利网，保护主题涉及通式化合物、具体化合物、制备方法、中间体、药用盐、晶型、剂型、干燥方法等，对两个活性化合物进行多方位保护；而对于复方的专利申请量则较少，仅有 3 件专利申请 US2013280214A1、US2016346289A1、US2018228826A1 涉及复方产品。可见，默沙东是通过对单一组分进行保护，进而保护复方产品。此种布局策略从根源上对复方产品进行保护，即使组合物中某一化合物专利遇到挑战，另一化合物仍然有严密的专利保护，提高了仿制药企业挑战专利的难度。

5.10.3.2 复方产品的专利布局特点

对复方产品的专利申请时间线进行梳理发现，与单一组分产品类似，其专利申请时间与临床研究之间存在一定联系，例如，临床前完成活性组分的核心专利布局，采用递进式策略，通过调整申请时间和公开时间在时间轴上有序披露关键信息。例如，默沙东针对 Grazoprevir 进行专利布局时，较早专利 US8591878B2 中以通式化合物形式对 Grazoprevir 予以间接保护，而未直接披露 Grazoprevir，然后通过在后续 US7973040B2 对 Grazoprevir 具体化合物及其钾盐予以直接披露和直接保护，以延长保护期，并延迟了核心化合物 Grazoprevir 的直接披露。

复方产品在临床阶段同样也是主要针对制备方法、制剂、治疗方案、药物联用等外围专利进行布局。除此之外，复方产品本质上属于组合物，这些产品的专利布局体现了组合物的特点，以下对这些特点进行总结。

(1) 临床前及时进行组合物专利布局

从药物临床研究情况来看，原研公司针对组合物产品进行的临床试验数量较多，持续时间也比较长。例如，默沙东于 2010~2012 年先后对 Grazoprevir、Elbasvir 开展 I 期、II 期临床研究，2013 年之后则主要针对 Grazoprevir、Elbasvir 联合用药的方案开展临床研究，对该组合在不同地区人群、不同病患中的安全性和有效性以及不同治疗方案进行全面评估。艾伯维更加重视药物联用的临床研究，Mavyret 的临床试验中，仅有一项涉及 Pibrentasvir 单药，其他临床试验均涉及 Glecaprevir + Pibrentasvir 组合物。由此可见，针对组合物的临床试验是复方产品开发中的重要环节。

与此相对应的，对于复方产品而言，各有效组分联合用药的组合物专利即为产品的核心专利。因而在临床前阶段，原研公司通常已经完成组合物核心专利布局。Mavyret 于 2013 年 11 月进入临床试验前，最早优先权日为 2013 年 3 月 14 日的专利申请 US20150283198A1 中即请求保护 Glecaprevir + Pibrentasvir 联合用药的技术方案；Zepatier 在临床前阶段针对 Grazoprevir、Elbasvir 组合物也已提交专利申请。可见，虽然对于化合物而言联合用药属于外围专利的范畴，但是对于复方产品而言，组合物专利则是其命脉所在，临床前需要针对组合物及时进行专利布局。

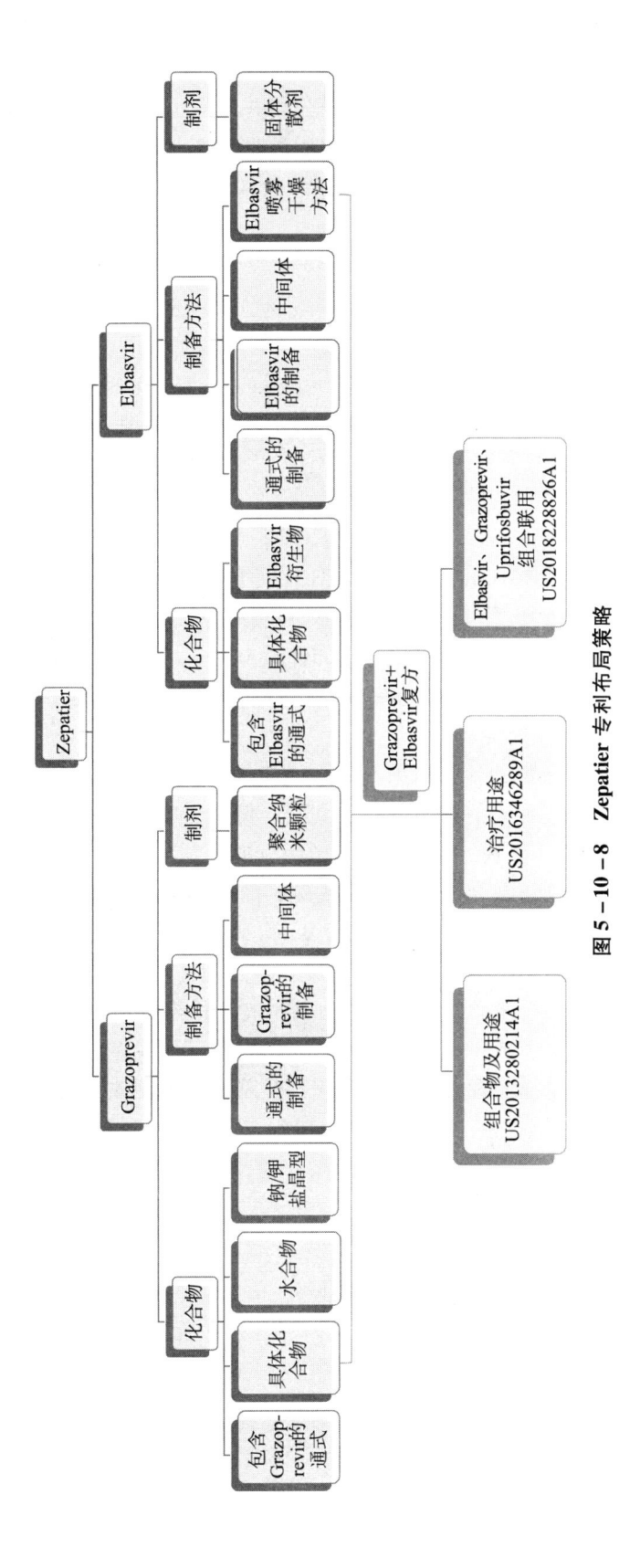

图 5-10-8 Zepatier 专利布局策略

（2）针对后续产品迭代更新进行专利布局

虽然复方药物本身已经是组合物，但原研公司并未停止对其联合用药的研究开发，与其他抗丙肝药物联用仍然是复方药物衍生化的重要方式。随着 DAAs 药物研究的深入和发展，新药研发企业认识到丙肝领域技术更新换代较快这一特点，针对此进行了一系列后续研究和专利布局。

Zepatier 上市前夕，2015 年 8 月 4 日默沙东提交了专利申请 US2018228826A1，请求保护 Elbasvir、Grazoprevir、Uprifosbuvir 三组分联合用药的技术方案，该三组分复方相较于 Zepatier 增加了组分 Uprifosbuvir，可视为 Zepatier 的衍生化产品。相应地，默沙东于 2015 年开展了 Elbasvir、Grazoprevir、Uprifosbuvir 三组分联合治疗 1~6 型慢性 HCV 感染受试者的疗效和安全性的 II 期临床试验。Zepatier 批准上市的适应证为 1 型、4 型慢性丙肝，该三组分复方扩展了基因型范围。这一专利可能是默沙东为后续产品迭代更新而布局的。

Mavyret 于 2017 年 8 月 3 日首次上市之后，艾伯维立即针对另一组合 Glecaprevir + Pibrentasvir + Sofosbuvir + Ribavirin 治疗泛基因 HCV 的用途申请了专利 WO2019074507A1，最早优先权日是 2017 年 10 月 12 日，并具体限定该组合用于治疗曾经 Glecaprevir + Pibrentasvir 方案治疗失败的 HCV 感染患者，即针对 Mavyret 耐药提供了解决方案。可见 Mavyret 上市之际，艾伯维即针对 Mavyret 耐药治疗失败后的补救方案进行了专利布局。

5.10.3.3 小　　结

从上述来看，复方药物的专利布局不外乎经典的"核心"+"外围"两个方面，对于具体布局方式而言，不同的企业从保护期限、保护力度、经济成本等方面考虑又有不同的布局方式。Zepatier 模式重视单一有效组分的专利布局，通过保护核心化合物的晶型、制备方法、制剂、联合用药等相关主题，沿着药物产品线对上下游相关技术主题进行拓展，多维度地进行保护。相比之下，Mavyret 模式更加重视药物联用、组合物专利布局，重点较为突出。

从近些年新药上市情况来看，联合用药已成为抗丙肝药物领域的研发重点。并且，在新化合物研发难度增大、成本提高的现实下，国内新药研发企业应当对创新药物的开发风险有所准备，药物研发模式中的联合用药是降低研发成本的有效手段之一。已上市复方产品的专利布局策略可以为我国企业在此方面进行专利布局提供参考和借鉴。

第6章 "一带一路"沿线国抗丙肝药物专利分析

2015年,国家发展改革委、外交部、商务部联合发布《推动共建丝绸之路经济带和21世纪海上丝绸之路的愿景与行动》,强调要加强科技创新及知识产权等相关合作,拓展投资领域。大力推进知识产权战略特别是专利战略,能为企业的国际化发展保驾护航,是保障"一带一路"倡议顺利实施,保持中国在国际合作竞争中始终占据有利地位必不可少的一环,对推动中国从要素驱动向创新驱动的转变、打造知识产权强国有着重要意义。

"一带一路"(The Belt and Road,B&R)是"丝绸之路经济带"和"21世纪海上丝绸之路"的简称。依靠中国与有关国家既有的双多边机制,借助既有的、行之有效的区域合作平台,"一带一路"旨在借用古代丝绸之路的历史符号,高举和平发展的旗帜,积极发展与沿线国家的经济合作伙伴关系,共同打造政治互信、经济融合、文化包容的利益共同体、命运共同体和责任共同体。"一带一路"涵盖了发展中国家和发达国家,实现了"南南合作"与"南北合作"的统一,其包括北线、中线、南线和中心线四条线路。

为了实现"走出去"的战略目标,将我国的医药产品推广、发扬,"一带一路"沿线国成为我国首要的目标市场。如何在欧美强大的医药研发能力和市场占有能力的情况下,寻找突破之处,借助"一带一路"沿线国与我国的关系,战胜欧美医药企业如此强劲的竞争对手,将我国医药产品销往"一带一路"沿线国,进而在全球占领一席之地,是我国医药企业需要长期思考的问题。

对此,首先需要关注我国医药产品的研发水平,以及相关医药专利在"一带一路"沿线国的申请和布局。

本章将通过分析研究抗丙肝药物领域中我国已成药或在研的临床产品及其相关专利,以及世界各国在"一带一路"沿线国的专利、"一带一路"沿线国本土原创专利的申请和布局情况,并围绕"创新驱动发展战略和建设创新型国家"的目标,以启发和帮助我国企业制定适宜的知识产权策略,为中国医药企业在该区域的海外专利布局、对外合作与投资提供建议,落实"一带一路"倡议,促进我国与沿线国家合作共赢。

6.1 我国本土研发抗丙肝药物临床产品

在国家各种政策支持下,我国医药企业近年来对抗丙肝药物研发进行了各种方式的努力,并获得一定的成绩。下面以几个重点相关的、有临床在研产品的国内企业为对象进行简单介绍。

6.1.1 歌礼生物相关产品与专利

歌礼生物成立于 2013 年,是一家专注于抗 HCV、HIV 及 HBV 同类创新药物的研发及商业化的制药公司,也是我国目前唯一一家具有抗丙肝药物(Danoprevir)获批上市的公司。除了脂肪肝、乙肝的两项新药是独立开发之外,公司的其他新药研发项目来自于购买海外公司药物的授权许可。公司创始人吴劲梓博士是国家"千人计划"特聘专家,中科院药物所客座研究员,在创立歌礼生物之前,曾担任葛兰素史克副总裁(美国),公司研发团队包括来自葛兰素史克以及罗氏制药等全球医药公司的资深科学家。

表 6-1-1 展示了歌礼生物目前的主要在研 DAAs 项目,其中 Danoprevir 已上市,Ravidasvir 接近上市。

表 6-1-1 歌礼生物在研 DAAs 产品

药品	许可方	靶点	国内审批状况	商业权利
Danoprevir(ASC08)	罗氏	NS3/4A	2018 年 6 月 1 日获批上市	中国
Ravidasvir(ASC16)	Presidio 公司	NS5A	2018 年 8 月提交上市申请(审批中)	中国
ASC21	Medivir 公司	NS5B	获批临床	中国
ASC18	原创	NS5B	获批临床	—

Danoprevir 是我国研发的第一个上市的抗丙肝 DAAs 药物,是一种 NS3/4A 蛋白酶抑制剂,结构如下: 。该化合物最初由美国生物技术公司 InterMune 开发,2006 年,InterMune 与罗氏签署协议合作开发 Danoprevir。2010 年,InterMune 基于公司发展战略和财务状况,将 Danoprevir 的全球开发和商业化权利以 1.75 亿美元出售给罗氏,此时 Danoprevir 尚处于 II 期临床试验。之后,罗氏针对 Danoprevir 在欧美国家进行了大量临床试验。2013 年,基于研发经验和对 Danoprevir 在中国市场前景的看好,歌礼生物与罗氏就 Danoprevir 展开合作。根据协议,歌礼生物出资并负责其在中国(含港澳台地区)的开发、注册、生产工作。罗氏则根据阶段性成果向歌礼生物支付药物开发及商业化里程金。

经过大量临床试验,Danoprevir 显现出良好的治疗效果。2016 年,歌礼生物正式提交了该药品在中国的上市申请,并于 2018 年 6 月正式获批上市。该药物是我国首个获批上市的 DAAs 一类新药，从临床试验到新药获批仅用时 33 个月。图 6-1-1 展示了 Danoprevir 的"接力式"研发历程。

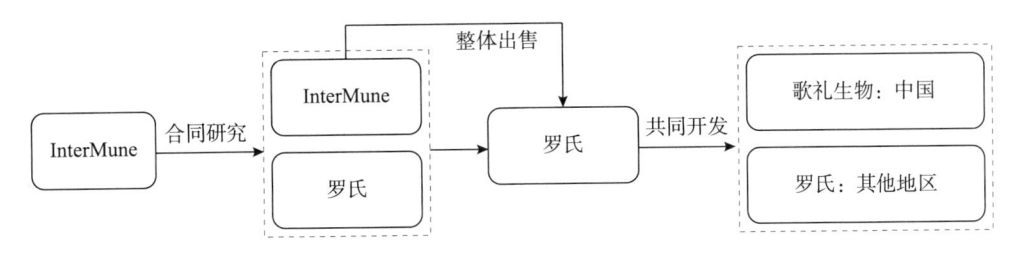

图 6-1-1　Danoprevir"接力式"研发历程

2017 年下半年至今，进口原研 DAAs 药物在我国有 7 个产品获批，歌礼生物的在研产品 Ravidasvir 正在审批中，虽然与国外企业相比，歌礼生物在速度上先失一局，但是 7 款国外 DAAs 产品在国内上市时间并不长，面对 DAAs 药物相对空白的国内市场，Danoprevir 具有相当的潜力。

2018 年 6 月，Danoprevir 在国药控股广州有限公司大药房达成中国南区首单销售，在公司各部门各环节高效运转下，首位患者拿到了该药物。除此之外，歌礼生物与华润医药商业集团签订战略合作协议，在商业分销渠道和终端服务等方面进行全面战略合作。

对我国已经批准的 DAAs 药物的价格进行比较，应用 Danoprevir 治疗 12 周的药物价格约为 40000 元，为目前我国上市 DAAs 药物中价格最低的产品，在很大程度上提高我国丙肝患者的治疗可及性，使更多的丙肝患者得到治愈。

除 Danoprevir 外，歌礼生物目前的 HCV 在研重点项目还包括 Ravidasvir。

Ravidasvir 是歌礼生物第二种慢性丙肝候选药物，是一种同类最佳的、针对丙肝 NS5A 靶点的泛基因型 DAAs，已于 2018 年 8 月提交上市申请（审批中）。

2017 年，歌礼生物与瑞典上市公司麦德维制药（Medivir AB）达成合作协议，收购其抗丙肝核苷类 NS5B 抑制剂 MIV-802（ASC21）中国知识产权，歌礼生物负责 ASC21 临床开发、生产和商业化，并独家拥有 ASC21 的中国所有权益。

此外，歌礼生物还研究了 RDV/DNV 治疗方案，即 Ravidasvir 联合 Danoprevir 及 Ribavirin，是一种全口服无干扰素的慢性丙肝治疗方案，治愈率（SVR12）达 99%，安全性更高，且持续治疗时间短，仅为 12 周。RDV/DNV 治疗方案相比起目前已被批准的 Daklinza/Sunvepra 方案显示出更高的耐药屏障，就基线 NS5A 耐药突变的患者而言，Ⅱ/Ⅲ期临床试验表明，RDV/DNV 治疗方案的治愈率达 100%。

歌礼生物关于抗丙肝领域的药物专利并不多。经检索，歌礼生物目前在国内共有 3 件抗丙肝药物专利申请，均为外围专利申请，其中 2 件为 PCT 申请，但目前未进入实质审查阶段。表 6-1-2 总结了歌礼生物 3 项专利申请的基本情况。

表6-1-2 歌礼生物抗丙肝专利基本情况表

申请号	申请日	发明名称	进入国家/地区	公开/公告号	公开/公告日	主题	状态
WO2018CN75918	2017-06-15	丙肝治疗药物Ravidasvir	中国	CN109134439A	2019-01-04	Ravidasvir制备方法	未实质审查
WO2018CN75917	2017-07-20	达诺瑞韦钠晶型及其制备方法	中国	CN109280074A	2019-01-29	Danoprevir晶型	未实质审查
CN2019100305360	2019-01-14	一种核苷类NS5B聚合酶抑制剂的制备方法	中国	CN109762040A	2019-05-17	ASC-21制备方法	未实质审查

由表6-1-2可见，由于歌礼生物研发模式的原因，抗丙肝药物专利申请起步较晚，均为2017年以后申请，2019年公开，目前均处于公开未审查阶段，且均为制备方法/晶体等外围专利。由于时间关系，可能还存在部分未公开的专利申请。

从目前公开的3件专利申请来看，歌礼生物的专利申请分别涉及目前上市或在研的Danoprevir、Ravidasvir以及ASC-21。可见，即使核心药物专利并不在手中，歌礼生物仍较重视其产品的知识产权，对其产品的原研企业专利及时进行查漏补缺。

6.1.2 东阳光药业相关产品与专利

广东东阳光药业是目前世界上生产大环内酯规模最大并通过美国FDA认证的企业，是国内最大的达菲生产基地，能够研发、海外注册、生产欧美等发达国家仿制药以及自主研发、注册创新药，同时通过了美国FDA、欧盟、WHO认证。

东阳光药业专注于抗病毒、内分泌及代谢类疾病、心血管疾病等治疗领域，近年来，其营业收入和净利润均呈现快速增长趋势，如表1-3-2所示，抗病毒药物收入占据了其主要部分。

除已上市产品外，在临床研究方面，抗病毒药物也是东阳光药业的研究重点。东阳光药业处于临床研究的DAAs药物如表6-1-3所示。

表6-1-3 东阳光药业DAAs药物汇总

通用名或代号	许可方	靶点	审批进度
Yimitasvir	原创	NS5A	2019年9月提交上市申请（审批中）
Furaprevir	原创	NS3/4A	Ⅲ期临床

续表

通用名或代号	许可方	靶点	审批进度
Kangdaprevir Sodium	原创	NS3/4A	Ⅰ期临床完成
HEC110114	原创	NS5B	Ⅰ期临床

由表6-1-4可见，在抗丙肝药物领域，东阳光药业投入了大量精力：作为NS5A抑制剂的Yimitasvir于2019年9月提交上市申请（审批中）。

2016年2月，东阳光药业与我国台湾公司太景医药签署合作备忘录，就Yimitasvir与Furaprevir开展合作，以此开发本土抗丙肝DAAs联合用药。Furaprevir是一种NS3/4A抑制剂，已经于2015年10月申报临床试验。目前Yimitasvir与Furaprevir的联合用药正进行Ⅲ期临床试验，该组合被业界认为有能力与进口DAAs药物抗衡。此外，东阳光药业还有处于Ⅰ期临床阶段的Kangdaprevir等药物。

专利方面，东阳光药业共申请了25项有关抗丙肝的药物专利，其中PCT申请15项，占据60%，均围绕DAAs药物展开。对上述25项申请进行分析，除一项PCT未进入中国国家阶段以外，绝大部分已经进入实质审查阶段，且授权率高达67%，法律状态均为有效。图6-1-2展示了该25项申请的法律状态。

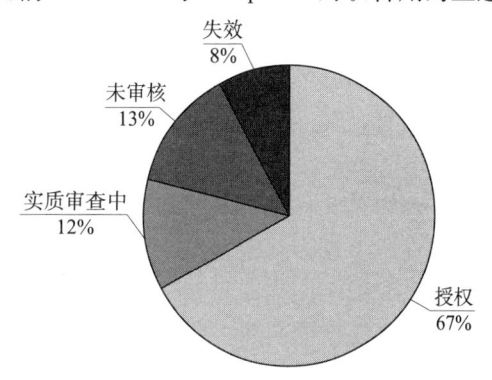

图6-1-2 东阳光药业抗丙肝药物领域专利法律状态情况

从主题内容来看，围绕线性结构NS5A抑制剂的申请共14项，其中CN201510939448.4涉及2个线性结构具体化合物，其中之一是正处于Ⅲ期临床的Yimitasvir

二磷酸盐。另一系列专利申请涉及大环结构的NS3/4A抑制剂化合物，相关申请共5项，其中典型的大环化合物结构为：，CN201710681683.5和CN201710673918.6分别涉及该化合物的盐和晶型。此外,还有2项涉及核苷类NS5B抑制剂的化合物申请,但均未进入实质审查阶段。

除上述自主研发化合物之外,东阳光药业还对重磅药物化合物外围专利进行了布局,例如Sofosbuvir的晶型(201410391177.9)、Telaprevir制备方法(201410553286.6)等。

总结而言,相比国内其他医药企业,东阳光药业抗丙肝药物领域的专利申请较为全面和完善,从通式化合物的演变到重点核心化合物、化合物的盐/晶型,再到已知化合物的进一步布局,可谓步步为营,打造了较为成熟的专利布局体系,逐步与国外大型医药企业接轨。

6.1.3 银杏树药业相关产品与专利

银杏树药业(苏州)有限公司成立于2009年,经营范围主要包括生物制剂、医药中间体、药物的研发和销售。公司核心团队拥有10年以上创新药物研发经验,聚焦于抗病毒领域,是本土最早涉足丙肝治疗新药开发的企业,国内丙肝药物市场强有力的竞争者。

银杏树药业自主研发的1.1类新药赛拉瑞韦钾属于NS3/4A抑制剂,具有高活性、高特异性,并对多基因型HCV有效。经5年研发,该化合物于2015年3月获得临床批件,并已完成Ⅰ期临床研究阶段,安全性良好,疗效显著,1b型HCV感染患者接受赛拉瑞韦钾3天短期服药,体内丙肝病毒清除率超过99.9%。目前正进行赛拉瑞韦钾联合Sofosbuvir治疗慢性丙肝的Ⅲ期临床试验,且已开展与常州寅盛药业的福比他韦联合治疗的临床试验,并拟开展与凯因科技的KW-136联合用药的临床试验。

在专利布局方面,银杏树药业在国内共申请了6件专利,均围绕DAAs药物化合物展开,表6-1-4展示了银杏树药业的抗丙肝药物专利情况。

表6-1-4 银杏树药业抗丙肝专利情况

申请号	申请日	公开日	主题类型	状态	靶点	备注
CN201010106845.0	2010-02-04	2010-07-14	苯并噻吩化合物	授权	NS5B	—
CN201110315704.4	2011-10-18	2013-04-14	噻吩化合物	授权	NS5B	—
CN201210034872.0	2012-02-16	2012-08-01	大环化合物	授权	NS3/4A	CN201280069837.0优先权
CN201280069837.0	2012-12-05	2014-11-23	大环化合物	视撤	NS3/4A	美国、日本已授权
CN201580000349.8	2015-07-15	2016-11-16	核苷化合物	授权	NS5B	PCT申请
CN201610926368.X	2016-10-24	2017-03-22	核苷化合物	授权	NS5B	—

在表6-1-4中,CN201280069837.0(优先权为201210034872.0)为化合物专利,

涉及靶点为 NS3/4A 的大环化合物，其中典型化合物 Ⅱb-3 结构为

（化学结构式）。

6.1.4 凯因科技相关产品与专利

北京凯因科技成立于 2008 年，是一家专注于肝病治疗领域的创新型生物医药企业，致力于提供肝病治疗的系统解决方案。其主要产品重组人干扰素 α2b（凯因益生）、复方甘草酸苷胶囊（凯因甘乐）均可用于治疗急慢性病毒性肝炎。

尽管目前 DAAs 药物销售火爆，但由于各方面原因，我国现阶段抗 HCV 治疗的主要方案仍是 PEG IFN 或者 IFN α 联合 Ribavirin 治疗，也是目前欧洲肝病研究学会年会（EASL）批准的慢性丙型病毒性肝炎治疗的标准方案（SOC）。

图 6-1-3 展示了我国干扰素市场份额情况。其中凯因益生属于普通干扰素中的佼佼者，占 7%。凯因益生属于重组人干扰素 α2b，可用于治疗急慢性病毒性肝炎、带状疱疹、尖锐湿疣等，以及治疗某些肿瘤，如毛细胞性白血病、慢性髓细胞性白血病等。

除已经占据一席之地的凯因益生外，凯因科技还有聚乙二醇化重组集成干扰素变异体注射液已经报产，但暂未正式上市。集成干扰素（PEG-IFN-SA）是凯因科技自主研发的新型抗肝炎病毒（HBV、HCV）

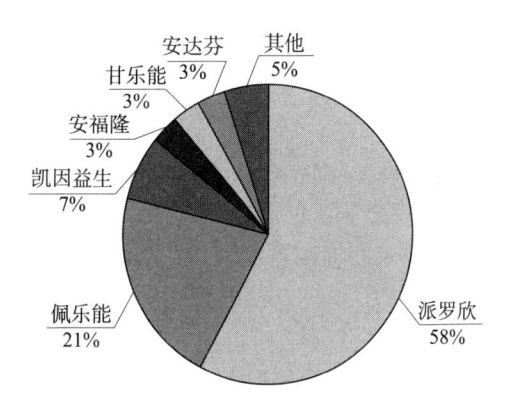

图 6-1-3　国内主要干扰素产品市场份额
来源：IMS Health。

大分子药物，具有抗病毒活性强、半衰期长以及血药浓度稳定的特点。其联合 Ribavirin 的 PR 疗法用于本土患者可取得较高的 SVR，并显著降低远期肝病风险，在 DAAs 药物时代也仍是无禁忌症患者的可选治疗方案。可见，凯因科技在长效和短效干扰素方面均交出了不错的成绩单。

除干扰素产品外，凯因科技主打产品还有凯因甘乐（复方甘草酸苷胶囊），能够抗肝中毒，改善肝功能异常，调节 T 细胞活化，诱发干扰素的产生等。

此外，在 DAAs 药物方面，凯因科技也并未落后，自主研发了全基因型 NS5A 抑制剂，编号 KW-136，并于 2015 年申报临床，上市申请已经于 2018 年 6 月获得 CDE 受

理。其临床试验涉及 KW-136 胶囊和 Sofosbuvir 联合用药，治疗成人慢性丙型肝炎，采取 12 周标准疗程。

KW-136 是凯因科技自主研发的新型 NS5A 抑制剂，获得了 CFDA 优先审评，并得到 2017 年科技部重大新药创制专项支持。初期研究数据显示，KW-136 用于 1~6 型 HCV 的抗病毒活性与首个上市的 NS5A 抑制剂 Daclatasvir 相当，且用于 3a 型 HCV 的效果优于 Daclatasvir；KW-136 联合 Sofosbuvir 治疗也可获得高水平 SVR。

在抗丙肝药物领域，凯因科技共申请了 37 项发明专利。图 6-1-4 展示了凯因科技抗丙肝药物专利主题分布情况。

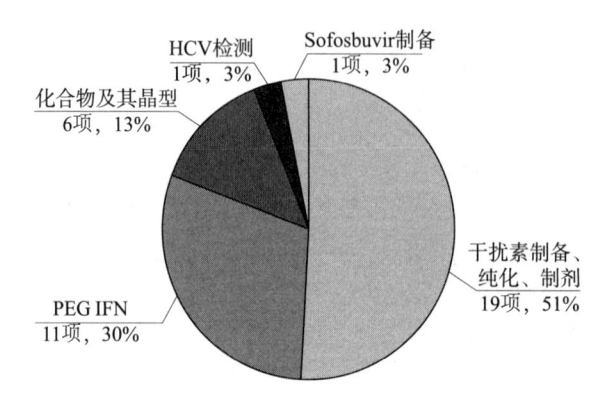

图 6-1-4　凯因科技抗丙肝领域专利主题分布

由前述介绍可知，凯因科技在抗丙肝药物领域最主要产品仍是干扰素，且国内市场份额仅次于罗氏。从其专利布局也可以看出，干扰素及其外围专利占据了绝大部分；19 项专利涉及干扰素或重组干扰素的制备、纯化、制剂等；11 项专利涉及 PEG IFN；DAAs 类药物专利仅 6 项，均为国内申请，其中 1 项涉及 HCV 检测试剂盒；1 项涉及 Sofosbuvir 中间体制备。

对于其中涉及 DAAs 药物的 6 项专利进行分析，表 6-1-5 展示了上述 6 项专利的主要内容。除 DAAs 药物化合物的外围专利（如 Sofosbuvir 中间体制备方法）外，凯因科技在原创药物方面也进行了布局，共申请了 3 项专利，其中针对 1 个重点化合物进行了晶型和组合物的专利布局。从专利申请看出，凯因科技正处于临床的 DAAs 药物 KW-136 即上述重点化合物，结构如下：

表6-1-5 凯因科技抗丙肝领域小分子化合物专利主题情况

申请号	申请日	发明名称	公开/公告号	主题	状态
CN201210126468.6	2012-04-26	丙肝聚合酶抑制剂	CN103304551A	(结构式图)	授权
CN201410513720.8	2010-12-16	C型肝炎病毒复制的新型抑制剂	CN104341401A	(结构式图)	授权

225

续表

申请号	申请日	发明名称	公开/公告号	主题	状态
CN201410608327.7	2010-12-16	C型肝炎病毒复制的新型抑制剂	CN104530079A		授权
CN201610855558.7	2016-09-27	一种Sofosbuvir关键中间体的制备方法	CN107868105	Sofosbuvir中间体制备方法	未实质审查
CN201810688140.0	2018-06-28	一种结晶性氨基甲酸甲酯类化合物	CN108675998A	KW-136晶型	授权
CN201810694874.X	2018-06-28	用于治疗丙型肝炎感染的药物组合物	CN108904496A	KW-136组合物	授权

6.1.5 圣和药业相关产品与专利

南京圣和药业股份有限公司是一家集医药研究、药品生产和市场营销为一体的国家重点高新技术企业,是我国较早通过 GMP 认证的企业之一。2014 年,国内开始掀起抗丙肝药物研究热潮,圣和药业也开始在抗丙肝药物方面发力。在抗丙肝药物研究策略上,该公司紧跟国际研究前沿,集中在 NS5A 和 NS5B 这两个最热点的靶点上,并重点关注 NS5A 和 NS5B 的联合用药。

在代表药物方面,圣和药业已独立研发出 SH526(NS5A 抑制剂)、SH229(和乐布韦,NS5B 核苷类抑制剂)两个候选药物,并且紧跟 NS5B + NS5A 联合用药这一国际研究热点方向,开发出了 SH526 + SH229 联合用药方式。其中 SH229 的 Ⅰ 期临床试验已经完成,已初步证实其安全性和有效性。而 SH526 + SH229 的组合也已获得临床批件。

在抗丙肝药物领域,圣和药业共申请了 19 项专利,其中 PCT 申请 5 项。涉及的核心化合物专利共 10 项,化合物的异构体 2 项,化合物晶型 2 项,组合物和联合用药 4 项,以及 1 项涉及化合物的盐。图 6-1-5 展示了圣和药业在抗丙肝药物领域专利申请的主题分布情况。

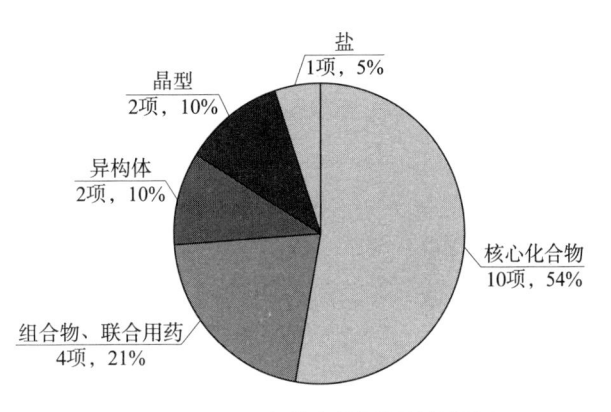

图 6-1-5 圣和药业抗丙肝药物领域专利申请主题分布

从专利申请数量而言,圣和药业在抗丙肝药物领域专利申请居国内前列,申请足迹遍及亚洲、欧洲和美国等主要国家和地区,部分已获得授权,专利申请质量较高。

主题方面,其围绕 NS5A 抑制剂和 NS5B 抑制剂分别进行核心化合物专利申请,并对重点化合物进行全方位的专利布局,体现其对专利在新药研发中作用的重视。

对圣和药业的抗丙肝领域的核心专利进行简单归纳,表 6-1-6 展示了其 9 项核心专利的著录项目以及核心化合物结构。

表 6-1-6 南京圣和药业抗丙肝领域核心专利情况

	申请号	WO2014CN73004	申请日	2014-03-06
1	发明名称	新的核苷氨基磷酸酯化合物及其应用		
	技术问题	提供用于治疗黄病毒科病毒,尤其是丙型肝炎病毒感染的新核苷氨基磷酸酯化合物		

续表

1	技术方案	(化学结构图 I)
2	申请号	WO2014CN95043	申请日	2014-12-26
	发明名称	9,9,10,10-四氟-9,10二氢菲类丙型肝炎病毒抑制剂及其应用		
	技术问题	提供一种能够抑制丙型肝炎病毒活性的化合物		
	技术方案	(化学结构图 I)		
3	申请号	CN201410801843	申请日	2014-12-22
	发明名称	丙型肝炎病毒抑制剂及其应用		
	技术问题	提供一种能够抑制丙型肝炎病毒活性的化合物		
	技术方案	(化学结构图 I)		
4	申请号	CN201410835606	申请日	2014-12-29
	发明名称	9,9,10,10-四氟-9,10二氢菲类丙型肝炎病毒抑制剂及其应用		
	技术问题	提供一种具有9,9,10,10-四氟-9,10二氢菲结构、能抑制丙型肝炎病毒活性的化合物		
	技术方案	(化学结构图 I)		

					续表
5	申请号	CN201410245982	申请日	2014-06-04	
	发明名称	三环稠杂环类核苷氨基磷酸酯化合物、其制备方法及应用			
	技术问题	提供一类具有抗病毒尤其是肝炎病毒活性的三环稠杂环类核苷氨基磷酸酯化合物			
	技术方案	(化学结构式 I)			
6	申请号	CN201510091632	申请日	2015-03-01	
	发明名称	稠合三环类肝炎病毒抑制剂及其应用			
	技术问题	提供一类对丙肝病毒具有较好的抑制活性，对宿主细胞具有低的毒性，有效性高，安全性好的稠合三环类肝炎病毒抑制剂			
	技术方案	(化学结构式 I)			
7	申请号	CN201510453910	申请日	2015-07-29	
	发明名称	丙型肝炎病毒抑制剂及其应用			
	技术问题	提供一类对丙肝病毒具有较好的抑制活性，同时具有小的细胞毒性，安全性好，且血浆蛋白结合率良好的丙型肝炎病毒抑制剂			
	技术方案	(化学结构式 I)			

续表

8	申请号	CN201510848048	申请日	2015-11-27
	发明名称	杂环化合物及其应用		
	技术问题	提供一类具有HCV病毒抑制获得的杂环化合物		
	技术方案	(结构式 I)		

9	申请号	CN201610214871	申请日	2016-04-07
	发明名称	二氢菲类化合物及其制备方法		
	技术问题	提供一种在制备方法上具有较高的收率、纯度和光学纯度,反应条件温和,纯化容易,工艺稳定优势的且具有抗HCV病毒活性的化合物		
	技术方案	(结构式 I)		

分析外围专利申请,发现其主要围绕2个重点核心化合物进行布局,一个是作为NS5A抑制剂的线性化合物 ,另一个则是作为NS5B抑制剂的核苷类化合物 。

6.1.6 寅盛药业相关产品与专利

常州寅盛药业成立于2003年,是以仿制药、原料药生产为主的企业。2012年5月寅盛药业与四川大学签订了抗丙肝新药的产学研合作开发合同,成功转型创新药企业,之后引进上海药明康德新药开发有限公司进行三方合作,针对2个靶点开发抗丙肝药物。其中 NS5A 抑制剂福比他韦于 2015 年 9 月进行临床试验申报，为"重大新药创制"专项，2016 年 3 月获得临床批件，目前在进行 Ⅰ 期临床试验。同时，福比他韦与银杏树药业的赛拉瑞韦钾联用的临床试验也正在进行中。另一个 NS4B 抑制剂安非和韦同样于 2017 年获得临床批件，Ⅰ 期临床试验进行中。

以寅盛药业为申请人入口进行检索，在抗丙肝药物领域，寅盛药业共申请了 10 项专利，其中 PCT 申请 4 项，国内申请 6 项（其中包括台湾地区专利申请 2 项）。从主题来看，3 项涉及靶点为 NS5A 的化合物，2 项涉及靶点为 NS4B 的化合物，2 项涉及制备方法，另外 3 项涉及联合用药。

从核心化合物专利和联合用药专利布局来看，寅盛药业的重点化合物有 2 个，分别是作为 NS5A 抑制剂的化合物 1 ，以及作为 NS4B 抑制剂的化合物 2 。

尽管寅盛药业的专利申请数量并不多，但其专利申请分别涉及 NS5A 抑制剂和 NS4B 抑制剂，核心专利占比 50% 以上，并未着眼于已知化合物的外围专利，较为重视原创产品，并取得一定的成绩。

对于核心产品，寅盛药业在欧洲、美国、日本、韩国、中国台湾等重点国家或地区提交专利申请，进行了较为全面的布局。而针对如今抗丙肝药物领域耐药和泛基因的研究热点，从国外重点企业产品和专利申请着力点来看，联合用药是非常常见和重要的解决方式之一，寅盛药业同样关注到了这一点。

6.1.7 其他制药企业相关产品

除上述几家公司外，正大天晴于 2013 年从一家以色列公司 BiolineRX 以 3000 万美元购买了临床前抗丙肝药物项目 NS3/4A 抑制剂 BL8030，但后续并未传出新消息。

此外，除创新药外，国内企业的仿制药研发也在如火如荼进行中。

如前文所述，Sofosbuvir 作为抗丙肝药物市场的明星药物，具有突出的疗效，以及高昂的价格。同时，为了避免被发展中国家抵制，吉利德授权了多个发展中国家的仿制药企业进行生产和低价销售，例如印度仿制药售价仅为美国 1%。但中国并不包含在内。已经进入中国市场的吉利德原研药，其一个疗程（12 周）至少需要花费约人民币 8 万元，给广大丙肝患者带来了沉重的经济负担。因此，国内市场急需如 Sofosbuvir 这样疗效显著的抗丙肝药物仿制药上市。目前Sofosbuvir核心专利在我国并未获得授权，这为其仿制药的生产打开了一道门。已有多家制药企业申报了3.1类新药Sofosbuvir，例如正大天晴、江苏豪森、北京万生、四川科伦、石药集团等。

综上，国内企业在抗丙肝药物领域虽然起步较晚，但无论是传统的干扰素疗法还是热门的DAAs药物，国内不少企业对自主研发以及仿制药均进行了众多尝试。相信不久的将来，我国在全球抗丙肝药物市场也能够占一席之地。

6.2 "一带一路"沿线国丙肝发病率情况

根据WHO的报告，全球丙肝患者约有7100万人，平均发病率约为0.94%。发病率最高的是中东、北非地区，俄罗斯以及东亚、东南亚也属于较为严重的区域。

从具体数据来看，非洲为全球范围内发病率最高的地区，高达6%，其中北非以及中东地区发病率达2.7%。亚洲地区整体发病达2.8%，其中，中亚地区属于亚洲发病率较高区域，如乌兹别克斯坦高达11.3%；而东南亚地区的马来西亚2.5%、泰国2.7%、柬埔寨2.3%~14.7%，相比东亚的中国1.6%、日本1.5%和韩国0.8%，发病率更高。表6-2-1展示了"一带一路"部分国家的丙肝发病率情况。

表6-2-1 "一带一路"沿线国丙肝发病率数据

国家/地区	发病率/%	国家/地区	发病率/%
全球	0.94	泰国	2.7
中国	1.6	印度	0.6~1.6
蒙古	9.8	巴基斯坦	4.8~6.2
乌兹别克斯坦	11.3	俄罗斯	4.1
柬埔寨	2.3~14.7	以色列	1.96
印尼	0.8	南非	0.1~1.1
马来西亚	2.5	埃及	11.9

由此可见，全球范围而言，"一带一路"沿线国丙肝病情普遍较为严重，几乎均高于全球平均发病率，因而该地区对于抗丙肝药物具有较大的需求。对于我国而言，这正是我国医药企业海外布局的好机会。

我国医药产品能否在"一带一路"沿线国家市场占有一席之地，还要考虑相关国家是否存在专利壁垒。下面针对"一带一路"沿线国家抗丙肝药物领域专利布局情况进行分析。

6.3 "一带一路"沿线国家抗丙肝药物专利分析

6.3.1 全球抗丙肝药物专利在"一带一路"沿线国布局概况

为了研究"一带一路"沿线国专利布局情况，本节以印度、俄罗斯、新加坡等共计 137 个国家或地区、组织为研究对象进行梳理，在 DWPI 数据库中检索，采集了截至 2019 年 9 月 30 日，关于"一带一路"沿线国申请的丙肝药物发明专利数据，共获得专利申请 1933 项。将上述专利申请按国家不同进行分类（同族专利进入不同国家的，分别计算），结果如图 6-3-1 所示。

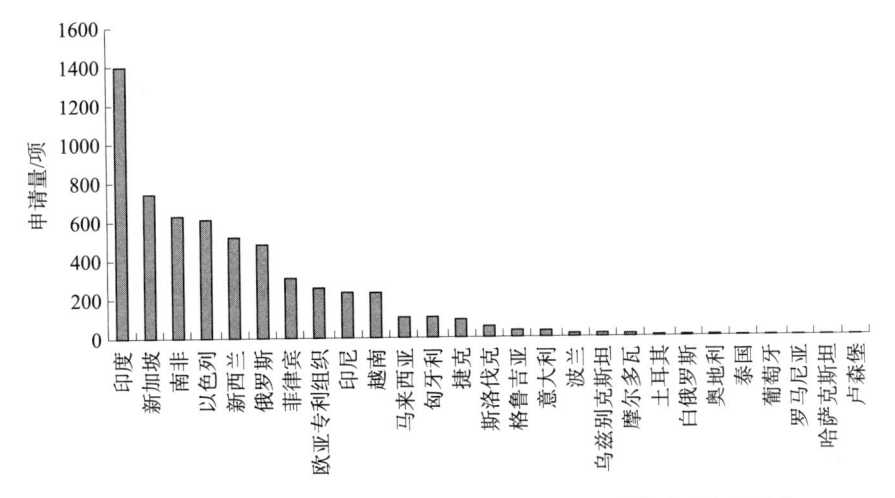

图 6-3-1 全球进入"一带一路"沿线国抗丙肝药物专利申请分布

从图 6-3-1 可以看出，印度是第一目标市场，在 1933 项专利中，1398 项进入印度，几乎是第二位新加坡的 2 倍。此外，南非、以色列、新西兰、俄罗斯、菲律宾、印尼以及越南也是全球抗丙肝药物的重点关注市场，进入这些国家的申请均在 200 项以上。

图 6-3-2 展示了 1990 年至今全球抗丙肝药物领域在"一带一路"沿线国的专利申请趋势。从时间方面来看，进入 21 世纪后，申请量开始飞速增长，并在 2007~2009 年达到顶峰，2015 年开始申请量大幅下跌。这与全球的申请量趋势也是基本一致的。

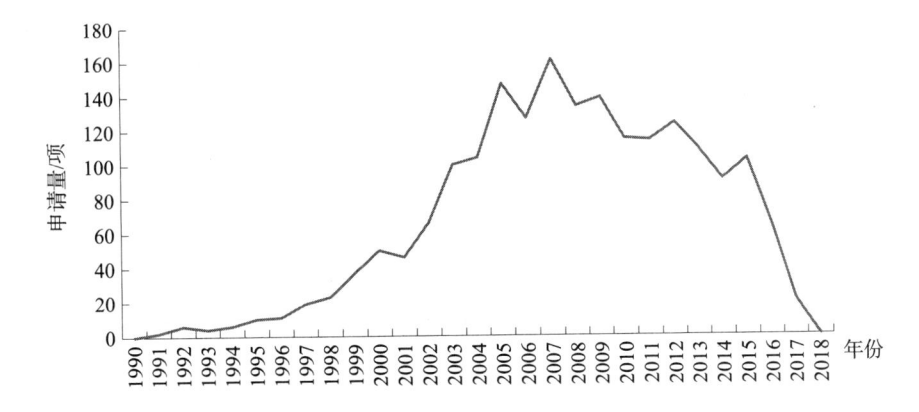

图 6-3-2 全球抗丙肝药物领域于"一带一路"沿线国专利申请趋势

6.3.2 "一带一路"沿线国原创申请情况

为了解"一带一路"沿线国本土在抗丙肝药物领域的研究实力,本节研究了技术来源为"一带一路"沿线国的专利申请,对优先权文件国别为上述137个国家、地区或组织的申请进行检索统计,结果如图6-3-3所示。

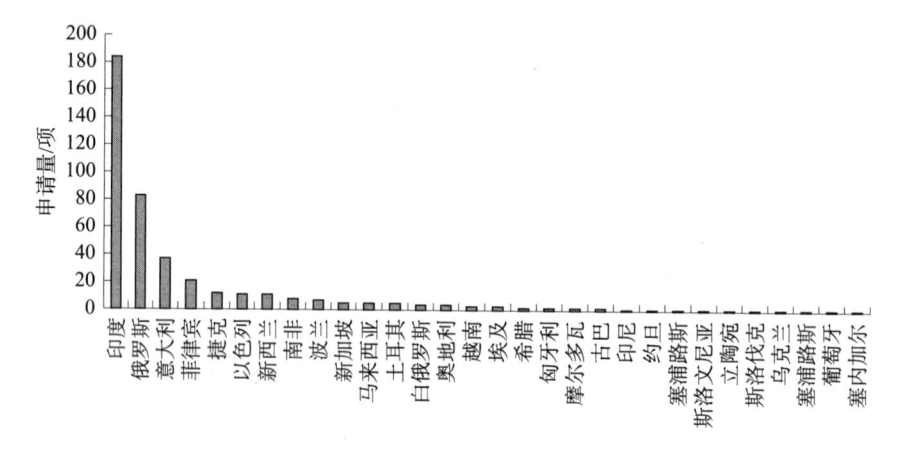

图6-3-3 "一带一路"沿线国抗丙肝药物原创申请分布

从图6-3-3可以看出,137个国家、地区或组织中,印度原创能力仍遥遥领先,申请数量在第二名的俄罗斯2倍以上。这与印度的专利制度相关。印度专利法规定了某些特殊情况下专利药剂制品出口的强制许可:可以向存在公共卫生问题、缺乏相关药品制造能力或者不具备相关药品生产能力的国家,使用强制许可出口专利医药产品。该规定为印度制药的出口提供了有效的空间,印度仿制药产业因而十分发达,也在一定程度上促进了印度医药产业的发展。

6.3.3 国内企业在"一带一路"沿线国专利布局

为了解我国在"一带一路"沿线国专利布局情况,对于进入"一带一路"国家的专利申请,以优先权国家为CN的专利进行分析统计,经过梳理和人工筛选,共获得23项专利申请,申请人分布如图6-3-4所示。

以"一带一路"国家为目标国的专利申请中,我国原创申请数量并不算多,分别来自11个医药企业、3个研究所或高校。与前述我国临床或在研抗丙肝药物产品对比,发现其中4家握有临床产品的企业东阳光药业、圣和药业、银杏树药业以及寅盛药业,均以"一带一路"沿线国为目标市场,进行了专利布局。表6-3-1中展示了我国重点临床产品在"一带一路"沿线国专利布局的详细情况。

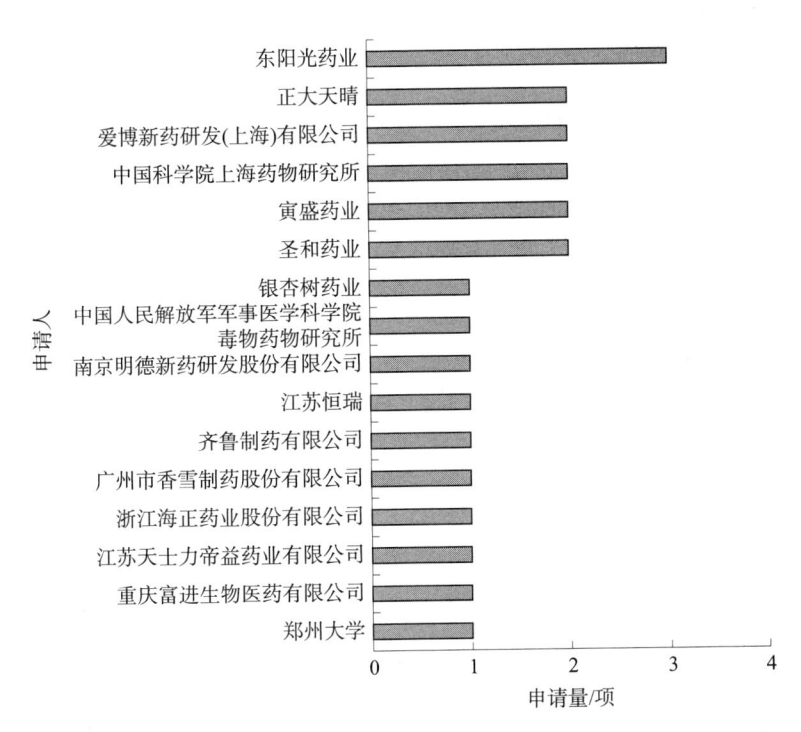

图6-3-4 我国申请人"一带一路"国家抗丙肝药物专利申请排名分布

表6-3-1 我国重点临床产品在"一带一路"沿线国专利布局情况

申请号	公司	法律状态	主题	临床阶段	进入国家
CN201210239748.8	东阳光药业	授权	DAA-NS5A	Ⅰ期临床	印尼
CN201310337556.5	东阳光药业	授权	DAA-NS5A	Yimitasvir，已提交上市申请	新加坡、南非、俄罗斯、印尼
CN201610072777.8	东阳光药业	授权	DAA-NS3/4A	Furaprevir，Ⅲ期临床	印尼
CN201280069837.0	银杏树药业	授权	DAA-NS3/4A	赛拉瑞韦钾，Ⅲ期临床	印度、以色列
CN201480071487.0	圣和药业	授权	DAA-NS5A	SH526，临床获批	印度
CN201410081865.5	圣和药业	授权	DAA-NS5B	SH229（和乐布韦），Ⅰ期临床	俄罗斯
CN201580009758.4	寅盛药业	授权	DAA-NS5A	福比他韦，Ⅰ期临床	俄罗斯
CN201610070866.9	寅盛药业	授权	DAA-NS4B	安非和韦，Ⅰ期临床	—

从表6-3-1可见，目前我国输出至"一带一路"沿线国家的专利申请均为DAAs药物。其中东阳光药业以3项申请名列第一，除了美国、欧洲、日本等重点国家外，

还在新加坡、南非、俄罗斯、印尼等"一带一路"沿线国家进行了布局；圣和药业、寅盛药业紧随其后，分别有2项专利在印度、俄罗斯等国家提交申请。银杏树药业则向印度、以色列分别提交了1项申请。

从专利申请的内容来看，CN201610072777.8涉及的是已经完成Ⅲ期临床试验的NS3/4A抑制剂Furaprevir的核心化合物专利

CN201310337556.5涉及已提交上市申请的NS5A抑制剂Yimitasvir的核心化合物剂，CN201210239748.8则涉及另一例处于Ⅰ期临床的NS5A抑制剂。圣和药业的CN201480071487.0和CN201410081865.5分别涉及其获批临床以及处于Ⅰ期临床试验的NS5A抑制剂SH526以及NS5B抑制剂SH229（和乐布韦）和

寅盛药业的CN201580009758.4和CN201610070866.9分别涉及处于Ⅰ期临床试验的NS5A抑制剂福比他韦和NS4B抑制剂安非和韦

以及作为 NS4B 抑制剂的化合物 2 。银杏树药业的专利申请 CN201280069837.0 涉及其处于Ⅲ期临床产品 NS3/4A 抑制剂赛拉瑞韦钾的核心化合物

因此，尽管上述公司在"一带一路"国家申请的专利数量不多，但从其申请主题来看，均为 DAAs 药物的化合物核心专利，可见我国本土医药企业已经开始重视"一带一路"沿线国家市场。然而同时，其专利布局方式仍相当单薄，与欧美制药企业多层次、循序渐进的全局布局相比，仍有一定差距。日后若希望将我国本土研发产品销往上述国家，还需要进一步的专利布局和运营。

为进一步研究"一带一路"沿线国抗丙肝药物的发展状况，本节根据上文中分析的整体专利情况，选取了几个典型国家，如印度、南非、以色列、俄罗斯、印尼、老挝、柬埔寨等，从专利以及市场角度进行分析，讨论我抗丙肝药物占据上述市场的可能性，并希望能够对我国医药企业在相关国家或地区的专利布局有些许启示。

6.4 "一带一路"沿线重点国家抗丙肝药物专利分析

6.4.1 印度抗丙肝药物专利分析

在"一带一路"沿线国家中，除了俄罗斯之外，印度是中国最大的邻国。印度国土面积在世界居第七位，其人口总数仅次于中国居世界第二位，印度的经济增长速度达到了年均 6%，在世界经济中的重要性日益突出。中国对外专利申请对出口贸易支撑很好的"一带一路"沿线国家有 5 个，印度排在首位。印度也成为各国企业专利布局的必争之地。印度是抗丙肝药物的生产和销售大国。本节对印度抗丙肝药物的专利进行检索，并对其专利申请发展的趋势、区域分布、主要申请人以及相关技术作了总体分析。

6.4.1.1 印度作为专利申请目标国抗丙肝药物专利分析

（1）专利申请态势

图 6-4-1 示出了全球抗丙肝药物以印度作为目标国的专利申请趋势。1995 年之前没有以印度作为目标国用于治疗丙肝的相关申请，1998 年之前相关的申请也是较少，从 1998 年开始申请量开始以较大幅度增加，2007 年的申请量为 134 项，达到年度申请

量的峰值，从 2010 年开始年度申请量开始减少，2016 年开始悬崖式下跌。此时随着 Sofosbuvir 等高治愈率的药物上市，抗丙肝药物市场已经渐趋饱和，各大制药企业的申请量开始减少。

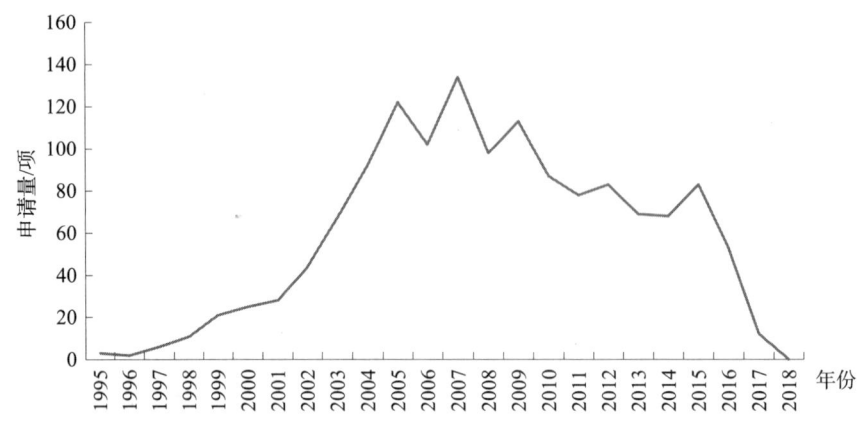

图 6-4-1　印度作为抗丙肝药物专利申请目标国的专利申请趋势

（2）申请区域分布

图 6-4-2 示出了以印度作为目标国的抗丙肝专利申请的技术来源分布。对全球以印度作为目标国的专利申请的技术来源进行统计，在抗丙肝药物领域中，美国申请占据了绝对的领先地位，远超其他国家或地区。由此可以看出，美国对印度市场关注度较高，投入的研发力度比较大。

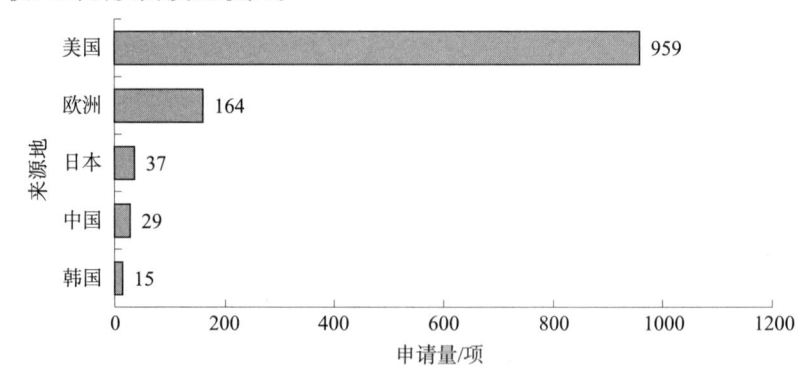

图 6-4-2　印度作为抗丙肝药物专利申请目标国的专利申请来源分布

（3）主要申请人分布

图 6-4-3 示出了以印度作为目标国全球排名前九的申请人的专利申请量情况，百时美施贵宝、罗氏和诺华分居前三位。

（4）技术主题分布情况

图 6-4-4 示出了以印度作为目标国专利申请所涉及的技术主题的分布情况，其中，化合物和干扰素专利占据绝对的主导地位，分别占比 34% 和 29%，其次是一些外围专利申请。

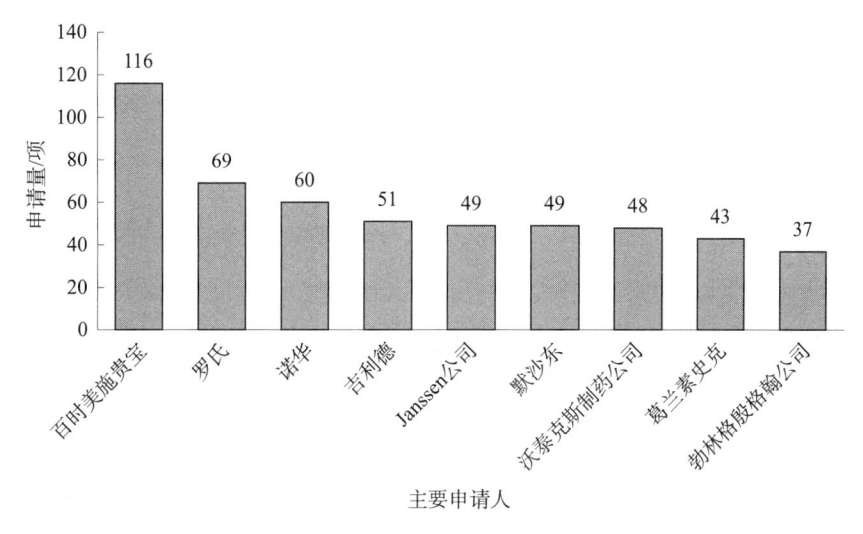

图 6-4-3 印度作为抗丙肝药物申请目标国主要申请人的申请量排名

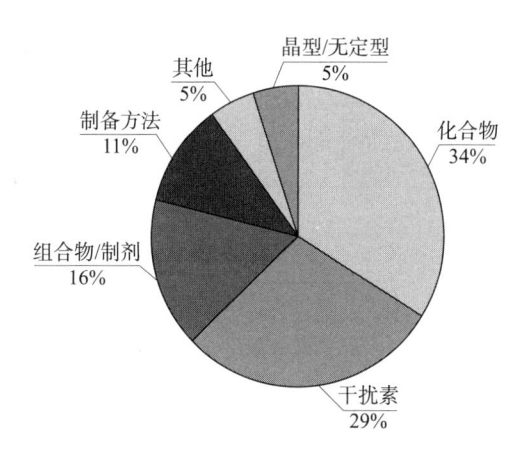

图 6-4-4 印度作为抗丙肝药物申请目标国的专利申请技术主题分布

6.4.1.2 印度原创抗丙肝药物专利技术分析

（1）专利申请态势

图 6-4-5 示出了印度原创抗丙肝药物的专利申请趋势。2011 年之前，印度原创药物专利申请量较少，从 2011 年开始申请量有了实质性的提高，这与图 6-4-1 的趋势不同，图 6-4-1 显示全球以印度作为申请国的专利申请从 2010 年开始减少。这一情形不难解释：印度作为仿制药的大国，2011 年开始抗丙肝药物制药巨头的重磅药物均已经崭露头角，印度为了仿制而开始积极进行专利申请。从 2016 年开始，随着国际申请量的下降，印度的原创专利申请也在下滑。

（2）主要申请人分布

Cipla、Reddy's、Lupin、Mylan 等都是印度本土知名的医药公司。本节根据印度本土抗丙肝领域的专利申请量进行排名，如图 6-4-6 所示，Hetero、Lupin 和 Cadila 分列前三位。

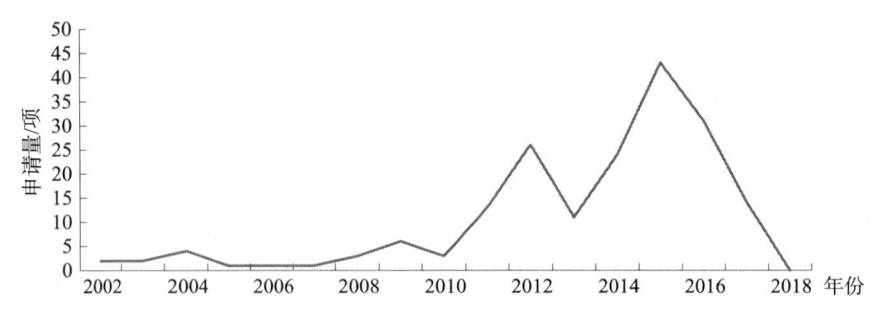

图 6-4-5　印度原创抗丙肝药物专利申请趋势

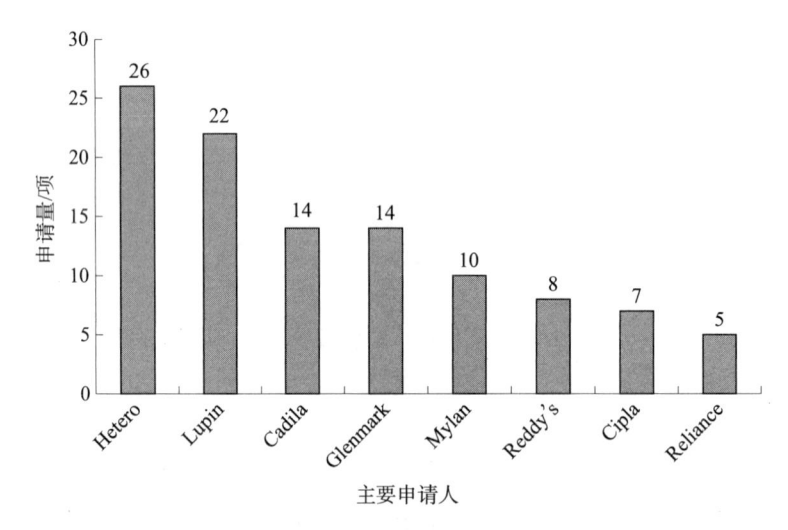

图 6-4-6　印度原创抗丙肝药物专利申请前八申请人的专利申请量排名

（3）印度原创专利申请主题情况

表 6-4-1 展示印度各大医药企业在抗丙肝药物领域原创专利申请情况。下面就其中的相关公司和相关专利进行分析。

表 6-4-1　印度抗丙肝药物原创专利申请情况　　　　　　　　单位：项

申请人	新化合物	干扰素	已知化合物 （晶型、制备方法等）	其他 （诊断、疫苗等）
Hetero	24	0	1	1
Lupin	6	1	15	0
Cadila	0	3	9	2
Glenmark	10	0	4	0
Mylan	0	0	10	0
Reddy's	1	0	5	2
Cipla	2	0	5	0
Reliance	0	0	0	5

1）Hetero

Hetero 是印度本土药厂，规模不大，但也在生产抗丙肝、抗肿瘤等的仿制药。该公司与印度 NATCO、Mylan 是印度生产、销售吉三代的主要公司。

Hetero 申请新化合物专利共 24 项，其中多数仅进入美国，但是有 2 项专利（WO2011007230A2、WO2016178092A2）进入了中国、美国、韩国、欧洲、加拿大等多个国家和地区。

WO2011007230A2 的中国同族专利为 CN102656180A，该专利权利要求 1 请求保护一种通式化合物，该化合物涉及抗 HIV、HCV、HBV 等活性。其在中国于 2016 年 4 月 20 日获得授权，然而目前该专利因未缴年费而终止失效。该专利在欧洲、美国、韩国、加拿大等国家和地区也获得了授权。

WO2016178092A2 的中国同族专利为 CN107428797A，该专利权利要求 1 请求保护一种通式化合物，该化合物涉及抗 HIV、HCV、HBV 等活性。其在中国还处于实质审查阶段，在其他国家和地区也未获得授权。

2）Lupin

Lupin 是印度排名前三的制药公司之一，其申请关于抗丙肝药物的专利共 22 项，其中多数专利仅仅进入印度本土，但是有 2 项专利（WO2013118102A1，WO2014064652A2）进入中国、美国、韩国、欧洲、日本、加拿大等多个国家和地区。

WO2013118102A1 的中国同族专利为 CN104136433A，该专利权利要求 1 请求保护一种通式化合物，该化合物涉及抗 HCV 活性。其在中国于 2016 年 5 月 4 日获得授权，然而目前该专利因未缴年费而终止失效。该专利在美国、日本、澳大利亚等国家和地区也获得了授权。

WO2014064652A2 的中国同族专利为 CN104768569A，该专利权利要求 1 请求保护一种药物组合物，包括 PEG IFN α-2b 和冷冻保护剂，所述冷冻保护剂选自由 HPBCD、三氯蔗糖和 PVP 4000 构成的组分物。所述的组合物可用于治疗淋巴结转移的丙肝。该申请在中国国家知识产权局发出第一次审查意见通知书后即被视为撤回，在其他的国家和地区也未得到授权。

3）Cadila

Cadila 是印度排名前十的制药公司之一，其申请关于丙肝的专利共 14 项，其中有 3 项关于干扰素的专利，分别是 WO2006067804A2、WO2008062481A2 和 WO2008107908A2，然而这 3 件专利并未进入中国。

6.4.1.3 小 结

基于印度庞大的人口基数，丙肝患病人口较多。结合前文全球制药企业和研究机构在印度的专利布局情况可知，印度是欧美医药企业相当重视的目标市场；同时，在"一带一路"沿线国中，印度原创抗丙肝药物专利数量居第一，即本土创新能力也较高。在抗丙肝药物领域专利申请人中，其本土医药企业同样是名列前茅的重要申请人。

在我国原创抗丙肝药物研发仍处于起步阶段的情况下，与已经十分成熟的欧美企业知名产品相比，我国抗丙肝药物产品在疗效方面并无优势；而在印度本土发达的仿制药体系下，我国抗丙肝原研药在印度也难有生存空间。

然而这并不表示我国抗丙肝药物在印度市场完全没有机会。印度原创专利申请虽然数量上在"一带一路"沿线国中排名前列，但从主题来看，原创化合物占比并不算多，且有效的授权专利不多，也没有成药的原创丙肝药物；而我国抗丙肝原研药产品相比欧美产品具有一定价格优势。此外，根据前文所述，印度部分仿制药企业生产的吉三代等仿制药质量较低，这也给国内企业仿制药产品带来了新的机会。目前正大天晴、江苏豪森、北京万生、四川科伦、石药集团等企业正在进行 Sofosbuvir 仿制药的研发和申报。因此，在仿制药生产或销售允许的情况下，我国制药企业或许能够依靠质量优势，从印度本土仿制药企业手中夺取市场份额。从我国医药企业目前在印度的专利布局情况来看，并不涉及相关化合物的外围专利申请（如盐形式、晶型、制剂等）；即使是核心化合物，在印度进行布局的申请也仅有 2 项，这可能与我国产品研发阶段相关，但也一定程度体现了我国企业并未十分重视印度市场。尽管在欧美制药企业和印度本土仿制药企业的夹击下，印度无法成为我国抗丙肝药物产品的重点目标市场，然而利用欧美原研药、仿制药各自的优缺点，做好核心产品的专利布局，取长补短，我国制药企业抗丙肝药物未必不能在印度一展所长。

6.4.2 以色列抗丙肝药物专利分析

以色列是"一带一路"沿线的重要节点国家，积极响应我国"一带一路"的倡议，其区位特殊，经济繁荣，科技发达。中以建交后的贸易额总体上呈增长趋势，随着中以贸易结构持续优化，双方从以食品、钻石、化工等传统产品贸易为主，不断向高科技、新能源、生物技术、现代医药等领域发展转变，且产品结构呈现出多样化的态势。

以色列的 HCV 抗体阳性流行率为 1.96%，血清病毒阳性流行率为 1.5%，病毒诊断率为24%，HCV的主要影响为1型（占69%）和3型（占20%），属于HCV高发地区，且国民收入高，市场潜力大。

6.4.2.1 以色列作为专利申请目标国抗丙肝药物专利分析

（1）专利申请发展趋势

如图6-4-7所示，1995年以前，以色列的抗丙肝药物专利申请仅有零星数件，从1996年开始缓慢增长，到2005年相关专利申请数量急剧上升，到2008年达到顶峰，但在2014年之后专利数量迅速下滑，2015年以后没有相关专利。这可能与2014年吉利德的产品垄断了抗丙肝药物市场，导致抗丙肝药物前景难测、研究热度降低有关。

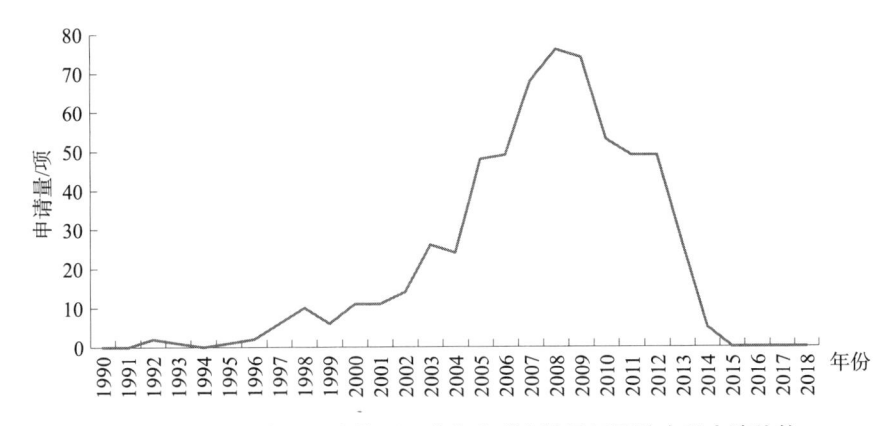

图6-4-7 以色列作为抗丙肝药物专利申请目标国的专利申请趋势

（2）专利申请来源分布

图6-4-8展示的是以色列抗丙肝药物专利申请原创国或来源地分布。来源于美国的相关专利申请量远远高于其他国家和地区，这与美国申请人在该领域本身的研发实力以及对以色列市场的重视有关。其次是来自欧洲地区和以色列的申请人，相关专利申请数量分别为96项和59项。此外，来源于日本和中国的专利申请数量较少，分别为10项和9项，说明以色列市场还未引起上述国家的重视。

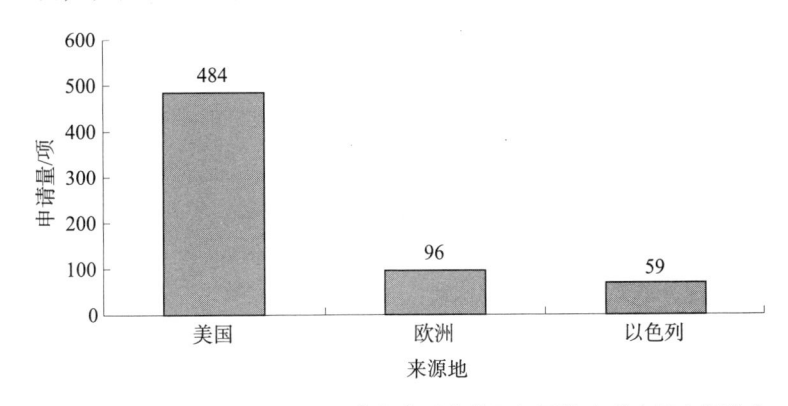

图6-4-8 以色列作为抗丙肝药物专利申请目标国的专利申请来源分布

(3) 主要申请人分布

图6-4-9展示的是以色列抗丙肝药物专利前13位申请人专利申请排名。拥有已上市抗丙肝药物的吉利德、罗氏、沃泰克斯制药公司、艾伯维、百时美施贵宝、默沙东等均名列其中。

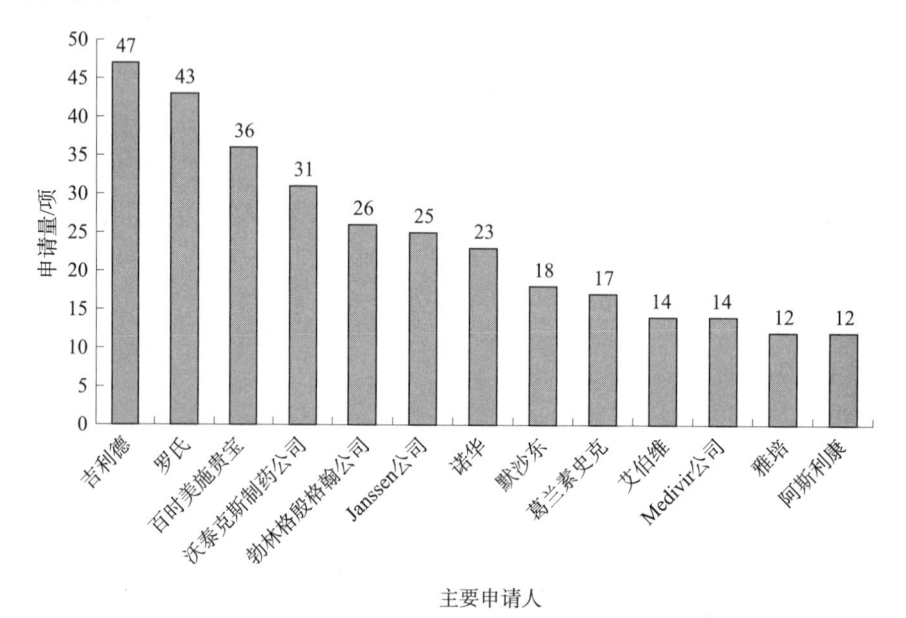

图6-4-9 以色列作为抗丙肝药物专利申请目标国的主要申请人专利申请量分布

(4) 专利技术主题

图6-4-10展示了以色列抗丙肝药物专利技术主题分布情况。其中干扰素相关专利仅占36%，其余为小分子药物相关专利，占64%。而在小分子药物相关专利中，化合物专利超过半数，此外，药物用途专利也占较大份额。

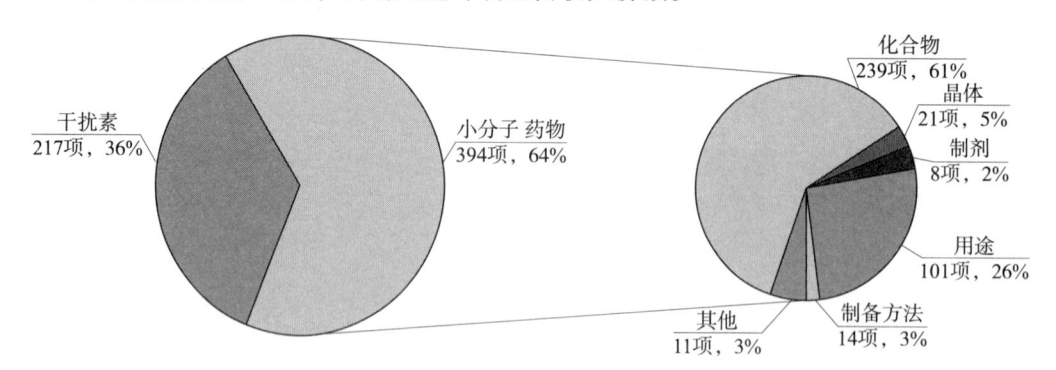

图6-4-10 以色列作为抗丙肝药物专利申请目标国的专利申请技术主题分布

6.4.2.2 以色列原创抗丙肝药物专利分析

以色列生命科学产业涵盖了医疗技术、生物技术、制药等多个领域，在全球医药行业发展的趋势下呈现快速增长态势。以色列生命科学产业的特点在于企业规模普遍不大，但都极具创新意识，拥有核心技术。对以色列原创抗丙肝药物专利分析，有利于了解来自以色列的申请人在抗丙肝药物方面的研发方向和进展，并对中国企业进入以色列市场面临的知识产权风险进行预警。

（1）专利申请发展趋势

经检索，以色列原创抗丙肝药物专利申请总量为59项，专利申请趋势随年份呈现出波状，可能的原因在于以色列拥有众多规模较小的医药企业，专利申请量较小，技术主题也较为分散，整体形势不同于全球相关专利申请的发展规律。其中，2014～2015年的专利申请相对较多，主要来源于梯瓦制药工业有限公司，其涉及 Sofosbuvir、Ledipasvir 等上市产品的晶型、组合物、制备方法等外围专利。

（2）专利输出国家和地区

根据图6-4-11可以看出，以色列申请人对专利在美国和欧洲的布局量均超过其本国的2倍，说明在抗丙肝药物领域，美国和欧洲是以色列申请人的重点目标市场。这与以色列和美国及欧洲发达国家良好的政治经贸关系以及完善的知识产权保护体系相关。此外，以色列在其本国、澳大利亚、日本、加拿大、中国、印度等地的专利申请数量均较为接近，处于12～21项区间。可以看出，相较于美国和欧洲市场，以色列申请人对上述地区的市场前景信心不足。

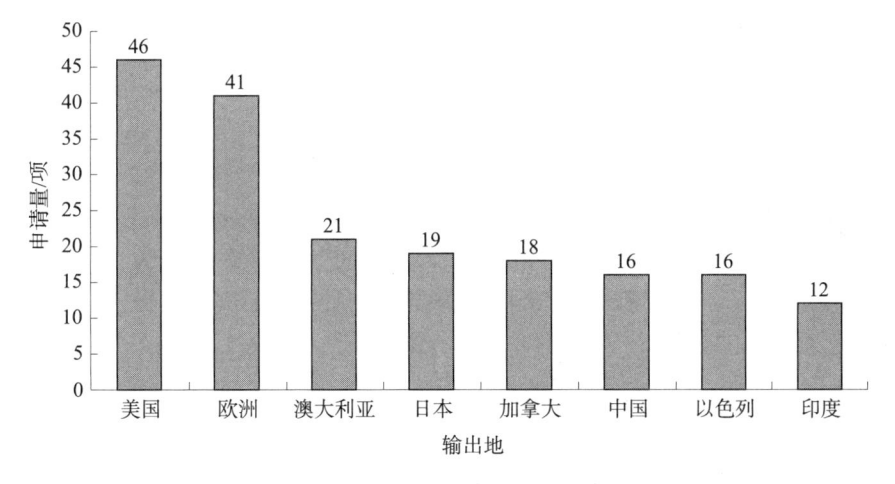

图6-4-11 以色列原创抗丙肝药物专利申请输出国家和地区

（3）主要申请人分布

图6-4-12展示的是抗丙肝药物领域来自以色列的重要申请人申请量排名。梯瓦制药工业有限公司不仅是以色列最大的制药公司，也是全球前20名制药公司之一。尽管梯瓦制药工业有限公司以生产非专利药闻名，但其在抗丙肝药物领域拥有14项专利，是以色列在该领域专利申请量最大的申请人。耶达研究及发展有限公司、特拉维夫大学拉莫特有限公司、伊萨姆技术转移公司、哈达斯特医疗研究服务和开发有限公司均为以色列科研院所的技术转移公司，将先进的科研成果通过技术转移公司从实验室中转移出来实现商业化发展，与产业界紧密合作，是以色列技术创新的一大特色。

XTL生物医药有限公司是以色列的一家生物制药公司,致力于收购、开发和商业化专有产品和后期药物候选产品,以解决未满足的医疗需求。该公司专注于开发用于治疗多发性骨髓瘤、精神分裂症和丙型肝炎(HCV)。尽管其抗丙肝药物专利仅8项,但其中7项涉及DAAs原研药物,是以色列申请人中DAAs原研专利最多的申请人。

主要申请人	申请量/项
梯瓦制药工业有限公司	14
耶达研究及发展有限公司	11
XTL生物医药有限公司	8
特拉维夫大学拉莫特有限公司	4
伊萨姆技术转移公司	3
哈达斯特医疗研究服务和开发有限公司	3

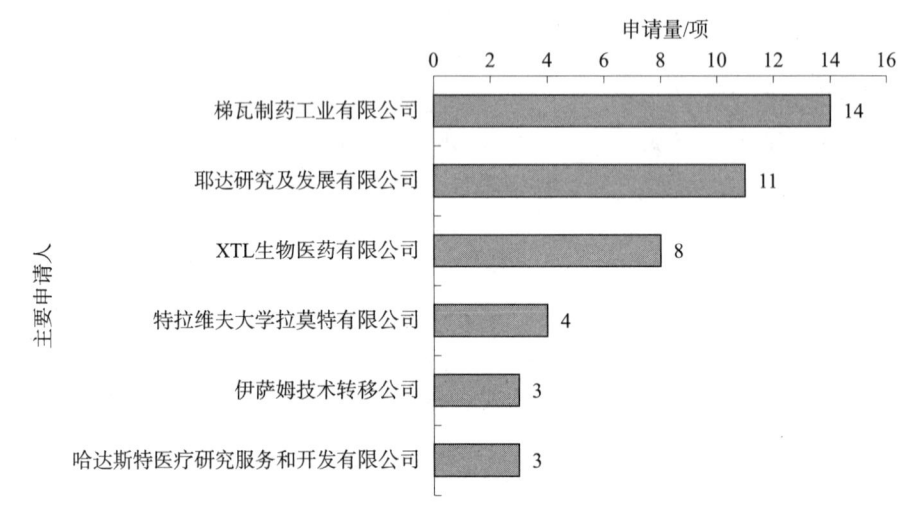

图6-4-12 以色列原创抗丙肝药物专利主要申请人申请量排名

1)梯瓦制药工业有限公司(TEVA)在抗丙肝药物领域专利情况

梯瓦制药工业有限公司成立于1901年,总部位于以色列佩克提克瓦市,目前是全球排名前20位的制药公司之一,第一大仿制药巨头,在全球36个国家拥有46000余名员工,68个制剂生产基地、19个原料药生产基地和20多个研发中心。梯瓦制药工业有限公司致力于仿制药、品牌专科药以及原料药的研发、生产和销售,现有产品线由1000多种药品组成(原料药有300多种),产品覆盖全球100多个国家,占据着全球仿制药市场约8%的市场份额。梯瓦制药工业有限公司壮大的核心路线除了坚守"以仿制药为主打"外,还有一条极为重要的对外拓展路线,那就是不停歇地跨国并购,这也是近50年内该公司在全球药品行业迅速异军突起的强有力保障。

在抗丙肝药物领域,梯瓦制药工业有限公司的14项相关专利均来源于其收购的企业,其中13项来源于2010年被收购的德国知名的仿制药公司Ratiopharm Gmbh,1项来源于2015年收购的美国罕见病研发公司Auspex Pharm Inc。

来源于Ratiopharm Gmbh的13项专利中,4项涉及修饰的多肽(例如干扰素),用于提高原药的药代动力学性质,可用于治疗病毒感染(例如丙肝)。其中,WO2004083258A3涉及支化水溶性聚合物修饰的肽,其同族专利在美国、欧洲、中国、加拿大、印度等多个国家和地区被授权;WO2005070138A3、WO2008011633A2、WO2009089396A3均涉及糖基化修饰的多肽,其中WO2005070138A3的同族专利在美国、欧洲、中国、加拿大、日本、印度等多国被授予专利权,WO2008011633A2的同族专利在美国、欧洲、中国被授权,而WO2009089396A3的同族专利仅在日本被授权。以上4项专利申请的技术主题主要是针对多肽的修饰,仅泛泛提及用于丙肝的治疗,而其余9项专利申请均直接涉及抗丙肝药物。WO2011029868A1涉及一种包含Ribavirin的抗丙肝制剂制备方法，但该专利申请仅进入欧洲且没有被授权。WO2015126995A1、WO2015191945A2均涉及Sofosbuvir晶型，后者公开了一种不需要使用不同有机溶剂即可制备的Sofosbuvir晶型，可以避免转晶过程中引入的杂质，其已在美国和欧洲被授权。WO2015189386A1、WO2016156330A1均涉及包含Sofosbuvir的药物组合物，WO2016145269A1涉及Ledipasvir晶型，WO2017029408A1涉及一种Sofosbuvir的共晶，上述专利目前还没有进入各国家阶段。WO2016196735A3涉及核苷氨基磷酸的制备方法，进入了美国和欧洲，但还未被授权。EP3228306A1涉及一种由obeticholic acid和环糊精组成的治疗HCV感染等肝病药物组合物，目前还未被授权。

此外，WO2010118286A2来源于Auspex Pharm Inc，涉及NS4B蛋白酶抑制剂，是在已有的NS4B抑制剂基础上开发的一类氘代的苯并咪唑化合物，用于降低化合物在体内代谢的个体化差异，提高生物利用度，但该专利申请并没有被授权。

由梯瓦制药工业有限公司在抗丙肝药物领域的专利分析可知，其申请主题既包含早期或不发达地区用于治疗HCV感染的干扰素，也包含目前较为主流的DAAs药物；而在DAAs药物中，作为一个仿制药企业，其专利申请主要涉及已上市产品的晶型、制剂、制备方法等。随着晶型作为创新和仿制药研究的重要技术环节，晶型是仿制药企业打破原研公司技术壁垒的突破口，也得到了梯瓦制药工业有限公司的重视。梯瓦制药工业有限公司在抗丙肝药物领域的专利布局，为专利到期后进行仿制提前做好了准备。

2) XTL生物医药有限公司在抗丙肝药物领域专利情况

XTL生物医药有限公司于1993年3月9日在以色列成立，2013年在美国纳斯达克证券交易所上市，从事药物产品的收购和研发，抗丙肝药物是该公司的重点领域之一。XTL生物医药有限公司在抗丙肝药物领域的专利申请量总计8项，其中1项涉及疫苗，其余7项均涉及DAAs药物，是以色列申请人中对新型DAAs药物专利申请量最多的申请人。DAAs药物相关专利中6项为非核苷NS5B蛋白酶抑制剂，其中US8048889B2、US8143276B2、US8329703B2、US8329703B2、US7994360B2均在美国被授权；US7923004B2为直链状NS5A蛋白酶抑制剂，也在美国被授权。XTL生物医药有限公司有6项进入临床研究的产品，涉及DAAs药物和单克隆抗体。作为一家从事药物产品收购的公司，其还从韩国的B&C制药和东华制药获得了3项开发HCV RNA聚合酶抑制剂的许可。

尽管XTL生物医药有限公司在抗丙肝药物领域并没有上市产品，但该公司购买并开发的产品Ravidasvir即将在中国上市。2005年9月，XTL生物医药有限公司向VivoQuest签订了购买协议。根据该协议，XTL生物医药有限公司被许可了具有抗HCV活性的生物制药、化合物库及相关药物化学技术的所有权。2008年3月，Presidio公司与XTL生物医药有限公司签订了许可协议，Presidio公司负责3个系列的HCV NS5A蛋白抑制剂的开发和商业化的后续工作，Ravidasvir 是其中已经进入临床开发的先导化合物。2013 年 3 月，Presidio 公司和勃林格殷格翰公司联合对 Ravidasvir 在内的 HCV RNA 聚合酶抑制剂在慢性 HCV 感染患者中进行Ⅱ期临床试验。2014 年 11 月，歌礼生物与 Presidio 公司签订了独家许可协议，负责在中国开发、制造和销售该产品，目前已经完成了Ⅲ期临床试验并进行了新药上市申请。

同样是在 2014 年 11 月，Pharco 公司与 Presidio 公司签订了独家许可协议，Presidio 公司许可 Pharco 公司在 HCV 高发地区埃及对 Ravidasvir 进行临床开发和商业化，并对 Presidio 公司进行了股权投资。Pharco 公司在补充协议中将许可范围扩大到北非和中东地区。2017 年 4 月，药品专利池❶从 Pharco 公司就 Ravidasvir 达成技术转让协议。根据该协议的条款，药品专利池将持有提供中低收入和高收入 HCV 流行国家（包括俄罗斯、乌克兰、埃及和伊朗）Ravidasvir 的独家许可。目前，Ravidasvir 在 HCV 高发地区埃及、马来西亚也已经分别进入了Ⅲ期、Ⅱ期临床试验。WHO 最新发布的 2018 年 7 月版丙肝治疗指南已将 Ravidasvir 作为未来泛基因型 DAAs 药物。

可见，经由 XTL 生物医药有限公司开发的抗丙肝药物可能即将进入中国及"一带一路"沿线国。

3）耶达研究及发展有限公司、特拉维夫大学拉莫特有限公司、伊萨姆技术转移公司、哈达斯特医疗研究服务和开发有限公司在抗丙肝药物领域专利情况

耶达研究及发展有限公司由查姆·魏茨曼教授在魏兹曼科学院成立，是世界上第一个技术转移公司，致力于将技术转化成经济利益，服务于社会大众。耶达研究及发展有限公司拥有三大高收益药物专利，上述专利每年都可获得可观的收益，这三大药物分别是梯瓦制药工业有限公司生产的多发性硬化症药物 Copaxone、雪兰诺公司生产的 Rebif 和美国英克隆系统公司生产的抗癌药 Erbitux。在抗丙肝药物领域，耶达研究及发展有限公司申请了 6 项涉及诱导免疫的细胞、蛋白或多糖专利（WO0039160A2、WO03011209A2、WO03020759A2、US2004229265A1、WO2017009853A1、WO2018134824A1），4 项涉及修饰的干扰素的专利（WO0236067A3、WO03059950A1、WO2007000769A3、MY143213A），1 项诱导免疫的化学药专利（WO2004089280A2）。

类似地，特拉维夫大学拉莫特有限公司申请了 3 项作为蛋白酶抑制剂的多肽专利（WO2013027217A1、WO2012038950A1、WO2006090385A3），其中 WO2006090385A3 专门针对 HCV NS3 蛋白酶；以及 1 项减毒病毒专利（WO2017056094A1）。伊萨姆技术转移公司申请的专利中，2 项涉及预测干扰素治疗效果（WO2010076788A2、WO2015155767A1），1 件涉及个性化治疗方案（WO2015155766A1）。哈达斯特医疗研究服务和开发有限公司申请的 3 项专利均涉及免疫调节剂（WO2007060652A1、WO2012017435A3、WO2005016226A2）。

由上述分析可知，来自以色列科研院所的申请人，在抗丙肝药物领域更关注生物疗法，没有涉及抗 HCV 主流的 DAAs 药物。

---

❶ 2010 年，在国际药品采购机构 UNITAID 的支持下，药品专利池（MedicinesPatent Pool，MPP）在日内瓦成立。MPP 通过与原研药企业就药品专利的自愿许可进行谈判，原研药企业将其药品专利放入专利池中，仿制药企业向 MPP 申请获得专利池中的专利实施许可，生产并向中低收入国家供应仿制药。

6.4.2.3 小　　结

以色列与印度类似，除欧美企业重视该市场之外，其本土在抗丙肝药物方面也表现优异。作为全球热门市场，我国抗丙肝药物产品若以此为目标，必然面临激烈的竞争。

然而上文中对于以色列的专利申请分布、来源等内容的分析，也给予了我国医药企业在以色列进行专利布局以及专利运营的启示。

以色列拥有众多的知名制药公司，这些公司不仅研发能力出众，在专利运营方面也表现突出。以梯瓦制药工业有限公司为例，该公司是全球仿制药巨头，其申请的14项抗丙肝药物相关专利均来源于其收购的企业。由该公司在抗丙肝药物领域的专利分析可知，其作为一个仿制药企业，专利申请主要涉及已上市产品的晶型、制剂、制备方法等。而晶型作为创新和仿制药研究的重要技术环节，也是仿制药企业突破原研公司技术壁垒的入口。该公司在抗丙肝药物领域的关于晶型等外围专利的布局，为专利到期后进行仿制提前做好了准备。

对我国医药企业而言，海外并购具有多个优点：获取核心技术，通过市场提供核心技术的供需渠道；获取当地资源，包括人力资源、自然资源、信息资源等，快速提高企业综合竞争力；开拓市场，克服贸易壁垒限制，获得在当地直接生产、销售产品的机会，增强企业扩展国际市场的能力，提升品牌知名度。为了实现低成本扩张，许多跨国公司为提高利润率，正在剥离非核心业务，我国医药企业有机会以相对较低的价格进军国际市场，获得品牌和销售渠道，并占有一定的市场份额。

我国医药企业海外并购还处于初级阶段，国际经营实力和经验与跨国制药公司相比存在很大差距，缺乏行业前瞻性分析和海外并购经验。然而随着我国各地区引导我国企业、研究机构"走出国门"，在"一带一路"沿线国家和地区落地的不同政策相继出台，相信我国医药企业能够借此机会获得更多的发展和进步。

6.4.3 俄罗斯抗丙肝药物专利分析

随着中俄全面战略协作伙伴关系深入发展，"丝绸之路经济带"与欧亚经济联盟对接的落实，在全球医药贸易一体化的大环境下，中俄医药产品贸易合作的加强，不仅有利于进一步推动我国出口贸易的增长，而且有利于促进双边经济的共同发展。中俄医药产品贸易过程中，进出口的医药产品主要有西药类、中药类以及医疗器械类，其中在这些医药贸易产品中，西药类占据主导位置，在2006年至2018年上半年，西药类产品占比在50%以上。因此，了解俄罗斯抗丙肝药物的市场和相关专利情况能为国内企业进入俄罗斯市场进行预警和启示。

俄罗斯的HCV抗体阳性流行率高达4.5%，血清病毒阳性流行率为2.9%，病毒诊断率为40%，HCV的主要基因型为1b型（50.3%）和3a型（44.8%），属于HCV高发地区，且国民收入中高等，市场潜力大。

6.4.3.1 俄罗斯作为专利申请目标国抗丙肝药物专利分析

（1）专利申请发展趋势

如图6-4-13所示，1997年以前，俄罗斯的抗丙肝药物专利申请仅有零星数件，从1998年开始缓慢增长，到2003年相关专利申请数量急剧上升，2005～2014年均处于高位，但不同年份间有起伏波动，在2014年之后专利数量迅速下滑，但在2017年有小幅上升。2018年之后的专利申请可能未公开，仅供参考。整体而言，俄罗斯抗丙肝药物领域的专利申请趋势与全球趋势大体类似。

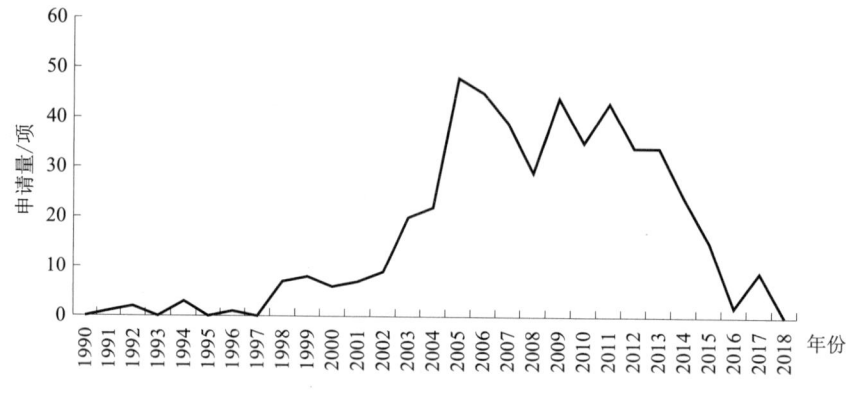

图6-4-13 俄罗斯作为抗丙肝药物专利申请目标国的专利申请趋势

（2）专利申请来源分布

图6-4-14展示的是俄罗斯抗丙肝药物专利申请的原创国或来源地。来源于美国的相关专利申请量远远大于其他国家和地区。值得一提的是，来自于俄罗斯本土的专利申请量（82项）高于欧洲地区（72项）的专利申请量，说明作为HCV高发地区，俄罗斯本土的申请人对抗丙肝药物领域研究热度较高。此外，来源于日本、中国和韩国专利申请数量较少，说明俄罗斯市场还未引起上述国家的重视。

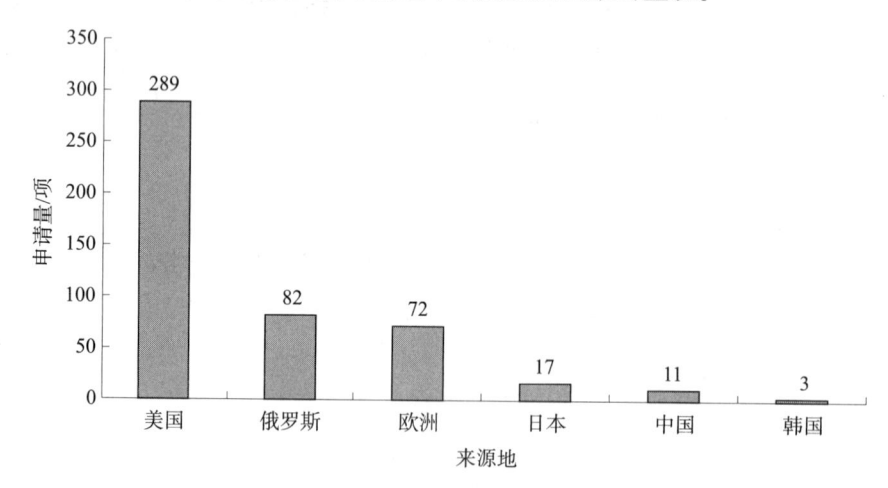

图6-4-14 俄罗斯作为抗丙肝药物专利申请目标国的专利申请来源分布

（3）主要申请人分布

图6-4-15展示的是俄罗斯抗丙肝药物专利重要申请人分布情况。不同于全球和中国的重要申请人，罗氏、诺华和强生是俄罗斯前三大抗丙肝药物专利申请人，而拥有较大市场份额上市产品的吉利德、艾伯维、百时美施贵宝等并没有排在前列。此外，

默沙东虽然仅排名第四位，但其许可 R-pharm 在俄罗斯及独立国家联合体对 NS3 蛋白酶抑制剂 Narlaprevir 进行商业化，并已经在俄罗斯成功上市。

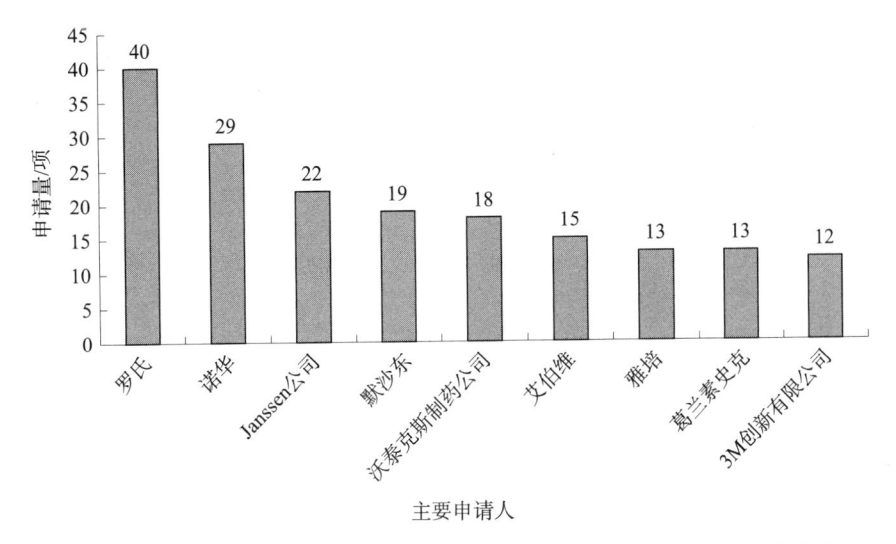

图 6-4-15　俄罗斯作为抗丙肝药物专利申请目标国的主要申请人专利分布

（4）专利技术主题

图 6-4-16 展示了俄罗斯抗丙肝药物专利技术主题分布。其总体趋势与全球、中国等其他地区抗丙肝药物专利分布比例大致相同。

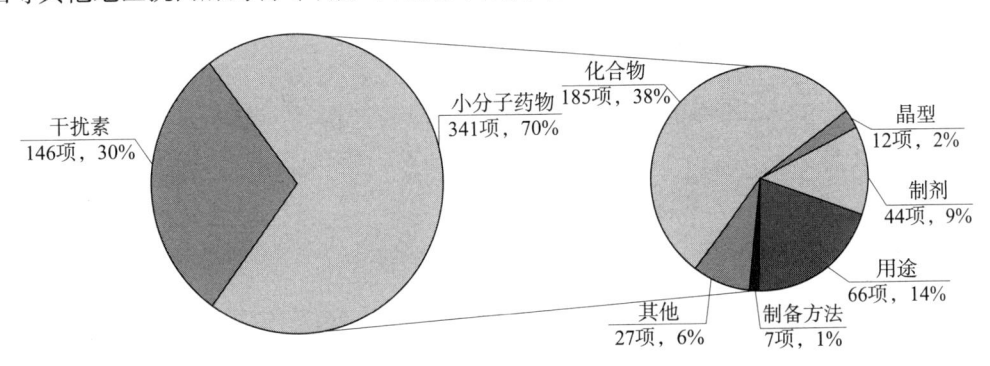

图 6-4-16　俄罗斯作为抗丙肝药物专利申请目标国的专利申请技术主题分布

6.4.3.2　俄罗斯原创抗丙肝药物专利分析

2009 年 7 月，俄罗斯政府制定俄罗斯联邦到 2020 年卫生保健发展纲要。该战略以加快发展自产药为主旨，在谈及有关进口药品政策时，纲要指出，到 2020 年俄罗斯本国生产的药品和进口药品将各占 50%。而在纲要提出时，俄罗斯市场上的进口药品占将近 80%。这表示自 2009 年起，政府将投入大量资金支持医药产业发展。对俄罗斯原创抗丙肝药物专利进行分析，有助于了解俄罗斯本土申请人在抗丙肝药物领域的发展状况。

（1）专利申请发展趋势

经检索，俄罗斯原创抗丙肝药物专利申请总量为 82 项，总体数量较少，专利申请趋势随年份呈现出波状，没有明显的规律。但在 2009 年之后，专利申请量相较于之前有明显提高。这一方面与政府发布俄罗斯联邦到 2020 年卫生保健发展纲要后对医药行业的扶持有关，另一方面也与全球抗丙肝药物的兴起以及成熟产品的上市激发俄罗斯申请人进行新药与仿制药的研发相关。

（2）专利输出国家和地区

根据图 6-4-17 可以看出，俄罗斯申请人的专利主要部署在本国，输入其他国家和地区的专利量较少，说明俄罗斯申请人的目标市场主要还是国内，对出口海外的兴趣有限。

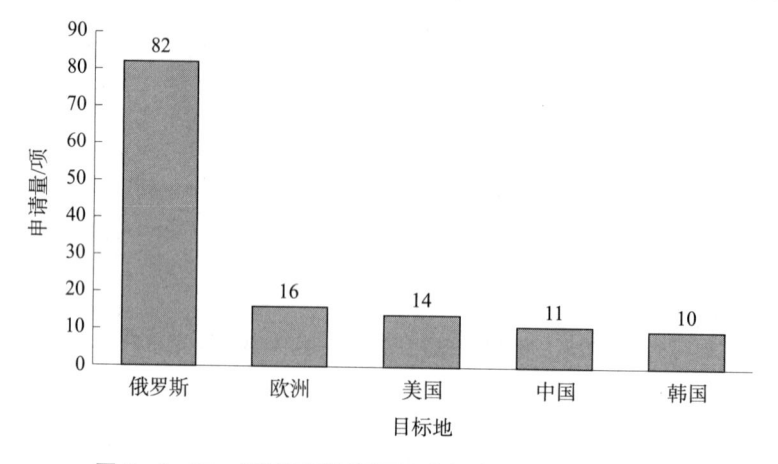

图 6-4-17　俄罗斯原创抗丙肝药物专利输出国家和地区

（3）主要申请人专利分布

图 6-4-18 展示的是抗丙肝药物领域中来自俄罗斯的主要申请人申请量排名。ALEXANDRE V. IVACHTCHENKO 以 13 项专利申请位居榜首，而其他申请人各自仅有 3~4 项专利申请。

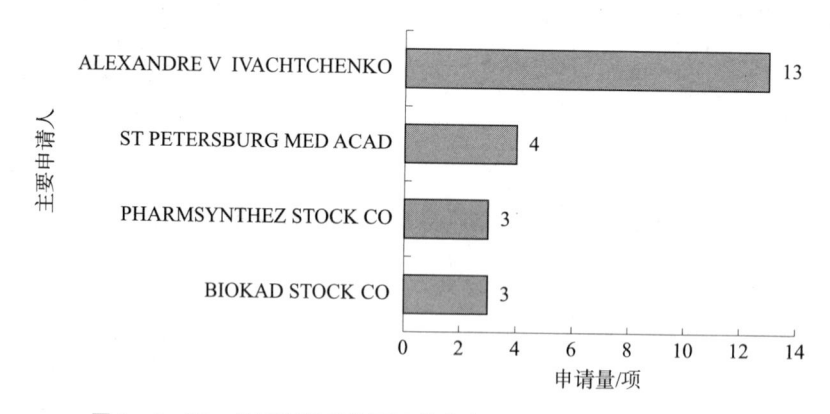

图 6-4-18　俄罗斯原创抗丙肝药物专利主要申请人申请量排名

ALEXANDRE V IVACHTCHENKO 是世界著名的精细有机合成和药用化学专家，著有 500 多篇科学出版物，拥有 250 多项专利，获得了诸如 "俄罗斯荣誉发明家"（1984 年）、"苏联国家奖获得者"（1983 年）和 "苏联理事会部长级领导人奖"（1989 年）

等荣誉称号。2004 年，ALEXANDRE V IVACHTCHENKO 在美国成立了 Alla Chem 公司，该公司致力于研发抗 HCV、癌症、流感、精神分裂症等疾病的新药。2006～2017 年，ALEXANDRE V. IVACHTCHENKO 以其个人和 Alla Chem 公司为申请人申请了 13 项抗丙肝药物的专利，其中 12 项被授权，主要涉及 DAAs 药物。

WO2007136300A3、WO2009016526A3 均涉及一类 3-羧酸酯取代的吲哚抗 HCV 化合物，其中 [结构式] 抗病毒活性 IC50 为 28 μM，TC50 大于 100 μM，治疗指数大于 4。WO2012011847A1 同样涉及取代的吲哚化合物，代表性化合物 [结构式] 的二盐酸盐抗 HCV 活性 IC50 为 0.4 mM，尽管仅从活性上看，上述化合物的活性不如上述两项专利申请中较优活性的化合物，但该项专利申请中的化合物 AVR560 能够在早期阶段抑制病毒感染，并已经进入了Ⅰ期临床阶段。

WO2012074437A2、WO2014123456A2、WO2014123457A1 涉及线性结构的 NS5A 抑制剂，代表性化合物 [结构式] 对 1b 型 HCV 的抑制活性 CC50 小于 1 nM，且根据 Alla chem 报告，WO2012074437A2 中的化合物 AV4025 已经完成了针对未经治疗的 HCV 患者的Ⅰb/Ⅱa 期临床试验，在 1b 型 HCV 感染患者中，该化合物能够产生快速而强烈的抗病毒应答。基于这些实验结果，Alla Chem 计划对其联合用药方案进行临床试验。

WO2014148949A1、RU2553996C1、RU2567854C1 均涉及氨基磷酸酯核苷类 NS5B RNA 聚合酶抑制剂前药，其中代表性化合物 [结构式] 针对俄罗斯患者感染比例最高的 1b 型 HCV 的 CC50 为 13.9 nM，优于 Sofosbuvir。WO2018160089A1、WO2018160088A1、WO2018160090A1 涉及 [化学结构式] 或包含上述化合物的药物组合物，上述化合物相对于 [化学结构式] Sofosbuvir 有更好的药代动力学性质。此外，RU2015104886A 涉及一种抑制 HBV、HCV 的 2,7-二磺酰胺取代的芴化合物。

ST PETERSBURG MED ACAD 涉及丙型肝炎的专利有 4 项，其中 3 项涉及利用干扰素进行的 HCV 感染治疗（RU2180599C2、RU2398582C1、RU2400229C1），1 项涉及对 HCV 感染治疗效果的评估（RU2271827 C1），均在俄罗斯获得授权。

PHARMSYNTHEZ STOCK CO 涉及丙型肝炎的专利有 3 项，WO2013137782A1 涉及在 HCV 感染治疗中利用戊二酸单酰基组胺 [化学结构式 CH₂CH₂NHCO(CH₂)₃COOH] 产生持续的病毒学应答，该项专利在美国、俄罗斯、中国、欧亚专利组织均被授权。在此基础上，WO2014168523A1 进一步公开了 [化学结构式] 作为能够与金属离子形成复合物的配体用于预防或治疗与金属依赖性自由基氧化反应有关的疾病的用途。由于丙肝治疗剂的重要靶点 NS3 丝氨酸蛋白酶具有锌位点，且该位点对于维持其结构稳定性非常重要；此外，NS5B Rdrp 也包含锌结合位点，且 NS5B Rdrp 非核苷类抑制剂中，邻苯三酚衍生物的假定抑制机制基于对镁离子的螯合作用。因此，上述化合物有望被用于丙肝治疗。此外，RU2017127180A 公开了一种由 Sofosbuvir、水不溶聚合物多聚物、助流剂等组成的组合物。

BIOKAD STOCK CO. 涉及丙型肝炎的专利有 4 项，RU2010129824A、RU2013158037A、RU2014140049A 涉及聚乙二醇干扰素缀合物及其抗 HCV 的用途，RU2017143438A 涉及

以 [结构式] 为代表结构的抗 HCV 化合物。

6.4.3.3 小　结

俄罗斯作为 HCV 发病较高的地区，其国民收入中高，市场较大。然而该国自主研发能力也较强，如俄罗斯人 ALEXANDRE V IVACHTCHENKO 以其个人和 Alla Chem 公司为申请人在 2006~2017 年申请了 13 项抗丙肝药物的专利，其中 12 项被授权，主要涉及 DAAs 药物。同时，世界各大制药企业也在该国进行较为全面的专利布局。这些对于国内想要进军俄罗斯市场的医药企业来讲，都是强有力的竞争对手。对于国内的医药企业而言，想要成功打入该国市场存在较为激烈的竞争。

6.4.4　南非抗丙肝药物专利分析

南非作为"一带一路"沿线国，是非洲经济最发达的国家，既代表本国，又代表非洲大陆，它的背后受到 50 多个非洲国家的支持。非洲是全球丙肝发病最为严重的地区，而南非作为非洲地区相对较为发达的国家，在抗丙肝药物领域仍无自主原创产品，其申请的抗丙肝药物相关专利也非常少。下文将就抗丙肝药物领域进入南非的全球专利情况进行分析。

6.4.4.1　专利申请态势

图 6-4-19 示出了全球抗丙肝药物以南非作为目标国的专利申请趋势。该申请趋势与进入印度的申请趋势大致相同，在 1991 年之前没有以南非作为申请国用于治疗丙

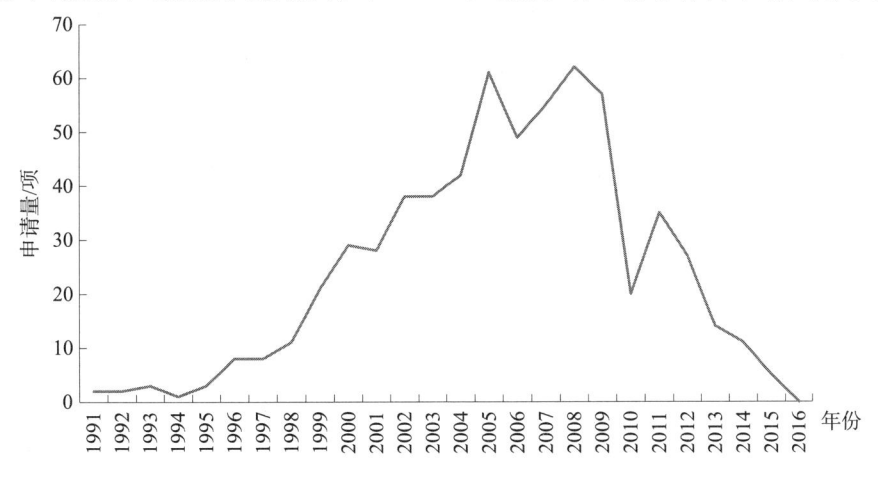

图 6-4-19　南非作为抗丙肝药物专利申请目标国的专利申请趋势

肝的相关申请,在1998年之前相关的申请也是较少,从1998年开始申请量开始以较大幅度增加,2008年的申请量为62件,达到年度申请量的峰值,从2009年开始年度申请量开始减少,2010年更是开始了悬崖式下跌。

6.4.4.2 申请区域分布

图6-4-20示出了以南非作为抗丙肝药物目标国的专利申请的技术来源分布。对全球以南非为目标国的专利申请的技术来源进行统计,与印度相同,在南非的抗丙肝药物领域中,美国的申请占据了绝对的领先地位,远超其他国家或地区。

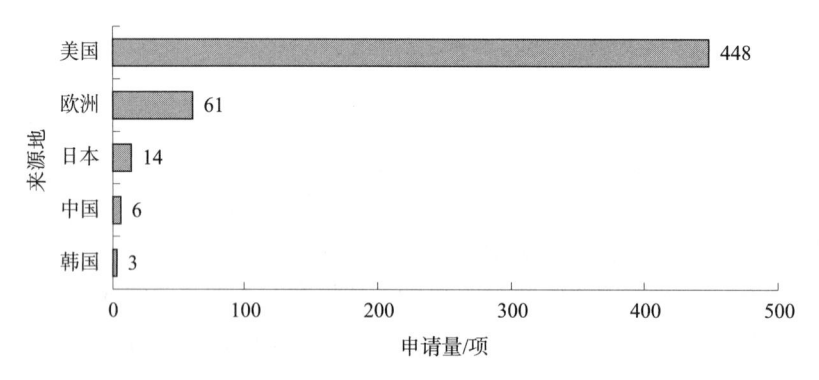

图6-4-20 南非作为抗丙肝药物专利申请目标国的专利申请来源分布

6.4.4.3 主要申请人专利分布

图6-4-21示出了以南非作为目标国全球排名前十位申请人的专利申请量情况。与印度不同,沃泰克斯制药公司、先灵公司以及百时美施贵宝分居前三位。可以看出各大医药公司主攻的市场也不同。

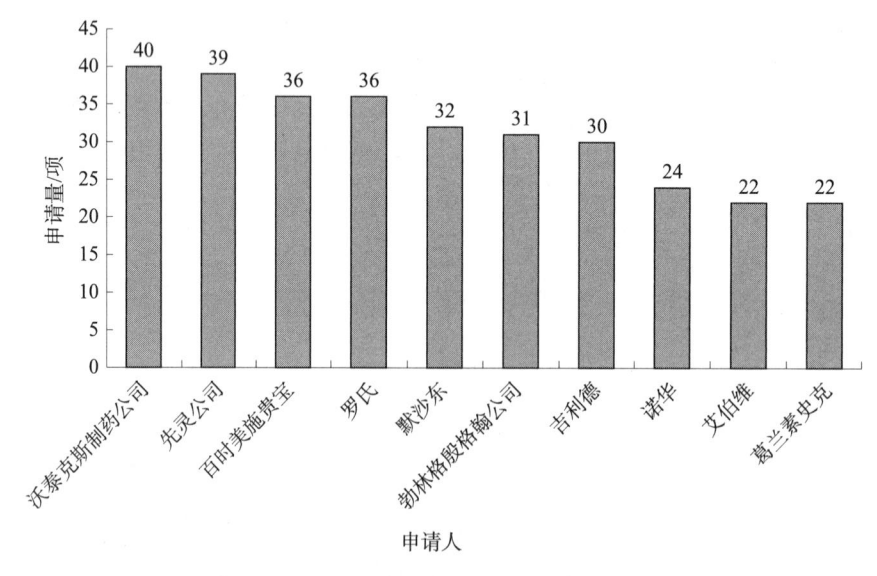

图6-4-21 南非作为抗丙肝药物专利申请目标国前十申请人专利分布

6.4.4.4 技术主题分布

图 6-4-22 示出了以南非作为目标国的专利申请所涉及的技术主题的分布情况。与印度、以色列、俄罗斯等国家不同,南非申请中干扰素的占比大于化合物的占比,分别是 39% 和 32%。

6.4.4.5 小　　结

从上文中分析看出,美国、欧洲在南非进行了大量的抗丙肝药物专利申请;其申请人排名中,全球抗丙肝药物领域的重要申请人吉利德、艾伯维等排名并不靠前,可见上述公司对南非市场的重视并不如印度、以色列等。非洲是全球丙肝发病最为严重的地区,而南非作为

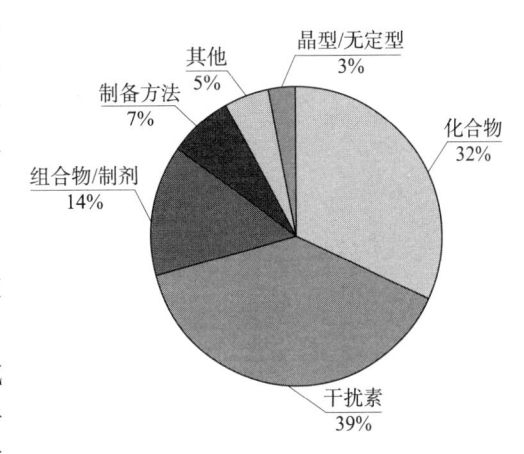

图 6-4-22　南非作为抗丙肝药物专利申请目标国的专利申请技术主题分布

非洲地区相对较为发达的国家,在抗丙肝药物领域仍无自主原创产品,其申请的抗丙肝药物相关专利也非常少,因此能够作为中国制药企业抗丙肝药物目标地区和市场。

6.4.5　印尼抗丙肝药物专利分析

印尼位于东南亚,与巴布亚新几内亚、东帝汶和马来西亚等其他几个"一带一路"沿线国相连。截至 2019 年,印尼人口约 2.62 亿人,仅次于中国、印度和美国,是东南亚最大的经济体,也是东南亚国家联盟的创立国之一。

印尼的丙肝发病率相比其他"一带一路"沿线国虽不高,但基于其总人口数量,患病人口总量也有约 200 万。

以印尼为原创国,在全球范围内进行专利检索,仅存在 1 项专利申请,涉及丁内酯在抗 HCV 病毒方面的作用。其摘要显示,该专利涉及了发酵、提取、纯化以及生物活性测试内容,具有一定的抑制 HCV RNA 复制功能,且无细胞毒作用。但该技术仅在其国内申请,并未涉及全球其他国家,也无后续消息。可见,印尼本土在 HCV 药物研发方面仅进行了浅尝辄止的研究。

对于全球专利在印尼的布局,通过在 DWPI 数据库中进行检索,共获得了 233 项专利。

对进入印尼的专利申请的原创国和来源地分布进行分析,如图 6-4-23 所示,美国基于其强大的药物研发能力,在印尼的专利数量雄踞榜首,远远超过其他国家或地区。

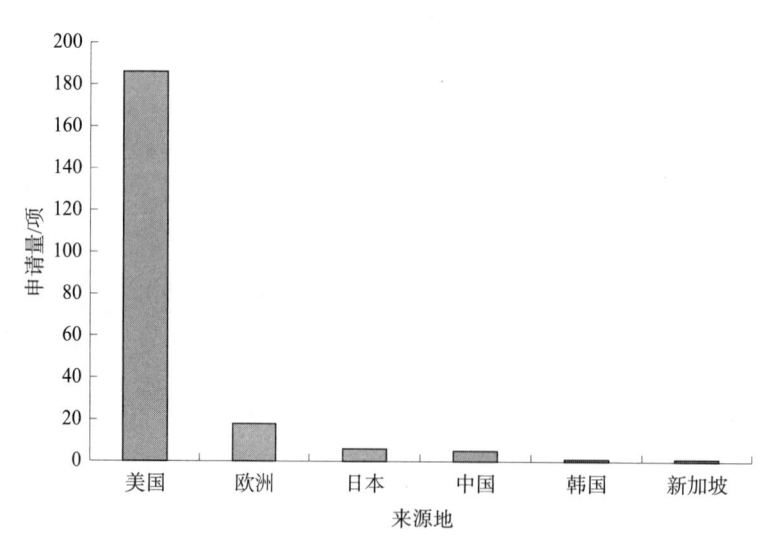

图6-4-23 印尼作为抗丙肝药物专利申请目标国的专利申请来源分布

而我国进入印尼区域的专利申请，除表6-3-1提到的东阳光药业3项外，还涉及中国科学院上海药物研究所的2项专利，分别为：ID201204433A，公开日2012年10月25日，涉及2',2-联噻唑非核苷类化合物 ；ID201401279A，公开日2014年6月5日，同样涉及2',2-联噻唑非核苷类化合物 。上述两种化合物在体外对HCV病毒复制活性均具有显著抑制作用。然而，该申请相关产品在印尼或国内均无后续进展，其专利申请在国内获得授权后亦因未缴年费而失效。

由上文内容可知，除美国外，其他国家或地区均并未在印尼进行大规模专利布局；而我国虽在印尼布局的专利申请数量不多，但均为处于临床在研的未上市产品的核心化合物专利，为日后产品上市后销往印尼打下了基础。同时，基于印尼本土并无成熟的相关药物，在全球范围也并无相关专利，可见其并无有价值的抗丙肝药物的相关研究。综上所述，相比印度、以色列等原创能力较强的国家，我国抗丙肝药物抢占印尼市场的竞争压力较小，可将其作为我国医药产品的目标市场。

6.4.6 老挝、柬埔寨抗丙肝药物专利分析

全球范围内，包括吉利德在内的抗丙肝药物研发企业在老挝、柬埔寨均未进行专利布局。作为原创国，其本土也并不存在抗丙肝药物相关的专利。然而从发病率来看，老挝、柬埔寨都属于丙肝病情相对严重的区域。

老挝、柬埔寨属于东南亚地区经济水平较为落后的国家，整体市场较小，难以引起欧美制药企业的兴趣。但是正因如此，这些国家属于我国相关医药企业能够突破的目标。

2017年9月和2018年4月，中国分别与柬埔寨、老挝签订了关于知识产权合作的谅解备忘录，确认了经中国国家知识产权局授权且维持有效的发明专利可直接在柬埔寨登记生效，老挝对于中国发明专利审查结果予以认可。

中国有效发明专利在柬埔寨、老挝的生效是对中国专利审查授权结果的直接认可且溯及以往。通过这一途径，中国的发明专利权人可以避免冗长的实质审查程序，便捷地在上述国家获取专利权及相关保护。对于柬埔寨和老挝而言，也提高了工作效率，节约审查成本。这一合作也提升了中国专利授权的含金量，推动中国专利和专利审查与其他国家进一步合作，推进"一带一路"知识产权合作倡议的落实。

这一合作对于我国医药企业而言，无疑是极好的机会。据此，我国医药企业已在国内布局的药物专利可以迅速在老挝、柬埔寨获得授权，为将来成药产品打入上述市场进行铺垫。

6.5　本章小结

本章从"一带一路"沿线国丙肝发病率、全球医药企业在"一带一路"沿线国抗丙肝药物专利布局、"一带一路"沿线国抗丙肝药物原创专利分析三个角度并结合几个典型国家的专利分析，对"一带一路"沿线国抗丙肝药物领域相关内容进行简单梳理和分析。

从发病率来看，全球丙肝平均发病率约为0.94%，北非、中东地区为全球发病率最高的区域，如埃及发病率高达11.9%，包括我国的东亚地区以及东南亚紧随其后，发病率在1.6%~14.7%。综合来看，"一带一路"沿线众多国家发病率均高于全球平均水平。

然而，"一带一路"沿线国，除俄罗斯、印度、以色列、意大利等少数相对发达的国家外，众多内陆发展中国家和新兴市场由于各种原因被长期隔离在全球市场之外，其创新药物研发水平也相对较低。

较高的发病率以及众多丙肝患者、较低的经济发展水平难以负担价格高昂的原研药、本土原创技术少以及与我国密切合作等原因，给我国抗丙肝药物产品销往"一带一路"沿线国带来了可能。

因此，综合上述分析内容，结合上述发病率情况、"一带一路"沿线国中全球目标市场、本土原创技术等因素，在抗丙肝药物领域，可以把"一带一路"沿线国分为如下三大类。

第一类：全球热门市场，如印度、以色列、俄罗斯、南非等。其经济发展水平、医药产业发展水平均处于"一带一路"沿线国中较为领先位置。此外，上述国家也属于全球热门的专利申请布局国家和区域，众多欧美大型制药企业以及重磅产品均在上述国家进行了严密的专利布局，属于相对较热门的市场。同时从其原创专利申请数量来看，上述国家药物研发能力也较强。此外，印度的仿制药行业全球知名，俄罗斯具有自己原创的抗丙肝上市药物，以色列具有多个知名制药企业，且同样擅长仿制。基于其相对较高的研究水平，在该类区域，我国制药企业需突破欧美原研企业、本土原研企业以及成熟仿制药企业的技术壁垒，想要成功打入该市场必然会面临较为激烈的竞争。

第二类：潜在目标市场，如印尼、马来西亚等。印尼丙肝发病率虽较低，但人口基数大，因而患者数量众多，对丙肝药物同样具有较大需求。相比印度等国家，上述国家并非知名原研企业重点关注的市场，且本土原创能力一般。此外，我国多个临床在研抗丙肝DAAs药物产品已经开始在上述国家进行布局。因此，综合各方面因素，且基于我国抗丙肝药物研发和专利布局进度，上述国家即属于我国潜在的目标市场。

第三类：重点市场，如巴基斯坦、埃及、乌兹别克斯坦、泰国、柬埔寨等国家。上述国家属于"一带一路"沿线国中丙肝发病率较高的地区，但由于政策或经济等原因，全球专利申请并未布局至上述国家，本土专利数量也很低。尤其是巴基斯坦等周边国家，其经济与我国联系较为紧密，使得我国抗丙肝药物销往当地存在天然的优势，是我国制药企业需要重点关注的市场。

综上所述，基于我国医药企业在抗丙肝药物领域的发展现状，"一带一路"沿线国家的发病情况、市场和专利技术情况，可以确定以巴基斯坦、埃及、乌兹别克斯坦、泰国、柬埔寨等国家为我国医药企业抗丙肝药物的目标市场，而印尼、马来西亚等东南亚国家可成为我国产品的潜在市场。

第7章 结论与建议

7.1 DAAs 药物已成为主流

7.1.1 DAAs 药物在专利申请中成为主导

对全球抗丙肝药物 11000 余项专利申请的技术主题进行分析，如图 2-1-2 所示，涉及化学药、干扰素、疫苗、中药、核酸和抗体药物。从占比来看，化学药物占到了六成，而干扰素相关专利申请仅占 12%。虽然疫苗、中药、核酸和抗体药物也占有一定的比重，但目前均未见上市品种，成功应用于临床的仍然是干扰素和化学药。

如图 7-1-1 所示，对化学药物涉及的靶点进行分析，基本上均为

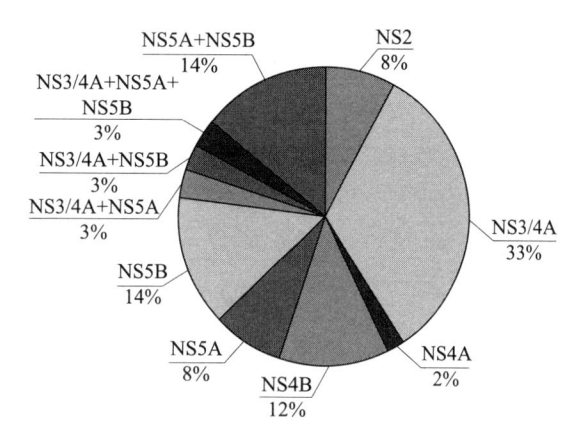

图 7-1-1 抗丙肝化学药物专利申请靶点分布

NS 类 HCV 的非结构蛋白，其中又以 NS3/4A、NS5B、NS5A + NS5B 靶点为主，而这些靶点是目前上市 DAAs 药物最主要的靶点。因此，可以说，DAAs 药物专利申请在抗丙肝药物中已占据绝对主导地位。这与 WHO、美国、欧洲以及我国所发布的丙肝治疗指南的推荐意见相一致。

7.1.2 DAAs 药物在上市药物中成为主导

通过 ClinicalTrials.gov 数据库对近年来全球范围上市的抗丙肝药物进行汇总分析，如表 1-3-1 所示，结果显示新近上市药物均为 DAAs 药物，并没有干扰素和疫苗等品种获批。

7.1.3 PR 疗法的出路在于与 DAAs 联用

PR 疗法，即干扰素联合 Ribavirin 治疗方案。如图 2-2-1 所示，PR 疗法相关专利申请量在 2009 年之后开始明显降低，2011 年开始锐减，目前年申请量已经降低到了个位数。

不仅是数量上在发生变化，PR 疗法在应用上也开始出现了变化，由原来的干扰素 +

Ribavirin 发展为干扰素 + Ribavirin + DAAs。在专利申请中出现的比较有代表性的示例为沃泰克斯制药公司的 Telaprevir（特拉匹韦）与 PR 联用，先灵公司的 Boceprevir（博赛匹韦、波普瑞韦）与 PR 联用。正如我国 2019 年版《丙型肝炎防治指南》所指出的，部分 DAAs 药物联合 PR 疗法可应用于临床。

从临床方面来看，如图 7-1-2 所示，PR 疗法的临床试验主要集中于 2000～2010 年，2014 年之后未见采用单纯 PR 疗法进行临床试验的项目，可见该疗法已经逐步淡出丙肝治疗领域，取而代之的是 PR + DAAs 疗法。最早上市的 DAAs 药物 Telaprevir 和 Boceprevir 的临床试验开始于 2005 年，也是从这一年开始，PR + DAAs 疗法进入临床阶段，2011 年 DAAs 药物上市之后其研究达到顶峰。近年来随着多个 DAAs 药物联用的"鸡尾酒疗法"日益发展，PR 疗法的研究热度有所消退，但是从药物可及性等方面考虑，虽然 PR 疗法治愈率低，副作用大，但 DAAs 药物价格过于昂贵，因此，PR + DAAs 疗法不失为性价比高的治疗方案。

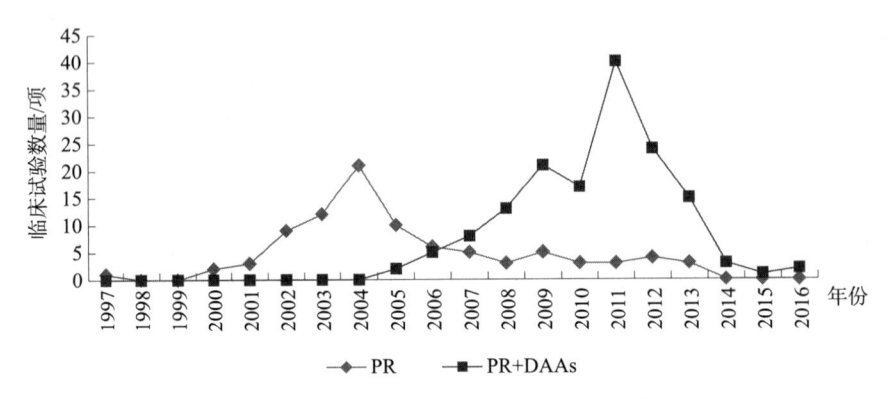

图 7-1-2　全球 PR 疗法和 PR + DAAs 疗法临床试验数量趋势

7.2　DAAs 药物由美欧主导，我国处于追赶阶段

7.2.1　DAAs 药物由美欧主导

一方面，全球已上市 DAAs 药物基本都来自美欧制药企业；另一方面，从全球抗丙肝 DAAs 药物专利申请原创地分布来看，如图 2-3-5 所示，美国为该领域原创大国，其次为欧洲地区，我国在该领域的专利申请量列第三位。

此外，如图 2-3-6 所示，美国专利申请中原创专利的比重达到 90% 以上，远远高于其他国家和地区。值得一提的是，国内相关专利申请中原创专利比重达 29% 以上，略高于欧洲地区。

7.2.2　美欧研究热度降低，我国处于追赶阶段

从专利申请的角度分析，如图 2-3-7 所示，2011 年开始，来自美国的关于 DAAs

药物相关专利申请开始大幅度降低,来自欧洲的专利申请也开始回落,说明美欧对抗丙肝药物的研究热度正在降低。

关于美欧对DAAs研究热度降低的原因,一方面,全球抗丙肝市场容量在缩小,全球抗丙肝药物市场在2015年达到巅峰,抗丙肝药物的市场份额为250亿美元。在此之后随着丙肝患者的减少,市场逐渐缩小以及不同厂家间的价格竞争等,如今抗丙肝药物市场稳定在125亿美元左右。另一方面,其热度降低与药物领域一贯的研发规律也是相符合的,因为目前市场上已有20余个上市药物,市场已经近乎饱和,企业将研发投入转向了其他领域。

中国的专利申请则完全呈现了不同的发展趋势,一直呈现较大幅度的增长态势,在2017年已经与来自美国的专利申请量持平,我国在该领域正在加紧追赶。临床试验数据分析给出了相一致的趋势,如表7-2-1所示,我国首个DAAs新药Danoprevir的获批也恰恰发生在2018年。

表7-2-1 国内在研抗丙肝药物临床情况汇总

公司	药品	许可方	靶点	审批进度[*]
歌礼生物	Danoprevir（ASC08）	罗氏	NS3/4A	2018-06-01/获批上市
	Ravidasvir（ASC16）	Presidio公司	NS5A	2018-08/提交上市申请（审批中）
	ASC21	Medivir公司	NS5B	进入临床
	ASC18	原创	NS5B	进入临床
凯因科技	KW-136	原创	NS5A	2018-06/提交上市申请（审批中）
银杏树药业	赛拉瑞韦钾	原创	NS3/4A	III期临床完成
东阳光药业	Yimitasvir	原创	NS5A	2019-09/提交上市申请（审批中）
	Furaprevir	原创	NS3/4A	III期临床
	Kangdaprevir Sodium	原创	NS3/4A	I期临床完成
	HEC110114	原创	NS5B	I期临床
圣和药业	SH229	原创	NS5B	II期临床
	SH526	原创	NS5A	进入临床
寅盛药业	福比他韦	原创	NS5A	I期临床
	安非合韦	原创	NS4B	I期临床

*注：截至2019年11月20日可查询到的审批进度。

7.3 原研药专利布局的缺失

由于开发新药的周期长，投入高，风险大，对于研发实力并不雄厚的部分国内制药企业，积极开展仿制药的开发是一条切实可行的出路。对于 DAAs 药物，由于其高昂的治疗费用，仿制药的开发上市对于解决老百姓的用药贵问题是很好的途径，对企业而言也具有巨大的商业价值。下面对市场表现最好的 3 款药物的专利布局进行分析。

7.3.1 Sofosbuvir 专利布局的缺失

对于 DAAs 类药物，国外制药巨头在我国进行了大量的专利布局，对国内企业无疑形成一定的技术壁垒。针对重点药物的专利布局查漏补缺，是国内仿制药企业可以关注的方向。

吉利德的 Sofosbuvir 无疑是仿制药企业最为关注的目标。对 Sofosbuvir 的专利布局进行分析，如表 7-3-1 所示，其涵盖了化合物、晶型、组合物等主要专利，但从该药各专利申请的法律状态上看，其绝大多数专利申请并未获得授权，这为国内企业进行仿制提供了有利条件。

表 7-3-1 吉利德在我国基于 Sofosbuvir 的专利申请法律状态

类型	申请号	保护主题	法律状态
化合物	CN200880018024.2	Sofosbuvir 化合物、组合物、用途	驳回，合议组审查
晶型	CN201510552267.6	Sofosbuvir 6 种晶型	驳回等复审请求
	CN201180017181.3	多晶型及无定型的 Sofosbuvir 固体	复审维驳，等待诉讼
	CN201480070460.X	Sofosbuvir 晶型 7、8	视撤
制剂	CN201280058114.0	Sofosbuvir 晶型 6 制剂	授权
组合物	CN201280061815.X	Sofosbuvir + Ribavirin	视撤
	CN201480000286.1	Sofosbuvir + Ledipasvir	视撤
	CN201480047195.3	Sofosbuvir 晶型 + Velpatasvir	授权
	CN201780039972.3	Sofosbuvir 晶型 + Velpatasvir	待审
	CN201780034117.3	Sofosbuvir 晶型 + Velpatasvir + Voxilaprevir	待审
制备方法	CN201080032541.2	Sofosbuvir 制备方法	授权
	CN201510552266.1	制备方法	驳回
	CN201180023066.7	Sofosbuvir 的立体选择性合成方法	视撤
	CN201180035281.9	Sofosbuvir 及其类似物的合成方法	复审维驳，诉讼失效

注：数据截至 2019 年 11 月。

分析表7-3-1中Sofosbuvir专利申请来看，其化合物专利申请并未获得授权，并且晶型专利申请也未获得授权。虽然制剂和组合物有部分授权，但其容易被规避，因而积极开展抢仿是国内仿制药企业的首选。如表7-3-2所示，目前国内已有5家公司递交了Sofosbuvir（国内进口注册名称为"索磷布韦"）仿制药上市申请，其中上海合全药业已经拿到了上市批件。

表7-3-2 国内提交索磷布韦仿制药注册情况

受理号	药品名称	注册分类	申报企业	办理状态	状态开始日
CYHL1600001	索磷布韦	化药3	上海合全药业	已发批件	2017-03-15
CYHS1700240	索磷布韦片	化药3	北京凯因科技	审批中	2017-11-15
CYHS1700237	索磷布韦	化药3	江苏永安制药	审批中	2018-02-11
CYHS1800518	索磷布韦片	化药3	南京正大天晴	审批中	2018-12-27
CYHS1900620	索磷布韦片	化药4	福建广生堂	审批中	2019-09-05

注：来源于药智网数据。

药物联用是DAAs药物的主流趋势，在国内市场已有仿制药获批的情况下，基于抗丙肝药物的特点，积极进行改进型产品的开发是一条可行的道路，在Sofosbuvir的组合产品上发力。如凯因科技，其自主研发了全基因型NS5A抑制剂KW-136，并于2015年以KW-136胶囊联合Sofosbuvir申报临床，上市申请已于2018年6月获得CDE受理。并且该公司申请的KW-136联合Sofosbuvir的药物组合物已于2019年4月获得专利权。凯因科技也已于2017年11月提交了索磷布韦的仿制药申请。在Sofosbuvir化合物专利申请未获国内授权的情况下，索磷布韦的仿制药申请和KW-136的新药申请获批后，凯因科技将完全打通该组合物的上市通道。

7.3.2 Zepatier专利布局的缺失

如图3-2-1所示，从Zepatier专利布局过程来看，原研公司默沙东有选择性地对核心专利、重点区域进行了较为全面的专利布局，而对于外围专利并未进行过多的投入。默沙东对Elbasvir、Grazoprevir化合物的核心专利进行了较早的专利申请，分别以通式化合物、具体化合物的形式进行了专利保护，进入了美国、欧洲、中国、韩国、日本等多个国家或地区并均获得了授权，进行了较为全面的专利布局。

对于Elbasvir、Grazoprevir的制备方法、中间体、晶型、药物剂型等外围专利，默沙东也分别进行了一定程度的专利布局，但是大多仅获得了美国专利的授权，在其他国家或地区并未获得专利权。对于Elbasvir和Grazoprevir组合物或者药物联用的治疗方法，默沙东也申请了少量的专利，但均未获得授权，默沙东对Zepatier的专利权主要依赖于Elbasvir、Grazoprevir的化合物核心专利。

除此之外，印度和中国也有仿制药企业对Elbasvir的制备方法、氘代化合物进行专利申请，但并未出现新晶型的专利申请；Grazoprevir并未出现其他仿制药公司的专利申请，仅原研公司获得了水合物和钠盐晶型的专利权。

由此可见，原研公司对于 Zepatier 的活性成分 Elbasvir 和 Grazoprevir 拥有了化合物的核心专利，在多个目标市场获得了专利权，并且在此基础上，沿着药物产品线对上下游相关技术主题进行拓展，多维度地进行保护，重点在美国市场获得了制备方法及中间体、化合物晶型、化合物盐、剂型改进、制剂工艺等专利权，达到最大程度延长其药物的专利保护的目的。然而对于化合物晶型专利，默沙东并未进行过多的投入，仅 Grazoprevir 的水合物和钠盐晶型在美国获得了专利保护，在中国并没有 Elbasvir、Grazoprevir 的晶型授权专利。

7.3.3 Mavyret 专利布局的缺失

如图 3-3-1 所示，从 Mavyret 的专利布局过程来看，Glecaprevir 的化合物核心专利属于 Eananta 公司，在中国、美国、欧洲、日本、韩国等多个国家和地区均已授权，该核心专利在全球布局较为全面；Pibrentasvir 化合物的核心专利属于 Abbott 公司，在中国、美国、欧洲、日本、韩国等国家和地区均已授权，该核心专利在全球布局也较为全面。对于上述两种化合物的用途、制备方法、中间体、晶型、药物剂型等外围专利，艾伯维布局较少，仅申请了 Glecaprevir 的用途、Pibrentasvir 的用途以及晶型专利，然而上述用途和晶型专利申请并未获得授权。

对于 Glecaprevir 和 Pibrentasvir 的组合物或者药物联用的治疗方法，艾伯维申请了少量的专利，对于组合物的用途专利申请在中国、欧洲、日本等国家和地区均已授权，而对于组合物专利申请目前并未获得授权。

由此可见，关于 Mavyret 的化合物核心专利全球布局较为全面，而对于外围专利则相对较少。

从 Zepatier 和 Mavyret 的专利布局来看，原创药物专利布局集中在化合物的核心专利，对于外围专利，如用途、制备方法、中间体、晶型、药物剂型等专利，仍然存在诸多缺失，这为仿制药企业提前做好仿制药专利布局留下了机会。

7.4 药物联用是发展趋势

7.4.1 专利数据反映出药物联用是抗丙肝药物的发展趋势

联合用药在丙肝治疗中极为重要，是解决病毒遗传多样性和耐药突变的有效手段。如图 4-1-6 和图 4-2-6 所示，吉利德和艾伯维在化合物研发到成熟阶段后，研究重心向联合用药偏移。

7.4.2 吉利德由点到面的开发策略

以吉利德对抗丙肝药物的开发为例，从图 7-4-3（见文前彩色插图第 6 页）和表 7-4-1 可以看出，吉利德针对多个重要靶点均进行了药物开发，针对靶点 NS5B，其开发了首个全口服 DAAs 药物 Sofosbuvir、泛基因型药物 Radalbuvir、低毒性药物 Tegobuvir；针对 NS3/4A 开发了泛基因型和抗耐药药物 Vedroprevir 和 Voxilaprevir；针对 NS5A 开发了泛基因型药物 Ledipasvir 和 Velpatasvir。

表 7-4-1　吉利德的抗丙肝 DAAs 药物汇总

靶点	核心结构	代表药物	特点
NS5B	核苷	Sofosbuvir	活性高，首个全口服 DAAs
	噻吩	Radalbuvir	泛基因
	氮杂芳环	Tegobuvir	高活性、低毒性
NS3/4A	支链	Vedroprevir	泛基因、抗耐药
	大环	Voxilaprevir	泛基因、抗耐药
NS5A	直链	Ledipasvir	泛基因
		Velpatasvir	泛基因

吉利德于 2013 年 12 月推出吉一代药物 Sofosbuvir，2014 年 10 月推出吉二代药物（Sofosbuvir+Ledipasvir）。从全球抗丙肝药物市场来看，在 2014 年，吉一代 Sofosbuvir 具有绝对的占有率，并且吉二代也开始发力。2015~2016 年，吉二代开始主导市场，吉一代退居次位，同时，在 2016 年，吉三代（Sofosbuvir+Velpatasvir）也开始上市。2017 年开始，吉利德的抗丙肝药物主要由吉二代和吉三代主导，同年，其还上市了吉四代（Sofosbuvir+Velpatasvir+Voxilaprevir）。由此可见，吉利德通过在不同靶点的药物布局，为其药物联用研究做了充分的准备，从而使其在后续药物开发中，能够做到点面结合，不断推进产品的迭代更新，维持了其在抗丙肝药物市场的高占有率。

7.5　DAAs 药物构效关系的共性

7.5.1　核苷 2′位甲基取代是较为固定的修饰方式

核苷类药物是最早开始研发的一类抗丙肝药物之一，也是吉利德和默沙东申请量最多的一种结构类型。从技术层面看，图 7-5-1 给出了核苷类药物经过了原核苷酸到核苷氨基磷酸酯的演变过程。吉利德在多项化合物专利中均将核苷 2′位固定为上-甲基-下-氟核苷的结构，而默沙东则保留了 2′位上-甲基-下-羟基核苷结构，说明核苷 2′位的上-甲基取代在核苷氨基磷酸酯类抗丙肝化合物是较为固定的修饰方式。此外，对碱基或碱基类似结构的替换、核苷的卤代、叠氮、氰基等基团取代、氨基磷酸酯链上芳基或氨基酸的替换是主要的修饰方式。

图 7-5-1 核苷类抗丙肝化合物技术演变示例

7.5.2 大环酰胺相比线性酰胺更具开发潜力

酰胺类抗丙肝化合物均为 NS3/4A 蛋白酶抑制剂，如图 7-5-2 所示，其研发过程经历了由线性酰胺到大环酰胺的演变。从专利申请量来看，从图 7-5-3 至图 7-5-5 可以看出，抗丙肝药物领域的主要制药巨头吉利德、艾伯维、默沙东从 2005 年或 2008 年开始基本专注于大环酰胺结构的研发，对大环酰胺类药物的研发保持较高的热度。从药物上市情况来看，吉利德成功开发出了泛基因型、抗耐药性的大环酰胺类药物 Voxilaprevir；艾伯维开发的 Viekira Pak 中的 Paritaprevir 即为大环酰胺类化合物；默沙东上市的 5 款单药中，4 款均为酰胺类结构（其中 2 款为线性结构，2 款为大环结构）。而在全球范围内，已有 12 个酰胺类化合物成药上市，其中 4 个线性结构，8 个大环结构。可见，酰胺类抗丙肝化合物成药数量多，专利数量适中，具有研发前景。

在技术层面，相比于线性酰胺，大环酰胺是更具研发潜力的结构类型，该类化合物结构修饰方式多样，包括成环位点、成环基团、环外侧链等变化，并有望获得具有泛基因、抗耐药特点的抗丙肝化合物。

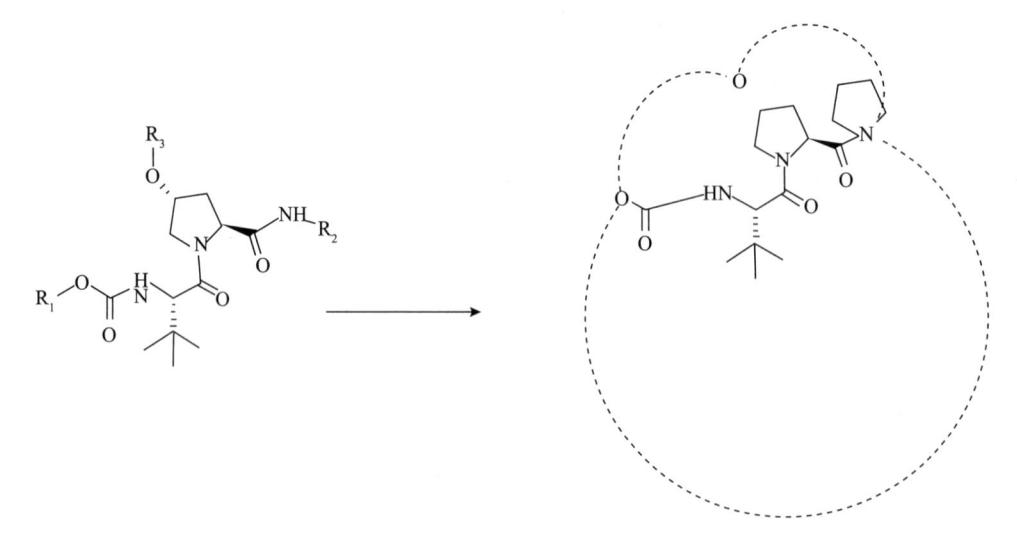

图 7-5-2 酰胺类抗丙肝化合物技术演变示例

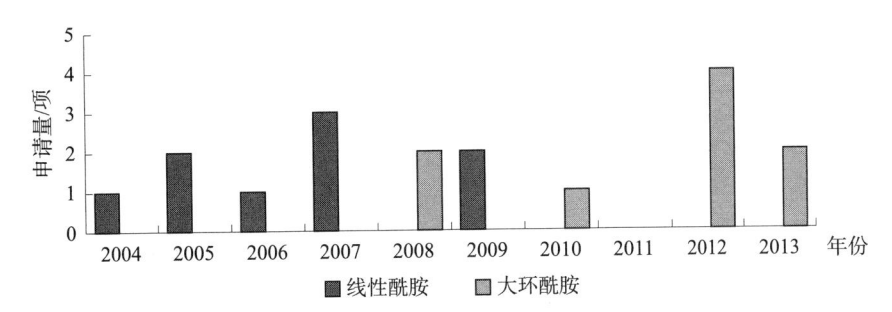

图 7-5-3 吉利德在抗丙肝药物酰胺类化合物专利申请发展趋势

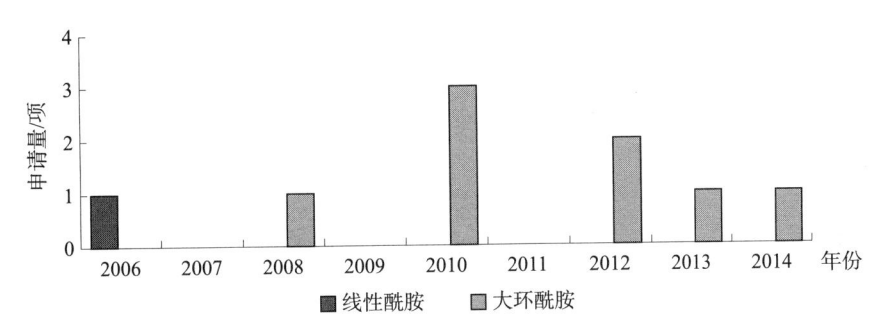

图 7-5-4 艾伯维在抗丙肝药物酰胺类化合物专利申请发展趋势

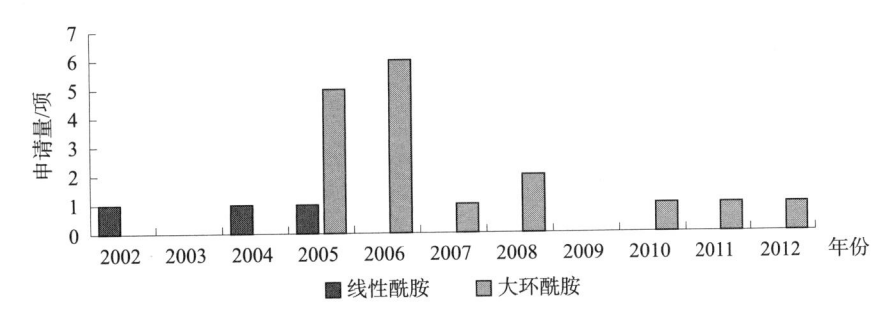

图 7-5-5 默沙东在抗丙肝药物酰胺类化合物专利申请发展趋势

7.5.3 稠合芳环/多环链类化合物近年来备受制药公司青睐

稠合芳环/多环链类化合物均为 NS5A 蛋白酶抑制剂,研发时间晚于其他结构类型,如图 7-5-6 所示,在其他类型的化合物专利已经寥寥无几的 2014 年之后,主要申请人仍持续在申请该类结构的化合物专利,是近年来研究的重点。

对于艾伯维而言,多环链类结构化合物专利是各类化合物中申请量最多的一类,并开发出了上市产品 Viekira Pak 中的 Ombitasvir 和 Mavyret 中的 Pibrentasvir。默沙东关于稠合芳环化合物的专利申请量仅次于核苷类化合物专利申请,研发出了 Zepatier 中的 Elbasvir。吉利德申请了 9 项相关专利,其中的 2 项专利分别涉及吉二代中的 Ledipasvir 和吉三代、吉四代中的 Velpatasvir。稠合芳环/多环链类化合物研发历史短,成药数量多,普遍具有泛基因和抗耐药的特点,值得国内制药企业重视。

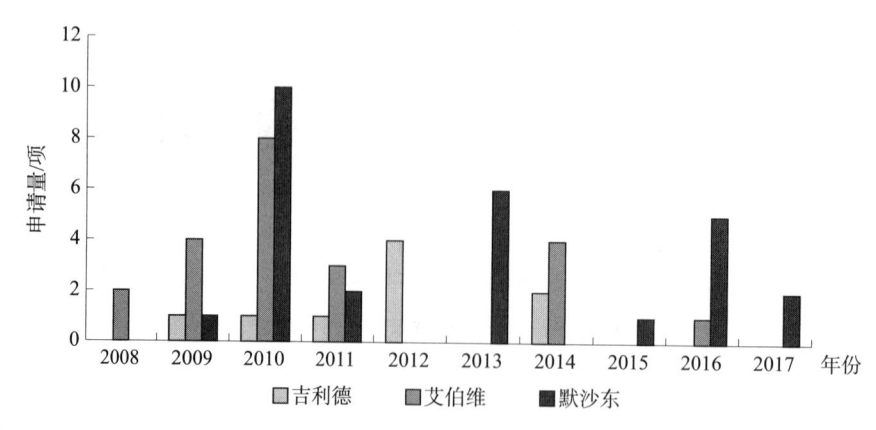

图 7-5-6　主要申请人在抗丙肝药物稠合芳环/多环链类化合物专利申请发展趋势

从化合物结构而言，如图 7-5-7 所示，吉利德和默沙东的化合物是以稠合芳环为核心的直链结构，而艾伯维的化合物则是由芳环、杂芳环、杂环等形成的三叉链结构。上述不同类型的 NS5A 蛋白酶抑制剂均具有良好的活性和成药性，而对上述结构的修饰主要在于稠合芳环的替换、三叉链中非对称链的卤代、基团替换、侧链结构的修饰等。

图 7-5-7　稠合芳环和多环链化合物示例

7.6 专利与临床布局：Telaprevir 模式 VS Sofosbuvir 模式

对 12 款美国上市药物的临床研究历程与专利申请历程进行梳理发现，抗丙肝药物的专利布局策略体现了医药领域的共性，同时又体现了丙肝领域不同于其他疾病领域的特点。如图 7-6-1 和表 7-6-1 所示，一方面，医药领域申请人一向重视针对化合物核心专利布局，同时从晶型、制备方法、中间体化合物、药物制剂等方面进行外围专利布局，层层递进，以扩大保护主题范围、延长产品保护期。Boceprevir、Telaprevir、Simeprevir 等较早上市的 DAAs 药物体现了这种传统的布局策略（Telaprevir 模式），默沙东的 Zepatier 也采用了类似的布局策略。另一方面，丙肝治疗中"鸡尾酒疗法"是大势所趋，各大制药企业重点针对药物联用、组合物等方面进行专利布局，吉利德的 Sofosbuvir 以及后续的吉二代、吉三代、吉四代，艾伯维的 Viekira Pak、Technivie、Mavyret 等产品的布局均属于这一模式（Sofosbuvir 模式）。两种模式的对比如表 7-6-1 所示。

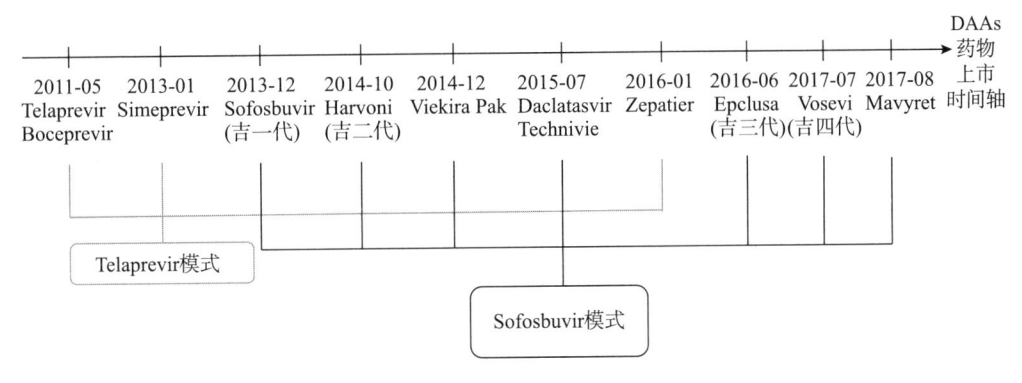

图 7-6-1 上市 DAAs 药物专利布局策略

表 7-6-1 Telaprevir 模式与 Sofosbuvir 模式对比

	Telaprevir 模式	Sofosbuvir 模式
临床前	核心专利布局	核心专利布局
临床中	针对制剂、制备方法、制备中间体、组合物、具体治疗方法等外围专利进行全方位布局； 专利申请量较多，无明显侧重点，成本较高	主要针对药物联用进行布局； 专利申请量较少，重点突出，节省成本

7.6.1 Telaprevir 模式

Telaprevir 模式特点：重点针对核心专利布局，在此基础上，从晶型变化、药用盐形式、制备方法、制备中间体、药物联用等多个维度进行广撒网式外围专利布局，以实现对产品多角度的专利保护。

Telaprevir 模式优点：产品可以获得最全面的保护，尽可能地延长保护期。

Telaprevir 模式缺点：原研公司需要针对大量专利于各个目标市场国家提交专利申请，花费高昂。

以 Telaprevir 为例，该模式下药物临床研究与专利布局策略如图 5-5-3（见文前彩色插图第 3 页）所示。

Telaprevir 的临床试验在 2007 年后进入密集阶段，研究者通过其招募的受试者类型可以分析出具体的适应证种类，因此，沃泰克斯制药公司在进行大规模临床试验之初，布局了多件关于适应证、给药方案的专利申请。可见在药物研发过程中，专利申请"先于"并"扶植"新药临床研究前进。

Telaprevir 模式缺点对于抗丙肝药物更加明显。由于 HCV 易变异，直接抗病毒药物容易产生耐药而失去疗效，从而被新一代的产品所取代。抗丙肝药物相较于其他药物，市场生命周期较短，产品更新换代较快，针对某一具体化合物进行多角度技术改进意义有限。

7.6.2　Sofosbuvir 模式

Sofosbuvir 模式特点：摒弃传统模式大批量、多角度的专利布局，着重于药物联用进行研究布局。

Sofosbuvir 模式优点：临床阶段针对药物联用进行布局，为后代产品开发上市提供了专利基础，缩短新产品的研发周期；新药研发企业利用自身药物库进行药物联用，有益于节省研发成本，小而精的专利布局策略也能够减少企业在专利申请、专利权维持等方面的成本。

Sofosbuvir 模式缺点：产品未能获得全方位保护。

以 Sofosbuvir 为例，吉利德临床研究与专利布局策略如图 5-1-6（见文前彩色插图第 2 页）所示。

以临床研究进展为时间线进行分析，临床前完成核心专利布局；临床阶段则重点针对药物联用进行研究和专利布局。与 Telaprevir 模式相比，该模式专利申请主题较为单一，申请总量较少。

为了缩短新一代产品的开发周期，Sofosbuvir 的专利布局与临床研究相互配合，同步推进。例如，关于 Sofosbuvir 和 Ledipasvir 组合物的相关专利，最早于 2011 年申请，但在其授权文本 US9393256B2 中并不涉及具体剂量，获得组合物专利权后，申请人在 2013 年 5 月便针对该组合物以固定剂量（Sofosbuvir + Ledipasvir 400/90 mg）对 1 型 HCV 感染患者的疗效、安全性和耐受性展开研究，之后在 2013 年 8 月针对固定剂量的药物联用方案提出专利申请。

Sofosbuvir 模式有诸多优点，一方面，临床阶段针对药物联用进行布局，为后代产品开发上市提供了专利基础，缩短新产品的研发周期；另一方面，新药研发企业利用自身药物库进行药物联用，有益于节省研发成本，小而精的专利布局策略也能够减少企业在专利申请、专利权维持等方面的成本。Sofosbuvir 模式也有其风险所在，该模式下产品未能获得全方位保护，因而对临床前的核心专利布局提出了更高要求，企业应当布局严密的核心专利网。

7.6.3 Sofosbuvir 模式出现的原因分析

产品更新换代快是抗丙肝药物领域的一大特点。2011 年 Telaprevir 和 Boceprevir 的上市标志着丙肝治疗进入口服 DAAs 时代，然而 2013 年吉利德的 Sofosbuvir 异军突起，其由于治愈率高且副作用小，迅速占领市场。2015 年，Telaprevir 和 Boceprevir 这两个 DAAs 领域的"鼻祖"黯然退出市场。虽然 Sofosbuvir 的市场后来被吉二代和吉三代占领，但抗丙肝药物市场一直被吉利德牢牢把控。然而，2017 年艾伯维推出了治疗泛基因型 HCV 感染的复方药物艾诺全，治疗疗程较短且能够用于肾功能不全丙肝患者，迅速成为该领域的新霸主。

产品更新换代快的深层次原因还要追溯到 HCV 本身。HCV 是单链 RNA 病毒，容易产生变异而导致耐药。而对不同靶点的联合用药可以同时在多个环节抑制病毒的增殖，因而联合用药的开发成为该领域的主流也就不足为奇了。产品更新换代快和联合用药的优势使得企业更加专注于组合物的开发，Sofosbuvir 的临床与专利布局模式成为最佳选择。

7.7 "一带一路"沿线国可作为我国制药企业的目标市场

7.7.1 "一带一路"沿线国家发病率情况

如表 6 - 2 - 1 所示，全球丙肝平均发病率约为 0.94%，北非、中东地区为全球发病率最高的区域，如埃及发病率高达 11.9%，包括我国在内的东亚地区以及东南亚紧随其后，发病率在 1.6% ~ 14.7%。综合来看，"一带一路"沿线众多国家发病率普遍高于全球平均水平。

7.7.2 专利输入/原创情况分析

如图 6 - 3 - 1 所示，从"一带一路"沿线国中全球目标市场热度来看：印度是全球范围内第一目标市场，在进入沿线国家的 1933 项专利中，1398 项进入了印度，占比 72.3%。此外，南非、以色列、新西兰、俄罗斯、菲律宾、印尼以及越南也是全球抗丙肝药物的重点关注市场，进入这些国家的申请均在 200 项以上。

如图 6 - 3 - 3 所示，印度原创能力仍遥遥领先，申请数量在第二名俄罗斯的 2 倍以上。然而，"一带一路"沿线国，除俄罗斯、印度、以色列、意大利等少数相对发达的国家外，众多内陆发展中国家和新兴市场由于各种原因被长期隔离在全球市场之外，其创新药物研发水平也相对较低。

较高的发病率以及众多丙肝患者、较低的经济发展水平难以负担价格高昂的原研药、本土原创技术少等原因，给我国抗丙肝药物产品销往"一带一路"沿线国带来了可能。

7.7.3 我国抗丙肝药物的海外目标市场

在"一带一路"沿线国家中,发病人口在 50 万以上的国家有 10 个,如图 7-7-1 所示。对比这些国家本土专利数量,均不是很高,最高的印度也不到 200 项。

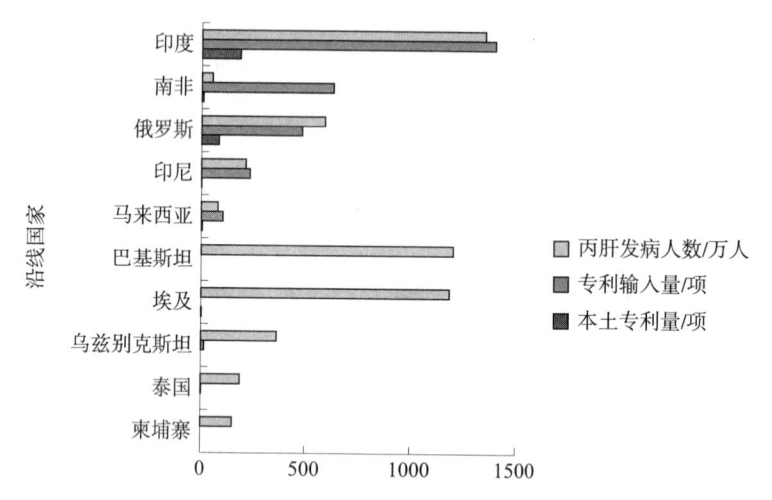

图 7-7-1 "一带一路"沿线国人口与专利输入/原创综合分析

结合发病率、专利输入/原创、人口数量分析,把"一带一路"沿线国作为抗丙肝药物市场的潜力分为如下三大类:

(1) 全球热门市场。从专利输入量来看,印度、俄罗斯、南非的专利输入量都接近或超过了 500 项,竞争较为激烈,是全球的热门市场。

(2) 我国潜在目标市场。印尼和马来西亚,虽然其输入总量不高,但其万名患者数与专利输入量之比已经超过了 1,我国企业可以尝试进入这些国家进行布局,但可能会存在一定的竞争。

(3) 我国重点市场。对于巴基斯坦、埃及、乌兹别克斯坦等国家,其发病人数很高,但专利输入和本土专利数量都很少,是我国需要重点关注的市场。

综上所述,基于我国医药企业在抗丙肝药物领域的发展现状,"一带一路"沿线国家的发病情况、市场和专利技术情况,可以巴基斯坦、埃及、乌兹别克斯坦等国家为我国医药企业抗丙肝药物的目标市场,而印尼和马来西亚等东南亚国家可作为我国产品的潜在市场。

7.8 对国内制药行业的建议

通过对以上分析结果的总结,从企业战略方面、技术开发层面以及专利布局层面得出以下建议。

7.8.1 企业战略层面

7.8.1.1 重视DAAs药物的开发

从近年来全球范围内上市的抗丙肝新药而言，全部为DAAs药物。从全球抗丙肝药物专利申请情况来看，虽然疫苗、中药、核酸和抗体药物也占有一定的比重，但目前均未见上市品种，成功应用于临床的产品仍然是干扰素和化学药。干扰素的专利申请量持续走低，且聚焦在与DAAs药物联用方面，而从化学药的靶点来看也基本为DAAs药物。

从专利申请量和市场角度分析，美欧国家的DAAs药物市场已趋于饱和，但中国的DAAs药物市场刚刚起步，专利申请数量稳步提高，国内企业目前仅1款新药获批上市，2款即将上市，正处于追赶阶段。

7.8.1.2 针对专利漏洞布局改进型和仿制

目前国内尚未有DAAs仿制药获批上市。由于开发新药的周期长、投入高、风险大，对于研发实力并不雄厚的部分国内制药企业，积极开展仿制药的开发是一条切实可行的出路。

一方面，基于抗丙肝药物更新换代快的特点，部分原研公司放弃了外围专利的布局，这为国内仿制药企业提供了进行仿制药布局的缺口。仿制药申请人可以针对重磅药物的专利布局漏洞抢先布局，对核心化合物的晶型、制剂、制备方法、中间体等外围专利密集布局，对药物联用专利广泛布局，形成一定规模的专利群，为今后攻占仿制药市场打下专利基础。另一方面，部分原研药物的核心专利存在漏洞，例如吉利德的Sofosbuvir在中国的部分核心专利并未获得授权，国内企业可以以此为突破口进行改进型产品开发和积极仿制。

7.8.1.3 "一带一路"沿线国可作为目标市场

基于我国医药企业在抗丙肝药物领域的发展现状，"一带一路"沿线国家的发病情况、市场和专利技术情况，可以将巴基斯坦、埃及、乌兹别克斯坦等国家作为我国医药企业抗丙肝药物的目标市场，而马来西亚、印尼等东南亚国家可作为我国产品的潜在市场。

7.8.2 技术开发层面

7.8.2.1 多靶点共同开发，为药物联用做好储备

在抗丙肝药物领域，不同靶点抑制剂的联合使用通常是解决病毒突变和病毒遗传多样性的手段。临床研究数据显示，抗丙肝DAAs药物中，NS5B、NS5A、NS3/4A蛋白酶抑制剂属于当前研究的重要靶点，而靶点联用占抗丙肝药物研究的34%。已上市药物数据表明，多靶点联用在克服病毒耐药性、解决泛基因型方面较单一靶点药物更优异。

吉利德通过在重要靶点上多角度多方位布局，为后续药物联用提供了药物储备，成功开发出吉一代到吉四代，树立了经典范例。

7.8.2.2 DAAS药物构效关系存在一定共性

通过对不同制药公司的多个DAAs药物的构效关系进行分析,总结出以下几点共性:

① 核苷氨基磷酸酯类抗丙肝化合物技术衍进表明:核苷2′位甲基取代是较为固定的修饰方式,碱基或碱基类似结构的替换、核苷的卤代、叠氮、氰基等基团取代、氨基磷酸酯链上芳基或氨基酸的替换是主要的修饰方式。

② 与线性酰胺相比,大环酰胺更具有开发潜力,成环位点、成环基团、环外侧链变化都属于可修饰位点。

③ 以稠合芳环为核心的直链结构以及由芳环、杂芳环、杂环等形成的三叉链结构均具有良好的活性和成药性,稠合芳环的替换、三叉链中非对称链的卤代、基团替换、侧链结构均属于可修饰位点。国内制药企业在抗丙肝新化合物研究与开发中,可根据现有药物和专利申请中反映出的构效关系的共性特点进行药物设计。

7.8.3 专利和临床布局层面

7.8.3.1 Telaprevir模式与Sofosbuvir模式的选择

Sofosbuvir模式摒弃传统模式大批量、多角度的专利布局,着重于药物联用进行研究布局;临床阶段针对药物联用进行布局,为后代产品开发上市提供了专利基础,缩短新产品的研发周期;新药研发企业利用自身药物库进行药物联用,有益于节省研发成本,小而精的专利布局策略也能够减少企业在专利申请、专利权维持等方面的成本。

同时,药物联用及其产品迭代更新也是延长专利保护期限的有效手段。例如,Pibrentasvir和Glecaprevir的化合物专利申请日分别是2010年6月、2011年9月,两种化合物专利到期日分别为2032年5月、2032年1月,而两个产品的联用形式Mavyret组合物专利申请日为2014年3月,这一专利延长了产品的实际保护期。从Viekira Pak和Technivie的专利申请布局也可以看出,艾伯维采用了递进式的专利布局策略,在临床试验开始之前先获得单独化合物(Ritonavir、Dasabuvir、Paritaprevir或Ombitasvir)的专利权,随着临床试验的开始,逐渐过渡到药物联用的专利申请,这种策略可以尽量延长对Viekira Pak和Technivie的专利保护期。

7.8.3.2 "友商联合布局"的策略

从之前的分析来看,抗丙肝药物领域的技术发展和专利保护既有传统医药领域基础性研究投入多的特点,同时又有产品更新较快、产品生命周期较短的特点,与通信领域有些类似,可以借鉴通信领域"友商联合布局"的策略。

药物联用对新药研发企业的化合物储备提出了较高要求,由于国内制药企业新化合物研发能力有限,因此,自身的药物储备往往不能满足其及时进行药物联用治疗方案的开发,为了能够充分开发已有药物,可以通过友商合作的方式,加强外部合作开发,形成技术联盟或专利联盟,共同开发不同公司之间已有药物的联用方案,以降低研发成本,缩短新产品上市周期。同时,通过该合作形式有利于寻找到更优异的治疗方案,增强与美欧制药企业产品的竞争力。

从国内企业的研发情况来看，一些企业之间已经在技术层面上开展合作。根据"药物临床试验登记与信息公示平台"查询信息显示，常州寅盛药业与苏州银杏树药业就塞拉瑞韦钾联合福比他韦治疗慢性丙肝患者开展了多项临床试验。2016年2月，东阳光药业与我国台湾太景生物签署合作备忘录，进行依米他韦（东阳光药业原研）与伏拉瑞韦（台湾太景生物原研）联合用药治疗丙肝方案的开发，以此开发本土丙肝DAAs联合用药方案。目前磷酸依米他韦+伏拉瑞韦的联合用药正进行Ⅲ期临床试验，该组合被业界认为有能力与进口DAAs药物抗衡。从专利布局角度来看，这些友商之间可以以共同申请人的方式，或者以交叉许可的方式开展合作，联合布防，构筑专利壁垒。

附　　录

附表1　国外申请人名称的约定[1]

申请人约定名称	对应申请人名称
默沙东	默沙东公司 默克公司 默克专利股份有限公司 默克专利股份公司 默克专利有限公司 默沙东有限公司 默沙东有限责任公司 MERCK SHARP & DOHME CORP MERCK SHARP & DOHME MERCK & CO INC MERCK SHARP & DOHME LTD MERCK FROSST CANADA LTD MERCK FROSST CANADA INC MERCK CANADA INC MERCK SHARP & DOHME BV MERCK SHARP & DOHME INC LAB MERCK SHARP DOHME – CHIBRET MERCK SHARP AND DOHME CORP MSD OSS BV MERCK PATENT GMBH MERCK SERONO SA
沃泰克斯制药公司	沃泰克斯药物股份有限公司 VERTEX PHARM INC VERTEX LLC VERTEX MACHINERY WORKS CO LTD BEIJING VERTEX ELECTRONICS TECHNOLOGY CO TAIWAN VERTEX PRODN CORP VERTEXSTANDARD KK WUXI VERTEX MEDICAL INSTR CO LTD VERTEX STANDARD CO LTD

[1] 该表国外申请人的名称来源于专利检索系统，为便于读者查询，故保留原表现形式。

续表

申请人约定名称	对应申请人名称
百时美施贵宝	百时美施贵宝公司 百时美施贵宝（香港）公司 百时美–施贵宝研究与开发公司 米得列斯公司 布里斯托尔–迈尔斯斯奎布公司 BRISTOL – MYERS SQUIBB CO BRISTOL – MYERS CO BRISTOL – MYERS SQUIBB PHARMA CO MEDAREX INC
吉利德	吉里德科学公司 吉利德科学公司 吉利德制药有限责任公司 吉利德科学股份有限公司 法莫赛特公司 法莫赛特股份有限公司 法玛塞特有限公司 GILEAD SCI INC GILEAD PHARMASSET LLC GILEAD PALO ALTO INC GILES K GILEAD CALISTOGA LLC GILEVICH I B GILEAD COLORADO INC GILES M GILESR GILES – KOMAR J GILEAD BIOLOGICS INC GILEV L M PHARMASSET LTD Pharmasset Inc
先灵公司	先灵公司 SCHERING CORP SCHERING – PLOUGH HEALTHCARE SCHERING – PLOUGH LTD SCHERING – PLOUGH CORP SCHERING – PLOUGH HEALTHCARE PROD INC SCHERING – PLOUGH PTY LTD

续表

申请人约定名称	对应申请人名称
艾伯维	艾伯维公司 ABBVIE 德国有限责任两合公司 艾伯维德国有限责任两合公司 艾伯维生物技术有限公司 艾伯维巴哈马有限公司 ABBVIE INC ABBVIE DEUT GMBH & CO KG ABBVIE BIOTECHNOLOGY LTD ABBVIE BIOTHERAPEUTICS INC ABBVIE BAHAMAS LTD ABBVIE STEMCENTRX LLC ABBVIE BAHAMAS COLTD ABBVIE SARL ABBVIE IRELAND UNLIMITED CO
Medivir 公司	美迪维尔公司 美迪维尔英国有限公司 MEDIVIR AB MEDIVIR UK LTD
Janssen 公司	詹森药业有限公司 詹森生物科技公司 C·C·詹森有限公司 JANSSEN PHARMACEUTICA NV JANSSEN PHARM NV JANSSEN PHARMINC JANSSEN BIOTECH INC
Enanta 公司	英安塔制药有限公司 益安药业 ENANTA PHARM INC ENANTA PHARMACEUTICALS INC

续表

申请人约定名称	对应申请人名称
艾迪尼克斯公司	爱德克斯公司 艾迪斯鼎力科技（天津）有限公司 艾戴克斯公司 IDEX HEALTH & SCI LLC IDEX ASA IDEX DINGLEE TECHNOLOGY TIANJIN CO LTD IDEX HEALTH&SCI LLC IDEX AS IDEX KK IDEX CO LTD
罗氏	霍夫曼－拉罗奇有限公司 豪夫迈·罗氏有限公司 弗·哈夫曼－拉罗切有限公司 F·霍夫曼－拉罗氏股份公司 HOFFMANN LA ROCHE & CO AG F HOFFMANN LA ROCHE INC HOFFMANN LA ROCHE&CO AG F ROCHE DIAGNOSTICS GMBH HOFFMANN－LA ROCHE AG F ROCHE DIAGNOSTICS OPERATIONS INC HOFFMANN－LA ROCHE AG ROCHE MOLECULAR SYSTEMS INC BOEHRINGER MANNHEIM GMBH ROCHE DIABETES CARE GMBH ROCHE DIABETES CARE INC
勃林格殷格翰公司	贝林格尔·英格海姆国际有限公司 贝林格尔·英格海姆国际有限公司 勃林格殷格翰国际有限公司 贝林格尔英格海姆法玛两合公司 BOEHRINGER INGELHEIM INT GMBH BOEHRINGER INGELHEIM PHARMA GMBH & CO KG BOEHRINGER INGELHEIM BOEHRINGER SOHN C H BOEHRINGER INGELHEIM PHARMA KG BOEHRINGER INGELHEIM PHARM INC BOEHRINGER INGELHEIM VETMEDICA GMBH BOEHRINGER INGELHEIM KG

附表2　国内申请人名称的约定

申请人约定名称	对应申请人名称
歌礼生物	歌礼生物科技（杭州）有限公司 歌礼药业（浙江）有限公司
东阳光药业	广东东阳光药业有限公司 宜昌东阳光长江药业股份有限公司 东莞东阳光药物研发有限公司 乳源东阳光药业有限公司
银杏树药业	银杏树药业（苏州）有限公司
凯因科技	北京凯因科技股份有限公司
圣和药业	南京圣和药业股份有限公司 南京圣和药业有限公司
寅盛药业	常州寅盛药业有限公司
正大天晴	正大天晴药业集团股份有限公司 南京正大天晴制药有限公司 江苏正大天晴药业股份有限公司
上海医药工业研究院	上海医药工业研究院
四川大学	四川大学
上海迪诺	上海迪诺医药科技有限公司
江苏恒瑞	江苏恒瑞医药股份有限公司
江苏豪森	江苏豪森药业集团有限公司
上海众强	上海众强药业有限公司
上海唐润	上海唐润医药科技有限公司
中国药科大学	中国药科大学
中国科学院上海药物研究所	中国科学院上海药物研究所
爱博新药研发（上海）有限公司	爱博新药研发（上海）有限公司
杭州和正医药有限公司	杭州和正医药有限公司
中美华世通生物医药科技（武汉）有限公司	中美华世通生物医药科技（武汉）有限公司
南京安赛莱医药科技有限公司	南京安赛莱医药科技有限公司
江西润泽药业有限公司	江西润泽药业有限公司
泰宗生物科技股份有限公司	泰宗生物科技股份有限公司

附表3 主要抗丙肝药物名称中英文对照

中文	英文
利巴韦林	Ribavirin
特拉普韦	Telaprevir
博赛普韦、博赛匹韦、波普瑞韦	Boceprevir
索非布韦	Sofosbuvir
雷迪帕韦	Ledipasvir
维帕他韦	Velpatasvir
伏西瑞韦、伏昔瑞韦	Voxilaprevir
索华迪（吉一代）	Sovaldi
哈瓦尼（吉二代）	Harvoni
丙通杀，伊柯鲁沙（吉三代）	Epclusa
择必达	Zepatier
艾诺全	Mavyret，Maviret
利托那韦	Ritonavir
达卡他韦	Daclatasvir
西咪匹韦	Simeprevir
依米他韦	Yimitasvir
伏拉瑞韦	Furaprevir
帕利瑞韦	Paritaprevir Ombitasvir Dasabuvir Glecaprevir

图 索 引

图1-1-1 我国2009~2018年丙肝病例报告人数对比（1）
图1-2-1 HCV基因分型方法（4）
图1-2-2 慢性丙肝治疗模式演进（5）
图1-3-1 国内主要干扰素产品市场份额（7）
图1-3-2 全球上市抗丙肝产品涉及的靶点分布（9）
图1-3-3 国外上市丙肝药物公司及产品数量（10）
图1-4-1 全球DAAs药物数量原创地分布（13）
图1-5-1 丙肝治疗领域专利分析研究思路和方法（14）
图1-6-1 国内企业抗丙肝临床试验项目数量分析（21）
图2-1-1 全球抗丙肝药物专利发展趋势（24）
图2-1-2 全球抗丙肝药物专利技术主题分布（25）
图2-1-3 全球丙肝药物相关专利原创国家或地区分布（26）
图2-1-4 抗丙肝药物主要原创国家或地区专利申请产出趋势（26）
图2-1-5 抗丙肝药物主要原创国家或地区专利申请产出比重分析（27）
图2-1-6 抗丙肝药物全球主要目标国家或地区专利布局分布（27）
图2-1-7 全球抗丙肝药物主要申请人专利申请排名（28）
图2-1-8 国内抗丙肝药物专利申请发展趋势（28）
图2-1-9 国内抗丙肝药物专利申请技术主题分布（29）
图2-1-10 国内抗丙肝药物专利主要申请人排名（29）
图2-2-1 全球抗丙肝干扰素联合Ribavirin疗法专利申请趋势（30）
图2-2-2 全球抗丙肝干扰素联合Ribavirin疗法专利申请主要技术来源国家或地区（31）
图2-2-3 抗丙肝药物全球排名前十位申请人专利申请量排名（31）
图2-2-4 全球抗丙肝DAAs与干扰素、Ribavirin联用疗法专利申请趋势（32）
图2-2-5 全球DAAs与干扰素、Ribavirin联用排名前十位申请人专利申请量排名（33）
图2-3-1 全球抗丙肝领域DAAs药物专利发展趋势（37）
图2-3-2 全球抗丙肝领域DAAs药物专利技术主题分布（37）
图2-3-3 全球抗丙肝领域DAAs药物靶点专利申请分布（38）
图2-3-4 全球抗丙肝领域DAAs药物联用靶点专利申请分布（38）
图2-3-5 全球抗丙肝领域DAAs药物相关专利原创国家或地区分布（38）
图2-3-6 全球抗丙肝药物专利申请主要原创国家或地区产出比重分析（39）
图2-3-7 全球抗丙肝药物领域主要原创国家或地区专利申请产出趋势（39）
图2-3-8 全球抗丙肝药物专利申请主要目标国家或地区（40）
图2-3-9 全球抗丙肝领域DAAs药物主要申请人专利申请排名（40）
图2-3-10 国内抗丙肝领域DAAs药物专利

图索引

图 2-3-11　国内抗丙肝领域 DAAs 药物专利技术主题分布（42）
图 2-3-12　国内抗丙肝药物主要申请人专利申请排名（42）
图 3-1-1　Sofosbuvir 全球专利申请趋势（46）
图 3-1-2　全球 Sofosbuvir 专利申请区域分布（47）
图 3-1-3　Sofosbuvir 美国专利申请趋势（48）
图 3-1-4　Sofosbuvir 中国专利申请趋势（48）
图 3-1-5　Sofosbuvir 印度专利申请趋势（48）
图 3-1-6　Sofosbuvir 欧洲专利申请趋势（48）
图 3-1-7　Sofosbuvir 全球主要申请人专利申请排名（49）
图 3-1-8　Sofosbuvir 全球专利技术主题分析（50）
图 3-1-9　Sofosbuvir 美国专利申请主题构成（51）
图 3-1-10　Sofosbuvir 中国申请人专利申请主题构成（51）
图 3-1-11　Sofosbuvir 国外来华专利申请主题构成（51）
图 3-1-12　Sofosbuvir 中国专利申请趋势（52）
图 3-1-13　Sofosbuvir 中国国内申请人申请趋势（52）
图 3-1-14　Sofosbuvir 国内主要申请人专利申请排名（53）
图 3-1-15　Sofosbuvir 来华专利申请区域分布（53）
图 3-1-16　Sofosbuvir 技术发展脉络（54）
图 3-1-17　Sofosbuvir 全球晶型专利申请量趋势（59）
图 3-1-18　Sofosbuvir 晶型专利来源国申请量和授权量对比（59）
图 3-2-1　Zepatier 专利技术发展脉络（74）
图 3-3-1　Mavyret 专利技术发展脉络（81）
图 4-1-1　吉利德在抗丙肝领域全球专利发展趋势（84）
图 4-1-2　吉利德在抗丙肝领域国内专利发展趋势（84）
图 4-1-3　吉利德在抗丙肝领域目标地专利分布（85）

图 4-1-4　吉利德在抗丙肝领域专利主题分布（85）
图 4-1-5　吉利德在抗丙肝领域化合物专利靶点分布（86）
图 4-1-6　吉利德在抗丙肝领域化合物和联合用药专利发展趋势（87）
图 4-1-7　吉利德抗丙肝药物领域各靶点化合物专利发展趋势（87）
图 4-1-8　Tegobuvir（92）
图 4-1-9　噻吩类化合物核心结构（92）
图 4-1-10　WO2011088345A1 代表性化合物（92）
图 4-1-11　WO2013010112A1 代表性化合物（92）
图 4-1-12　WO2016044182A1 代表性化合物（97）
图 4-1-13　P450 单加氧酶抑制剂典型结构（98）
图 4-2-1　艾伯维抗丙肝领域全球专利发展趋势（99）
图 4-2-2　艾伯维抗丙肝领域中国专利发展趋势（100）
图 4-2-3　艾伯维在抗丙肝领域专利目标地申请量分布（100）
图 4-2-4　艾伯维在抗丙肝领域专利主题分布（101）
图 4-2-5　艾伯维在抗丙肝领域化合物专利靶点分布（101）
图 4-2-6　艾伯维在抗丙肝领域化合物和联合用药专利发展趋势（102）
图 4-2-7　艾伯维在抗丙肝领域 DAAs 药物专利申请趋势（103）
图 4-3-1　默沙东抗丙肝领域全球小分子专利发展趋势（112）
图 4-3-2　默沙东抗丙肝领域中国小分子专利发展趋势（113）
图 4-3-3　默沙东抗丙肝领域小分子专利目标地分布（113）
图 4-3-4　默沙东抗丙肝领域小分子专利技术主题分布（114）
图 4-3-5　默沙东抗丙肝领域基于作用靶点或基因的专利分布（114）

285

图 4-3-6　默沙东抗丙肝领域化合物结构专利类型分布　（114）

图 4-3-7　默沙东抗丙肝领域不同靶点抑制剂与化合物结构对应分析　（115）

图 4-3-8　默沙东抗丙肝领域 DAAs 药物专利申请趋势　（115）

图 5-1-1　吉一代专利布局与临床试验时间对照　（133）

图 5-1-2　吉二代专利布局与临床试验时间对照　（135）

图 5-1-3　吉三代专利布局与临床试验时间对照　（136）

图 5-1-4　吉四代专利布局与临床试验时间对照　（137）

图 5-1-5　Sofosbuvir 专利布局与临床试验时间对照　（彩图 1）

图 5-1-6　吉一代至吉四代临床研究与专利布局　（彩图 2）

图 5-1-7　组合物递进式专利布局　（139）

图 5-1-8　Sofosbuvir 专利布局与保护期对照　（139）

图 5-2-1　Boceprevir 结构　（140）

图 5-2-2　Boceprevir 临床研究与专利布局　（149）

图 5-2-3　Boceprevir 专利布局与保护期对照　（150）

图 5-3-1　Simeprevir sodium 结构　（150）

图 5-3-2　Simeprevir 专利布局　（153）

图 5-3-3　Simeprevir 临床研究与专利布局　（157）

图 5-3-4　Simeprevir 专利布局与保护期对照　（158）

图 5-4-1　Technivie 临床研究与专利布局　（163）

图 5-4-2　Technivie 专利布局与保护期对照　（164）

图 5-5-1　Telaprevir 结构　（164）

图 5-5-2　Telaprevir 临床研究项目年度分布　（170）

图 5-5-3　Telaprevir 临床研究与专利布局　（彩图 3）

图 5-5-4　Telaprevir 专利布局与保护期对照　（178）

图 5-6-1　Viekira Pak 临床研究与专利布局　（182）

图 5-6-2　Viekira Pak 专利布局与保护期对照　（183）

图 5-7-1　Zepatier 专利布局　（彩图 4）

图 5-7-2　Zepatier 临床研究与专利布局　（189）

图 5-7-3　Zepatier 专利布局与保护期对照　（191）

图 5-8-1　Mavyret 临床研究与专利布局　（197）

图 5-8-2　Mavyret 专利布局与保护期对照　（198）

图 5-9-1　Daclatasvir 结构　（199）

图 5-9-2　Daclatasvir 临床研究与专利布局　（202）

图 5-9-3　Daclatasvir 专利布局与保护期对照　（204）

图 5-10-1　Telaprevir 专利布局策略　（205）

图 5-10-2　Simeprevir 专利布局策略　（206）

图 5-10-3　Telaprevir、Simeprevir 临床阶段专利布局　（207）

图 5-10-4　Sofosbuvir 专利布局策略　（209）

图 5-10-5　Sofosbuvir 和 Daclatasvir 的临床前专利布局　（210）

图 5-10-6　Sofosbuvir/Daclatasvir 临床阶段专利布局　（彩图 5）

图 5-10-7　Mavyret 专利布局策略　（213）

图 5-10-8　Zepatier 专利布局策略　（215）

图 6-1-1　Danoprevir "接力式" 研发历程　（219）

图 6-1-2　东阳光药业抗丙肝药物领域专利法律状态情况　（221）

图 6-1-3　国内主要干扰素产品市场份额　（223）

图 6-1-4　凯因科技抗丙肝领域专利主题分布　（224）

图 6-1-5　圣和药业抗丙肝药物领域专利申请主题分布　（227）

图 6-3-1　全球进入"一带一路"沿线国抗丙肝药物专利申请分布　（233）

图 6-3-2	全球抗丙肝药物领域于"一带一路"沿线国专利申请趋势 （233）			（251）
图 6-3-3	"一带一路"沿线国抗丙肝药物原创申请分布 （234）		图 6-4-17	俄罗斯原创抗丙肝药物专利输出国家和地区 （252）
图 6-3-4	我国申请人"一带一路"国家抗丙肝药物专利申请排名分布 （235）		图 6-4-18	俄罗斯原创抗丙肝药物专利主要申请人申请量排名 （252）
图 6-4-1	印度作为抗丙肝药物专利申请目标国的专利申请趋势 （238）		图 6-4-19	南非作为抗丙肝药物专利申请目标国的专利申请趋势 （255）
图 6-4-2	印度作为抗丙肝药物专利申请目标国的专利申请来源分布 （238）		图 6-4-20	南非作为抗丙肝药物专利申请目标国的专利申请来源分布 （256）
图 6-4-3	印度作为抗丙肝药物申请目标国主要申请人的申请量排名 （239）		图 6-4-21	南非作为抗丙肝药物专利申请目标国前十位申请人专利分布 （256）
图 6-4-4	印度作为抗丙肝药物申请目标国的专利申请技术主题分布 （239）		图 6-4-22	南非作为抗丙肝药物专利申请目标国的专利申请技术主题分布 （257）
图 6-4-5	印度原创抗丙肝药物专利申请趋势 （240）		图 6-4-23	印尼作为抗丙肝药物专利申请目标国的专利申请来源分布 （258）
图 6-4-6	印度原创抗丙肝药物专利申请前八申请人的专利申请量排名 （240）		图 7-1-1	抗丙肝化学药物专利申请靶点分布 （261）
图 6-4-7	以色列作为抗丙肝药物专利申请目标国的专利申请趋势 （243）		图 7-1-2	全球PR疗法和PR+DAAs疗法临床试验数量趋势 （262）
图 6-4-8	以色列作为抗丙肝药物专利申请目标国的专利申请来源分布 （243）		图 7-4-3	吉利德对不同靶点抗丙肝药物的开发和药品上市情况 （彩图6）
图 6-4-9	以色列作为抗丙肝药物专利申请目标国的主要申请人专利申请量分布 （244）		图 7-5-1	核苷类抗丙肝化合物技术演变示例 （268）
图 6-4-10	以色列作为抗丙肝药物专利申请目标国的专利申请技术主题分布 （244）		图 7-5-2	酰胺类抗丙肝化合物技术演变示例 （268）
图 6-4-11	以色列原创抗丙肝药物专利申请输出国家和地区 （245）		图 7-5-3	吉利德在抗丙肝药物酰胺类化合物专利申请发展趋势 （269）
图 6-4-12	以色列原创抗丙肝药物专利主要申请人申请量排名 （246）		图 7-5-4	艾伯维在抗丙肝药物酰胺类化合物专利申请发展趋势 （269）
图 6-4-13	俄罗斯作为抗丙肝药物专利申请目标国的专利申请趋势 （250）		图 7-5-5	默沙东在抗丙肝药物酰胺类化合物专利申请发展趋势 （269）
图 6-4-14	俄罗斯作为抗丙肝药物专利申请目标国的专利申请来源分布 （250）		图 7-5-6	主要申请人在抗丙肝药物稠合芳环/多环链类化合物专利申请发展趋势 （270）
图 6-4-15	俄罗斯作为抗丙肝药物专利申请目标国的主要申请人专利分布 （251）		图 7-5-7	稠合芳环和多环链化合物示例 （270）
图 6-4-16	俄罗斯作为抗丙肝药物专利申请目标国的专利申请技术主题分布		图 7-6-1	上市DAAs药物专利布局策略 （271）
			图 7-7-1	"一带一路"沿线国人口与专利输入/原创综合分析 （274）

表 索 引

表1-3-1 已上市DAAs药物概况（7~8）
表1-3-2 东阳光药业不同治疗领域收入情况（11）
表1-4-1 国内部分上市DAAs药物治疗费用（13）
表1-5-1 新型抗丙肝药物专利技术分解情况（15）
表1-5-2 抗丙肝药物检索要素（16~17）
表2-2-1 干扰素联合Ribavirin疗法中国主要申请人及申请量对比（31~32）
表3-1-1 Sofosbuvir专利申请主要国家或地区申请主题构成（50）
表3-1-2 Sofosbuvir晶型专利汇总（56~58）
表3-1-3 国内企业涉及Sofosbuvir晶型的授权专利申请（60）
表3-1-4 Sofosbuvir与Ledipasvir组合物专利申请（62~63）
表3-1-5 Sofosbuvir/Velpatasvir组合物专利申请（64~65）
表4-1-1 吉利德核苷类化合物专利及其代表性化合物（89~91）
表4-1-2 吉利德线性酰胺类化合物专利及其代表性化合物（93~94）
表4-1-3 吉利德大环酰胺类化合物专利及其代表性化合物（94~95）
表4-1-4 吉利德稠合芳环类专利及其代表性化合物（96~97）
表4-2-1 艾伯维芳环链类专利申请及代表性化合物结构（104~107）
表4-2-2 艾伯维酰胺类专利申请及代表性化合物结构（108~109）
表4-2-3 艾伯维杂环类专利申请及代表性化合物结构（109~110）

表4-3-1 默沙东已上市抗丙肝DAAs药物（112）
表4-3-2 默沙东核苷类专利申请及代表性化合物（116~120）
表4-3-3 默沙东稠合芳环类专利申请及代表性化合物（120~124）
表4-3-4 默沙东大环酰胺类专利申请及代表性化合物（124~126）
表5-1-1 吉利德四代产品主要成分结构（127~128）
表5-1-2 吉利德四代产品临床相关数据（131）
表5-1-3 吉一代临床前专利布局（132）
表5-1-4 吉一代临床阶段专利布局（133）
表5-1-5 吉二代临床前专利布局（134）
表5-1-6 吉二代临床阶段专利布局（135）
表5-1-7 吉三代临床前专利布局（136）
表5-1-8 吉四代临床前专利布局（137）
表5-1-9 吉四代临床阶段专利布局（137）
表5-2-1 Boceprevir临床研究（141）
表5-2-2 Boceprevir药物联用相关临床研究（142~143）
表5-2-3 Boceprevir在特定人群中的相关临床研究（142）
表5-2-4 Boceprevir不同剂量、人种、适应证相关临床研究（144）
表5-2-5 Boceprevir临床前专利布局（146~147）
表5-2-6 Boceprevir临床阶段专利布局（148）
表5-3-1 Simeprevir临床前专利布局（154）
表5-3-2 Simeprevir临床阶段专利布局（155）

表 5-4-1　Technivie 各成分结构　(159)
表 5-4-2　Technivie 临床前专利布局　(161)
表 5-4-3　Technivie 临床阶段专利布局　(161~162)
表 5-5-1　2005~2006 年 Telaprevir 临床研究　(165)
表 5-5-2　2007 年 Telaprevir 临床研究　(166)
表 5-5-3　2008~2013 年 Telaprevir 临床研究　(166~167)
表 5-5-4　2009~2010 年 Telaprevir 临床研究　(167~168)
表 5-5-5　2011~2013 年 Telaprevir 临床研究　(168~169)
表 5-5-6　2012~2013 年 Telaprevir 临床研究　(169)
表 5-5-7　Telaprevir 临床前专利布局　(171~172)
表 5-5-8　Telaprevir 临床阶段专利布局一　(173)
表 5-5-9　Telaprevir 临床阶段专利布局二　(174~175)
表 5-5-10　Telaprevir 临床阶段专利布局三　(176)
表 5-6-1　Viekira Pak 临床前专利布局　(180)
表 5-6-2　Viekira Pak 临床阶段专利布局　(181)
表 5-6-3　Viekira Pak 上市后专利布局　(182)
表 5-7-1　Zepatier 各成分结构　(184)
表 5-7-2　Zepatier 临床前专利布局　(186)
表 5-7-3　Zepatier 临床阶段专利布局　(188)
表 5-8-1　Mavyret 各成分结构　(191~192)
表 5-8-2　Mavyret 临床前专利布局　(194)
表 5-8-3　Mavyret 临床阶段专利布局　(195)
表 5-9-1　Daclatasvir 临床前专利布局　(201)
表 5-9-2　Daclatasvir 临床阶段专利布局　(201)
表 5-10-1　吉一代临床前阶段 Sofosbuvir 的药物联用专利申请　(210)
表 6-1-1　歌礼生物在研 DAAs 产品　(218)
表 6-1-2　歌礼生物抗丙肝专利基本情况表　(220)
表 6-1-3　东阳光药业 DAAs 药物汇总　(220~221)
表 6-1-4　银杏树药业抗丙肝专利情况　(222)
表 6-1-5　凯因科技抗丙肝领域小分子化合物专利主题情况　(225~226)
表 6-1-6　南京圣和药业抗丙肝领域核心专利情况　(227~230)
表 6-2-1　"一带一路"沿线国丙肝发病率数据　(232)
表 6-3-1　我国重点临床产品在"一带一路"沿线国专利布局情况　(235)
表 6-4-1　印度抗丙肝药物原创专利申请情况　(240)
表 7-2-1　国内在研抗丙肝药物临床情况汇总　(263)
表 7-3-1　吉利德在我国基于 Sofosbuvir 的专利申请法律状态　(264)
表 7-3-2　国内提交索磷布韦仿制药注册情况　(265)
表 7-4-1　吉利德的抗丙肝 DAAs 药物汇总　(267)
表 7-6-1　Telaprevir 模式与 Sofosbuvir 模式对比　(271)

附表 1　国外申请人名称的约定　(278~281)
附表 2　国内申请人名称的约定　(282)
附表 3　主要抗丙肝药物名称中英文对照　(283)

书　号	书　名	产业领域	定价	条　码
9787513006910	产业专利分析报告（第1册）	薄膜太阳能电池 等离子体刻蚀机 生物芯片	50	
9787513007306	产业专利分析报告（第2册）	基因工程多肽药物 环保农业	36	
9787513010795	产业专利分析报告（第3册）	切削加工刀具 煤矿机械 燃煤锅炉燃烧设备	88	
9787513010788	产业专利分析报告（第4册）	有机发光二极管 光通信网络 通信用光器件	82	
9787513010771	产业专利分析报告（第5册）	智能手机 立体影像	42	
9787513010764	产业专利分析报告（第6册）	乳制品生物医用 天然多糖	42	
9787513017855	产业专利分析报告（第7册）	农业机械	66	
9787513017862	产业专利分析报告（第8册）	液体灌装机械	46	
9787513017879	产业专利分析报告（第9册）	汽车碰撞安全	46	
9787513017886	产业专利分析报告（第10册）	功率半导体器件	46	
9787513017893	产业专利分析报告（第11册）	短距离无线通信	54	
9787513017909	产业专利分析报告（第12册）	液晶显示	64	
9787513017916	产业专利分析报告（第13册）	智能电视	56	
9787513017923	产业专利分析报告（第14册）	高性能纤维	60	
9787513017930	产业专利分析报告（第15册）	高性能橡胶	46	
9787513017947	产业专利分析报告（第16册）	食用油脂	54	
9787513026314	产业专利分析报告（第17册）	燃气轮机	80	
9787513026321	产业专利分析报告（第18册）	增材制造	54	

书　号	书　名	产业领域	定价	条　码
9787513026338	产业专利分析报告（第 19 册）	工业机器人	98	
9787513026345	产业专利分析报告（第 20 册）	卫星导航终端	110	
9787513026352	产业专利分析报告（第 21 册）	LED 照明	88	
9787513026369	产业专利分析报告（第 22 册）	浏览器	64	
9787513026376	产业专利分析报告（第 23 册）	电池	60	
9787513026383	产业专利分析报告（第 24 册）	物联网	70	
9787513026390	产业专利分析报告（第 25 册）	特种光学与电学玻璃	64	
9787513026406	产业专利分析报告（第 26 册）	氟化工	84	
9787513026413	产业专利分析报告（第 27 册）	通用名化学药	70	
9787513026420	产业专利分析报告（第 28 册）	抗体药物	66	
9787513033411	产业专利分析报告（第 29 册）	绿色建筑材料	120	
9787513033428	产业专利分析报告（第 30 册）	清洁油品	110	
9787513033435	产业专利分析报告（第 31 册）	移动互联网	176	
9787513033442	产业专利分析报告（第 32 册）	新型显示	140	
9787513033459	产业专利分析报告（第 33 册）	智能识别	186	
9787513033466	产业专利分析报告（第 34 册）	高端存储	110	
9787513033473	产业专利分析报告（第 35 册）	关键基础零部件	168	
9787513033480	产业专利分析报告（第 36 册）	抗肿瘤药物	170	
9787513033497	产业专利分析报告（第 37 册）	高性能膜材料	98	
9787513033503	产业专利分析报告（第 38 册）	新能源汽车	158	

书　号	书　名	产业领域	定价	条　码
9787513043083	产业专利分析报告（第39册）	风力发电机组	70	
9787513043069	产业专利分析报告（第40册）	高端通用芯片	68	
9787513042383	产业专利分析报告（第41册）	糖尿病药物	70	
9787513042871	产业专利分析报告（第42册）	高性能子午线轮胎	66	
9787513043038	产业专利分析报告（第43册）	碳纤维复合材料	60	
9787513042390	产业专利分析报告（第44册）	石墨烯电池	58	
9787513042277	产业专利分析报告（第45册）	高性能汽车涂料	70	
9787513042949	产业专利分析报告（第46册）	新型传感器	78	
9787513043045	产业专利分析报告（第47册）	基因测序技术	60	
9787513042864	产业专利分析报告（第48册）	高速动车组和高铁安全监控技术	68	
9787513049382	产业专利分析报告（第49册）	无人机	58	
9787513049535	产业专利分析报告（第50册）	芯片先进制造工艺	68	
9787513049108	产业专利分析报告（第51册）	虚拟现实与增强现实	68	
9787513049023	产业专利分析报告（第52册）	肿瘤免疫疗法	48	
9787513049443	产业专利分析报告（第53册）	现代煤化工	58	
9787513049405	产业专利分析报告（第54册）	海水淡化	56	
9787513049429	产业专利分析报告（第55册）	智能可穿戴设备	62	
9787513049153	产业专利分析报告（第56册）	高端医疗影像设备	60	
9787513049436	产业专利分析报告（第57册）	特种工程塑料	56	
9787513049467	产业专利分析报告（第58册）	自动驾驶	52	

书　号	书　名	产业领域	定价	条　码
9787513054775	产业专利分析报告（第59册）	食品安全检测	40	
9787513056977	产业专利分析报告（第60册）	关节机器人	60	
9787513054768	产业专利分析报告（第61册）	先进储能材料	60	
9787513056632	产业专利分析报告（第62册）	全息技术	75	
9787513056694	产业专利分析报告（第63册）	智能制造	60	
9787513058261	产业专利分析报告（第64册）	波浪发电	80	
9787513063463	产业专利分析报告（第65册）	新一代人工智能	110	
9787513063272	产业专利分析报告（第66册）	区块链	80	
9787513063302	产业专利分析报告（第67册）	第三代半导体	60	
9787513063470	产业专利分析报告（第68册）	人工智能关键技术	110	
9787513063425	产业专利分析报告（第69册）	高技术船舶	110	
9787513062381	产业专利分析报告（第70册）	空间机器人	80	
9787513069816	产业专利分析报告（第71册）	混合增强智能	138	
9787513069427	产业专利分析报告（第72册）	自主式水下滑翔机技术	88	
9787513069182	产业专利分析报告（第73册）	新型抗丙肝药物	98	
9787513069335	产业专利分析报告（第74册）	中药制药装备	60	
9787513069748	产业专利分析报告（第75册）	高性能碳化物先进陶瓷材料	88	
9787513069502	产业专利分析报告（第76册）	体外诊断技术	68	
9787513069229	产业专利分析报告（第77册）	智能网联汽车关键技术	78	
9787513069298	产业专利分析报告（第78册）	低轨卫星通信技术	70	